国家出版基金项目
NATIONAL PUBLICATION FOUNDATION

"十三五"国家重点图书出版规划项目

中国水稻品种志

万建民　总主编

湖南杂交稻卷

邓华凤　主　编

中国农业出版社
北京

内容简介

　　湖南是杂交水稻的发源地。袁隆平院士领衔的杂交水稻团队在三系法杂交水稻和两系法杂交水稻研究领域做了大量开创性、卓有成效的工作，先后获国家特等发明奖和国家科技进步特等奖。自籼型三系法杂交水稻研究取得成功以来，湖南育成了一批配合力强、综合性状优良的骨干亲本，配组育成大量杂交水稻优良新品种，在全国各地乃至国外大面积推广应用，为保障国家乃至世界粮食安全做出了突出贡献。1973—2014年，湖南省农作物品种审定委员会审定水稻不育系、杂交稻组合共569个。本书选录了在湖南省水稻生产中发挥了重大作用或在水稻育种中具有重大影响力的骨干亲本（三系不育系、两系不育系和恢复系）28个、三系杂交稻256个、两系杂交稻169个，按照骨干亲本、三系杂交稻、两系杂交稻分类加以详细介绍。本书还介绍了10位在湖南乃至全国水稻育种中做出突出贡献的专家。

　　为便于读者查阅，各类品种均按汉语拼音顺序排列。同时为便于读者了解品种选育年代，书后还附有品种检索表，包括类型、审定编号和品种权号。

Abstract

　　Hunan Provence is the original place of hybrid rice. The research team of hybrid rice led by Academia Yuan Longping has made great pioneering and fruitful achievements in three-line and two-line hybrid rice and successively won the outstanding awards of the special class of the National Technological Invention Prize and the special class of the National Science and Technology Progress Prize in China. Since the success of three-line indica hybrid rice, many backbone parents of hybrid rice with strong combining ability and good comprehensive characteristics and a large number of hybrid varieties have been successfully developed in Hunan Province. The extensive application of these varieties throughout China and even in the World has made outstanding contributions to ensuring the national and even the global food security. From 1973 to 2014, there were 569 male sterile rice lines and hybrid rice varieties registered and released by the Crop Variety Approval Committee of Hunan Province. This book selected and described in detail of 28 backbone parents (CMS Line, two line male sterile and restorer lines), 256 three-line hybrid varieties and 169 two-line hybrid varieties, which have played an important role in rice production in Hunan Province or have made a significant impact on rice breeding. Moreover, this book also introduced 10 famous hybrid rice breeders who made outstanding contributions to rice breeding in Hunan Province and even in the whole country.

　　For the convenience of readers' reference, all varieties were arranged according to the order of Chinese phonetic alphabet. At the same time, in order to facilitate readers to access simplified variety information, a variety index was attached at the end of the book, including category, approval number and variety right number etc.

《中国水稻品种志》
编辑委员会

湖南杂交稻卷编委会

主　编　邓华凤

副主编　张武汉

编著者（以姓氏笔画为序）

王建龙　王宪美　邓化冰　邓华凤　邢俊杰

刘　海　孙平勇　李小湘　李承夏　李绍前

杨　广　杨远柱　何　强　余应弘　张武汉

陈立云　欧爱辉　胡龙湘　胡忠孝　钟其全

贾先勇　凌文彬　郭国强　黄良波　彭志荣

蒋建为　舒　服　谢　兵　谢红军

审　校　邓华凤　何　强　汤圣祥　杨庆文

前　言

　　水稻是中国和世界大部分地区栽培的最主要粮食作物，水稻的产量增加、品质改良和抗性提高对解决全球粮食问题、提高人们生活质量、减轻环境污染具有举足轻重的作用。历史证明，中国水稻生产的两次大突破均是品种选育的功劳，第一次是20世纪50年代末至60年代初开始的矮化育种，第二次是70年代中期开始的杂交稻育种。90年代中期，先后育成了超级稻两优培九、沈农265等一批超高产新品种，单产达到11～12t/hm^2。单产潜力超过16t/hm^{2}的超级稻品种目前正在选育过程中。水稻育种虽然取得了很大成绩，但面临的任务也越来越艰巨，对骨干亲本及其育种技术的要求也越来越高，因此，有必要编撰《中国水稻品种志》，以系统地总结65年来我国水稻育种的成绩和育种经验，提高我国新形势下的水稻育种水平，向第三次新的突破前进，进而为促进我国民族种业发展、保障我国和世界粮食安全做出新贡献。

　　《中国水稻品种志》主要内容分三部分：第一部分阐述了1949—2014年中国水稻品种的遗传改良成就，包括全国水稻生产情况、品种改良历程、育种技术和方法、新品种推广成就和效益分析，以及水稻育种的未来发展方向。第二部分展示中国不同时期育成的新品种（新组合）及其骨干亲本，包括常规籼稻、常规粳稻、杂交籼稻、杂交粳稻和陆稻的品种，并附有品种检索表，供进一步参考。第三部分介绍中国不同时期著名水稻育种专家的成就。全书分十八卷，分别为广东海南卷、广西卷、福建台湾卷、江西卷、安徽卷、湖北卷、四川重庆卷、云南卷、贵州卷、黑龙江卷、辽宁卷、吉林卷、浙江上海卷、江苏卷，以及湖南常规稻卷、湖南杂交稻卷、华北西北卷和旱稻卷。

　　《中国水稻品种志》根据行政区划和实际生产情况，把中国水稻生产区域分为华南、华中华东、西南、华北、东北及西北六大稻区，统计并重点介绍了自1978年以来我国育成年种植面积大于40万hm^{2}的常规水稻品种如湘矮早9号、原丰早、浙辐802、桂朝2号、珍珠矮11等共23个，杂交稻品种如D优63、冈优22、南优2号、汕优2号、汕优6号等32个，以及2005—2014年育成的超级稻品种如龙粳31、武运粳27、松粳15、中早39、合美占、中嘉早17、两优培九、准两优527、辽优1052和甬优12、徽两优6号等111个。

　　《中国水稻品种志》追溯了65年来中国育成的8 500余份水稻、陆稻和杂交水稻现代品种的亲源，发现一批极其重要的育种骨干亲本，它们对水稻品种的遗传改良贡献巨大。据不完全统计，常规籼稻最重要的核心育种骨干亲本有矮仔占、南特号、珍汕97、矮脚南特、珍珠矮、低脚乌尖等22个，它们衍生的品种数超过2 700个；常规粳稻最重要的核心育种骨干亲本有旭、笹锦、坊主、爱国、农垦57、农垦58、农虎6号、测21等20个，衍生的品种数超过2 400个。尤其是携带*sd1*矮秆基因的矮仔占质源自早期从南洋引进后就成为广西容县一带优良农家地方品种，利用该骨干亲本先后育成了11代超过405个品种，其中种植面积较大的育成品种有广场矮、珍珠矮、广陆矮4号、二九青、先锋1号、特青、桂朝2号、双桂1号、湘早籼7号、嘉育948等。

《中国水稻品种志》还总结了我国培育杂交稻的历程，至今最重要的杂交稻核心不育系有珍汕97A、Ⅱ-32A、V20A、协青早A、金23A、冈46A、谷丰A、农垦58S、安农S-1、培矮64S、Y58S、株1S等21个，衍生的不育系超过160个，配组的大面积种植品种数超过1 300个；已广泛应用的核心恢复系有17个，它们衍生的恢复系超过510个，配组的杂交品种数超过1 200个。20世纪70～90年代大部分强恢复系引自国外，包括IR24、IR26、IR30、密阳46等，它们均含有我国台湾地方品种低脚乌尖的血缘（*sd1*矮秆基因）。随着明恢63（IR30／圭630）的育成，我国杂交稻恢复系选育走上了自主创新的道路，育成的恢复系其遗传背景呈现多元化。

《中国水稻品种志》由中国农业科学院作物科学研究所主持编著，邀请国内著名水稻专家和育种家分卷主撰，凝聚了全国水稻育种者的心血和汗水。同时，在本志编著过程中，得到全国各水稻研究教学单位领导和相关专家的大力支持和帮助，在此一并表示诚挚的谢意。

《中国水稻品种志》集科学性、系统性、实用性、资料性于一体，是作物品种志方面的专著，内容丰富，图文并茂，可供从事作物育种和遗传资源研究者、高等院校师生参考。由于我国水稻品种的多样性和复杂性，育种者众多，资料难以收全，尽管在编著和统稿过程中注意了数据的补充、核实和编撰体例的一致性，但限于编著者水平，书中疏漏之处难免，敬请广大读者不吝指正。

编　者

2018年4月

目　录

第一章
中国稻作区划与水稻品种遗传改良概述

ZHONGGUO SHUIDAO PINZHONGZHI · HUNAN ZAJIAODAO JUAN

水稻是中国最主要的粮食作物之一，稻米是中国一半以上人口的主粮。2014年，中国水稻种植面积3 031万hm²，总产20 651万t，分别占中国粮食作物种植面积和总产量的26.89%和34.02%。毫无疑问，水稻在保障国家粮食安全、振兴乡村经济、提高人民生活质量方面，具有举足轻重的地位。

中国栽培稻属于亚洲栽培稻种（*Oryza sativa* L.），有两个亚种，即籼亚种（*O. sativa* L. subsp. *indica*）和粳亚种（*O. sativa* L. subsp. *japonica*）。中国不仅稻作栽培历史悠久，稻作环境多样，稻种资源丰富，而且育种技术先进，为高产、多抗、优质、广适、高效水稻新品种的选育和推广提供了丰富的物质基础和强大的技术支撑。

中华人民共和国成立以来，通过育种技术的不断改进，从常规育种（系统选择、杂交育种、诱变育种、航天育种）到杂种优势利用，再到生物技术育种（细胞工程育种、分子标记辅助选择育种、遗传转化育种等），至2014年先后育成8 500余份常规水稻、陆稻和杂交水稻现代品种，其中通过各级农作物品种审定委员会审（认）定的水稻品种有8 117份，包括常规水稻品种3 392份，三系杂交稻品种3 675份，两系杂交稻品种794份，不育系256份。在此基础上，实现了水稻优良品种的多次更新换代。水稻品种的遗传改良和优良新品种的推广，栽培技术的优化和病虫害的综合防治等一系列技术革新，使我国的水稻单产从1949年的1 892kg/hm²提高到2014年的6 813.2kg/hm²，增长了260.1%；总产从4 865万t提高到20 651万t，增长了324.5%；稻作面积从2 571万hm²增加到3 031万hm²，仅增加了17.9%。研究表明，新品种的不断育成和推广是水稻单产和总产不断提高的最重要贡献因子。

第一节　中国栽培稻区的划分

水稻是喜温喜水、适应性强、生育期较短的谷类作物，凡温度适宜、有水源的地方，均可种植水稻。中国稻作分布广泛，最北的稻作区位于黑龙江省的漠河（北纬53°27′），为世界稻作区的北限；最高海拔的稻作区在云南省宁蒗县山区，海拔高度2 965m。在南方的山区、坡地以及北方缺水少雨的旱地，种植有较耐干旱的陆稻。从总体看，由于纬度、温度、季风、降水量、海拔高度、地形等的影响，中国水稻种植面积存在南方多北方少，东南集中西北分散的状况。

本书以我国行政区划（省、自治区、直辖市）为基础，结合全国水稻生产的光温生态、季节变化、耕作制度、品种演变等，参考《中国水稻种植区划》（1988）和《中国水稻生产发展问题研究》（2010），将全国分为华南、华中华东、西南、华北、东北和西北六大稻区。

一、华南稻区

本区位于中国南部，包括广东、广西、福建、海南等大陆4省（自治区）和台湾省。本区水热资源丰富，稻作生长季260～365d，≥10℃的积温5 800～9 300℃；稻作生长季日照时数1 000～1 800h，降水量700～2 000mm。稻作土壤多为红壤和黄壤。本区的籼稻面积占95%以上，其中杂交籼稻占65%左右，耕作制度以双季稻和中稻为主，也有部分单季晚稻，部分地区实行与甘蔗、花生、薯类、豆类等作物当年或隔年水旱轮作。

2014年本区稻作面积503.6万hm^2（不包括台湾），占全国稻作总面积的16.61%。稻谷单产5 778.7kg/hm^2，低于全国平均产量（6 813.2kg/hm^2）。

二、华中华东稻区

本区为中国水稻的主产区，包括江苏、上海、浙江、安徽、江西、湖南、湖北7省（直辖市），也称长江中下游稻作区。本区属亚热带温暖湿润季风气候，稻作生长季210～260d，≥10℃的积温4 500～6 500℃；稻作生长季日照时数700～1 500h，降水量700～1 600mm。本区平原地区稻作土壤多为冲积土、沉积土和鳝血土，丘陵山地多为红壤、黄壤和棕壤。本区双、单季稻并存，籼稻、粳稻均有。20世纪60～80年代，本区双季稻面积占全国双季稻面积的50%以上，其中，浙江、江西、湖南的双季稻面积占该三省稻作面积的80%～90%。20世纪80年代中期以来，由于种植结构和耕作制度的变革，杂交稻的兴起，以及双季早稻米质不佳等原因，双季早稻面积锐减，使本区的稻作面积从80年代初占全国稻作面积的54%下降到目前的49%左右。尽管如此，本区稻米生产的丰歉，对全国粮食形势仍然具有重要影响。太湖平原、里下河平原、皖中平原、鄱阳湖平原、洞庭湖平原、江汉平原历来都是中国著名的稻米产区。

2014年本区稻作面积1 501.6万hm^2，占全国稻作总面积的49.54%。稻谷单产6 905.6kg/hm^2，高于全国平均产量。

三、西南稻区

本区位于云贵高原和青藏高原，属亚热带高原型湿热季风气候，包括云南、贵州、四川、重庆、青海、西藏6省（自治区、直辖市）。本区具有地势高低悬殊、温度垂直差异明显、昼夜温差大的高原特点，稻作生长季180～260d，≥10℃的积温2 900～8 000℃；稻作生长季日照时数800～1 500h，降水量500～1 400mm。稻作土壤多为红壤、红棕壤、黄壤和黄棕壤等。本区籼稻、粳稻并存，以单季中稻为主，成都平原是我国著名的单季中稻区。云贵高原稻作垂直分布明显，低海拔（<1 400m）稻区多为籼稻，湿热坝区可种植双季籼稻，高海拔（>1 800m）稻区多为粳稻，中海拔（1 400～1 800m）稻区籼稻、粳稻并存。部分山区种植陆稻，部分低海拔又无灌溉水源的坡地筑有田埂，种植雨水稻。

2014年本区稻作面积450.9万hm^2，占全国稻作总面积的14.88%。稻谷单产6 873.4kg/hm^2，高于全国平均产量。

四、华北稻区

本区位于秦岭—淮河以北，长城以南，关中平原以东地区，包括北京、天津、山东、河北、河南、山西、内蒙古7省（自治区、直辖市）。本区属暖温带半湿润季风气候，夏季温度较高，但春、秋季温度较低，稻作生长季较短，无霜期170～200d，年≥10℃的积温4 000～5 000℃；年日照时数2 000～3 000h，年降水量580～1 000mm，但季节间分布不均。稻作土壤多为黄潮土、盐碱土、棕壤和黑黏土。本区以单季早、中粳稻为主，水源主要来自渠井和地下水。

2014年本区稻作面积95.3万hm^2，占全国稻作总面积的3.14%。稻谷单产7 863.9kg/hm^2，高于全国平均产量。

五、东北稻区

本区是我国纬度最高的稻作区，包括黑龙江、吉林和辽宁3省，属中温带—寒温带，年平均气温2～10℃，无霜期90～200d，年≥10℃的积温2 000～3 700℃；年日照时数2 200～3 100h，年降水量350～1 100mm。本区光照充足，但昼夜温差大，稻作生长期短，土壤多为肥沃、深厚的黑泥土、草甸土、棕壤以及盐碱土。稻作以早熟的单季粳稻为主，冷害和稻瘟病是本区稻作的主要问题。最北部的黑龙江省稻区，粳稻品质十分优良，近35年来由于大力发展灌溉设施，稻作面积不断扩大，从1979年的84.2万hm²发展到2014年的320.5万hm²，成为中国粳稻的主产省之一。

2014年本区稻作面积451.5万hm²，占全国稻作总面积的14.90%。稻谷单产7 863.9kg/hm²，高于全国平均产量。

六、西北稻区

本区包括陕西、甘肃、宁夏和新疆4省（自治区），幅员广阔，光热资源丰富，但干燥少雨，季节和昼夜气温变化大，无霜期150～200d，年≥10℃的积温3 450～3 700℃；年日照时数2 600～3 300h，年降水量150～200mm。稻田土壤较瘠薄，多为灰漠土、草甸土、粉沙土、灌淤土及盐碱土。稻作以单季粳稻为主，分布于河流两岸及有灌溉水源的地区。干燥少雨是本区发展水稻的制约因素。

2014年本区稻作面积28.2万hm²，占全国稻作总面积的0.93%。稻谷单产8 251.4kg/hm²，高于全国平均产量。

中华人民共和国成立65年来，六大稻区的水稻种植面积及占全国稻作面积的比例发生了一定变化。华南稻区的稻作面积波动较大，从1949年的811.7万hm²，增加到1979年的875.3万hm²，但2014年下降到503.6万hm²。华中华东稻区是我国的主产稻区，基本维持在全国稻区面积的50%左右，其种植面积的高峰在20世纪的70～80年代，达到全国稻区面积的53%～54%。西南和西北稻区稻作面积基本保持稳定，近35年来分别占全国稻区面积的14.9%和0.9%左右。华北和东北稻区种植面积和占比均有提高，特别是东北稻区，其稻作面积和占比近35年来提高较快，2014年达到了451.5万hm²，全国占比达到14.9%，与1979年的84.2万hm²相比，种植面积增加了367.3万hm²。我国六大稻区2014年的稻作面积和占比见图1-1。

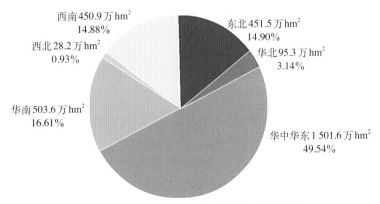

图1-1 中国六大稻区2014年的稻作面积和占比

第二节 中国栽培稻的分类

中国栽培稻的分类比较复杂，丁颖教授将其系统分为四大类：籼亚种和粳亚种，早稻、中稻和晚稻，水稻和陆稻，粘稻和糯稻。随着杂种优势的利用，又增加了一类，为常规稻和杂交稻。本节将根据这五大类分别进行介绍。

一、籼稻和粳稻

中国栽培稻籼亚种（*O. sativa* L. subsp. *indica*）和粳亚种（*O. sativa* L. subsp. *japonica*）的染色体数同为24（$2n=24$），但由于起源演化的差异和人为选择的结果，这两个亚种存在一定的形态和生理特性差异，并有一定程度的生殖隔离。据《辞海》（1989年版）记载，籼稻与粳稻比较：籼稻分蘖力较强；叶幅宽，叶色淡绿，叶面多毛，小穗多数短芒或无芒，易脱粒，颖果狭长扁圆，米质黏性较弱，膨性大，比较耐热和耐强光，主要分布于华南热带和淮河以南亚热带的低地。

按照现代分类学的观点，粳稻又可分为温带粳稻和热带粳稻（爪哇稻）。中国传统（农家/地方）粳稻品种均属温带粳稻类型。近年有的育种家为扩大遗传背景，在育种亲本中加入了热带粳稻材料，因而育成的水稻品种含有部分热带粳稻（爪哇稻）的血缘。

籼稻、粳稻的分布，主要受温度的制约，还受到种植季节、日照条件和病虫害的影响。目前，中国的籼稻品种主要分布在华南和长江流域各省份，以及西南的低海拔地区和北方的河南、陕西南部。湖南、贵州、广东、广西、海南、福建、江西、四川、重庆的籼稻面积占各省稻作面积的90%以上，湖北、安徽占80%～90%，浙江、云南在50%左右，江苏在25%左右。粳稻主要分布在东北、华北、长江下游太湖地区和西北，以及华南、西南的高海拔山区。东北的黑龙江、吉林、辽宁三省是全国著名的北方粳稻产区，江苏、浙江、安徽、湖北是南方粳稻主产区，云南的高海拔地区则以粳稻为主。

2014年，中国籼稻种植面积2 130.8万hm^2，约占稻作面积的70.3%；粳稻面积900.2万hm^2，占稻作面积的29.7%。据统计，2014年中国种植面积大于6 667hm^2的常规水稻品种有298个，其中籼稻品种104个，占34.9%；粳稻品种194个，占65.1%；2014年种植面积最大的前5位常规粳稻品种是：龙粳31（92.2万hm^2）、宁粳4号（35.8万hm^2）、绥粳14（29.1万hm^2）、龙粳26（28.1万hm^2）和连粳7号（22.0万hm^2）；种植面积最大的前5位常规籼稻品种是：中嘉早17（61.1万hm^2）、黄华占（30.6万hm^2）、湘早籼45（17.8万hm^2）、中早39（16.3万hm^2）和玉针香（11.2万hm^2）。

二、常规稻和杂交稻

常规稻是遗传纯合、可自交结实、性状稳定的水稻品种类型，杂交稻是利用杂种一代优势、目前必须年年制种的杂交水稻类型。中国是世界上第一个大面积、商品化应用杂交稻的国家，20世纪70年代后期开始大规模推广三系杂交稻，90年代初成功选育出两系杂交稻并应用于生产。目前，常规稻种植面积占全国稻作面积的46%左右，杂交稻占54%左右。

1991年我国年种植面积大于6 667hm²的常规稻品种有193个，2014年增加到298个（图1-2）；杂交稻品种数从1991年的62个增加到2014年的571个。1991年以来，年种植面积大于6 667hm²的常规稻品种数每年较为稳定，基本为200～300个品种，但杂交稻品种数增加较快，增加了8倍多。

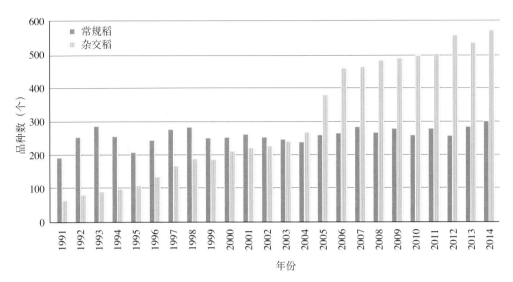

图1-2　1991—2014年年种植面积大于6 667hm²的常规稻和杂交稻品种数

三、早稻、中稻和晚稻

在稻种向不同纬度、不同海拔高度传播的过程中，在日照和温度的强烈影响下，在自然选择和人为选择的综合作用下，栽培稻发生了一系列感光性和感温性的变异，出现了早稻、中稻和晚稻栽培类型。一般而言，早稻基本营养生长期短，感温性强，不感光或感光性极弱；中稻基本营养生长期较长，感温性中等，感光性弱；晚稻基本营养生长期短，感光性强，感温性中等或较强，但通常晚籼稻的感光性强于晚粳稻。

籼稻和粳稻、杂交稻和常规稻都有早、中、晚类型，每一类型根据生育期的长短有早熟、中熟和迟熟之分，从而形成了大量适应不同栽培季节、耕作制度和生育期要求的品种。在华南、华中的双季稻区，早籼和早粳品种对日长反应不敏感，生育期较短，一般3～4月播种，7～8月收获。在海南和广东南部，由于温度较高，早籼稻通常2月中、下旬播种，6月下旬收获。中稻一般作单季稻种植，生育期稳定，产量较高，华南稻区部分迟熟早籼稻品种在华中和华东地区可作中稻种植。晚籼稻和晚粳稻均可作双季晚稻和单季晚稻种植，以保证在秋季气温下降前抽穗授粉。

20世纪70年代后期以来，由于杂交水稻的兴起，种植结构的变化，中国早稻和晚稻的种植面积逐年减少，单季中稻的种植面积大幅增加。早、中、晚稻种植面积占全国稻作面积的比重，分别从1979年的33.7%、32.0%和34.3%，转变为1999年的24.2%、48.9%和26.9%，2014年进一步变化为19.1%、59.9%和21.0%（图1-3）。

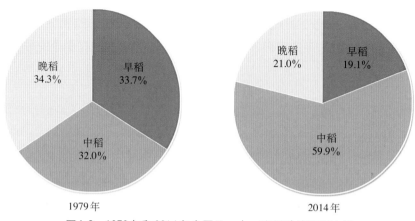

图1-3　1979年和2014年全国早、中、晚稻种植面积比例

四、水稻和陆稻

中国的栽培稻极大部分是水稻，占中国稻作面积的98%。陆稻（Upland rice）亦称旱稻，古代称棱稻，是适应较少水分环境（坡地、旱地）的一类稻作生态品种。陆稻的显著特点是耐干旱，表现为种子吸水力强，发芽快，幼苗对土壤中氯酸钾的耐毒力较强；根系发达，根粗而长；维管束和导管较粗，叶表皮较厚，气孔少，叶较光滑有蜡质；根细胞的渗透压和茎叶组织的汁液浓度也较高。与水稻比较，陆稻吸水力较强而蒸腾量较小，故有较强的耐旱能力。通常陆稻依靠雨水或地下水获得水分，稻田无田埂。虽然陆稻的生长发育对光、温要求与水稻相似，但一生需水量约是水稻的2/3或1/2。因而，陆稻适于水源不足或水源不均衡的稻区、多雨的山区和丘陵区的坡地或台田种植，还可与多种旱作物间作或套种。从目前的地理环境和种植水平看，陆稻的单产低于水稻。

陆稻也有籼稻、粳稻之别和生育期长短之分。全国陆稻面积约57万hm²，仅占全国稻作总面积的2%左右，主要分布于云贵高原的西南山区、长江中游丘陵地区和华北平原区。云南西双版纳和思茅等地每年陆稻种植面积稳定在10万hm²左右。近年，华北地区正在发展一种旱作稻（Aerobic rice），耐旱性较强，在整个生育期灌溉几次即可，产量较高。此外，广东、广西、海南等地的低洼地区，在20世纪50年代前曾有少量深水稻品种，中华人民共和国成立后，随着水利排灌设施的完善，现已绝迹。目前，种植面积较大的陆稻品种有中旱209、旱稻277、巴西陆稻、中旱3号、陆引46、丹旱稻1号、冀粳12、IRAT104等。

五、粘稻和糯稻

稻谷胚乳均有糯性与非糯性之分。糯稻和非糯稻的主要区别在于饭粒黏性的强弱，相对而言，粘稻（非糯稻）黏性弱，糯稻黏性强，其中粳糯稻的黏性大于籼糯稻。化学成分的分析指出，胚乳直链淀粉含量的多少是区别粘稻和糯稻的化学基础。通常，粳粘稻的直链淀粉含量占淀粉总量的8%～20%，籼粘稻为10%～30%，而糯稻胚乳基本为支链淀粉，不含或仅含极少量直链淀粉（≤2%）。从化学反应看，由于糯稻胚乳和花粉中的淀粉基本或完全为支链淀粉，因此吸碘量少，遇1%的碘-碘化钾溶液呈红褐色反应，而粘稻直链淀粉含量高，吸碘量大，呈蓝紫色反应，这是区分糯稻与非糯稻品种的主要方法之一。从外观看，糯稻胚乳在刚收获时因含水量较高而呈半透明，经充分干燥后呈乳白色，这是因为胚乳细胞快速失水，产生许多大小不一的空隙，导致光散射而引起的乳白色视觉。

云南、贵州、广西等省（自治区）的高海拔地区，人们喜食糯米，籼型糯稻品种丰富，而长江中下游地区以粳型糯稻品种居多，东北和华北地区则全部是粳型糯稻。从用途看，糯米通常用于酿制米酒，制作糕点。在云南的低海拔稻区，有一种低直链淀粉含量的籼粘稻，称为软米，其黏性介于籼粘稻和糯稻之间，适于制作饵块、米线。

第三节　水稻遗传资源

水稻育种的发展历程证明，品种改良每一阶段的重大突破均与水稻优异种质的发现和利用相关。20世纪50年代末，矮仔占、矮脚南特、台中本地1号（TN1，亦称台中在来1号）和广场矮等矮秆种质的发掘与利用，实现了60年代我国水稻品种的矮秆化；70～80年代野败型、矮败型、冈型、印水型、红莲型等不育资源的发现及二九南1号A、珍汕97A等水稻野败型不育系育成，实现了籼型杂交稻的"三系"配套和大面积推广利用；80年代农垦58S、安农S-1等光温敏核不育材料的发掘与利用，实现了"两系"杂交水稻的突破；90年代02428、培矮64、轮回422等广亲和种质的发掘与利用，基本克服了籼粳稻杂交的瓶颈；80～90年代沈农89366、沈农159、辽粳5号等新株型优异种质的创新与利用，实现了北方粳稻直立穗型与高产的结合，使北方粳稻产量有了较大的提高；90年代以来光温敏不育系培矮64S、Y58S、株1S以及中9A、甬粳2号A和恢复系9311、蜀恢527等的创新与利用，选育出一系列高产、优质的超级杂交稻品种。可见，水稻优异种质资源的收集、评价、创新和利用是水稻品种遗传改良的重要环节和基础。

一、栽培稻种质资源

中国具有丰富的多样化的水稻遗传资源。清代的《授时通考》（1742）记载了全国16省的3 429个水稻品种，它们是长期自然突变、人工选择和留种栽培的结果。中华人民共和国成立以来，全国进行了4次大规模的稻种资源考察和收集。20世纪50年代后期到60年代在广东、湖南、湖北、江苏、浙江、四川等14省（自治区、直辖市）进行了第一次全国性的水稻种质资源的考察，征集到各类水稻种质5.7万余份。70年代末至80年代初，进行了全国水稻种质资源的补充考察和征集，获得各类水稻种质万余份。国家"七五"（1986—1990）、"八五"（1991—1995）和"九五"（1996—2000）科技攻关期间，分别对神农架和三峡地区以及海南、湖北、四川、陕西、贵州、广西、云南、江西和广东等省（自治区）的部分地区再度进行了补充考察和收集，获得稻种3 500余份。"十五"（2001—2005）和"十一五"（2006—2010）期间，又收集到水稻种质6 996份。

通过对收集到的水稻种质进行整理、核对与编目，截至2010年，中国共编目水稻种质82 386份，其中70 669份是从中国国内收集的种质，占编目总数的85.8%（表1-1）。在此基础上，编辑和出版了《中国稻种资源目录》（8册）、《中国优异稻种资源》，编目内容包括基本信息、形态特征、生物学特性、品质特性、抗逆性、抗病虫性等。

截至2010年,在国家作物种质库［简称国家长期库(北京)］繁种保存的水稻种质资源共73 924份,其中各类型种质所占百分比大小顺序为:地方稻种(68.1%)＞国外引进稻种(13.9%)＞野生稻种(8.0%)＞选育稻种(7.8%)＞杂交稻"三系"资源(1.9%)＞遗传材料(0.3%)(表1-1)。在所保存的水稻地方品种中,保存数量较多的省份包括广西(8 537份)、云南(5 882份)、贵州(5 657份)、广东(5 512份)、湖南(4 789份)、四川(3 964份)、江西(2 974份)、江苏(2 801份)、浙江(2 079份)、福建(1 890份)、湖北(1 467份)和台湾(1 303份)。此外,在中国水稻研究所的国家水稻中期库(杭州)保存了稻属及近缘属种质资源7万余份,是我国单项作物保存规模最大的中期种质库,也是世界上最大的单项国家级水稻种质基因库之一。在入国家长期库(北京)的66 408份地方稻种、选育稻种、国外引进稻种等水稻种质中,籼稻和粳稻种质分别占63.3%和36.7%,水稻和陆稻种质分别占93.4%和6.6%,粘稻和糯稻种质分别占83.4%和16.6%。显然,籼稻、水稻和粘稻的种质数量分别显著多于粳稻、陆稻和糯稻。

表1-1 中国稻种资源的编目数和入库数

种质类型	编 目		繁殖入库	
	份数	占比(%)	份数	占比(%)
地方稻种	54 282	65.9	50 371	68.1
选育稻种	6 660	8.1	5 783	7.8
国外引进稻种	11 717	14.2	10 254	13.9
杂交稻"三系"资源	1 938	2.3	1 374	1.9
野生稻种	7 663	9.3	5 938	8.0
遗传材料	126	0.2	204	0.3
合计	82 386	100	73 924	100

截至2010年,完成了29 948份水稻种质资源的抗逆性鉴定,占入库种质的40.5%;完成了61 462份水稻种质资源的抗病虫性鉴定,占入库种质的83.1%;完成了34 652份水稻种质资源的品质特性鉴定,占入库种质的46.9%。种质评价表明:中国水稻种质资源中蕴藏着丰富的抗旱、耐盐、耐冷、抗白叶枯病、抗稻瘟病、抗纹枯病、抗褐飞虱、抗白背飞虱等优异种质(表1-2)。

表1-2 中国稻种资源中鉴定出的抗逆性和抗病虫性优异的种质份数

种质类型	抗旱		耐盐		耐冷		抗白叶枯病	
	极强	强	极强	强	极强	强	高抗	抗
地方稻种	132	493	17	40	142	—	12	165
国外引进稻种	3	152	22	11	7	30	3	39
选育稻种	2	65	2	11	—	50	6	67

（续）

种质类型	抗稻瘟病			抗纹枯病		抗褐飞虱			抗白背飞虱		
	免疫	高抗	抗	高抗	抗	免疫	高抗	抗	免疫	高抗	抗
地方稻种	—	816	1 380	0	11	—	111	324	—	122	329
国外引进稻种	—	5	148	5	14	—	0	218	—	1	127
选育稻种		63	145	3	7		24	205		13	32

注：数据来自2005年国家种质数据库。

2001—2010年，结合水稻优异种质资源的繁殖更新、精准鉴定与田间展示、网上公布等途径，国家粮食作物种质中期库［简称国家中期库（北京）］和国家水稻种质中期库（杭州）共向全国从事水稻育种、遗传及生理生化、基因定位、遗传多样性和水稻进化等研究的300余个科研及教学单位提供水稻种质资源47 849份次，其中国家中期库（北京）提供26 608份次，国家水稻种质中期库（杭州）提供21 241份次，平均每年提供4 785份次。稻种资源在全国范围的交换、评价和利用，大大促进了水稻育种及其相关基础理论研究的发展。

二、野生稻种质资源

野生稻是重要的水稻种质资源，在中国的水稻遗传改良中发挥了极其重要的作用。从海南岛普通野生稻中发现的细胞质雄性不育株，奠定了我国杂交水稻大面积推广应用的基础。从江西发现的矮败野生稻不育株中选育而成的协青早A和从海南发现的红芒野生稻不育株育成的红莲早A，是我国两个重要的不育系类型，先后转育了一大批杂交水稻品种。利用从广西普通野生稻中发现的高抗白叶枯病基因 *Xa23*，转育成功了一系列高产、抗白叶枯病的栽培品种。从江西东乡野生稻中发现的耐冷材料，已经并继续在耐冷育种中发挥重要作用。

据1978—1982年全国野生稻资源普查、考察和收集的结果，参考1963年中国农业科学院原生态研究室的考察记录，以及历史上台湾发现野生稻的记载，现已明确，中国有3种野生稻：普通野生稻（*O. rufipogon* Griff.）、疣粒野生稻（*O. meyeriana* Baill.）和药用野生稻（*O. officinalis* Wall. ex Watt），分布于广东、海南、广西、云南、江西、福建、湖南、台湾等8个省（自治区）的143个县（市），其中广东53个县（市）、广西47个县（市）、云南19个县（市）、海南18个县（市）、湖南和台湾各2个县、江西和福建各1个县。

普通野生稻自然分布于广东、广西、海南、云南、江西、湖南、福建、台湾等8个省（自治区）的113个县（市），是我国野生稻分布最广、面积最大、资源最丰富的一种。普通野生稻大致可分为5个自然分布区：①海南岛区。该区气候炎热，雨量充沛，无霜期长，极有利于普通野生稻的生长与繁衍。海南省18个县（市）中就有14个县（市）分布有普通野生稻，而且密度较大。②两广大陆区。包括广东、广西和湖南的江永县及福建的漳浦县，为普通野生稻的主要分布区，主要集中分布于珠江水系的西江、北江和东江流域，特别是北回归线以南及广东、广西沿海地区分布最多。③云南区。据考察，在西双版纳傣族自治州的景洪镇、勐罕坝、大勐龙坝等地共发现26个分布点，后又在景洪和元江发现2个普通野生稻分布点，这两个县普通野生稻呈零星分布，覆盖面积小。历年发现的分布点都集中在流沙河和澜沧江流域，这两条河向南流入东南亚，注入南海。④湘赣区。包括湖南茶陵县及江西东乡县的普通野生稻。东乡县的普通野生稻分布于北纬28°14′，是目前中国乃至全球普通野生稻分布的最北限。⑤台湾区。20世纪50年代在桃园、新竹两县发现过普通野生稻，但目前已消失。

药用野生稻分布于广东、海南、广西、云南4省（自治区）的38个县（市），可分为3个自然分布区：①海南岛区。主要分布在黎母山一带，集中分布在三亚市及陵水、保亭、乐东、白沙、屯昌5县。②两广大陆区。为主要分布区，共包括27个县（市），集中于桂东中南部，包括梧州、苍梧、岑溪、玉林、容县、贵港、武宣、横县、邕宁、灵山等县（市），以及广东省的封开、郁南、德庆、罗定、英德等县（市）。③云南区。主要分布于临沧地区的耿马、永德县及普洱市。

疣粒野生稻主要分布于海南、云南与台湾三省（台湾的疣粒野生稻于1978年消失）的27个县（市），海南省仅分布于中南部的9个县（市），尖峰岭至雅加大山、鹦哥岭至黎母山、大本山至五指山、吊罗山至七指岭的许多分支山脉均有分布，常常生长在背北向南的山坡上。云南省有18个县（市）存在疣粒野生稻，集中分布于哀牢山脉以西的滇西南，东至绿春、元江，而以澜沧江、怒江、红河、李仙江、南汀河等河流下游地区为主要分布区。台湾在历史上曾发现新竹县有疣粒野生稻分布，目前情况不明。

自2002年开始，中国农业科学院作物科学研究所组织江西、湖南、云南、海南、福建、广东和广西等省（自治区）的相关单位对我国野生稻资源状况进行再次全面调查和收集，至2013年底，已完成除广东省以外的所有已记载野生稻分布点的调查和部分生态环境相似地区的调查。调查结果表明，与1980年相比，江西、湖南、福建的野生稻分布点没有变化，但分布面积有所减少；海南发现现存的野生稻居群总数达154个，其中普通野生稻136个，疣粒野生稻11个，药用野生稻7个；广西原有的1 342个分布点中还有325个存在野生稻，且新发现野生稻分布点29个，其中普通野生稻13个，药用野生稻16个；云南在调查的98个野生稻分布点中，26个普通野生稻分布点仅剩1个，11个药用野生稻分布点仅剩2个，61个疣粒野生稻分布点还剩25个。除了已记载的分布点，还发现了1个普通野生稻和10个疣粒野生稻新分布点。值得注意的是，从目前对现存野生稻的调查情况看，与1980年相比，我国70%以上的普通野生稻分布点、50%以上的药用野生稻分布点和30%疣粒野生稻分布点已经消失，濒危状况十分严重。

2010年，国家长期库（北京）保存野生稻种质资源5 896份，其中国内普通野生稻种质资源4 602份，药用野生稻880份，疣粒野生稻29份，国外野生稻385份；进入国家中期库（北京）保存的野生稻种质资源3 200份。考虑到种茎保存能较好地保持野生稻原有的种性，为了保持野生稻的遗传稳定性，现已在广东省农业科学院水稻研究所（广州）和广西农业科学院作物品种资源研究所（南宁）建立了2个国家野生稻种质资源圃，收集野生稻种茎入圃保存，至2013年已入圃保存的野生稻种茎10 747份，其中广州圃保存5 037份，南宁圃保存5 710份。此外，新收集的12 800份野生稻种质资源尚未入编国家长期库（北京）或国家野生稻种质圃长期保存，临时保存于各省（自治区）临时圃或大田中。

近年来，对中国收集保存的野生稻种质资源开展了较为系统的抗病虫鉴定，至2013年底，共鉴定出抗白叶枯病种质资源130多份，抗稻瘟病种质资源200余份，抗纹枯病种质资源10份，抗褐飞虱种质资源200多份，抗白背飞虱种质资源180多份。但受试验条件限制，目前野生稻种质资源抗旱、耐寒、抗盐碱等的鉴定较少。

第四节　栽培稻品种的遗传改良

中华人民共和国成立以来，水稻品种的遗传改良获得了巨大成就，纯系选择育种、杂交育种、诱变育种、杂种优势利用、组织培养（花粉、花药、细胞）育种、分子标记辅助育种等先后成为卓有成效的育种方法。65年来，全国共育成并通过国家、省（自治区、直辖市）、地区（市）农作物品种审定委员会审定（认定）的常规和杂交水稻品种共8 117份，其中1991—2014年，每年种植面积大于6 667hm²的品种已从1991年的255个增加到2014年的869个（图1-4）。20世纪50年代后期至70年代的矮化育种、70～90年代的杂交水稻育种，以及近20年的超级稻育种，在我国乃至世界水稻育种史上具有里程碑意义。

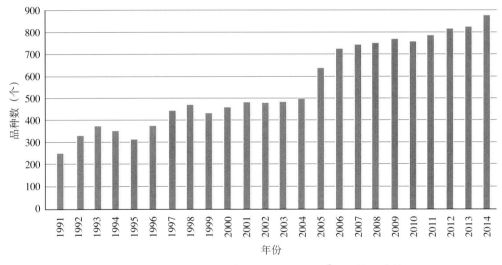

图1-4　1991—2014年年种植面积在6 667hm²以上的品种数

一、常规品种的遗传改良

（一）地方农家品种改良（20世纪50年代）

20世纪50年代初期，全国以种植数以万计的高秆农家品种为主，以高秆（>150cm）、易倒伏为品种主要特征，主要品种有夏至白、马房籼、红脚早、湖北早、黑谷子、竹桠谷、油占子、西瓜红、老来青、霜降青、有芒早粳等。50年代中期，主要采用系统选择法对地方农家品种的某些农艺性状进行改良以提高防倒伏能力，增加产量，育成了一批改良农家品种。在全国范围内，早籼确定38个、中籼确定20个、晚粳确定41个改良农家品种予以大面积推广，连续多年种植面积较大的品种有早籼：南特号、雷火占；中籼：胜利籼、乌嘴川、长粒籼、万利籼；晚籼：红米冬占、浙场9号、粤油占、黄禾子；早粳：有芒早粳；中粳：桂花球、洋早十日、石稻；晚粳：新太湖青、猪毛簇、红须粳、四上裕等。与此同时，通过简单杂交和系统选育，育成了一批高秆改良品种。改良农家品种和新育成的高秆改良品种的产量一般为2 500 ～ 3 000kg/hm²，比地方高秆农家品种的产量高5%～ 15%。

（二）矮化育种（20世纪50年代后期至70年代）

20世纪50年代后期，育种家先后发现籼稻品种矮仔占、矮脚南特和低脚乌尖，以及粳稻品种农垦58等，具有优良的矮秆特性：秆矮（<100cm），分蘖强，耐肥，抗倒伏，产量高。研究发现，这4个品种都具有半矮秆基因 $Sd1$。矮仔占来自南洋，20世纪前期引入广西，是我国20世纪50年代后期至60年代前期种植的最主要的矮秆品种之一，也是60 ～ 90年代矮化育种最重要的矮源亲本之一。矮脚南特是广东农民由高秆品种南特16的矮秆变异株选得。低脚乌尖是我国台湾省的农家品种，是国内外矮化育种最重要的矮源亲本之一。农垦58则是50年代后期从日本引进的粳稻品种。

可利用的 $Sd1$ 矮源发现后，立即开始了大规模的水稻矮化育种。如华南农业科学研究所从矮仔占中选育出矮仔占4号，随后以矮仔占4号与高秆品种广场13杂交育成矮秆品种广场矮。台湾台中农业改良场用矮秆的低脚乌尖与高秆地方品种菜园种杂交育成矮秆的台中本地1号（TN1）。南特号是双季早籼品种极其重要的育种亲源，以南特号为基础，衍生了大量品种，包括矮脚南特（南特号→南特16→矮脚南特）、广场13、莲塘早和陆财号等4个重要骨干品种。农垦58则迅速成为长江中下游地区中粳、晚粳稻的育种骨干亲本。广场矮、矮脚南特、台中本地1号和农垦58这4个具有划时代意义的矮秆品种的育成、引进和推广，标志中国步入了大规模的卓有成效的籼、粳稻矮化育种，成为水稻矮化育种的里程碑。

从20世纪60年代初期开始，全国主要稻区的农家地方品种均被新育成的矮秆、半矮秆品种所替代。这些品种以矮秆（80 ～ 85cm）、半矮秆（86 ～ 105cm）、强分蘖、耐肥、抗倒伏为基本特征，产量比当地主要高秆农家品种提高15%～ 30%。著名的籼稻矮秆品种有矮脚南特、珍珠矮、珍珠矮11、广场矮、广场13、莲塘早、陆财号等；著名的粳稻矮秆品种有农垦58、农垦57（从日本引进）、桂花黄（Balilla，从意大利引进）。60年代后期至70年代中期，年种植面积曾经超过30万hm²的籼稻品种有广陆矮4号、广选3号、二九青、广二104、原丰早、湘矮早9号、先锋1号、矮南早1号、圭陆矮8号、桂朝2号、桂朝13、南京1号、窄叶青8号、红410、成都矮8号、泸双1011、包选2号、包胎矮、团结1号、广二选二、广秋矮、二白矮1号、竹系26、青二矮等；年种植面积超过20万hm²的粳稻矮秆品种有农垦58、农垦57、农虎6号、吉粳60、武农早、沪选19、嘉湖4号、桂花糯、双糯4号等。

（三）优质多抗育种（20世纪80年代中期至90年代）

1978—1984年，由于杂交水稻的兴起和农村种植结构的变化，常规水稻的种植面积大大压缩，特别是常规早稻面积逐年减少，部分常规双季稻被杂交中籼稻和杂交晚籼稻取代。因此，常规品种的选育多以提高稻米产量和品质为主，主要的籼稻品种有广陆矮4号、二九青、先锋1号、原丰早、湘矮早9号、湘早籼13、红410、二九丰、浙733、浙辐802、湘早籼7号、嘉育948、舟903、广二104、桂朝2号、珍珠矮11、包选2号、国际稻8号（IR8）、南京11、754、团结1号、二白矮1号、窄叶青8号、粳籼89、湘晚籼11、双桂1号、桂朝13、七桂早25、鄂早6号、73-07、青秆黄、包选2号、754、汕二59、三二矮等；主要的粳稻品种有秋光、合江19、桂花黄、鄂晚5号、农虎6号、嘉湖4号、鄂宜105、秀水04、武育粳2号、秀水48、秀水11等。

自矮化育种以来，由于密植程度增加，病虫害逐渐加重。因此，90年代常规品种的选育重点在提高产量的同时，还须兼顾提高病虫抗性和改良品质，提高对非生物压力的耐性，因而育成的品种多数遗传背景较为复杂。突出的籼稻品种有早籼31、鄂早18、粤晶丝苗2号、嘉育948、籼小占、粤香占、特籼占25、中鉴100、赣晚籼30、湘晚籼13等；重要的粳稻品种有空育131、辽粳294、龙粳14、龙粳20、吉粳88、垦稻12、松粳6号、宁粳16、垦稻8号、合江19、武育粳3号、武育粳5号、早丰9号、武运粳7号、秀水63、秀水110、秀水128、嘉花1号、甬粳18、豫粳6号、徐稻3号、徐稻4号、武香粳14等。

1978—2014年，最大年种植面积超过40万 hm² 的常规稻品种共23个，这些都是高产品种，产量高，适应性广，抗病虫力强（表1-3）。

表1-3　1978—2014年最大年种植面积超过40万 hm² 的常规水稻品种

品种名称	品种类型	亲本/血缘	最大年种植面积（万 hm²）	累计种植面积（万 hm²）
广陆矮4号	早籼	广场矮3784/陆财号	495.3（1978）	1 879.2（1978—1992）
二九青	早籼	二九矮7号/青小金早	96.9（1978）	542.0（1978—1995）
先锋1号	早籼	广场矮6号/陆财号	97.1（1978）	492.5（1978—1990）
原丰早	早籼	IR8种子^{60}Co辐照	105.0（1980）	436.7（1980—1990）
湘矮早9号	早籼	IR8/湘矮早4号	121.3（1980）	431.8（1980—1989）
余赤231-8	晚籼	余晚6号/赤块矮3号	41.1（1982）	277.7（1981—1999）
桂朝13	早籼	桂阳矮49/朝阳早18，桂朝2号的姐妹系	68.1（1983）	241.8（1983—1990）
红410	早籼	珍龙410系选	55.7（1983）	209.3（1982—1990）
双桂1号	早籼	桂阳矮C17/桂朝2号	81.2（1985）	277.5（1982—1989）
二九丰	早籼	IR29/原丰早	66.5（1987）	256.5（1985—1994）
73-07	早籼	红梅早/7055	47.5（1988）	157.7（1985—1994）
浙辐802	早籼	四梅2号种子辐照	130.1（1990）	973.1（1983—2004）
中嘉早17	早籼	中选181/育嘉253	61.1（2014）	171.4（2010—2014）
珍珠矮11	中籼	矮仔占4号/惠阳珍珠早	204.9（1978）	568.2（1978—1996）
包选2号	中籼	包胎白系选	72.3（1979）	371.7（1979—1993）
桂朝2号	中籼	桂阳矮49/朝阳早18	208.8（1982）	721.2（1982—1995）
二白矮1号	晚籼	秋二矮/秋白矮	68.1（1979）	89.0（1979—1982）
龙粳25	早粳	佳禾早占/龙花97058	41.1（2011）	119.7（2010—2014）
空育131	早粳	道黄金/北明	86.7（2004）	938.5（1997—2014）
龙粳31	早粳	龙花96-1513/垦稻8号的F₁花药培养	112.8（2013）	256.9（2011—2014）
武育粳3号	中粳	中丹1号/79-51//中丹1号/扬粳1号	52.7（1997）	560.7（1992—2012）
秀水04	晚粳	C21///辐农709//辐农709/单209	41.4（1988）	166.9（1985—1993）
武运粳7号	晚粳	嘉40/香糯9121//丙815	61.4（1999）	332.3（1998—2014）

二、杂交水稻的兴起和遗传改良

20世纪70年代初，袁隆平等在海南三亚发现了含有胞质雄性不育基因 *cms* 的普通野生稻，这一发现对水稻杂种优势利用具有里程碑的意义。通过全国协作攻关，1973年实现不育系、保持系、恢复系三系配套，1976年中国开始大面积推广"三系"杂交水稻。1980年全国杂交水稻种植面积479万hm²，1990年达到1 665万hm²。70年代初期，中国最重要的不育系二九南1号A和珍汕97A，是来自携带 *cms* 基因的海南普通野生稻与中国矮秆品种二九南1号和珍汕97的连续回交后代；最重要的恢复系来自国际水稻研究所的IR24、IR661和IR26，它们配组的南优2号、南优3号和汕优6号成为20世纪70年代后期到80年代初期最重要的籼型杂交水稻品种。南优2号最大年（1978）种植面积298万hm²，1976—1986年累计种植面积666.7万hm²；汕优6号最大年（1984）种植面积173.9万hm²，1981—1994年累计种植面积超过1 000万hm²。

1973年10月，石明松在晚粳农垦58田间发现光敏雄性不育株，经过10多年的选育研究，1987年光敏核不育系农垦58S选育成功并正式命名，两系杂交水稻正式进入攻关阶段，两系杂交水稻优良品种两优培九通过江苏省（1999）和国家（2001）农作物品种审定委员会审定并大面积推广，2002年该品种年种植面积达到82.5万hm²。

20世纪80～90年代，针对第一代中国杂交水稻稻瘟病抗性差的突出问题，开展抗稻瘟病育种，育成明恢63、测64、桂33等抗稻瘟病性较强的恢复系，形成第二代杂交水稻汕优63、汕优64、汕优桂33等一批新品种，从而中国杂交水稻又蓬勃发展，80年代湖北出现6 666.67hm²汕优63产量超9 000kg/hm²的记录。著名的杂交水稻品种包括：汕优46、汕优63、汕优64、汕优桂99、威优6号、威优64、协优46、D优63、冈优22、Ⅱ优501、金优207、四优6号、博优64、秀优57等。中国三系杂交水稻最重要的强恢复系为IR24、IR26、明恢63、密阳46（Miyang 46）、桂99、CDR22、辐恢838、扬稻6号等。

1978—2014年，最大年种植面积超过40万hm²的杂交稻品种共32个，这些杂交稻品种产量高，抗病虫力强，适应性广，种植年限长，制种产量也高（表1-4）。

表1-4 1978—2014年最大年种植面积超过40万hm²的杂交稻品种

杂交稻品种	类型	配组亲本	恢复系中的国外亲本	最大年种植面积（万hm²）	累计种植面积（万hm²）
南优2号	三系，籼	二九南1号A/IR24	IR24	298.0（1978）	＞666.7（1976—1986）
威优2号	三系，籼	V20A/IR24	IR24	74.7（1981）	203.8（1981—1992）
汕优2号	三系，籼	珍汕97A/IR24	IR24	278.3（1984）	1 264.8（1981—1988）
汕优6号	三系，籼	珍汕97A/IR26	IR26	173.9（1984）	999.9（1981—1994）
威优6号	三系，籼	V20A/IR26	IR26	155.3（1986）	821.7（1981—1992）
汕优桂34	三系，籼	珍汕97A/桂34	IR24、IR30	44.5（1988）	155.6（1986—1993）
威优49	三系，籼	V20A/测64-49	IR9761-19	45.4（1988）	163.8（1986—1995）
D优63	三系，籼	D汕A/明恢63	IR30	111.4（1990）	637.2（1986—2001）

（续）

杂交稻品种	类型	配组亲本	恢复系中的国外亲本	最大年种植面积（万hm²）	累计种植面积（万hm²）
博优64	三系，籼	博A/测64-7	IR9761-19-1	67.1（1990）	334.7（1989—2002）
汕优63	三系，籼	珍汕97A/明恢63	IR30	681.3（1990）	6 288.7（1983—2009）
汕优64	三系，籼	珍汕97A/测64-7	IR9761-19-1	190.5（1990）	1 271.5（1984—2006）
威优64	三系，籼	V20A/测64-7	IR9761-19-1	135.1（1990）	1 175.1（1984—2006）
汕优桂33	三系，籼	珍汕97A/桂33	IR24、IR36	76.7（1990）	466.9（1984—2001）
汕优桂99	三系，籼	珍汕97A/桂99	IR661、IR2061	57.5（1992）	384.0（1990—2008）
冈优12	三系，籼	冈46A/明恢63	IR30	54.4（1994）	187.7（1993—2008）
威优46	三系，籼	V20A/密阳46	密阳46	51.7（1995）	411.4（1990—2008）
汕优46*	三系，籼	珍汕97A/密阳46	密阳46	45.5（1996）	340.3（1991—2007）
汕优多系1号	三系，籼	珍汕97A/多系1号	IR30、Tetep	68.7（1996）	301.7（1995—2004）
汕优77	三系，籼	珍汕97A/明恢77	IR30	43.1（1997）	256.1（1992—2007）
特优63	三系，籼	龙特甫A/明恢63	IR30	43.1（1997）	439.3（1984—2009）
冈优22	三系，籼	冈46A/CDR22	IR30、IR50	161.3（1998）	922.7（1994—2011）
协优63	三系，籼	协青早A/明恢63	IR30	43.2（1998）	362.8（1989—2008）
Ⅱ优501	三系，籼	Ⅱ-32A/明恢501	泰引1号、IR26、IR30	63.5（1999）	244.9（1995—2007）
Ⅱ优838	三系，籼	Ⅱ-32A/辐恢838	泰引1号、IR30	79.1（2000）	663.0（1995—2014）
金优桂99	三系，籼	金23A/桂99	IR661、IR2061	40.4（2001）	236.2（1994—2009）
冈优527	三系，籼	冈46A/蜀恢527	古154、IR24、IR1544-28-2-3	44.6（2002）	246.4（1999—2013）
冈优725	三系，籼	冈46A/绵恢725	泰引1号、IR30、IR26	64.2（2002）	469.4（1998—2014）
金优207	三系，籼	金23A/先恢207	IR56、IR9761-19-1	71.9（2004）	508.7（2000—2014）
金优402	三系，籼	金23A/R402	古154、IR24、IR30、IR1544-28-2-3	53.5（2006）	428.6（1996—2014）
培两优288	两系，籼	培矮64S/288	IR30、IR36、IR2588	39.9（2001）	101.4（1996—2006）
两优培九	两系，籼	培矮64S/扬稻6号	IR30、IR36、IR2588、BG90-2	82.5（2002）	634.9（1999—2014）
丰两优1号	两系，籼	广占63S/扬稻6号	IR30、R36、IR2588、BG90-2	40.0（2006）	270.1（2002—2014）

*　汕优10号与汕优46的父、母本和育种方法相同，前期称为汕优10号，后期统称汕优46。

三、超级稻育种

国际水稻研究所从1989年起开始实施理想株型（Ideal plant type，俗称超级稻）育种计划，试图利用热带粳稻新种质和理想株型作为突破口，通过杂交和系统选育及分子育种方

法育成新株型品种 [New plant type（NPT），超级稻] 供南亚和东南亚稻区应用，设计产量希望比当地品种增产20%～30%。但由于产量、抗病虫力和稻米品质不理想等原因，迄今还无突出的品种在亚洲各国大面积应用。

为实现在矮化育种和杂交育种基础上的产量再次突破，农业部于1996年启动中国超级稻研究项目，要求育成高产、优质、多抗的常规和杂交水稻新品种。广义要求，超级稻的主要性状如产量、米质、抗性等均应显著超过现有主栽品种的水平；狭义要求，应育成在抗性和米质与对照品种相仿的基础上，产量有大幅度提高的新品种。在育种技术路线上，超级稻品种采用理想株型塑造与杂种优势利用相结合的途径，核心是种质资源的有效利用或有利多基因的聚合，育成单产大幅提高、品质优良、抗性较强的新型水稻品种（表1-5）。

表1-5 超级稻品种的主要指标

项　目	长江流域早熟早稻	长江流域中迟熟早稻	长江流域中熟晚稻、华南感光性晚稻	华南早晚兼用稻、长江流域迟熟晚稻、东北早熟粳稻	长江流域一季稻、东北中熟粳稻	长江上游迟熟一季稻、东北迟熟粳稻
生育期（d）	≤105	≤115	≤125	≤132	≤158	≤170
产量（kg/hm²）	≥8 250	≥9 000	≥9 900	≥10 800	≥11 700	≥12 750
品　质	北方粳稻达到部颁二级米以上（含）标准，南方晚籼稻达到部颁三级米以上（含）标准，南方早籼稻和一季稻达到部颁四级米以上（含）标准					
抗　性	抗当地1～2种主要病虫害					
生产应用面积	品种审定后2年内生产应用面积达到每年3 125hm²以上					

近年有的育种家提出"绿色超级稻"或"广义超级稻"的概念，其基本思路是将品种资源研究、基因组研究和分子技术育种紧密结合，加强水稻重要性状的生物学基础研究和基因发掘，全面提高水稻的综合性状，培育出抗病、抗虫、抗逆、营养高效、高产、优质的新品种。2000年超级杂交稻第一期攻关目标大面积如期实现产量10.5t/hm²，2004年第二期攻关目标大面积实现产量12.0t/hm²。

2006年，农业部进一步启动推进超级稻发展的"6236工程"，要求用6年的时间，培育并形成20个超级稻主导品种，年推广面积占全国水稻总面积的30%，即900万hm²，单产比目前主栽品种平均增产900kg/hm²，以全面带动我国水稻的生产水平。2011年，湖南隆回县种植的超级杂交水稻品种Y两优2号在7.5hm²的面积上平均产量13 899kg/hm²；2011年宁波农业科学院选育的籼粳型超级杂交晚稻品种甬优12单产14 147kg/hm²；2013年，湖南隆回县种植的超级杂交水稻Y两优900获得14 821kg/hm²的产量，宣告超级杂交水稻第三期攻关目标大面积产量13.5t/hm²的实现。据报道，2015年云南个旧市的"超级杂交水稻示范基地"百亩连片水稻攻关田，种植的超级稻品种超优千号，百亩片平均单产16 010kg/hm²；2016年山东临沂市莒南县大店镇的百亩片攻关基地种植的超级杂交稻超优千号，实测单产15 200kg/hm²，创造了杂交水稻高纬度单产的世界纪录，表明已稳定实现了超级杂交水稻第四期大面积产量潜力达到15t/hm²的攻关目标。

截至2014年，农业部确认了111个超级稻品种，分别是：

常规超级籼稻7个：中早39、中早35、金农丝苗、中嘉早17、合美占、玉香油占、桂农占。

常规超级粳稻28个：武运粳27、南粳44、南粳45、南粳49、南粳5055、淮稻9号、长白25、莲稻1号、龙粳39、龙粳31、松粳15、镇稻11、扬粳4227、宁粳4号、楚粳28、连粳7号、沈农265、沈农9816、武运粳24、扬粳4038、宁粳3号、龙粳21、千重浪、辽星1号、楚粳27、松粳9号、吉粳83、吉粳88。

籼型三系超级杂交稻46个：F优498、荣优225、内5优8015、盛泰优722、五丰优615、天优3618、天优华占、中9优8012、H优518、金优785、德香4103、Q优8号、宜优673、深优9516、03优66、特优582、五优308、五丰优T025、天优3301、珞优8号、荣优3号、金优458、国稻6号、赣鑫688、Ⅱ优航2号、天优122、一丰8号、金优527、D优202、Q优6号、国稻1号、国稻3号、中浙优1号、丰299、金优299、Ⅱ优明86、Ⅱ优航1号、特优航1号、D优527、协优527、Ⅱ优162、Ⅱ优7号、Ⅱ优602、天优998、Ⅱ优084、Ⅱ优7954。

粳型三系超级杂交稻1个：辽优1052。

籼型两系超级杂交稻26个：两优616、两优6号、广两优272、C两优华占、两优038、Y两优5867、Y两优2号、Y两优087、准两优608、深两优5814、广两优香66、陵两优268、徽两优6号、桂两优2号、扬两优6号、陆两优819、丰两优香1号、新两优6380、丰两优4号、Y优1号、株两优819、两优287、培杂泰丰、新两优6号、两优培九、准两优527。

籼粳交超级杂交稻3个：甬优15、甬优12、甬优6号。

超级杂交水稻育种正在继续推进，面临的挑战还有很多。从遗传角度看，目前真正能用于超级稻育种的有利基因及连锁分子标记还不多，水稻基因研究成果还不足以全面支撑超级稻分子育种，目前的超级稻育种仍以常规杂交技术和资源的综合利用为主。因此，需要进一步发掘高产、优质、抗病虫、抗逆基因，改进育种方法，将常规育种技术与分子育种技术相结合起来，培育出广适性的可大幅度减少农用化学品（无机肥料、杀虫剂、杀菌剂、除草剂）而又高产优质的超级稻品种。

第五节　核心育种骨干亲本

分析65年来我国育成并通过国家或省级农作物品种审定委员会审（认）定的8 117份水稻、陆稻和杂交水稻现代品种，追溯这些品种的亲源，可以发现一批极其重要的核心育种骨干亲本，它们对水稻品种的遗传改良贡献巨大。但是由于种质资源的不断创新与交流，尤其是育种材料的交流和国外种质的引进，育种技术的多样化，有的品种含有多个亲本的血缘，使得现代育成品种的亲缘关系十分复杂。特别是有些品种的亲缘关系没有文字记录，或者仅以代号留存，难以查考。另外，籼、粳稻品种的杂交和选择，出现了大量含有籼、粳血缘的中间品种，难以绝对划分它们的籼、粳类别。毫无疑问，品种遗传背景的多样性对于克服品种遗传脆弱性，保障粮食生产安全性极为重要。

考虑到这些相互交错的情况，本节品种的亲源一般按不同亲本在品种中所占的重要性和比率确定，可能会出现前后交叉和上下代均含数个重要骨干亲本的情况。

一、常规籼稻

据不完全统计，我国常规籼稻最重要的核心育种骨干亲本有22个，衍生的大面积种植（年种植面积>6 667hm²）的品种数超过2 700个（表1-6）。其中，全国种植面积较大的常规籼稻品种是：浙辐802、桂朝2号、双桂1号、广陆矮4号、湘早籼45、中嘉早17等。

表1-6 籼稻核心育种骨干亲本及其主要衍生品种

品种名称	类型	衍生的品种数	主要衍生品种
矮仔占	早籼	>402	矮仔占4号、珍珠矮、浙辐802、广陆矮4号、桂朝2号、广场矮、二九青、特青、嘉育948、红410、泸红早1号、双桂36、湘早籼7号、广二104、珍汕97、七桂早25、特籼占13
南特号	早籼	>323	矮脚南特、广场13、莲塘早、陆财号、广场矮、广选3号、矮南早1号、广陆矮4号、先锋1号、青小金早、湘早籼3号、湘矮早3号、湘矮早7号、嘉293、赣早籼26
珍汕97	早籼	>267	珍竹19、庆元2号、闽科早、珍汕97A、II-32A、D汕A、博A、中A、29A、天丰A、枝A不育系及汕优63等大量杂交稻品种
矮脚南特	早籼	>184	矮南早1号、湘矮早7号、青小金早、广选3号、温选青
珍珠矮	早籼	>150	珍龙13、珍汕97、红梅早、红410、红突31、珍珠矮6号、珍珠矮11、7055、6044、赣早籼9号
湘早籼3号	早籼	>66	嘉育948、嘉育293、湘早籼10号、湘早籼13、湘早籼7号、中优早81、中86-44、赣早籼26
广场13	早籼	>59	湘早籼3号、中优早81、中86-44、嘉育293、嘉育948、早籼31、嘉兴香米、赣早籼26
红410	早籼	>43	红突31、8004、京红1号、赣早籼9号、湘晚籼5号、舟优903、中优早3号、泸红早1号、辐8-1、佳禾早占、鄂早16、余红1号、湘晚籼9号、湘晚籼14
嘉育293	早籼	>25	嘉育948、中98-15、嘉兴香米、嘉早43、越糯2号、嘉育143、嘉早41、嘉育935、中嘉早17
浙辐802	早籼	>21	香早籼11、中516、浙9248、中组3号、皖稻45、鄂早10号、赣早籼50、金早47、赣早籼56、浙852、中选181
低脚乌尖	中籼	>251	台中本地1号（TN1）、IR8、IR24、IR26、IR29、IR30、IR36、IR661、原丰早、洞庭晚籼、二九丰、滇306、中选8号
广场矮	中籼	>151	桂朝2号、双桂36、二九矮、广场矮5号、广场矮3784、湘矮早3号、先锋1号、泸南早1号
IR8	中籼	>120	IR24、IR26、原丰早、滇瑞306、洞庭晚籼、滇陇201、成矮597、科六早、滇屯502、滇瑞408
IR36	中籼	>108	赣早籼15、赣早籼37、赣早籼39、湘早籼3号
IR24	中籼	>79	四梅2号、浙辐802、浙852、中156，以及一批杂交稻恢复系和杂交稻品种南优2号、汕优2号
胜利籼	中籼	>76	广场13、南京1号、南京11、泸胜2号、广场矮系列品种
台中本地1号（TN1）	中籼	>38	IR8、IR26、IR30、BG90-2、原丰早、湘晚籼1号、滇瑞412、扬稻1号、扬稻3号、金陵57

（续）

品种名称	类型	衍生的品种数	主要衍生品种
特青	中晚籼	>107	特籼占13、特籼占25、盐稻5号、特三矮2号、鄂中4号、胜优2号、丰青矮、黄华占、茉莉新占、丰矮占1号、丰澳占，以及一批杂交稻恢复系镇恢084、蓉恢906、浙恢9516、广恢998
秋播了	晚籼	>60	516、澄秋5号、秋长3号、东秋播、白花
桂朝2号	中晚籼	>43	豫籼3号、镇籼96、扬稻5号、湘晚籼8号、七山占、七桂早25、双朝25、双桂36、早桂1号、陆青早1号、湘晚籼32
中山1号	晚籼	>30	包胎红、包胎白、包选2号、包胎矮、大灵矮、钢枝占
粳籼89	晚籼	>13	赣晚籼29、特籼占13、特籼占25、粤野软占、野黄占、粤野占26

矮仔占源自早期的南洋引进品种，后成为广西容县一带农家地方品种，携带 $sd1$ 矮秆基因，全生育期约140d，株高82cm左右，节密，耐肥，有效穗多，千粒重26g左右，单产4 500 ~ 6 000kg/hm²，比一般高秆品种增产20% ~ 30%。1955年，华南农业科学研究所发现并引进矮仔占，经系选，于1956年育成矮仔占4号。采用矮仔占4号/广场13，1959年育成矮秆品种广场矮；采用矮仔占4号/惠阳珍珠早，1959年育成矮秆品种珍珠矮。广场矮和珍珠矮是矮仔占最重要的衍生品种，这2个品种不但推广面积大，而且衍生品种多，随后成为水稻矮化育种的重要骨干亲本，广场矮至少衍生了151个品种，珍珠矮至少衍生了150个品种。因此，矮仔占是我国20世纪50年代后期至60年代最重要的矮秆推广品种，也是60 ~ 80年代矮化育种最重要的矮源。至今，矮仔占至少衍生了402个品种，其中种植面积较大的衍生品种有广场矮、珍珠矮、广陆矮4号、二九青、先锋1号、特青、桂朝2号、双桂1号、湘早籼7号、嘉育948等。

南特号是20世纪40年代从江西农家品种鄱阳早的变异株中选得，50年代在我国南方稻区广泛作早稻种植。该品种株高100 ~ 130cm，根系发达，适应性广，全生育期105 ~ 115d，较耐肥，每穗约80粒，千粒重26 ~ 28g，单产3 750 ~ 4 500kg/hm²，比一般高秆品种增产13% ~ 34%。南特号1956年种植面积达333.3万hm²，1958—1962年，年种植面积达到400万hm²以上。南特号直接系选衍生出南特16、江南1224和陆财号。1956年，广东潮阳县农民从南特号发现矮秆变异株，经系选育成矮脚南特，具有早熟、秆矮、高产等优点，可比高秆品种增产20% ~ 30%。经分析，矮脚南特也含有矮秆基因 $sd1$，随后被迅速大面积推广并广泛用作矮化育种亲本。南特号是双季早籼品种极其重要的育种亲源，至少衍生了323个品种，其中种植面积较大的衍生品种有广场矮、广场13、矮南早1号、莲塘早、陆财号、广陆矮4号、先锋1号、青小金早、湘矮早2号、湘矮早7号、红410等。

低脚乌尖是我国台湾省的农家品种，携带 $sd1$ 矮秆基因，20世纪50年代后期因用低脚乌尖为亲本（低脚乌尖/菜园种）在台湾育成台中本地1号（TN1）。国际水稻研究所利用Peta/低脚乌尖育成著名的IR8品种并向东南亚各国推广，引发了亚洲水稻的绿色革命。祖国大陆育种家利用含有低脚乌尖血缘的台中本地1号、IR8、IR24和IR30作为杂交亲本，至少衍生了251个常规水稻品种，其中IR8（又称科六或691）衍生了120个品种，台中本地1号衍生了38个品种。利用IR8和台中本地1号而衍生的、种植面积较大的品种有原丰早、科梅、双科1号、湘矮早9号、二九丰、扬稻2号、泸红早1号等。利用含有低脚乌尖血缘的IR24、IR26、IR30等，又育成了大量杂交水稻恢复系，有的恢复系可直接作为常规品种种植。

早籼品种珍汕97对推动杂交水稻的发展作用特殊、贡献巨大。该品种是浙江省温州农业科学研究所用珍珠矮11/汕矮选4号于1968年育成，含有矮仔占血缘，株高83cm，全生育期约120d，分蘖力强，千粒重27g左右，单产约5 500kg/hm²。珍汕97除衍生了一批常规品种外，还被用于杂交稻不育系的选育。1973年，江西省萍乡市农业科学研究所以海南普通野生稻的野败材料为母本，用珍汕97为父本进行杂交并连续回交育成珍汕97A。该不育系早熟、配合力强，是我国使用范围最广、应用面积最大、时间最长、衍生品种最多的不育系。珍汕97A与不同恢复系配组，育成多种熟期类型的杂交水稻品种，如汕优6号、汕优46、汕优63、汕优64等供华南、长江流域作双季晚稻和单季中、晚稻大面积种植。以珍汕97A为母本直接配组的年种植面积超过6 667hm²的杂交水稻品种有92个，36年来（1978—2014年）累计推广面积超过14 450万hm²。

特青是广东省农业科学院用特矮/叶青伦于1984年育成的早、晚兼用的籼稻品种，茎秆粗壮，叶挺色浓，株叶形态好，耐肥，抗倒伏，抗白叶枯病，产量高，大田产量6 750～9 000kg/hm²。特青被广泛用于南方稻区早、中、晚籼稻的育种亲本，主要衍生品种有特籼占13、特籼占25、盐稻5号、特三矮2号、鄂中4号、胜优2号、黄华占、丰矮占1号、丰澳占等。

嘉育293（浙辐802/科庆47//二九丰///早丰6号/水原287////HA79317-7）是浙江省嘉兴市农业科学研究所育成的常规早籼品种。全生育期约112d，株高76.8cm，苗期抗寒性强，株型紧凑，叶片长而挺，茎秆粗壮，生长旺盛，耐肥，抗倒伏，后期青秆黄熟，产量高，适于浙江、江西、安徽（皖南）等省作早稻种植，1993—2012年累计种植面积超过110万hm²。嘉育293被广泛用于长江中下游稻区的早籼稻育种亲本，主要衍生品种有嘉育948、中98-15、嘉兴香米、嘉早43、越糯2号、嘉育143、嘉早41、嘉早935、中嘉早17等。

二、常规粳稻

我国常规粳稻最重要的核心育种骨干亲本有20个，衍生的种植面积较大（年种植面积＞6 667hm²）的品种数超过2 400个（表1-7）。其中，全国种植面积较大的常规粳稻品种有：空育131、武育粳2号、武育粳3号、武运粳7号、鄂宜105、合江19、宁粳4号、龙粳31、农虎6号、鄂晚5号、秀水11、秀水04等。

旭是日本品种，从日本早期品种日之出选出。对旭进行系统选育，育成了京都旭以及关东43、金南风、下北、十和田、日本晴等日本品种。至20世纪末，我国由旭衍生的粳稻品种超过149个。如利用旭及其衍生品种进行早粳育种，育成了辽丰2号、松辽4号、合江20、合江21、早丰、吉粳53、吉粳88、冀粳1号、五优稻1号、龙粳3号、东农416等；利用京都旭及其衍生品种农垦57（原名金南风）进行中、晚粳育种，育成了金垦18、南粳11、徐稻2号、镇稻4号、盐粳4号、扬粳186、盐粳6号、镇稻6号、淮稻6号、南粳37、阳光200、远杂101、鲁香粳2号等。

表1-7 常规粳稻最重要核心育种骨干亲本及其主要衍生品种

品种名称	类型	衍生的品种数	主要衍生品种
旭	早粳	>149	农垦57、辽丰2号、松辽4号、合江20、合江21、早丰、吉粳53、吉粳88、冀粳1号、五优稻1号、龙粳3号、东农416、吉粳60、东农416
笹锦	早粳	>147	丰锦、辽粳5号、龙粳1号、秋光、吉粳69、龙粳1号、龙粳4号、龙粳14、垦稻8号、藤系138、京稻2号、辽盐2号、长白8号、吉粳83、青系96、秋丰、吉粳66
坊主	早粳	>105	石狩白毛、合江3号、合江11、合江22、龙粳2号、龙粳14、垦稻3号、垦稻8号、长白5号
爱国	早粳	>101	丰锦、宁粳6号、宁粳7号、辽粳5号、中花8号、临稻3号、冀粳6号、砦1号、辽盐2号、沈农265、松粳10号、沈农189
龟之尾	早粳	>95	宁粳4号、九稻1号、东农4号、松辽5号、虾夷、松辽5号、九稻1号、辽粳152
石狩白毛	早粳	>88	大雪、滇榆1号、合江12、合江22、龙粳1号、龙粳2号、龙粳14、垦稻8号、垦稻10号
辽粳5号	早粳	>61	辽粳68、辽粳288、辽粳326、沈农159、沈农189、沈农265、沈农604、松粳3号、松粳10号、辽星1号、中japon9052
合江20	早粳	>41	合江23、吉粳62、松粳3号、松粳9号、五优稻1号、五优稻3号、松粳21、龙粳3号、龙粳13、绥粳1号
吉粳53	早粳	>27	长白9号、九稻11、双丰8号、吉粳60、新稻2号、东农416、吉粳70、九稻44、丰选2号
红旗12	早粳	>26	宁粳9号、宁粳11、宁粳19、宁粳23、宁粳28、宁稻216
农垦57	中粳	>116	金垦18、双丰4号、南粳11、南粳23、徐稻2号、镇稻4号、盐粳4号、扬粳201、扬粳186、盐粳6号、南粳36、镇稻6号、淮稻6号、扬粳9538、南粳37、阳光200、远杂101、鲁香粳2号
桂花黄	中粳	>97	南粳32、矮粳23、秀水115、徐稻2号、浙粳66、双糯4号、临稻10号、宁粳9号、宁粳23、镇稻2号
西南175	中粳	>42	云粳3号、云粳7号、云粳9号、云粳134、靖粳10号、靖粳16、京黄126、新城糯、楚粳5号、楚粳22、合系41、滇靖8号
武育粳3号	中粳	>22	淮稻5号、淮稻6号、镇稻99、盐稻8号、武运粳11、华粳2号、广陵香粳、武育粳5号、武香粳9号
滇榆1号	中粳	>13	合系34、楚粳7号、楚粳8号、楚粳24、凤稻14、楚粳14、靖粳8号、靖粳优2号、靖粳优3号、云粳优1号
农垦58	晚粳	>506	沪选19、鄂宜105、农虎6号、辐农709、秀水48、农红73、矮粳23、秀水04、秀水11、秀水63、宁67、武运粳7号、武育粳3号、宁粳1号、甬粳18、徐稻3号、武香粳9号、鄂晚5号、嘉991、镇稻99、太湖糯
农虎6号	晚粳	>332	秀水664、嘉湖4号、祥湖47、秀水04、秀水11、秀水48、秀水63、桐青晚、宁67、太湖糯、武香粳9号、甬粳44、香血糯335、辐农709、武运粳7号
测21	晚粳	>254	秀水04、武香粳14、秀水11、宁粳1号、秀水664、武粳15、武运粳8号、秀水63、甬粳18、祥湖84、武香粳9号、武运粳21、宁67、嘉991、矮糯21、常农粳2号、春江026
秀水04	晚粳	>130	武香粳14、秀水122、武运粳23、秀水1067、武粳13、甬优6号、秀水17、太湖粳2号、甬优1号、宁粳3号、皖稻26、运9707、甬优9号、秀水59、秀水620
矮宁黄	晚粳	>31	老来青、沪晚23、八五三、矮粳23、农红73、苏粳7号、安庆晚2号、浙粳66、秀水115、苏稻1号、镇稻1号、航育1号、祥湖25

辽粳5号(丰锦////越路早生/矮脚南特//藤坂5号/BaDa///沈苏6号)是沈阳市浑河农场采用籼、粳稻杂交，后代用粳稻多次复交，于1981年育成的早粳矮秆高产品种。辽粳5号集中了籼、粳稻特点，株高80～90cm，叶片宽、厚、短、直立上举，色浓绿，分蘖力强，株型紧凑，受光姿态好，光能利用率高，适应性广，较抗稻瘟病，中抗白叶枯病，产量高。适宜在东北作早粳种植，1992年最大种植面积达到9.8万hm²。用辽粳5号作亲本共衍生了61个品种，如辽粳326、沈农159、沈农189、松粳10号、辽星1号等。

合江20（早丰/合江16）是黑龙江省农业科学院水稻研究所于20世纪70年代育成的优良广适型早粳品种。合江20全生育期133～138d，叶色浓绿，直立上举，分蘖力较强，抗稻瘟病性较强，耐寒性较强，耐肥，抗倒伏，感光性较弱，感温性中等，株高90cm左右，千粒重23～24g。70年代末至80年代中期在黑龙江省大面积推广种植，特别是推广水稻旱育稀植以后，该品种成为黑龙江省的主栽品种。作为骨干亲本合江20衍生的品种包括松粳3号、合江21、合江23、黑粳5号、吉粳62等。

桂花黄是我国中、晚粳稻育种的一个主要亲源品种，原名Balilla（译名巴利拉、伯利拉、倍粒稻），1960年从意大利引进。桂花黄为1964年江苏省苏州地区农业科学研究所从Balilla变异单株中选育而成，亦名苏粳1号。桂花黄株高90cm左右，全生育期120～130d，对短日照反应中等偏弱，分蘖力弱，穗大，着粒紧密，半直立，千粒重26～27g，一般单产5 000～6 000kg/hm²。桂花黄的显著特点是配合力好，能较好地与各类粳稻配组。据统计，40年来（1965—2004年）桂花黄共衍生了97个品种，种植面积较大的品种有南粳32、矮粳23、秀水115、徐稻2号、浙粳66、双糯4号、临稻10号等。

农垦58是我国最重要的晚粳稻骨干亲本之一。农垦58又名世界一（经考证应该为Sekai系列中的1个品系），1957年农垦部引自日本，全生育期单季晚稻160～165d，连作晚稻135d，株高约110cm，分蘖早而多，株型紧凑，感光，对短日照反应敏感，后期耐寒，抗稻瘟病，适应性广，千粒重26～27g，米质优，作单季晚稻单产一般6 000～6 750kg/hm²。该品种20世纪60～80年代在长江流域稻区广泛种植，1975年种植面积达到345万hm²，1960—1987年累计种植面积超过1 100万hm²。50年来（1960—2010年）以农垦58为亲本衍生的品种超过506个，其中直接经系统选育而成的品种59个。具有农垦58血缘并大面积种植的品种有：鄂宜105、农虎6号、辐农709、农红73、秀水04、秀水11、秀水63、宁67、武运粳7号、武育粳3号、宁粳1号、甬粳18、徐稻3号等。从农垦58田间发现并命名的农垦58S，成为我国两系杂交稻光温敏核不育系的主要亲本之一，并衍生了多个光温敏核不育系如培矮64S等，配组了大量两系杂交稻如两优培九、两优培特、培两优288、培两优986、培两优特青、培杂山青、培杂双七、培杂泰丰、培杂茂三等。

农虎6号是我国著名的晚粳品种和育种骨干亲本，由浙江省嘉兴市农业科学研究所于1965年用农垦58与老虎稻杂交育成，具有高产、耐肥、抗倒伏、感光性较强的特点，仅1974年在浙江、江苏、上海的种植面积就达到72.2万hm²。以农虎6号为亲本衍生的品种超过332个，包括大面积种植的秀水04、秀水63、祥湖84、武香粳14、辐农709、武运粳7号、宁粳1号、甬粳18等。

武育粳3号是江苏省武进稻麦育种场以中丹1号分别与79-51和扬粳1号的杂交后代经复交育成。全生育期150d左右，株高95cm，株型紧凑，叶片挺拔，分蘖力较强，抗倒伏性中等，单产大约8 700kg/hm²，适宜沿江和沿海南部、丘陵稻区中等或中等偏上肥力条件下种植。1992—2008年累计推广面积549万hm²，1997年最大推广面积达到52.7万hm²。以武育粳3号为亲本，衍生了一批中粳新品种，如淮稻5号、镇稻99、香粳111、淮稻8号、盐稻8号、盐稻9号、扬粳9538、淮稻6号、南粳40、武运粳11、扬粳687、扬粳糯1号、广陵香粳、华粳2号、阳光200等。

测21是浙江省嘉兴市农业科学研究所用日本种质灵峰（丰沃/绫锦）为母本，与本地晚粳中间材料虎蕾选（金蕾440/农虎6号）为父本杂交育成。测21半矮生，叶姿挺拔，分蘖中等，株型挺，生育后期根系活力旺盛，成熟时穗弯于剑叶之下，米质优，配合力好。测21在浙江、江苏、上海、安徽、广西、湖北、河北、河南、贵州、天津、吉林、辽宁、新疆等省（自治区、直辖市）衍生并通过审定的常规粳稻新品种254个，包括秀水04、武香粳14、秀水11、宁粳1号、秀水664、武粳15、武运粳8号、秀水63、甬粳18、祥湖84、武香粳9号、武运粳21、宁67、嘉991、矮糯21等。1985—2012年以上衍生品种累计推广种植达2 300万hm²。

秀水04是浙江省嘉兴市农业科学研究所以测21为母本，与辐农70-92/单209为父本杂交于1985年选育而成的中熟晚粳型常规水稻品种。秀水04茎秆矮而硬，耐寒性较强，连晚栽培株高80cm，单季稻95～100cm，叶片短而挺，分蘖力强，成穗率高，有效穗多。穗颈粗硬，着粒密，结实率高，千粒重26g，米质优，产量高，适宜在浙江北部、上海、江苏南部种植，1985—1994年累计推广面积180万hm²。以秀水04为亲本衍生的品种超过130个，包括武香粳14、秀水122、祥湖84、武香粳9号、武运粳21、宁67、武粳13、甬优6号、秀水17、太湖粳2号、宁粳3号、皖稻26等。

西南175是西南农业科学研究所从台湾粳稻农家品种中经系统选择于1955年育成的中粳品种，产量较高，耐逆性强，在云贵高原持续种植了50多年。西南175不但是云贵地区的主要当家品种，而且是西南稻区中粳育种的主要亲本之一。

三、杂交水稻不育系

杂交水稻的不育系均由我国创新育成，包括野败型、矮败型、冈型、印水型、红莲型等三系不育系，以及两系杂交水稻的光敏和温敏不育系。最重要的杂交稻核心不育系有21个，衍生的不育系超过160个，配组的大面积种植（年种植面积＞6 667hm²）的品种数超过1 300个。配组杂交稻品种最多的不育系是：珍汕97A、Ⅱ-32A、V20A、冈46A、龙特甫A、博A、协青早A、金23A、中9A、天丰A、谷丰A、农垦58S、培矮64S和Y58S等（表1-8）。

表1-8　杂交水稻核心不育系及其衍生的品种（截至2014年）

不育系	类　型	衍生的不育系数	配组的品种数	代　表　品　种
珍汕97A	野败籼型	＞36	＞231	汕优2号、汕优22、汕优3号、汕优36、汕优36辐、汕优4480、汕优46、汕优559、汕优63、汕优64、汕优647、汕优6号、汕优70、汕优72、汕优77、汕优78、汕优8号、汕优多系1号、汕优桂30、汕优桂32、汕优桂33、汕优桂34、汕优桂99、汕优晚3、汕优直龙

（续）

不育系	类型	衍生的不育系数	配组的品种数	代表品种
Ⅱ-32A	印水籼型	>5	>237	Ⅱ优084、Ⅱ优128、Ⅱ优162、Ⅱ优46、Ⅱ优501、Ⅱ优58、Ⅱ优602、Ⅱ优63、Ⅱ优718、Ⅱ优725、Ⅱ优7号、Ⅱ优802、Ⅱ优838、Ⅱ优87、Ⅱ优多系1号、Ⅱ优辐819、优航1号、Ⅱ优明86
V20A	野败籼型	>8	>158	威优2号、威优35、威优402、威优46、威优48、威优49、威优6号、威优63、威优64、威优647、威优77、威优98、威优华联2号
冈46A	冈籼型	>1	>85	冈矮1号、冈优12、冈优188、冈优22、冈优151、冈优188、冈优527、冈优725、冈优827、冈优881、冈优多系1号
龙特甫A	野败籼型	>2	>45	特175、特优18、特优524、特优559、特优63、特优70、特优838、特优898、特优桂99、特优多系1号
博A	野败籼型	>2	>107	博Ⅲ优273、博Ⅱ优15、博优175、博优210、博优253、博优258、博优3550、博优49、博优64、博优803、博优998、博优桂44、博优桂99、博优香1号、博优湛19
协青早A	矮败籼型	>2	>44	协优084、协优10号、协优46、协优49、协优57、协优63、协优64、协优华联2号
金23A	野败籼型	>3	>66	金优117、金优207、金优253、金优402、金优458、金优191、金优63、金优725、金优77、金优928、金优桂99、金优晚3
K17A	K籼型	>2	>39	K优047、K优402、K优5号、K优926、K优1号、K优3号、K优40、K优52、K优817、K优818、K优877、K优88、K优绿36
中9A	印水籼型	>2	>127	中9优288、中优207、中优402、中优974、中优桂99、国稻1号、国丰1号、先农20
D汕A	D籼型	>2	>17	D优49、D优78、D优162、D优361、D优1号、D优64、D汕优63、D优63
天丰A	野败籼型	>2	>18	天优116、天优122、天优1251、天优368、天优372、天优4118、天优428、天优8号、天优998、天优华占
谷丰A	野败籼型	>2	>32	谷优527、谷优航1号、谷优964、谷优航148、谷优明占、谷优3301
丛广41A	红莲籼型	>3	>12	广优4号、广优青、粤优8号、粤优938、红莲优6号
黎明A	滇粳型	>11	>16	黎优57、滇杂32、滇杂34
甬粳2A	滇粳型	>1	>11	甬优2号、甬优3号、甬优4号、甬优5号、甬优6号
农垦58S	光温敏	>34	>58	培矮64S、广占63S、广占63-4S、新安S、GD-1S、华201S、SE21S、7001S、261S、N5088S、4008S、HS-3、两优培九、培两优288、培两优特青、丰两优1号、扬两优6号、新两优6号、粤杂122、华两优103
培矮64S	光温敏	>3	>69	培两优210、两优培九、两优培特、培两优288、培两优3076、培两优981、培两优986、培两优特青、培杂山青、培杂双七、培杂桂99、培杂67、培杂泰丰、培杂茂三
安农S-1	光温敏	>18	>47	安两优25、安两优318、安两优402、安两优青占、八两优100、八两优96、田两优402、田两优4号、田两优66、田两优9号
Y58S	光温敏	>7	>120	Y两优1号、Y两优2号、Y两优6号、Y两优9981、Y两优7号、Y两优900、深两优5814
株1S	光温敏	>20	>60	株两优02、株两优08、株两优09、株两优176、株两优30、株两优58、株两优81、株两优839、株两优99

　　珍汕97A属野败胞质不育系，是江西省萍乡市农业科学研究所以海南普通野生稻的野败材料为母本，以迟熟早籼品种珍汕97为父本杂交并连续回交于1973年育成。该不育系配合力强，是我国使用范围最广、应用面积最大、时间最长、衍生品种最多的不育系。与不同恢复系配组，育成多种熟期类型的杂交水稻供华南早稻、华南晚稻、长江流域的双季早稻和双季晚稻及一季中稻利用。以珍汕97A为母本直接配组的年种植面积超过6 667hm²的杂交水稻品种有92个，30年来（1978—2007年）累计推广面积13 372万hm²。

　　V20A属野败胞质不育系，是湖南省贺家山原种场以野败/6044//71-72后代的不育株为母本，以早籼品种V20为父本杂交并连续回交于1973年育成。V20A一般配合力强，异交结实率高，配组的品种主要作双季晚稻使用，也可用作双季早稻。V20A是全国主要的不育系之一，配组的威优6号、威优63、威优64等系列品种在20世纪80～90年代曾经大面积种植，其中威优6号在1981—1992年的累计种植面积达到822万hm²。

　　Ⅱ-32A属印水胞质不育系。为湖南杂交水稻研究中心从印尼水田谷6号中发现的不育株，其恢保关系与野败相同，遗传特性也属于孢子体不育。Ⅱ-32A是用珍汕97B与IR665杂交育成定型株系后，再与印水珍鼎（糯）A杂交、回交转育而成。全生育期130d，开花习性好，异交结实率高，一般制种产量可达3 000～4 500kg/hm²，是我国主要三系不育系之一。Ⅱ-32A衍生了优Ⅰ A、振丰A、中9A、45A、渝5A等不育系，与多个恢复系配组的品种，包括Ⅱ优084、Ⅱ优46、Ⅱ优501、Ⅱ优63、Ⅱ优838、Ⅱ优多系1号、Ⅱ优辐819、Ⅱ优明86等，在我国南方稻区大面积种植。

　　冈型不育系是四川农学院水稻研究室以西非晚籼冈比亚卡（Gambiaka Kokum）为母本，与矮脚南特杂交，利用其后代分离的不育株杂交转育的一批不育系，其恢保关系、雄性不育的遗传特性与野败基本相似，但可恢复性比野败好，从而发现并命名为冈型细胞质不育系。冈46A是四川农业大学水稻研究所以冈二九矮7号A为母本，用"二九矮7号/V41//V20/雅矮早"的后代为父本杂交、回交转育成的冈型早籼不育系。冈46A在成都地区春播，播种至抽穗历期75d左右，株高75～80cm，叶片宽大，叶色淡绿，分蘖力中等偏弱，株型紧凑，生长繁茂。冈46A配合力强，与多个恢复系配组的74个品种在我国南方稻区大面积种植，其中冈优22、冈优12、冈优527、冈优151、冈优多系1号、冈优725、冈优188等曾是我国南方稻区的主推品种。

　　中9A是中国水稻研究所1992年以优Ⅰ A为母本，优Ⅰ B/L301B//菲改B的后代作父本，杂交、回交转育成的早籼不育系，属印尼水田谷6号质源型，2000年5月获得农业部新品种权保护。中9A株高约65cm，播种至抽穗60d左右，育性稳定，不育株率100%，感温，异交结实率高，配合力好，可配组早籼、中籼及晚籼3种栽培型杂交水稻，适用于所有籼型杂交稻种植区。以中9A配组的杂交品种产量高，米质好，抗白叶枯病，是我国当前较抗白叶枯病的不育系，与抗稻瘟病的恢复系配组，可育成双抗的杂交稻品种。配组的国稻1号、国丰1号、中优177、中优448、中优208等49个品种广泛应用于生产。

　　谷丰A是福建省农业科学院水稻研究所以地谷A为母本，以[龙特甫B/宙伊B（V41B/汕优菲一//IRs48B）]F₄作回交父本，经连续多代回交于2000年转育而成的野败型三系不育系。谷丰A株高85cm左右，不育性稳定，不育株率100%，花粉败育以典败为主，异交特性好，较抗稻瘟病，适宜配组中、晚籼类型杂交品种。谷优系列品种已在中国南方稻区大面积推广应用，成为稻瘟病重发区杂交水稻安全生产的重要支撑。利用谷丰A配组育成了谷优527、谷优964、谷优5138等32个品种通过省级以上农作物品种审定委员会审（认）定，其中4个品种通过国家农作物品种审定委员会审定。

甬粳2A是滇粳型不育系，是浙江省宁波市农业科学院以宁67A为母本，以甬粳2号为父本进行杂交，以甬粳2号为父本进行连续回交转育而成。甬粳2A株高90cm左右，感光性强，株型下紧上松，须根发达，分蘖力强，茎韧秆壮，剑叶挺直，中抗白叶枯病、稻瘟病、细菌性条纹病，耐肥，抗倒伏性好。采用粳不／籼恢三系法途径，甬粳2A配组育成了甬优2号、甬优4号、甬优6号等优质高产籼粳杂交稻。其中，甬优6号（甬粳2A/K4806）2006年在浙江省鄞州取得单季稻12 510kg/hm^{2}的高产，甬优12（甬粳2A/F5032）在2011年洞桥"单季百亩示范方"取得13 825kg/hm^{2}的高产。

培矮64S是籼型温敏核不育系，由湖南杂交水稻研究中心以农垦58S为母本，籼爪型品种培矮64（培迪/矮黄米//测64）为父本，通过杂交和回交选育而成。培矮64S株高65～70cm，分蘖力强，亲和谱广，配合力强，不育起点温度在13h光照条件下为23.5℃左右，海南短日照（12h）条件下不育起点温度超过24℃。目前已配组两优培九、两优培特、培两优288等30多个通过省级以上农作物品种审定委员会审定并大面积推广的两系杂交稻品种，是我国应用面积最大的两系核不育系。

安农S-1是湖南省安江农业学校从早籼品系超40/H285//6209-3群体中选育的温敏型两用核不育系。由于控制育性的遗传相对简单，用该不育系作不育基因供体，选育了一批实用的两用核不育系如香125S、安湘S、田丰S、田丰S-2、安农810S、准S360S等，配组的安两优25、安两优318、安两优402、安两优青占等品种在南方稻区广泛种植。

Y58S(安农S-1/常菲22B//安农S-1/Lemont///培矮64S)是光温敏不育系，实现了有利多基因累加，具有优质、高光效、抗病、抗逆、优良株叶形态和高配合力等优良性状。Y58S目前已选配Y两优系列强优势品种120多个，其中已通过国家、省级农作物品种审定委员会审（认）定的有45个。这些品种以广适性、优质、多抗、超高产等显著特性迅速在生产上大面积推广，代表性品种有Y两优1号、Y两优2号、Y两优9981等，2007—2014年累计推广面积已超过300万hm^2。2013年，在湖南隆回县，超级杂交水稻Y两优900获得14 821kg/hm^{2}的高产。

四、杂交水稻恢复系

我国极大部分强恢复系或强恢复源来自国外，包括IR24、IR26、IR30、密阳46等，它们均含有我国台湾省地方品种低脚乌尖的血缘（*sd1*矮秆基因）。20世纪70～80年代，IR24、IR26、IR30、IR36、IR58直接作恢复系利用，随着明恢63（IR30/圭630）的育成，我国的杂交稻恢复系走上了自主创新的道路，育成的恢复系其遗传背景呈现多元化。目前，主要的已广泛应用的核心恢复系17个，它们衍生的恢复系超过510个，配组的种植面积较大（年种植面积＞6 667hm^2）的杂交品种数超过1 200个（表1-9）。配组品种较多的恢复系有：明恢63、明恢86、IR24、IR26、多系1号、测64-7、蜀恢527、辐恢838、桂99、CDR22、密阳46、广恢3550、C57等。

表1-9　我国主要的骨干恢复系及配组的杂交稻品种（截至2014年）

骨干亲本名称	类型	衍生的恢复系数	配组的杂交品种数	代　表　品　种
明恢63	籼型	>127	>325	D优63、Ⅱ优63、博优63、冈优12、金优63、马协优63、全优63、汕优63、特优63、威优63、协优63、优Ⅰ63、新香优63、八两优63
IR24	籼型	>31	>85	矮优2号、南优2号、汕优2号、四优2号、威优2号
多系1号	籼型	>56	>78	D优68、D优多系1号、Ⅱ优多系1号、K优5号、冈优多系1号、汕优多系1号、特优多系1号、优Ⅰ多系1号
辐恢838	籼型	>50	>69	辐优803、B优838、Ⅱ优838、长优838、川香838、辐优838、绵5优838、特优838、中优838、绵两优838、天优838
蜀恢527	籼型	>21	>45	D奇宝优527、D优13、D优527、Ⅱ优527、辐优527、冈优527、红优527、金优527、绵5优527、协优527
测64-7	籼型	>31	>43	博优49、威优49、协优49、汕优49、D优64、汕优64、威优64、博优64、常优64、协优64、优Ⅰ64、枝优64
密阳46	籼型	>23	>29	汕优46、D优46、Ⅱ优46、Ⅰ优46、金优46、汕优10、威优46、协优46、优I46
明恢86	籼型	>44	>76	Ⅱ优明86、华优86、两优2186、汕优明86、特优明86、福优86、D297优86、T优8086、Y两优86
明恢77	籼型	>24	>48	汕优77、威优77、金优77、优Ⅰ77、协优77、特优77、福优77、新香优77、K优877、K优77
CDR22	籼型	24	34	汕优22、冈优22、冈优3551、冈优363、绵5优3551、宜香3551、冈优1313、D优363、Ⅱ优936
桂99	籼型	>20	>17	汕优桂99、金优桂99、中优桂99、特优桂99、博优桂99（博优903）、华优桂99、秋优桂99、枝优桂99、美优桂99、优Ⅰ桂99、培两优桂99
广恢3550	籼型	>8	>21	Ⅱ优3550、博优3550、汕优3550、汕优桂3550、特优3550、天丰优3550、威优3550、协优3550、优优3550、枝优3550
IR26	籼型	>3	>17	南优6号、汕优6号、四优6号、威优6号、威优辐26
扬稻6号	籼型	>1	>11	红莲优6号、两优培九、扬两优6号、粤优938
C57	粳型	>20	>39	黎优57、丹粳1号、辽优3225、9优418、辽优5218、辽优5号、辽优3418、辽优4418、辽优1518、辽优3015、辽优1052、泗优422、皖稻22、皖稻70
皖恢9号	粳型	>1	>11	70优9号、培两优1025、双优3402、80优98、Ⅲ优98、80优9号、80优121、六优121

　　明恢63是我国最重要的育成恢复系，由福建省三明市农业科学研究所以IR30/圭630于1980年育成。圭630是从圭亚那引进的常规水稻品种，IR30来自国际水稻研究所，含有IR24、IR8的血缘。明恢63衍生了大量恢复系，其衍生的恢复系占我国选育恢复系的65%～70%，衍生的主要恢复系有CDR22、辐恢838、明恢77、多系1号、广恢128、恩恢58、明恢86、绵恢725、盐恢559、镇恢084、晚3等。明恢63配组育成了大量优良的杂交稻品种，包括汕优63、D优63、协优63、冈优12、特优63、金优63、汕优桂33、汕优多系1号等，这些杂交稻品种在我国稻区广泛种植，对水稻生产贡献巨大。直接以明恢63为恢复系配组的年种植面积超过6 667hm²的杂交水稻品种29个，其中，汕优63（珍汕97A/

明恢63）1990年种植面积681万hm²，累计推广面积（1983—2009年）6 289万hm²；D优63（D珍汕97A/明恢63）1990年种植面积111万hm²，累计推广面积（1983—2001年）637万hm²。

密阳46（Miyang 46）原产韩国，20世纪80年代引自国际水稻研究所，其亲本为统一/IR24//IR1317/IR24，含有台中本地1号、IR8、IR24、IR1317（振兴/IR262//IR262/IR24）及韩国品种统一（IR8//蚊/台中本地1号）的血缘。全生育期110d左右，株高80cm左右，株型紧凑，茎秆细韧、挺直，结实率85%～90%，千粒重24g，抗稻瘟病力强，配合力强，是我国主要的恢复系之一。密阳46衍生的主要恢复系有蜀恢6326、蜀恢881、蜀恢202、蜀恢162、恩恢58、恩恢325、恩恢995、恩恢69、浙恢7954、浙恢203、Y111、R644、凯恢608、浙恢208等；配组的杂交品种汕优46(原名汕优10号)、协优46、威优46等是我国南方稻区中、晚稻的主栽品种。

IR24，其姐妹系为IR661，均引自国际水稻研究所（IRRI），其亲本为IR8/IR127。IR24是我国第一代恢复系，衍生的重要恢复系有广恢3550、广恢4480、广恢290、广恢128、广恢998、广恢372、广恢122、广恢308等；配组的矮优2号、南优2号、汕优2号、四优2号、威优2号等是我国20世纪70～80年代杂交中晚稻的主栽品种，IR24还是人工制恢的骨干亲本之一。

测64是湖南省安江农业学校从IR9761-19中系选测交选出。测64衍生出的恢复系有测64-49、测64-8、广恢4480（广恢3550/测64）、广恢128（七桂早25/测64）、广恢96（测64/518）、广恢452（七桂早25/测64//早特青）、广恢368（台中籼育10号/广恢452）、明恢77（明恢63/测64）、明恢07（泰宁本地/圭630//测64///777/CY85-43）、冈恢12（测64-7/明恢63）、冈恢152（测64-7/测64-48）等。与多个不育系配组的D优64、油优64、威优64、博优64、常优64、协优64、优I64、枝优64等是我国20世纪80～90年代杂交稻的主栽品种。

CDR22（IR50/明恢63）系四川省农业科学院作物研究所育成的中籼迟熟恢复系。CDR22株高100cm左右，在四川成都春播，播种至抽穗历期110d左右，主茎总叶片数16～17叶，穗大粒多，千粒重29.8g，抗稻瘟病，且配合力高，花粉量大，花期长，制种产量高。CDR22衍生出了宜恢3551、宜恢1313、福恢936、蜀恢363等恢复系24个；配组的汕优22和冈优22强优势品种在生产中大面积推广。

辐恢838是四川省原子能应用技术研究所以226（糯）/明恢63辐射诱变株系r552育成的中籼中熟恢复系。辐恢838株高100～110cm，全生育期127～132d，茎秆粗壮，叶色青绿，剑叶硬立，叶鞘、节间和稃尖无色，配合力高，恢复力强。由辐恢838衍生出了辐恢838选、成恢157、冈恢38、绵恢3724等新恢复系50多个；用辐恢838配组的Ⅱ优838、辐优838、川香9838、天优838等20余个杂交品种在我国南方稻区广泛应用，其中Ⅱ优838是我国南方稻区中稻的主栽品种之一。

多系1号是四川省内江市农业科学研究所以明恢63为母本，Tetep为父本杂交，并用明恢63连续回交育成，同时育成的还有内恢99-14和内恢99-4。多系1号在四川内江春播，播种至抽穗历期110d左右，株高100cm左右，穗大粒多，千粒重28g，高抗稻瘟病，且配合力高，花粉量大，花期长，利于制种。由多系1号衍生出内恢182、绵恢2009、绵恢2040、明恢1273、明恢2155、联合2号、常恢117、泉恢131、亚恢671、亚恢627、航148、晚R-1、中恢 8006、宜恢 2308、宜恢 2292 等 56 个恢复系。多系 1 号先后配组育成了汕优多系 1 号、Ⅱ优多系 1 号、冈优多系 1 号、D优多系 1 号、D优 68、K优 5 号、特优多系 1 号等品种，在我国南方稻区广泛作中稻栽培。

明恢 77 是福建省三明市农业科学研究所以明恢 63 为母本，测 64 作父本杂交，经多代选择于 1988 年育成的籼型早熟恢复系。到 2010 年，全国以明恢 77 为父本配组育成了 11 个组合通过省级以上农作物品种审定委员会审定，其中 3 个品种通过国家农作物品种审定委员会审定，从 1991—2010 年，用明恢 77 直接配组的品种累计推广面积达 744.67 万 hm^2。到 2010 年，全国各育种单位利用明恢 77 作为骨干亲本选育的新恢复系有 R2067、先恢 9898、早恢 9059、R7、蜀恢 361 等 24 个，这些新恢复系配组了 34 个品种通过省级以上农作物品种审定委员会审定。

明恢 86 是福建省三明市农业科学研究所以 P18（IR54/明恢 63//IR60/圭 630）为母本，明恢 75（粳 187/IR30//明恢 63）作父本杂交，经多代选择于 1993 年育成的中籼迟熟恢复系。到 2010 年，全国以明恢 86 为父本配组育成了 11 个品种通过省级以上农作物品种审定委员会品种审定，其中 3 个品种通过国家农作物品种审定委员会审定。从 1997—2010 年，用明恢 86 配组的所有品种累计推广面积达 221.13 万 hm^2。到 2011 年止，全国各育种单位以明恢 86 为亲本选育的新恢复系有航 1 号、航 2 号、明恢 1273、福恢 673、明恢 1259 等 44 个，这些新恢复系配组了 65 个品种通过省级以上农作物品种审定委员会审定。

C57 是辽宁省农业科学院利用"籼粳架桥"技术，通过籼（国际水稻研究所具有恢复基因的品种 IR8）/籼粳中间材料（福建省具有籼稻血统的粳稻科情 3 号）//粳（从日本引进的粳稻品种京引 35），从中筛选出的具有 1/4 籼核成分的粳稻恢复系。C57 及其衍生恢复系的育成和应用推动了我国杂交粳稻的发展，据不完全统计，约有 60% 以上的粳稻恢复系具有 C57 的血缘，如皖恢 9 号、轮回 422、C52、C418、C4115、徐恢 201、MR19、陆恢 3 号等。C57 是我国第一个大面积应用的杂交粳稻品种黎优 57 的父本。

参考文献

陈温福, 徐正进, 张龙步, 等, 2002. 水稻超高产育种研究进展与前景 [J]. 中国工程科学, 4(1): 31-35.

程式华, 曹立勇, 庄杰云, 等, 2009. 关于超级稻品种培育的资源和基因利用问题 [J]. 中国水稻科学, 23(3): 223-228.

程式华, 2010. 中国超级稻育种 [M]. 北京: 科学出版社: 493.

方福平, 2009. 中国水稻生产发展问题研究 [M]. 北京: 中国农业出版社: 19-41.

韩龙植, 曹桂兰, 2005. 中国稻种资源收集、保存和更新现状 [J]. 植物遗传资源学报, 6(3): 359-364.

林世成, 闵绍楷, 1991. 中国水稻品种及其系谱 [M]. 上海: 上海科学技术出版社: 411.

马良勇, 李西民, 2007. 常规水稻育种 [M]// 程式华, 李健. 现代中国水稻. 北京: 金盾出版社: 179-202.

闵捷, 朱智伟, 章林平, 等, 2014. 中国超级杂交稻组合的稻米品质分析 [J]. 中国水稻科学, 28(2): 212-216.

庞汉华, 2000. 中国野生稻资源考察、鉴定和保存概况 [J]. 植物遗传资源科学, 1(4): 52-56.

汤圣祥, 王秀东, 刘旭, 2012. 中国常规水稻品种的更替趋势和核心骨干亲本研究 [J]. 中国农业科学, 5(8): 1455-1464.

万建民, 2010. 中国水稻遗传育种与品种系谱 [M]. 北京: 中国农业出版社: 742.

魏兴华, 汤圣祥, 余汉勇, 等, 2010. 中国水稻国外引种概况及效益分析 [J]. 中国水稻科学, 24(1): 5-11.

魏兴华, 汤圣祥, 2011. 中国常规稻品种图志 [M]. 杭州: 浙江科学技术出版社: 418.

谢华安, 2005. 汕优63选育理论与实践 [M]. 北京: 中国农业出版社: 386.

杨庆文, 陈大洲, 2004. 中国野生稻研究与利用 [M]. 北京: 气象出版社.

杨庆文, 黄娟, 2013. 中国普通野生稻遗传多样性研究进展 [J]. 作物学报, 39(4): 580-588.

袁隆平, 2008. 超级杂交水稻育种进展 [J]. 中国稻米 (1): 1-3.

Khush G S, Virk P S, 2005. IR varieties and their impact[M]. Malina, Philippines: IRRI: 163.

Tang S X, Ding L, Bonjean A P A, 2010. Rice production and genetic improvement in China[M]//Zhong H, Bonjean Alain A P A. Cereals in China. Mexico: CIMMYT.

Yuan L P, 2014. Development of hybrid rice to ensure food security[J]. Rice Science, 21(1): 1-2.

第二章
湖南省稻作区划与品种改良概述

第一节　湖南省稻作区划

湖南省地处长江中游南岸，南岭以北，位于北纬24°39′～30°08′，东经108°47′～114°15′。湖南省水稻生产历史悠久。湖南常德城头山遗址发现了6 500年前中国迄今年代最早、灌溉设施完备的世界最早水稻田，3 000年以前的《周礼·职方氏》记载："荆州其谷宜稻。"长沙市郊马王堆一号汉墓出土的稻谷文物鉴定表明，西汉初期水稻品种类型有粳、籼、粘、糯之分，长、中、短粒兼有。据统计，1949年全省水稻种植面积306.7万hm²，由于受当时生产技术以及水稻品种等因素的限制，双季稻面积仅有15万hm²，占水稻总面积的4.9%，其余均为一季稻。1949年以后，双季稻面积迅速扩大，1956年曾有56个县种植，面积增至87.8万hm²，占稻田总面积的28.6%。20世纪60年代初，生产条件改善，耕作技术提高，引入矮秆品种矮脚南特试种成功，并且相继选育、应用适应湖南省生态条件的中秆、矮秆早、中籼品种。与此同时，湖南还引进了中秆晚粳良种农垦58。至60年代中期，湖南水稻生产形成了高秆改矮秆的早矮晚粳的新格局，这是湖南省水稻生产的第一次技术变革。70年代中期，随着籼型杂交水稻在湖南省选育成功及矮秆晚籼品种的相继育成并应用于生产，湖南省的早、晚稻品种布局不仅实现了矮秆化，而且晚稻在长沙以南基本实现了籼型化，湘东、湘中、湘南基本实现了杂优化，湘西、湘北和湘中部分地势较高的地方籼粳并存，这是湖南省水稻生产的第二次技术变革。这两次变革，对双季稻面积的继续扩大、水稻单产的迅速提高和总产量的稳定增长均起到了有力的促进作用。

根据湖南省自然资源条件、社会经济条件、耕作制度、品种演变等因素，将湖南省水稻种植区划分为5个稻作区*（图2-1）。

一、湘北籼、粳双季稻区

本区包括洞庭湖附近的14个县、市，水田面积60.6万hm²，占全省水田面积的23.1%，占本区耕地面积的75%，人均水田607m²。全区以洞庭湖平原为主，地面海拔在50m以下，周围为海拔200m以下的低丘岗地。水田集中连片，土质肥沃，多潮沙土。年日照时数1 735h左右，≥10℃积温5 150～5 200℃，光热条件基本上能满足双季稻三熟制的要求。年降水量1 200～1 550mm，65%的水量集中在4～9月，境内有湘、资、沅、澧四条水系汇集注入洞庭湖，平原地势低洼，多雨年份经常出现洪涝灾害。

本区生产基础较好，是全国商品粮基地之一，以种植双季稻为主（占95%）。2011—2014年平均每年种植水稻141.67万hm²，占全省水稻种植面积的33.73%；总产量830.21万t，占全省稻谷总产量的32.23%；单位面积产量居全省第五位。今后宜继续发挥双季稻的优势，但必须有计划地适当调减面积，主攻单产，发展春大豆（间作玉米）—杂交稻等复种模式，实行水旱轮作，解决稻田耕作层变浅和次生潜育化加重问题。早稻应以中熟早籼为主，晚稻要扩种早、中熟晚籼稻（含杂交稻）。

---

* 各稻区统计数据均来源于《2014湖南农村统计年鉴》。

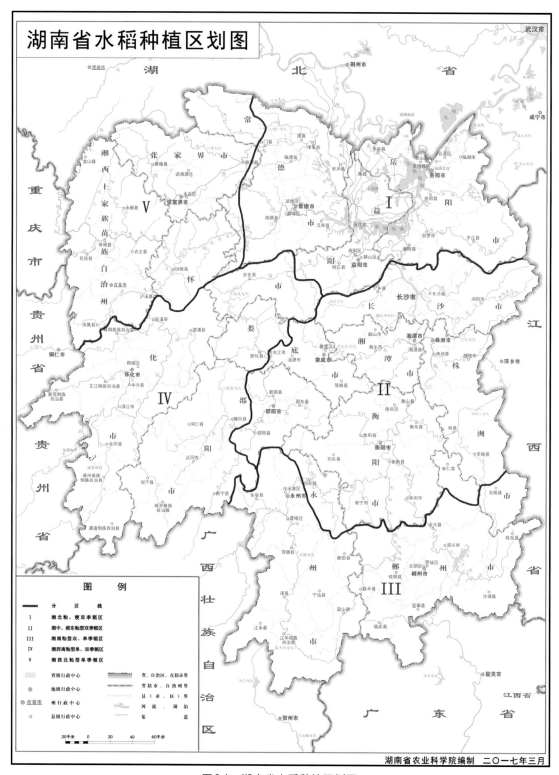

图2-1　湖南省水稻种植区划图

二、湘中、湘东籼型双季稻区

本区位于湖南省中、东部，水田面积96.8万hm²，占全省水田面积的36.9%，占本区耕地面积的84.5%，人均水田540.3m²。区内大部分为丘陵、岗地，红色盆地广布。地面海拔为100～500m。湘、资两水系沿岸多为冲积土，岗地丘陵、多系红壤和紫色土，大部分为高产稳产稻田。年日照时数1 473～1 754h，≥10℃积温5 200～5 600℃，年降水量1 300～1 600mm，夏秋季干旱明显，但河川水量丰富，引、提、灌水利设施较完善，一般旱情对水稻生产影响较小。全区人多田少，稻田耕作精细，水稻种植面积148.40万hm²，占全省的35.34%；稻谷总产量948.26万t，占省的36.81%；单位面积产量与总产量均居全省第一位。

三、湘南籼型双、单季稻区

本区位于湖南省南部，水田面积36.5万hm²，占全省水田面积的13.9%，占本区耕地面积的80.2%，人均水田526.9m²。区内山地丘陵分布广，郴州以南的4个县，山峦起伏，海拔多在500m以上。本区亚热带气候特征明显，年日照时数多在1 600h以上，年平均气温除桂东外，一般都在17.5℃以上，≥10℃积温除桂东、资兴、汝城低于5 000℃外，其余各县均在5 350℃左右。年降水量都在1 400mm以上，湘南边界几县为本省多雨区，但由于下垫面溶岩广布，水利蓄积力差，常遇夏、秋旱，稻田受旱面积大，极个别地方人畜饮水都有困难。全区水稻种植面积60.46万hm²，占全省的14.40%；总产量368.33万t，占全省的14.30%；单位面积产量居全省第三位。

四、湘西南籼型单、双季稻区

本区位于湘西南雪峰山麓一带，水田面积39.8万hm²，占全省水田面积的15.2%，人均水田513.6m²。本区山地广阔，土壤以黄壤为主，适农宜粮。属中亚热带湿润季风气候，年日照时数为1 440h，年平均气温16.7℃，≥10℃积温为4 885～5 150℃，年降水量1 362mm。安化县降水量多达1 691mm，但新晃县只有1 169.6mm，属干旱地带。全区水稻种植面积52.29万hm²，占全省的12.45%；总产量328.64万t，占全省的12.76%；单位面积产量居全省第二位。

五、湘西北籼型单季稻区

本区以山地为主，间有小盆地或沿河阶地，水田面积28.65万hm²，占全省水田面积的10.9%，占本区耕地面积的66%，人均水田560.3m²。区内武陵山盘踞，山高坡陡，谷川幽深，稻田分散，呈层次状立体格局。本区有明显的山地气候特点，年日照时数全省最少，仅1 398.7h，年平均气温16.4℃，≥10℃积温不到5 150℃，年降水量1 402mm，少于湘南区，多于其他区。2～4月常出现春旱，影响春播育秧和稻田翻耕。区内岩溶地貌普遍，加之水利建设差，提水条件不好，夏秋干旱常影响水稻生产。全区梯田多，以单季稻为主，耕作粗放，水稻种植面积17.16万hm²，占全省的4.09%；总产量100.61万t，占全省的3.91%。

第二节　湖南省水稻品种改良历程

一、改农家品种为改良品种及地方良种

水稻育种产生于水稻生产之中。据考证，在20世纪30年代以前，湖南省的栽培品种几乎都是由广大农民自发选育、群选群育和自然选择的，这一阶段水稻农家品种很多，如长沙的善化粘、粒谷早，浏阳的露水白，岳阳的光绪早，华容的矮脚早，攸县的红咀早、麻壳子、西洋禾，醴陵的拗番子，安乡的六十早，南县的红毛苏，邵阳的麻谷早、宝庆粘，黔阳的砂粘，湘西的红谷，新化的二号禾等，品种繁多，参差不齐，产量不高。由政府组织较为正规的水稻育种研究始于1929年建立的湖南省第三农事试验场，此后，湖南逐渐重视水稻良种推广，加大良种繁育力度，先后成立了湘米改进委员会、湖南省农业改良所，开展水稻品种的改良工作。1941年，湖南省农业改良所在芷江、长沙、邵阳、衡阳、常德等五地设立稻作试验场，负责育种、繁殖、推广工作。1942年国民政府农林部在宜章县黄沙堡设农林部湘南繁殖推广站，并在芷江设分站，还在全省76县设有推广所。1943年农林部湖南繁殖推广站由宜章迁至邵阳宋家塘，改为华中繁殖推广站。水稻品种方面，选育出万利籼、胜利籼、黄金粘、抗战粘、满地红、茶籼1号、23-41等新品种，并鉴定出茶子粘、櫑子粘等地方良种，从省外引进了南特号等品种。从农家品种逐渐演变为更好的改良品种及地方良种，是湖南水稻品种的一次更新换代，更是湖南第一次较成功的品种渐进演替。

二、改晚籼品种为晚粳品种

中华人民共和国成立后，湖南省对水稻良种十分重视，把推广水稻良种作为农业增产的重要措施。1950年4月湖南省农林厅成立，内设了种子科，县农业部门有种子专管干部，为水稻品种演替做了大量工作。最初，大量繁殖了民国时期育成的单季稻改良品种如万利籼、胜利籼等籼稻品种。后来，为减轻晚稻受寒露风的危害，洞庭湖区大量种植引进抗寒性强的晚粳品种如松场261、韭菜青、老来青等。1958年，随着双季稻的发展，全省晚粳面积达到21万 hm^2，绝大部分地区增产，据此湖南提出了水稻品种适宜早籼晚粳的发展思路，先后从江苏、浙江、上海引进10509、太湖青、412、853、猪毛簇、牛毛黄、芦干白、铁杆青等粳稻品种。1960年，湖南引进农垦58粳稻品种，该品种表现矮秆、高产、抗寒、抗倒，且比其他晚粳品种发饭，食味也较好，深受群众欢迎，纷纷要求调种推广。1966年农垦58种植面积达到77.27万 hm^2，占双季晚稻面积的61%，1973年面积达到122.27万 hm^2，成为1949年以后湖南省栽培面积最大、种植时间最长的一个水稻品种。加上20世纪70年代湖南推广引进和自育的农虎6号、东风5号、岳农2号等晚粳品种，基本实现了改晚籼稻品种为晚粳稻品种。后来由于需肥少、产量高的晚籼稻品种发展迅猛，晚粳稻品种面积急剧缩减。

三、改高秆籼稻品种为矮秆籼稻品种

20世纪50年代末，湖南水稻育种家从矮脚南特（广东引种）的矮秆、耐肥、抗倒和高

产实例中得到启示，开始大力开展水稻矮秆育种研究。

1963年，夏爱民等育成了湖南第一个矮秆早籼迟熟品种——南陆矮，随之又先后推广了本省育成和引进的湘矮早3号、湘矮早4号、青小金早、广解9号等适应性广的品种，到60年代末湖南基本实现了水稻品种的矮秆化。70年代，二九南、朝阳1号、二九青、广陆矮4号、原丰早、竹系26、湘矮早7号、湘矮早8号、湘矮早9号等品种得到大面积推广，尤其是湘矮早9号，多年占据湖南省推广面积首位。晚稻主要以余晚6号、闽晚6号、洞庭晚籼为主，号称"三晚"，占据洞庭湖区的大部分面积。

四、从常规稻到三系杂交稻

湖南是杂交水稻的发源地。1964年，袁隆平在湖南省安江农业学校开始进行水稻杂种优势利用研究。1970年，袁隆平的助手李必湖等在海南南红农场一处沼泽地野生稻丛中发现一株花药瘦小、不开裂、内含典型败育花粉的野生稻细胞质雄性不育种质资源，当时命名为"野败"，它的发现为杂交水稻的研究打开了突破口。1973年，成功实现杂交水稻的不育系、保持系、恢复系三系配套，育成南优2号等组合并开始在生产上推广应用，标志着籼型三系法选育杂交水稻取得成功。从南优2号、南优3号、威优6号、威优64、威优35到汕优63、Ⅱ优58、金优207、T优207、岳优9113等，三系杂交水稻发展迅猛。据统计，1996—2013年湖南省杂交稻面积占全省水稻种植总面积的比例一直在60%以上，2008年达到最高为76.6%（图2-2）；其中，一季中稻中的杂交稻面积占比更是接近90%，2003年达到95%，为史上最高。

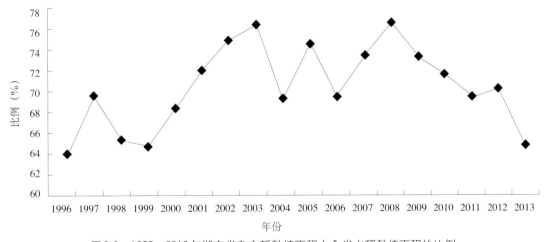

图2-2　1996—2013年湖南省杂交稻种植面积占全省水稻种植面积的比例

五、两系杂交稻蓬勃发展时期

三系法杂交水稻的发明和大面积推广应用，大幅度提高了水稻单位面积产量，为解决我国粮食短缺问题做出了重大贡献。然而三系法杂交水稻受恢保关系限制，配组不自由，且种子生产程序复杂。1973年，石明松在粳稻农垦58中发现光温敏核雄性不育株。1981年，石明松提出"一系两用"的水稻杂种优势利用思路。1984年，袁隆平提出杂交水稻从"三系法"到"两系法"再到"一系法"的战略设想。继石明松发现光敏核雄性不育材料农垦58S后，一批新的光温敏核雄性不育种质资源相继被发现，如1987年邓华凤最先在籼稻中发现温敏核雄性不育资源并育成世界上第一个籼型温敏核雄性不育系安农S-1。早期研究普遍认为，光敏核雄性不育系只受光照长度影响，但后续研究表明，温度是光敏核雄性不育系育性转换的主导因子，且温度在年份间的波动很大，导致两系法杂交水稻的生产应用难度非常大。针对这一困难局面，1992年袁隆平提出选育实用光温敏核雄性不育系的新思路，明确指出不育系起点温度低是实用光温敏核雄性不育系的关键指标，由此先后选育出培矮64S、安农810S、株1S、C815S、Y58S等多个实用光温敏核雄性不育系。自1994年第一个两系杂交稻组合"培两优特青"通过审定以来，两系杂交稻在湖南发展迅猛。据统计，2013年湖南省两系杂交稻种植面积占全省水稻种植面积的26.5%，占杂交水稻种植面积的39.7%（图2-3）。

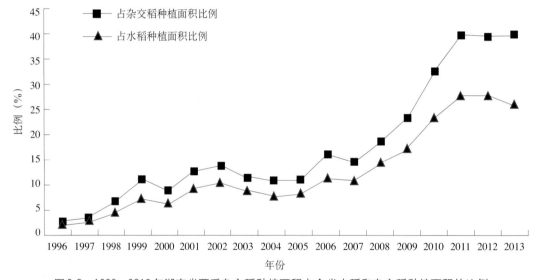

图2-3 1996—2013年湖南省两系杂交稻种植面积占全省水稻和杂交稻种植面积的比例

六、超级稻研究不断取得新突破

1997年，袁隆平提出理想株型与远缘杂种优势利用相结合的水稻超高产育种技术路线。1998年，国家启动了超级杂交稻育种研究计划。2000年，江苏省农业科学院与湖南杂交水稻研究中心合作育成的两优培九达到超级稻中稻育种第一期目标10 500kg/hm²；2004年，湖南杂交水稻研究中心育成的两优0293达到超级稻中稻育种第二期目标12 000kg/hm²；2012年，怀化职业技术学院与湖南杂交水稻研究中心合作育成的Y两优8188达到超级稻中稻育种第三期目标13 500kg/hm²；2014年，创世纪种业有限公司与湖南杂交水稻研究中心合作育成的Y两优900达到超级稻中稻育种第四期目标15 000kg/hm²。

截至2014年，湖南省育成通过农业部认定的超级稻品种11个，均为杂交籼稻品种，全国累计推广面积超过430万hm²。其中，陵两优268、陆两优819和株两优819为双季早稻组合，全国累计推广面积超过61万hm^2；Y两优1号、Y两优2号、准两优527、准两优608、N两优2号和准两优1141为中稻迟熟组合，全国累计推广面积超过265万hm^2；盛泰优722、H优518、丰源优299和金优299为双季晚稻组合，全国累计推广面积超过106万hm^2。

参考文献

邓华凤，舒福北，袁定阳，1999. 安农S-1的研究及其利用概况[J]. 杂交水稻，14(3):1-3.

段传嘉，段永红，1997. "八五"期间湖南常规水稻育种进展[M]. 作物研究(1):29-31.

湖南省农业厅，2001. 湖南杂交水稻发展史[M]. 长沙：湖南科学技术出版社.

黄景夏，1992. 湖南常规育种的成就与经验[J]. 福建稻麦科技(1):13-19.

黎用朝，刘三雄，曾翔，等，2008. 湖南水稻生产概况、发展趋势及对策探讨[J]. 湖南农业科学(2):129-133.

刘厚敖，宋忠华，刘云开，等，2005. 湖南省高温的时空分布与水稻生产的利用对策[J]. 农业现代化研究，26(6): 453-455.

青先国，艾治勇，2007. 湖南水稻种植区域化布局研究[J]. 农业现代化研究，28(6):704-708.

吴云天，王联芳，龚平，等，2003. 湖南省晚稻品种演变分析[J]. 杂交水稻，18(1):1-4.

余应弘，黄景夏，等，1995. 湖南省主要育成和应用水稻品种(组合)亲源分析及评述[J]. 湖南农业科学(5):1-5.

袁隆平，1997. 杂交水稻超高产育种[J]. 杂交水稻，12(6): 1-6.

袁隆平，2002. 杂交水稻学[M]. 北京：中国农业出版社.

袁隆平，2006. 超级杂交稻研究[M]. 上海：上海科学技术出版社.

张德明，2002. 湖南水稻生产的现状与出路[J]. 湖南农业(2):15.

张国兴，周柯，2005. 区域化布局：现代农业的基础[N]. 江阴日报，07-03(A01).

朱保朝，张友根，陈佩良，2001. 湖南水稻生产的现状与发展前景[J]. 作物研究，42(2):37-38.

第三章
品种介绍

ZHONGGUO SHUIDAO PINZHONGZHI · HUNAN ZAJIAODAO JUAN

第一节　骨干亲本

一、三系不育系

Ⅱ-32A（Ⅱ-32 A）

品种来源：湖南杂交水稻研究中心用珍鼎28A为母本，Ⅱ-32B（珍汕97/IR665）为父本和轮回亲本杂交并多次回交育成。

形态特征和生物学特性：属籼型三系印尼水田谷质源不育系。湖南绥宁6月上旬播种，播始历期77d，总叶数13～14片。株高100cm左右，株型紧凑，茎秆粗壮，分蘖力强，繁茂性好。叶色深绿，叶片厚而挺。苗期耐寒性较强。单株有效穗8～10个，平均穗长22cm左右，每穗总粒数150.0～160.0粒，千粒重23.0g。属孢子体不育类型不育系，花粉败育在单核期前为主。花粉典败率89.1%，圆败率9.5%，染败率1.4%，套袋自交结实率0.043%，育性稳定。开颖角度大，开花习性好。柱头外露率高，异交结实率高。配合力好，与辐恢838、明恢63等配组，杂种表现丰产性好、米质一般。

抗性：后期转色好，青秆黄熟，较抗纹枯病和白叶枯病，中感稻瘟病。

繁种技术要点：繁种花期安排以母本始穗比父本早1～2d为宜，有利于父母本盛花期相遇。行幅1.83m，行比2∶（7～8），有利于母本个体生长，充分发挥穗大粒多优势。插基本苗27.8万～30.0万苗/hm²，有效穗255.0万～285.0万穗/hm²。施肥应坚持"促前顾后"，施足基肥，早施追肥，巧施穗肥和粒肥，有机肥、无机肥结合，与氮、磷、钾肥配合施用。每公顷施纯氮375.0kg/hm²，五氧化二磷150.0kg/hm²，氧化钾180.0kg/hm²左右。繁种时父母本播差为倒播差，会出现"母压父"现象，父母本间距应在20cm以上，父本除培育壮秧外，双本插，适当密植，提高有效穗，并采取"吃小灶"的方式多施肥1～2次。Ⅱ-32A剑叶较短且挺而厚，包颈较轻，对赤霉素反应敏感，可不割叶或轻割叶，用赤霉素加赤霉素增效剂，视抽穗整齐度施用2～3次。赶花粉坚持从始花期到终花期，盛花期赶花粉3～4次/d，始花期和终花期赶花粉2～3次/d。去杂、去劣，把好种子质量关。

T98A（T 98 A）

品种来源：国家杂交水稻工程技术研究中心用V20A作母本，T98B（V20B///Lemont//L301B/菲改B）作父本多次回交育成。2001年通过湖南省农作物品种审定委员会审定。2010年获国家植物新品种权授权。

形态特征和生物学特性：属籼型三系中熟早稻野败质源不育系。湖南长沙春播12片叶，播始历期72d；秋播11片叶，播始历期58d。株高70cm，株型松紧适中，分蘖力中等偏上，成穗率较高，单株有效穗9～10个，每穗总粒数130粒，千粒重24.5g。不育性稳定，不育株100%，花粉不育度99.9%，以典败为主。异交习性较好，花时早、集中，柱头总外露率89.0%以上，其中双边外露48.0%以上。对赤霉素较敏感。配合力好，与先恢207、R898等配组，杂种表现丰产性较好、米质较优。

品质特性：糙米率81.1%，精米率71.5%，整精米率41.7%，精米长6.6mm，垩白粒率17%，垩白度1%，透明度2级，胶稠度47mm，直链淀粉含量24.6%。

抗性：易感稻粒黑粉病，抗倒伏性差。白叶枯病5级。

繁种技术要点：T98A柱头外露率高、活力强，异交率可达50%以上，繁种可获高产。2000年，经专家验收1 066.7m²繁种田，产量达3 900kg/hm²。湖南洪江繁殖，4月中旬播种，6月下旬至7月下旬抽穗。为确保不育系繁殖田花期相遇良好，保持系分2期播种：第一期与不育系同时播种，第二期比不育系迟播5d。繁殖时注意与其他品种的隔离，防止串粉混杂。不育系抽穗前和抽穗期每天开花之前及时除杂，保证种子纯度。

V20A（V 20 A）

品种来源：湖南省贺家山原种场用野败/6044//71-72作母本，V20B（珍汕97/西山选）作父本多次回交育成。

形态特征和生物学特性：属籼型三系中熟早稻野败质源不育系。湖南长沙4月上旬播种，6月下旬始穗，播始历期70～75d。株高70cm，株型紧凑。叶片长、宽中等，叶缘、叶鞘、稃尖、柱头均为紫红色。粒型较大，千粒重28～30g。包颈稍重，一般达1/4，气温低时达1/3～1/2。开花不太集中，有少量柱头外露，异交结实率30%左右，开花习性较好。大面积制种平均产量1 500～2 300kg/hm²。配合力好，与测64-7、IR26等配组，杂种表现丰产性好、米质一般。

品质特性：腹白较大，米质较差。

抗性：不抗白叶枯病和稻瘟病。

繁种技术要点：因地制宜，选好安全授粉期。在湖南春繁，宜于4月中旬播种，6月下旬至7月初抽穗开花，播始历期65d，可确保抽穗扬花期的安全；在福建大田县繁殖，4月中下旬播种，6月底至7月初抽穗为佳。一般安排父本较母本迟播5～7d、母本早2～3d始穗为宜。施足秧田基肥，稀播匀播种子，加强秧田肥水管理，培育壮秧。要求移栽时不育系秧苗秧龄达20d以上、4.0～4.5叶、分蘖达3个以上，高产田父、母本有效穗的适当比例应是1：（4～6）。合理密植，建立高产群体结构。在扩大行比的基础上，通过加大种植密度来插足基本苗。基肥足，追肥速，肥料一次入田，争取早发、多成穗。加强水分管理，做到浅水勤灌、干湿交替、以水调肥、适时搁田，以控制无效分蘖。父、母本主穗见穗10%时，即喷赤霉素。利用赤霉素调节植株高度，使父本植株略高于母本，以提高花粉利用率。严格防杂、除杂，把好质量关。不育系繁殖生产环节多，各个环节都有可能造成机械混杂，必须自始至终遵守操作规程。除防止串粉外，还必须做好田间除杂工作，力求把杂、劣株消灭在齐穗之前。防治病虫害，确保丰收。

二九南1号A（Erjiunan 1 A）

品种来源：湖南省水稻杂种优势利用协作组用野败/6044为母本，二九南1号（二九矮7号/矮南早1号）为父本和轮回亲本杂交并多次回交育成。

形态特征和生物学特性：属籼型三系野败质源不育系。4月下旬播种，播种至齐穗需78d左右。株高65cm，株型较松散，主茎叶片数10～11张，分蘖力强，叶色浓绿；每穗颖花数100粒左右，单株有效穗10～11个。套袋自交结实率为0，不育性稳定。花时较零散，正常天气条件下，7:00以后便有少量颖花开放，8:00以后迅速增多，9:00～11:30为开花盛期，12:00以后尚有少量颖花陆续开放，直到17:00结束。柱头外露率较高，夏季繁殖时，柱头外露率达69.8%。开花习性一般。与IR24、IR661等配组，杂种表现丰产性较好、米质一般。

繁种技术要点：适时播插父、母本，促使花期相遇，是夺取二九南1号A繁殖高产的根本。湖南夏繁一般安排在6月底至7月上旬、秋繁安排在8月下旬至9月上旬抽穗扬花。夏繁第一期父本比母本迟3～4d，第二期迟8～9d后播种；秋繁第一期迟2～3d，第二期迟5～6d为宜。秧田下足基肥，稀播育壮秧。夏繁秧龄控制在25～30d，秋繁秧龄不能超过15d，以10～13d为宜。父母本行比以2：8为宜。开花盛期每0.5h辅助授粉1次，授粉3～4次/d。搞好田间管理，认真做好除杂除劣工作。在施足基肥的基础上，早施、重施分蘖肥，幼穗分化期追施穗肥。浅水灌溉，促使禾苗生长迅速，达到早发的目的。分蘖期、孕穗期和齐穗期反复进行多次去杂去劣，将明显的变异株及保持系去掉。收获时先收父本，父本收割后再进行一次认真除杂工作，以保证种子纯度。

丰源A（Fengyuan A）

品种来源：湖南杂交水稻研究中心用V20A作母本，丰源B（金23B/V20B）作父本多次回交育成。2001年通过湖南省农作物品种审定委员会审定。2003年获国家植物新品种权授权。

形态特征和生物学特性：属籼型三系迟熟早稻野败质源不育系。湖南长沙春播12.5叶，播始历期81d；夏播12.3叶，播始历期76d。株高70cm，稃尖紫色，叶色淡绿，分蘖力较强，繁茂性好，单株有效穗17.4穗，茎秆硬，株型集散适中。中大穗型，穗长18.7cm，每穗颖花数110个。抽穗整齐，成穗率高，千粒重约26.5g。不育性稳定，花粉不育度99.99%，以典败为主，异交性好，开花集中，柱头外露率76.0%，对赤霉素钝感。农艺性状整齐一致，配合力较强，所配组合耐寒性较好。与湘恢299、华恢272等配组，杂种表现丰产性好、米质一般。

品质特性：糙米率81.9%，精米率75.4%，整精米率39.5%，垩白粒率33%，垩白度4.6%，长宽比3.1，碱消值6.5级，胶稠度30mm，直链淀粉含量23.2%，蛋白质含量9.1%。

抗性：不抗稻瘟病，耐寒性强。

繁种技术要点：丰源A柱头外露率较高，分蘖力强，繁茂性好，繁种产量高。在湖南怀化繁殖，宜选择连续阴雨天气和火南风出现概率低的6月25日至7月10日作为安全扬花授粉期。母本4月12日播种，父本4月19日播种。留足秧田，施足底肥，培育多蘖壮秧，做到秧苗带蘖、带肥、带药、带泥移栽。繁殖田父母本行比2∶8，厢宽1.4m。母本株行距15.0cm×16.7cm，父母本间距16.7cm，每穴栽插2～3粒谷秧。施足底肥，氮、磷、钾肥配合施用，及时早施适量追肥，控制氮素的施用量。科学管水，浅水活蔸，够苗晒田，浅水养胎，抽穗扬花期保持3～4cm深水层，干湿交替至成熟，切忌收割前脱水过早。见穗20%左右喷施赤霉素，每天早上露水稍干后至扬花前分2次连续2d喷施，前轻后重。盛花期赶粉是重点，10:30～13:30每隔30min左右赶1次，每天赶粉3～4次。注意雨天的开花时间，有粉必赶。秧苗期、分蘖期开始除杂，重点抓好始穗期、收割前的除杂。加强病虫害防治，适时收割。特别注意稻粒黑粉病的防治，花期遇降雨时应在母本的始穗期、盛花期和赶完花粉后喷施药剂防治稻粒黑粉病。

金23A（Jin 23 A）

品种来源：常德市农业科学研究所用V20A作母本，金23B（黄金3号//菲改B/软米M）作父本多次回交育成。

形态特征和生物学特性：属籼型三系中熟早稻野败质源不育系，感温性较强。湖南常德春播，3月初播种，播始历期74d；4月底、5月初播种，播始历期62～64d。常德夏播，6月份播种，播始历期52～54d。株高57cm，株型较紧凑，茎秆较细，主茎叶片10.5～11.5叶。叶片青绿，叶鞘紫色，叶耳、叶枕淡紫色。分蘖力强，成穗率较高，单株有效穗7～9个。穗长17.5cm，每穗总粒数约85粒，千粒重25.6g，颖尖紫色。感温性较强。不育性稳定，花粉不育度99.95%，以典败为主。花时早而集中，柱头外露率高，异交习性好。在施用赤霉素的条件下，柱头外露率高达90%以上，其中双外露率70%以上。配合力好，与先恢207、R402等配组，杂种表现丰产性好、米质较优。

品质特性：糙米率80.9%，精米率71.0%，整精米率56.5%，垩白粒率9.7%，谷粒长9.2mm，宽2.8mm，长宽比为3.3，米粒透明有光泽。

抗性：稻瘟病抗性一般。

繁种技术要点：因地制宜，选好安全授粉期。湖南常德以夏繁最好、春繁次之，不宜秋繁。扬花授粉期宜选择7月上中旬，早夏繁7月下旬至8月上旬，迟夏繁8月中旬。宜安排父本较母本迟播5～8d，父母本同时或母本早1～2d始穗。父母本行比2∶10，尽量增加母本的栽植穴数。推行一期父本，培育强壮父本，增加花粉量。培育母本壮秧，插足母本基本苗，保证母本基本苗225.0万苗/hm²以上。科学管理肥水，促进群体发育，尽量增加母本有效穗和颖花数。施用赤霉素，见穗5%时喷第一次，连续2d喷施。推行人工竹竿授粉，每天在父本盛花期授粉3～4次。繁殖应选择在非稻瘟病、白叶枯病发病区进行，并注意对重要病虫害的测报和防治，抓住关键时刻施药控制。严格除杂保纯，确保种子质量。绝对保证隔离条件，防止串粉。抓好见穗到始穗阶段的除杂工作，对各类杂株见一穗拔一蔸，在母本齐穗前彻底除尽杂株。对收、晒、精选和贮运等环节的机械混杂与发芽霉变也应高度重视，以确保种子质量。

新香A（Xinxiang A）

品种来源：湖南杂交水稻研究中心用V20A作母本，新香B（V20B/湘香2号B）作父本多次回交育成。2003年获国家植物新品种权授权。

形态特征和生物学特性：属籼型三系中熟早稻野败质源不育系。湖南绥宁4月初至7月初播种，播始历期53～79d，主茎叶片数11～13叶。株高60cm，茎秆比较纤细，不耐肥，易倒伏。分蘖力强，成穗率高。每穗总粒数80～100粒，随播种期的推迟，每穗总粒数减少。群体抽穗历期8～10d，抽穗卡颈较轻，穗粒外露率80%左右。不育性稳定，不育株率100%，花粉败育率99.8%以上。对赤霉素反应十分敏感，在抽穗50%时分2次喷施赤霉素。株高97.8cm，包颈1.5cm，包颈粒率1.8%。花时较迟，一般在午后进入盛花，与父本表现出明显的花时不遇。柱头外露率高达65%～70%，双边柱头外露率30%～35%，且柱头活力比较强，异交结实率可达50%。谷粒细长且有短芒，谷粒千粒重中等。配合力好，与R80、蓉恢906等配组，杂种表现丰产性好、米质较优。

品质特性：糙米率81.2%，精米率73.9%，整精米率66.6%，垩白粒率64.0%，垩白度64.0%，透明度2级，胶稠度36mm，直链淀粉含量24.6%，蛋白质含量11.5%，精米长6.6mm，长宽比为3.0，米粒透明有光泽。有香味。

抗性：稻瘟病抗性和抗倒伏能力一般。

繁种技术要点：在湖南长沙母本5月10日播种，父本5月15～17日播种，时差倒挂5～7d。母本在7月10日左右始穗，父本7月12～13日始穗，父本比母本迟2～3d始穗，花期相遇理想。母本栽培管理采取前重、中控、后补的原则，秧田培育多蘖壮秧，大田施足底肥、控制氮肥总用量的基础上，栽后至幼穗分化5期前控肥控水，培育稳健的二类苗，达到母本穗多穗齐粒多抗倒伏性强。在幼穗分化6期则看叶色适当补施氮、钾肥，以改善母本异交结实性能。对父本采取强化栽培管理措施，偏施一次氮、钾肥，最好搞球肥深施。母本施用赤霉素时宜轻宜迟，抽穗30%～40%时始喷，抽穗50%～60%时喷施第二次。赤霉素两次用量前轻（30%）后重（70%）。父本赤霉素用量约是母本用量的1/2。

优 I A (You I A)

品种来源：湖南杂交水稻研究中心用 II -32A 作母本，优 I B（协青早 B 突变株）作父本多次回交育成。

形态特征和生物学特性：属籼型三系中熟早稻野败质源不育系。湖南长沙春播，播始历期 77d，主茎叶片数 12.5 ～ 13.0 叶。株高 65 ～ 70cm，株型集散适中，叶色较淡，秆尖、叶沿及叶鞘浅紫色，剑叶窄直短小，有利异交授粉。分蘖力中等。每穗总粒数 115 ～ 120 粒，中粒型、谷壳薄，开花习性好，花时早而集中，夏季每天花时高峰期为 11:00 ～ 12:30。花时及集中度在一般的阴天无明显推迟现象，开花后闭颖好而及时，不易感染黑粉病。柱头外露率达 80% 以上，双边外露率达 60% 左右，柱头大小中等，活力强。配合力好，与 R402、华联 2 号配组，杂种表现丰产性好、米质较优。

品质特性：糙米率 81.6%，精米长宽比 2.5，精米率 73.7%，整精米率 60.9%。垩白粒率 34.5%，垩白度 1.2%，胶稠度 51mm，直链淀粉含量 24.2%，千粒重 24.5g。

抗性：稻瘟病、白叶枯病、细条病、纹枯病、黑粉病发病轻。

繁种技术要点：优 I A 开花授粉时的适宜温度为 25 ～ 30℃，一般选择最高气温不超过 30℃、最低气温不低于 22℃ 的无雨或少雨的夏初或秋末季节抽穗扬花，有利于夺取繁殖的高产。母本抽穗整齐、花期集中，一般夏制全田花期只有 6 ～ 7d，秋制 7 ～ 8d。为达到父本盛花期对母本盛花期的完全覆盖，父本最好采用一期，以 2 : 10 至 2 : 12 的行比为宜。母本对秧龄比较敏感，移栽期以 5 叶为宜，最迟不得超过 5.5 叶。从秧田期开始就要加强对母本的肥料管理，播种前秧厢适当施少量氮肥打底，3 叶后施 60.0kg/hm² 尿素促使分蘖早发，插秧前 5d 再施 37.5 ～ 45.0kg/hm² 尿素作起身肥。大田施足底肥，并施 75 ～ 120kg/hm² 尿素作面肥，插秧后 5d 再施尿素 150 ～ 225kg/hm² 作追肥促其早生快发，中期追施钾肥，中、后期氮素化肥的追施应看苗、看田进行。一般赤霉素，施用时期以破口 5% 时开始施用为宜。母本谷壳薄、成熟快，应及时收割以防穗萌。一般不需要对稻瘟病、白叶枯病、细条病作专门防治，纹枯病、黑粉病发病也轻，但要注意对稻飞虱和稻纵卷叶螟的防治，并注意秧田期对稻蓟马的防治。

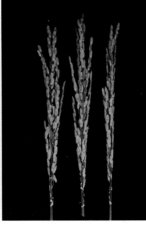

岳4A (Yue 4 A)

品种来源：岳阳市农业科学研究所用85质汕A作母本，岳4B（丝苗/8417//菲改B）作父本多次回交育成。1999年通过湖南省农作物品种审定委员会审定。2002年获国家植物新品种权授权。

形态特征和生物学特性：属籼型三系迟熟早稻爪哇型栽培稻质源不育系。湘北春播，播始历期86d，主茎叶片数14.6叶，感温性中等；6月中下旬播种，播始历期61～70d，主茎叶片数13.1～13.5叶。株高58.5cm，株叶型好，分蘖力强，茎秆有韧性。叶片窄直，剑叶包颈8～10cm。单株有效穗10～12个，穗长20.3～23.5cm，每穗颖花90～130朵，颖尖无色无芒、略弯。谷粒细长，千粒重27.5g。不育性稳定，花粉不育度和不育株率均为100%。柱头外露率高。未施赤霉素的条件下，柱头外露率79.0%，双边外露率40.5%。开颖角度大、时间长，异交习性良好。配合力好，与R9113、岳恢360等配组，杂种表现丰产性一般、米质较优。

品质特性：糙米率79.4%，精米率71.2%，整精米率37.4%，精米长7.1mm，长宽比3.5，垩白粒率20%，垩白度3.1%，透明度2级，碱消值3.6级，胶稠度78mm，直链淀粉含量15%，蛋白质含量8.8%。

抗性：叶瘟7级，穗瘟7级。

繁种技术要点：春繁、早秋繁均表现花粉量足，开花习性好，易获高产。繁殖参考时差4d，栽培上宜采用高肥争大穗，适当施用赤霉素。

二、两系不育系

33S（33 S）

品种来源：湖南省水稻研究所用17S与201B杂交，采用系谱法选育而成。2012年通过湖南省农作物品种审定委员会审定。

形态特征和生物学特性：属中熟中籼两用核不育系。播始历期76～94d，株高85.7cm，株型适中。叶片直立，剑叶具有"长、直、窄、凹"的特点，主茎叶片数14.0～15.0片。分蘖力一般，单株有效穗8.4穗。穗长21.8～24.9cm，每穗总粒数173.1～251.9粒，千粒重24g。不育起点温度23.5℃以下，不育株率100%，花粉不育度100%。柱头外露率为64.0%，其中双边外露率为17.4%。穗包颈粒率10.9%。异交结实率56.2%。

品质特性：糙米率79.5%，精米率72.1%，整精米率68.6%，粒长6.0mm，长宽比2.6，垩白粒率6%，垩白度0.6%，透明度1级，碱消值7.0级，胶稠度41.0mm，直链淀粉含量24.9%。

抗性：苗瘟5级，穗瘟7级。白叶枯病3级。

繁种技术要点：严格按核心种子→原种→生产用种的生产程序进行不育系种子生产。在云南保山繁殖，4月初播种，育性敏感期安排在8月下旬，多本密植。栽培管理中特别注意前期促早发，使主茎和分蘖穗生长发育进度一致。单本插植，栽插密度16.5cm×20.0cm。一般繁殖产量7 500kg/hm² 以上。

C815S（C 815 S）

品种来源：湖南农业大学水稻科学研究所用5SH038与培矮64S杂交，采用系谱法选育而成。2004年通过湖南省农作物品种审定委员会审定。2007年获国家植物新品种权授权。

形态特征和生物学特性：属中熟中籼两用核不育系。播始历期65～95d。株高71～75cm，株型较紧凑，叶色较浓绿，叶鞘、稃尖、柱头紫色，叶片具有长、直、窄、凹、厚的特征，主茎叶片数13～16叶。分蘖力中等。单株有效穗11～12穗，穗长24cm，每穗总颖花数165朵，千粒重24g。不育株率100%，不育度99.9%，花粉败育以典败为主，不育起点温度23℃。柱头总外露率90.5%，其中双边外露率62.0%，单边外露率28.5%。异交结实率55%～60%。配合力好，与R396、R9113等配组，杂种表现丰产性好、米质一般。

品质特性：糙米率78.5%，精米率72.5%，整精米率71.5%，长宽比2.7，垩白粒率6%，垩白大小0.4%。

抗性：叶瘟7级，穗瘟7级。白叶枯病3级。

繁种技术要点：在长日照条件下，最佳繁殖条件是采用冷水串灌，用20.5～22.0℃的低温冷水连续串灌15d，深度为18～22cm。在海南陵水繁殖，育性敏感期若安排在2月5日前，安全系数在90%以上；若安排在2月6～13日，则安全系数接近80%。在海拔高度1560m的云南保山繁殖，4月10日播种，7月20日进入育性敏感期，8月18日齐穗，9月24日成熟，繁殖产量可达8000kg/hm²。在云南保山繁殖两系不育系时，白天的光照度较大，要利用适当的植株群体创造出相互隐蔽的环境，不让太阳直接晒到幼穗上，保证幼穗在相对较低而稳定的温度条件下进行分化，从而使育性顺利转换，一般要求有效穗达255万～315万穗/hm²。

P88S (P 88 S)

品种来源：湖南杂交水稻研究中心用株173S（抗罗早///科辐红2号/湘早籼3号//02428）与培矮64S（农垦58S/培矮64//培矮64）杂交，采用系谱法选育而成。

形态特征和生物学特性：属中熟中籼两用核不育系，感温性中等。3月30日至7月10日在长沙播种，播始历期80～105d，平均86d。主茎叶片数13～16叶，平均14.3叶。株高78.7cm，茎秆粗壮挺拔，茎基部节短而密，抗倒伏能力强。株型前期较为松散，后期较紧凑，分蘖能力极强。剑叶叶片短而宽，叶面正卷，与茎秆的夹角小。穗长20.1cm，呈棒状，着粒密，每穗粒数平均150粒以上。叶片颜色呈豆绿色，叶鞘（基部）、颖尖、柱头为紫红色，颖壳黄色。千粒重22g左右，谷粒长6.3mm，长宽比2.8。不育性败育彻底，不育株率100%，不育度99.9%，花粉败育以无花粉为主，不育转换温度在23～24℃。单株开花盛期集中在始花后的第5～8天，此4d的累积开花率占总开花率70%以上。午前开花率占当天总开花率的80%以上，开花较为集中。柱头总外露率88.5%，柱头活力维持时间长。开颖角度大，异交习性好，制种产量高。配合力好，与R0293、R1128等配组，杂种表现丰产性好、米质一般。

品质特性：糙米率77.1%，精米率70.2%，整精米率64.0%，精米长宽比2.9，垩白粒率2%，垩白度0.1%，碱消值6.7级，胶稠度78mm，直链淀粉含量10.6%，蛋白质含量12.5%。

抗性：苗叶瘟8级，穗颈瘟9级。白叶枯病5级。感黑粉病。

繁种技术要点：可繁性能好，冷水串灌繁殖与自然短日低温繁殖结实率在42.6%～70.8%。不育转换起点温度略高，制种基地宜选择在北纬25°以南、海拔30m以下的地区，敏感期应安排在7月下旬至8月上旬比较安全。同时在生产应用过程中必须坚持按照光温敏核雄性不育系的"核心种子生产和原种繁殖程序"进行提纯繁殖，以防止不育起点温度漂移，保持品种种性。

Y58S（Y 58 S）

品种来源：湖南杂交水稻研究中心用安农 S-1/常菲 22B//安农 S-1/Lemont 与培矮 64S 杂交，采用系谱法选育而成。2005 年通过湖南省农作物品种审定委员会审定。2006 年获得国家植物新品种权授权。

形态特征和生物学特性：属中熟中籼两用核不育系。播始历期 76 ~ 97d。株高 65 ~ 85cm，株型松紧适中，叶色较淡绿，叶鞘绿色，秆尖秆黄色，柱头白色，叶片具有长、直、窄、凹、厚的特征，主茎叶片数 12 ~ 15 叶。分蘖力较强，单株有效穗 9 ~ 12 穗。穗长约 26cm，每穗总颖花数约 150 朵，千粒重 25g 左右。不育株率 100%，不育度 100%，花粉败育彻底，以典败为主，不育起点温度低于 23℃。柱头总外露率 88.9%，其中双边外露率 59.6%。异交结实率 53.9%。配合力好，与 9311、丙 4114 等配组，杂种表现丰产性好、米质优，但在高肥条件下种植有倒伏现象。

品质特性：糙米率 79.3%，精米率 70.9%，整精米率 66.8%，精米长 6.2mm，长宽比 2.9，垩白粒率 5%，垩白度 0.8%，透明度 2 级，碱消值 7.0 级，胶稠度 66mm，直链淀粉含量 13.7%，蛋白质含量 11.0%。

抗性：叶瘟 3 级，穗瘟 3 级。白叶枯病 5 级。

繁种技术要点：在海南春繁，将幼穗分化 3 ~ 6 期安排在日平均气温低于 22℃ 的时段。采用冷水串灌繁殖，将敏感期水温控制在 18 ~ 20℃。培育壮秧，秧龄 18 ~ 25d 为宜。单本栽插，合理密植，种植密度 15cm×20cm。始穗时喷赤霉素。一般繁殖产量 4 500kg/hm²。

安农810S（Annong 810 S）

品种来源：湖南省安江农业学校用安农S-1与水源287杂交，采用系谱法选育而成。1995年通过湖南省科学技术委员会组织的技术鉴定。

形态特征和生物学特性：属中熟早籼两用核不育系。感温性较强，播始历期59～84d，平均68.8d。4月上旬播种播始历期84d，4月下旬至5月上旬播种播始历期70～75d，5月下旬至7月播种播始历期60～65d。株高60～80cm，株型较紧凑。主茎叶片数11～14叶，平均12.6叶，叶色深绿，叶片挺直，剑叶窄短，叶鞘、稃尖无色。分蘖力强，单株有效穗9～11个，每穗总颖花数90～130朵。谷粒椭圆形、较小，千粒重24.9g。育性转换的起点温度≤24℃，不育度和不育株率均达到100%。花时早，盛花时间较短，开花高峰明显，且集中在午前，午前花占70%以上，花时相遇率高，开花习性好。柱头外露率达70%以上，双边外露率35%以上。抽穗整齐，历期7～8d。异交习性好，制种易高产。配合力好，与D100、怀96-1等配组，杂种表现丰产性好、米质一般。

品质特性：米质好，无腹白和心白。

抗性：稻瘟病、白叶枯病抗性好，稻粒黑粉病感染率低。

繁种技术要点：可在海南春繁，也可在湖南省内高海拔适宜地区繁殖或冷水灌溉繁殖，自交结实率可达60%以上，繁殖易高产。在海南三亚繁殖，12月1～15日播种，2月中下旬处于育性敏感期，3月1～15日为抽穗期。选择自然隔离条件好、背风向阳、排灌方便的成片田块，搞好肥水管理，培育丰产苗架，防治好病虫草害等。运用多种辅助措施，如喷施赤霉素、人工赶粉等，提高繁殖产量。在湖南溆浦的高海拔低产田繁殖，4月上旬播种。低海拔的山脚下育秧，培育多蘖壮秧。合理密植，插足基本苗。搞好田间管理，尤其是中后期病虫害的防治，进行人工辅助授粉。冷水灌溉繁殖，从主穗的幼穗分化第4期（雌雄蕊形成期）开始灌溉较稳妥，主穗进入幼穗分化第6期末至7期初时停灌。冷水灌溉深度以淹没幼穗为准，采取全田流动灌溉方式，以保证繁殖所需最适温度。

安农S-1（Annong S-1）

品种来源：湖南省安江农业学校在三交组合（超40B/H285//6209-3）的F₅代群体中发现的天然雄性不育株。1988年7月27日通过湖南省科学技术委员会组织的技术鉴定。

形态特征和生物学特性：属早熟早籼两用核不育系。湖南省洪江市5月15日播种，7月10日始穗，播始历期57d。株高65cm，主茎总叶片数11～12叶，分蘖力较强，谷粒长形，叶鞘、稃尖无色。每穗总颖花数99.2朵，千粒重26g。育性转换的起点温度26.5℃，日长只对育性转换的进程有一定促进作用，常年稳定不育期在50d以上。不育期内，不育株率100%，不育度99.99%以上；可育期内，自交结实正常，结实率可达81%以上。

品质特性：米质好。

抗性：中抗稻瘟病。

繁种技术要点：繁殖产量高，适宜繁殖的地域广、季节长。可在海南繁殖，也可在湖南省内高海拔适宜地区繁殖或冷水灌溉繁殖。自交结实率可达80%以上，繁殖易高产。在海南三亚繁殖，12月上旬播种，翌年2月中下旬处于育性敏感期，3月上旬抽穗扬花。在湖南溆浦的高海拔低产田繁殖，一般在低海拔的山脚下育秧，4月上旬播种。选择自然隔离条件好、背风向阳、排灌方便的成片田块，搞好肥水管理，培育丰产苗架，做好病虫草害防治。

陆18S (Lu 18 S)

品种来源：株洲市农业科学研究所和湖南亚华种业科学研究院用抗罗早与科辐红2号/湘早籼3号//02428杂交，采用系谱法选育而成。2000年通过湖南省农作物品种审定委员会审定。2007年获国家植物新品种权授权。

形态特征和生物学特性：属迟熟早籼两用核不育系。春播播始历期86 d，夏秋播播始历期65d。株高80cm，茎秆较粗，株型紧散适中。前期叶片稍披，后3叶直立。剑叶长24cm，宽1.7cm，较厚，夹角30°左右，叶色绿，叶鞘、稃尖紫色。一般单株分蘖11个，成穗7～8个，每穗颖花数115个。颖壳淡绿，谷粒长9.5mm，籽粒饱满，千粒重29g。育性转换起点温度23℃左右，不育度和不育株率100%。亲和性广，配合力强。花时早，午前花占75%以上，异交习性好。对赤霉素反应敏感。配合力好，与R996、华611等配组，杂种表现丰产性好、米质一般。

品质特性：糙米率79.6%，精米率71%，整精米率45%，精米长7.1mm，长宽比3.2，垩白粒率26%，垩白度6.3%，透明度3级，胶稠度42mm，直链淀粉含量25.3%，蛋白质含量11.2%。

抗性：较抗稻瘟病，抗白叶枯病，黑粉病轻。耐寒性好。

繁种技术要点：冷灌繁殖4月上旬播种，温敏期保证有15d的18～22℃冷水深灌。秧龄控制在20d以内，移栽叶龄4.5叶左右。栽植密度13.3cm×13.3cm，每穴栽插2～3粒谷秧，插足基本苗150万苗/hm²。需肥水平中等，采用浅水灌溉促分蘖，抽穗后干湿壮籽。一般繁殖产量3 000～3 800kg/hm²。

培矮64S（Peiai 64 S）

品种来源：湖南杂交水稻研究中心用农垦58S/培矮64（F$_2$）与培矮64回交，采用系谱法选育而成。1991年9月通过湖南省科学技术厅组织的技术鉴定。2000年获国家植物新品种权授权。

形态特征和生物学特性：属中熟中籼两用核不育系。湖南郴州夏制、早秋制，播始历期76～78d，主茎总叶片13.0～13.5片。株高61.5～70.2cm，叶片较窄而直立，剑叶短小，叶色较浓绿，分蘖力强，成穗率低，株型紧凑，功能叶光合作用期长。每穗总粒数106～165粒，千粒重18.3～22.3g，谷粒呈月牙形或镰刀形。育性转换起点温度23.5℃左右，不育度99.9%，不育株率100%。花期长10～12d，见穗后2d始花，第4～5天进入盛花，持续时间4～5d。柱头外露率高达70%以上，但柱头短小，开颖时间较短。柱头不耐高温，抽穗期如遇高温柱头活力下降快。对赤霉素反应钝感。配合力好，与R9311、R288等配组，杂种表现丰产性好、米质较优。

品质特性：糙米率81.0%，精米率73.7%，千粒重21g，精米长5.8mm，粒宽2.1mm，长宽比2.8，垩白粒率28.5%，垩白度7.0%，直链淀粉含量19.4%，胶稠度33mm。

抗性：较抗白叶枯病，易感稻瘟病及稻粒黑粉病。

繁种技术要点：需在18～23℃的冷水条件下才能繁殖，感温性较强，不育起点温度较低，穗颈伸长度度短，终花时间较长。在海南三亚繁殖，将敏感期安排在2月下旬，抽穗期安排在3月上中旬，可满足繁殖条件的需要，获得35%～40%的自交结实率。在湖南长沙冷水串灌繁殖，可将育性敏感期安排在8月下旬，同时串灌7～10d的21.5℃地下冷水，抽穗期安排在9月上中旬。

湘陵628S（Xiangling 628 S）

品种来源：湖南亚华种业科学研究院用SV14S与ZR02杂交，采用系谱法选育而成。2008年通过湖南省农作物品种审定委员会审定。2011年获国家植物新品种权授权。

形态特征和生物学特性：属迟熟早籼两用核不育系。湖南春播播始历期80～85d，夏秋播播始历期60～67d。株高63cm，株型较紧凑。主茎叶片数12叶，叶片直立，剑叶长25cm、宽1.7cm，夹角小。叶色嫩绿，叶鞘、叶耳、稃尖均无色。茎基部1～3节节间短，秆壁厚。单株有效穗9～10个，每穗总颖花数136粒左右，谷粒长9.0mm，千粒重25g，无芒。不育株率100%，不育度100%，表现为完全典败和无花粉型。穗包颈粒率14.9%，对赤霉素敏感。不喷赤霉素情况下，柱头外露率74.6%，其中双边外露率23.0%。柱头较大，生活力较强。午前花75%以上，异交结实率50%左右。具有弱广亲和性，配合力好，与华268、华611等配组，杂种表现丰产性好、米质较优。

品质特性：糙米率81.3%，精米率73.6%，整精米率68.6%，垩白粒率4%，垩白度1%，长宽比3.0，透明度1级，碱消值5.9级，胶稠度62mm，直链淀粉含量12.8%。

抗性：叶瘟5级，穗瘟7级，感稻瘟病。白叶枯病5级，中感白叶枯病。

繁种技术要点：海南冬繁，选好隔离区，11月20～25日播种。4.5叶移栽，插植密度16.5cm×20.0cm，单本栽插。看苗多次施肥，浅水勤灌，间断露田。育性转换敏感期通过科学管水调节幼穗部位温度，提高产量。本地冷灌繁殖，选低温水资源充足的冷灌繁殖基地，

3月中下旬播种。稀播培育壮秧，小苗移栽，适当密植。重施底肥，早施追肥，浅水勤灌，促早分蘖。当全田30%的主茎幼穗分化进入4期开始冷灌，至全田有效茎分蘖剑叶全展为止。冷水灌至生长点，并随幼穗的生长，水位逐步升高。搞好隔离和防杂保纯。一般繁殖产量3 000kg/hm²以上。

株1S (Zhu 1 S)

品种来源：株洲市农业科学研究所用抗罗早与科辐红2号/湘早籼3号//02428杂交，采用系谱法选育而成。1999年通过湖南省农作物品种审定委员会审定。2009年获国家植物新品种权授权。

形态特征和生物学特性：属中熟早籼两用核不育系。春播播始历期85d，夏播播始历期55d。株高75～80cm，株型紧散适中。茎秆较粗，地上部伸长节4个，茎基部节间较短。前期叶片稍披，倒3叶直立。剑叶长25cm，宽1.65cm，较厚，夹角30°左右。叶色嫩绿，叶鞘、稃尖均无色。一般单株分蘖11个，成穗7.5个，每穗颖花数100～130个，颖壳淡绿，稃毛较少。谷长9.6 mm，谷粒饱满，千粒重28.5g。育性转换起点温度23.0℃左右，不育度99.9%，不育株率100%。花时早，开花高峰明显，午前花占75%以上。柱头大，喷施赤霉素后，柱头外露率75%左右，其中双边外露率30%以上，柱头活力较强。异交习性好。对赤霉素比较敏感。配合力好，与ZR02、华819等配组，杂种表现熟期适宜、丰产性好、抗病性较好。

品质特性：糙米率80.4%，精米率72.3%，整精米率44.3%，精米长7.1mm，长宽比3.2，垩白粒率40%，垩白度5.5%，透明度2级，碱消值5.7级，胶稠度42mm，直链淀粉含量26.3%，蛋白质含量11.2%。

抗性：叶瘟4级，穗瘟3级。白叶枯病3级，黑粉病发病轻。苗期耐寒力强。

繁种技术要点：在海南冬季短日照条件下，育性转换敏感期若遇连续10d左右日平均气温均值低于23℃，日最低气温均值低于20℃，育性即可恢复正常，结实率可达30%以上。湖南繁殖可在幼穗分化3期开始用17.8～22.8℃的低温水深灌10～15d，自交结实率可达50%以上。

准S (Zhun S)

品种来源：湖南杂交水稻研究中心用N8S/怀早4号、N8S/湘香2B、N8S/早优1号经两轮随机多交加混合选择后，采用系谱法选育而成。2003年通过湖南省农作物品种审定委员会审定。2006年获国家植物新品种权授权。

形态特征和生物学特性：属中熟早籼两用核不育系。湖南长沙地区，春播播始历期80d，夏播播始历期65d。株高65～70cm，株型松散，叶色淡绿，叶鞘、稃尖、柱头无色，叶片呈凹状，主茎叶片数11～13叶。分蘖力中等，穗长23cm，包颈粒率16.7%，每穗总粒数120粒，千粒重28g。一次枝梗多，着粒密度适中，谷粒长8.9mm，长宽比3.1。不育起点温度23.5℃，不育期不育株率100%，花粉败育率100%，典败为主。花时早，柱头外露率75%以上，异交结实率在50%以上。配合力好，与蜀恢527、R1102等配组，杂种表现丰产性好、米质较优。

抗性：白叶枯病3级。

繁种技术要点：自然繁殖时幼穗分化4～6期（敏感期）的气温不能高于22℃，冷水串灌繁殖时水温18～20℃为宜。可喷施赤霉素。

三、恢复系

R288（R 288）

品种来源：湖南农业大学用松南8号和明恢63杂交，从F_2开始每代选优良的单穗若干混收混种，F_6代开始采用系谱法选育而成。

形态特征和生物学特性：属迟熟晚籼恢复系。湖南长沙4月上中旬播种，播种至始穗80d；6月上中旬播种，播种至始穗75d，有效积温1 020～1 101℃。株高85cm，茎秆粗壮，分蘖力较强。主茎叶片数14～15片，剑叶中长直立，叶鞘无色，叶下禾。每穗粒数100粒，谷粒长形部分有顶芒，稃尖无色。恢复力强，配合力好，与培矮64S、中9A等配组，杂种表现丰产性好、米质较优。

抗性：中抗稻瘟病，不抗白叶枯病，后期耐寒。

制种技术要点：R288分蘖力中等，穗较大，花粉量较大。抽穗快，盛花期出现较早，一般要比母本迟始穗2d。为了保证有足够的花粉量，在栽培管理上必须强攻父本分蘖，对父本偏施肥料，球肥深施尤为重要。

R402 (R 402)

品种来源：湖南省安江农业学校用制3-1-6和IR2035杂交，采用系谱法选育而成。

形态特征和生物学特性：属迟熟早籼三系恢复系。湖南3月底至4月初播种，全生育期118～122d，主茎总叶片数14.3～14.8叶。株高88～90cm，株型紧凑，茎秆较细，叶片挺直，受光态势好，叶色浓绿，叶鞘无色，分蘖力强，营养生长势旺。成穗率高，属典型的多穗型品系，穗长18.6～20.2cm，每穗总粒数100～105粒，结实率85%以上，千粒重26.5g，谷粒细长形，稃尖无色、无芒。后期根系活力旺盛，功能叶寿命长、不早衰，穗粒一次性灌浆结实，黄丝亮秆落色好。恢复力强，配合力好，与金23A、V20A等配组，杂种表现丰产性好、抗病性强。

抗性：叶瘟3级，穗瘟2级，中抗稻瘟病。白叶枯病4级，较抗纹枯病、稻飞虱及螟虫。大田种植表现抗性稳定持久，并且苗期抗寒耐低温能力强，后期耐高温强光，抗旱、耐渍、耐肥，抗倒伏性稍差。

制种技术要点：抽穗整齐，抽穗当天少量开花，盛花期较集中，历期5～6d。花时较为集中，晴天9:40始花，10:20～11:20盛花，12:00终花，遇气温较低的阴天则花时推迟。花药大而饱满，散粉畅，花粉粒活力强，遇高温、强光等不利天气活力下降缓慢。在湖南各地抽穗扬花期安排在7月上中旬或8月中下旬有利于夺取高产、稳产。合理安排父母本播差期，确保花期相遇理想。一般采用一期父本，安排父母本同时始穗，或母本早父本1～2d始穗有利于盛花相遇。适度扩大行比，强化父本管理，增加花粉密度。父母本播差期短，在制种生产上宜采取旱育秧方式培育健壮父本。

To463（To 463）

品种来源：衡阳市农业科学研究所用To974与R402杂交，采用系谱法选育而成。2005年获国家植物新品种权授权。

形态特征和生物学特性：属迟熟早籼三系恢复系。湖南衡阳3月底播种，全生育期112d，播始历期83d，主茎总叶片数13.2叶；7月10日播种，播始历期58d，主茎总叶片数12.2叶。具有弱感光性、中感温性和中等基本营养生长性。株高90～95cm，茎秆较粗，叶鞘、稃尖无色，株型松紧适中，叶片直立，叶色浅绿，分蘖力中等，成穗率较高，穗大粒多。单株有效穗10.3个，每穗总粒数128.5粒，结实率85.6%，千粒重27.5g。后期落色好，灌浆成熟速度快。谷粒椭圆形，谷色金黄，部分谷粒有芒，落粒性中等。恢复力强，配合力好，与金23A、T98A等配组，杂种表现米质较优。

品质特性：糙米率80.5%，精米率70.5%，整精米率50.1%，垩白粒率21.5%，垩白度7.5%，透明度2级，碱消值5.7级，直链淀粉含量10.5%。

抗性：叶瘟4级，穗瘟7级。白叶枯病3级。苗期较耐低温，穗期较耐高温。

制种技术要点：花期较长，花时集中、偏早，花药发达，花粉量大，花粉外散率达69.5%以上，特别是制种遇上阴雨低温天气时，花药仍能开裂散粉。正常天气下，单株开花历期8～9d，单穗开花历时6d左右，全田赶粉可达10d左右。第一次喷施赤霉素4d后进入授粉高峰期，散粉穗达30%以上，每天9:30～11:00为开花高峰期。与金23A等制种，一般产量可达3 000kg/hm^2，高产田块可达4 500kg/hm^2。

To974（To 974）

品种来源：衡阳市农业科学研究所用测64和水源287//二六窄早/To498杂交，采用系谱法选育而成。

形态特征和生物学特性：属中熟早籼三系恢复系。湖南衡阳3月底播种，全生育期112d，播始历期83d，总叶片12～13片；5月上旬播种，全生育期83d，播始历期59d，总叶片数12～13片。具有弱感光性、中感温性和中等基本营养生长性。株高85～90cm，茎秆质密坚韧。叶片细长微披散，叶色浅绿。株型集散适中，分蘖力中等，成穗率较高，穗大粒多。每穗着粒148粒，穗长22.4cm，着粒密度6.6粒/cm，结实率82.3%，千粒重26.0g。恢复力强，配合力好，与金23A、V20A等配组，杂种表现丰产性好、米质较优。

品质特性：米粒质地坚硬，加工性能较好，长宽比为3.5，半透明有光泽，无心腹白，口感好。

抗性：苗期耐寒，较耐肥，抗倒伏。抗稻飞虱和稻蓟马，较抗稻瘟病和白叶枯病，但不耐纹枯病。

制种技术要点：根据当地气候条件，并考虑安全抽穗授粉期，确定父母本的叶龄差和播差期，从而确定父、母本播期。湘南春制，父本3月底至4月初播种。生育期短，分蘖力中等，抽穗开花集中，宜采取一期父本涂泥旱育秧或湿润育秧。花期较长，花时较集中、偏早。花药发达，花粉量大，花粉外散率高达70%以上，特别是制种时遇上阴雨天气，花药仍能正常开裂散粉。后期青枝亮秆，灌浆成熟较快，谷粒细长、金黄色。

测64-7 （Ce 64-7）

品种来源：湖南省安江农业学校从测64的分离群体中经系统选育而成。

形态特征和生物学特性：属中熟晚籼三系恢复系。湖南长沙3月25日播种，7月初始穗，播始历期为95 ~ 100d；6月30日播种，9月1日始穗，播始历期为63 d。株高90cm，株型紧凑，分蘖力中等，叶片短、宽直，主茎叶片数为15 ~ 16叶。每穗总粒数130粒，稃尖无色，千粒重22g。恢复力强，配合力好，与V20A、珍汕97A等配组，杂种表现早熟、高产、多抗。

品质特性：米质中等。

抗性：较抗稻瘟病、白叶枯病和褐飞虱。

制种技术要点：分蘖力强，一般播2期父本，第一期播后7 ~ 8d播第二期。花粉量大，制种易高产。但植株较矮，穗子较小，可适当多喷赤霉素。

先恢 207（Xianhui 207）

品种来源：湖南杂交水稻研究中心用R432与轮回422杂交，采用系谱法选育而成。2002年获国家植物新品种权授权。

形态特征和生物学特性：属迟熟晚籼三系恢复系，感光性稍强。湖南长沙4月上旬播种，7月15日左右始穗，播始历期100d；5月底播种，8月25日左右始穗，播始历期85d。海南三亚12月下旬播种，播始历期80d。株高100cm，株型较紧凑，分蘖力中等，叶片直立，叶色深绿，叶鞘无色，主茎叶片数17片。平均每穗125粒，谷粒长形，有短芒，稃尖无色，较难脱粒，千粒重23g。恢复力强，配合力好，与金23A、V20A等配组，杂种表现秧龄弹性大，后期耐寒，早熟高产。

品质特性：糙米率78.5%，精米率70.8%，整精米率52.5%，精米长6.3mm，长宽比2.9，垩白粒率57.0%，垩白度11.0%，胶稠度34mm，直链淀粉含量11.7%。

抗性：中抗稻瘟病。耐肥，抗倒伏，后期耐寒。

制种技术要点：开花习性好，花期长，花粉量大，易制种。由于为籼粳杂交的后代，其在繁种中常会分离出变异株，必须不断地对父本进行提纯复壮，以保持种性的纯度。

湘恢299（Xianghui 299）

品种来源：湖南杂交水稻研究中心用R402与先恢207杂交，采用系谱法选育而成。2006年获国家植物新品种权授权。

形态特征和生物学特性：属中熟晚籼三系恢复系，感温性强。湖南绥宁海拔450m的制种基地，4月5日至6月15日分期播种观察，播始历期为74～101d，主茎叶片数14～16叶。株高97cm，株型紧凑，茎秆粗壮抗倒，叶片宽而长，单株最高苗数23个，成穗15个，穗大粒多，一般肥力水平下，每穗总粒数130粒左右。在幼穗分化2～3期补施壮苞肥，每穗平均总粒数为150粒以上，千粒重26g。恢复力强，配合力较好，与丰源A、金23A等配组，杂种表现丰产性好，米质较优。

品质特性：糙米率79.9%，精米率72.3%，整精米率52.9%，精米长6.6mm，长宽比2.9，垩白粒率100%，垩白度34.8%，胶稠度56mm，直链淀粉含量10.9%。

抗性：易感稻瘟病。

制种技术要点：制种时应特别注意苗瘟、叶瘟和穗颈瘟的防治。感温性强、气候异常年份注意花期调节。抽穗开花速度快，开花历期短，花粉量大，花期相遇良好的情况下制种易获高产。单穗开花历期为5～6d，单穗200粒以上时开花历期可达7～8d。对赤霉素反应敏感，宜喷施1次较好。

岳恢 9113 (Yuehui 9113)

品种来源：岳阳市农业科学研究所用 CY8541×9023（F_1）为母本，H33 为父本杂交，采用系谱法选育而成。2007 年获国家植物新品种权授权。

形态特征和生物学特性：属迟熟中籼恢复系。6 月初播种，播始历期 85d，主茎总叶片数 16 片，株高 95cm，每穗总粒数 115.5 粒，千粒重 25.5g。分蘖力强，株型松紧适中，后期落色好，茎秆韧性好。恢复力强，配合力较好，与岳 4A、C815S 等配组，杂种表现分蘖力强，丰产性好。

抗性：较抗稻瘟病、稻曲病。耐肥，抗倒伏性强。

制种技术要点：岳恢 9113 的主茎叶片数和播始历期相对稳定，年度间变化小。按照"时差为参考、叶差为依据"的原则，结合制种农户田间具体苗情及栽培管理情况，合理安排父母本播差期。分蘖力强，花粉量足。见穗第 2 天开花，到第 4、5 天进入盛花期，单株抽穗时间为 5～7d，全田花期为 12～15d，花期长。

第二节　三系杂交稻

645优238（645 you 238）

品种来源：怀化职业技术学院以健645A（金23A/645B）为母本，R238（蜀恢527/R677）为父本配组育成。2010年通过湖南省农作物品种审定委员会审定。

形态特征和生物学特性：属籼型三系杂交中熟中稻。在湖南省作中稻种植，全生育期130d左右。株高101.0cm，株型较紧凑，生长繁茂，茎秆较粗，叶鞘紫色，穗型较小，稃尖紫色，成熟落色好。有效穗255.0万穗/hm²，每穗粒数140.5，结实率83.5%，千粒重28.1g。

品质特性：糙米率80.6%，精米率72.1%，整精米率49.1%，精米长6.9mm，长宽比2.9，垩白粒率56%，垩白度10.9%，碱消值6.2级，胶稠度78mm，透明度1级，直链淀粉含量27.5%，蛋白质含量8.1%。

抗性：叶瘟1～3级，穗瘟9级，稻瘟病综合指数4.9。抗寒能力强，抗高温能力强。

产量及适宜地区：2008—2009年两年区试平均单产8 070.0kg/hm²，比对照金优207增产6.6%。日产量62.3kg/hm²，比对照金优207高3.5kg/hm²。适宜在湖南省稻瘟病轻发的山丘区作中稻种植。

栽培技术要点：在湖南省作中稻种植，4月中旬播种。大田用种量15.0kg/hm²，秧田播种量150.0kg/hm²。稀播匀播，培育多蘖壮秧，5.0～5.5叶移栽，秧龄控制在25d左右。种植密度20.0cm×26.7cm，每穴栽插2粒谷秧，插足基本苗120万苗/hm²。需肥水平中等以上，重施底肥，栽插返青后追肥促分蘖，孕穗中后期看苗情补施穗粒肥。栽插后寸水返青，薄水与湿润间歇式灌溉促分蘖，足苗时晒田，幼穗分化中期复灌，到抽穗扬花期保持浅水层，灌浆结实期干湿交替，收割前6～8d断水。及时防治二化螟、稻纵卷叶螟、稻飞虱及稻瘟病、纹枯病。

76优312（76 you 312）

品种来源：湖南杂交水稻研究中心以76-27A（丰锦A/76-27）为母本，培C312为父本配组育成。1990年通过湖南省农作物品种审定委员会审定。

形态特征和生物学特性：属粳型三系杂交迟熟晚稻。在湖南省作晚稻种植，全生育期130d左右。株高90cm左右，株型紧凑，苗期生长青秀，茎秆粗壮，剑叶直立，后期落色好。穗大粒多，但分蘖力较弱。有效穗315.0万穗/hm^2，每穗总粒数120.0粒，结实率75.0%，千粒重26g左右。

品质特性：糙米率81.0%，精米率72.6%，整精米率66.5%，腹白小，米质中上。

抗性：中抗白叶枯病，耐肥，抗倒伏性较好。

产量及适宜地区：1986年湖南省区试平均单产6 865.5kg/hm^2，比对照矮粳23增产27.2%，极显著；1987年续试，平均单产6 337.5kg/hm^2，比对照鄂宜105增产7.8%，极显著。适宜于湘北粳稻地区种植。

栽培技术要点：在湘北种植，6月20～25日播种，7月17～22日移栽。秧龄应在35d以内，不宜过长，否则秧苗老化，分蘖少、成穗率低，并且始穗至齐穗期拉得长，抽穗不整齐。栽插密度13.3cm×20cm，基本苗201.0万苗/hm^2。适合在中上肥力稻田种植。培育分蘖壮秧，合理施肥，做好病虫害防治。

Ⅰ优200（Ⅰ you 200）

品种来源：湖南杂交水稻研究中心以优ⅠA（Ⅱ-32A/优ⅠB）为母本，200号（81136/Basmati370）为父本配组育成。

形态特征和生物学特性：属籼型三系杂交迟熟早稻。在湖南省作双季早稻种植，全生育期116d。株高78.2cm，株叶形态好，剑叶长宽适度，硬挺直立，秆尖、叶鞘淡紫色。分蘖力较强，繁茂性好，叶色较浅，后期落色好，成熟时黄丝亮秆，不早衰。有效穗390.0万穗/hm²，成穗率65.0%，每穗总粒数100粒左右，结实率80.0%，千粒重26.0g。

品质特性：糙米率81.7%，精米率70.9%，整精米率47.8%，垩白粒率56.0%，垩白度12.8%。

抗性：苗叶瘟6级，穗颈瘟5～6级。白叶枯病7级。不抗白背飞虱。耐肥，抗倒伏。

产量及适宜地区：1990年湖南省区试平均单产7 830.0kg/hm²，比对照威优49增产3.3%；1991年续试，平均单产7 525.5kg/hm²，比对照威优49增产3.0%。适宜于湖南省作双季早稻种植。

栽培技术要点：在湖南省作双季早稻种植，3月下旬至4月初播种。由于谷壳薄，谷易破胸出芽。因此，破胸温度达到38～39℃即可，催芽温度以30～33℃为宜。播种量300.0kg/hm²，薄膜拱架育秧，秧龄30～35d。4月底或5月初移栽，栽插密度16.5cm×19.8cm，每穴栽插2粒谷秧，基本苗120万～150万苗/hm²。发挥该组合穗大结实率高的优势，不宜栽插过稀或过密。过密穗型变小，结实率降低；过稀后期无效分蘖增多，不但会减小穗型，降低成穗率和结实率，还会延长生育期，影响晚稻的适时移栽。

Ⅰ优323 （Ⅰ you 323）

品种来源：湖南杂交水稻研究中心以优ⅠA为母本，323（81136/巴斯马蒂370）为父本配组育成。1993年通过湖南省农作物品种审定委员会审定。

形态特征和生物学特性：属籼型三系杂交迟熟早稻。在湖南省作双季早稻栽培，全生育期115.0～117.0d。株高86cm左右，株型紧散适中，株叶形态好，分蘖力较强，成穗率65.6%，稃尖紫色，后期落色好，不早衰。叶色稍浅，叶鞘、叶缘紫红色，剑叶挺直，角度小。有效穗388.5万穗/hm²，每穗总粒数100粒左右，结实率77.6%，千粒重25～26g。

品质特性：糙米率81.9%，精米率69.5%，整精米率50.3%，垩白粒率58.5%，垩白度7.2%，米质较好。

抗性：苗叶瘟7级，穗瘟5～7级。白叶枯病5～9级。

产量及适宜地区：1991年湖南省区试平均单产7 503.0kg/hm²，比对照威优49增产2.7%；日产量64.1kg/hm²，比对照威优49高1.7kg/hm²。1992年续试，平均单产7 017.0kg/hm²，比对照威优49增产2.9%；日产量61.1kg/hm²，比对照威优49高1.7kg/hm²。适宜在湘中、湘南作双季早稻种植。

栽培技术要点：在湖南作双季早稻种植，3月底至4月初播种。旱育秧3月中旬早播，能提早收获，增加产量，并有利于晚稻的提早栽插，增加两季总产。基本苗135.0万～150.0万苗/hm²，力争最高苗数达到570万～600万苗/hm²、有效穗达到375万穗/hm²以上，平均每穗100.0～110.0粒，结实率80%，千粒重26.0～27.0g，单产8 250.0kg/hm²。

Ⅰ优77（Ⅰ you 77）

品种来源：湖南杂交水稻研究中心以优ⅠA为母本，明恢77（明恢63/测64-7）为父本配组育成。1994年通过湖南省农作物品种审定委员会审定。

形态特征和生物学特性：属籼型三系杂交中熟晚稻。在湖南省作双季晚稻种植，全生育期114.0d，比威优64迟熟2.0d。株高90.0～95.0cm，株型集散适中，分蘖力中等偏上，茎秆坚韧。叶较窄而直，叶色较淡，叶片顶端、叶沿和叶鞘为浅紫色。谷粒中等偏长，不早衰，后期转色好。有效穗375.0万穗/hm²，每穗总粒数100.0粒，结实率80.0%，千粒重26.0g。

品质特性：糙米率81.0%，精米率73.3%，整精米率61.3%，垩白粒率27.3%，垩白度7.3%，透明度3级，碱消值5.4级，胶稠度46mm，直链淀粉含量24.1%，蛋白质含量11.0%。

抗性：较抗稻瘟病，不抗白叶枯病，纹枯病发病较轻。耐肥，抗倒伏。

产量及适宜地区：1992—1993年两年区试平均单产6 984.8kg/hm²，比对照威优64增产3.5%。适宜于湖南省作双季晚稻种植。

栽培技术要点：在湖南省作双季晚稻种植，6月25日播种。大田用种量18.0～22.5kg/hm²，秧田播种量150.0～180.0kg/hm²。秧龄不宜超过25d，超过28d易造成大田早穗，插基本苗150万苗/hm²左右。合理安排基肥、追肥比例，一般以8∶2或7∶3为宜。插秧活蔸期间灌水稍深以利降温活蔸，分蘖期浅水灌溉为主。苗数达570万～600万苗/hm²时，及时落水晒田。田肥苗旺重晒，田瘦苗稀轻晒。叶色转淡后复水6～7cm，以利幼穗分化。齐穗后，维持田中湿润即可，有利于透气养根、灌浆壮籽，但成熟前不可断水过早。高肥田、叶色过浓的田块可在分蘖高峰期对纹枯病作1～2次药剂防治，白叶枯病区和发病高峰年应作专门防治，注意防治稻飞虱及稻纵卷叶螟、钻心虫等病虫害。

Ⅰ优899 （Ⅰyou 899）

品种来源：永州市农业科学研究所以优ⅠA为母本，R899（To974/湘早籼13）为父本配组育成。2004年通过湖南省农作物品种审定委员会审定。

形态特征和生物学特性：属于籼型三系杂交迟熟早稻。在湖南省作双季早稻栽培，全生育期114d。株高90cm，株型较紧凑，叶色深绿，叶鞘紫色，剑叶长28.6cm，叶宽1.9cm，夹角较小，叶下禾。有效穗330.0万～375.0万穗/hm²，穗长19cm，每穗总粒数116粒，结实率89%，千粒重26.0g。

品质特性：糙米率83.5%，精米率71.8%，整精米率51%，长宽比为2.9，垩白粒率33.5%，垩白大小46.6%。

抗性：叶瘟7级，穗瘟9级。白叶枯病5级。

产量表现及适宜地区：2002年湖南省区试平均单产7 396.5kg/hm²，比对照湘早籼19号增产1.1%，增产不显著。2003年续试平均单产7 146.0kg/hm²，比对照金优402增产4.9%，增产极显著。两年区试平均单产7 271.3kg/hm²，日产量63.9kg/hm²。适宜在湘南稻瘟病轻发区作双季早稻种植。

栽培技术要点：在湖南省作双季早稻种植，3月底至4月初播种。大田用种量30.0kg/hm²，秧田播种量225.0kg/hm²。秧龄期以25d左右为宜，大田抛栽或栽插30万穴/hm²，每穴栽插2粒谷秧。总苗数达450万苗/hm²时，及时排水露田促根壮秆，中后期干湿交替，防止脱水过早。注意防治病虫害。

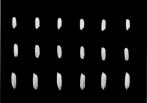

Ⅰ优974（Ⅰyou 974）

品种来源：衡阳市农业科学研究所和湖南亚华种业科学研究院以优ⅠA为母本，To974（测64///水源287//二六窄早/To498）为父本配组育成。分别通过广西壮族自治区（2000）和湖南省（2001）农作物品种审定委员会审定。

形态特征和生物学特性：属籼型三系杂交迟熟早稻。在湖南省作双季早稻种植，全生育期111.0d，比威优402短2.0d。株高85cm，茎秆较粗，叶鞘、叶缘、叶耳均为紫色。分蘖力较强，成穗率较高，抽穗整齐，成熟落色好。有效穗360.0万穗/hm²，穗长23.0cm，每穗总粒数113.0粒，结实率79.0%，千粒重26.0g。

品质特性：整精米率59.7%，直链淀粉含量26.6%，外观、碾米、食味品质与杂交晚稻汕优63相当。

抗性：易感稻瘟病，中抗白叶枯病、白背飞虱。

产量及适宜地区：1998—1999年两年湖南省区试平均单产6 795.0kg/hm²，与对照威优402相当。适宜于湖南省稻瘟病轻发区作双季早稻种植。

栽培技术要点：在湖南省作双季早稻种植，3月下旬播种。秧田播种量300.0kg/hm²，旱育和抛秧大田用种37.5kg/hm²。3.0～4.5片叶移栽，栽插30.0万～37.5万穴/hm²，每穴栽插2粒谷秧。基肥施猪牛粪7 500kg/hm²、过磷酸钙600.0kg/hm²，追肥施尿素195.0kg/hm²、氧化钾150.0kg/hm²，抽穗期喷施谷粒饱壮籽。水分管理采用浅水分蘖，足苗轻晒，孕穗至始穗田间保持浅水层，齐穗后干湿交替。注意及时防治二化螟、稻纵卷叶螟、稻飞虱及纹枯病等病虫害。

Ⅱ优117（Ⅱ you 117）

品种来源：湖南金健种业有限责任公司和常德市农业科学研究所以Ⅱ-32A为母本，常恢117（R80074/R120//多系1号）为父本配组育成。2006年通过湖南省农作物品种审定委员会审定。

形态特征和生物学特性：属籼型三系杂交迟熟中稻。在湖南省作中稻栽培，全生育期147d。株高120cm，叶片较大，剑叶直立，株型松紧适中，落色好，不易掉粒。有效穗231.0万穗/hm^2，每穗总粒数156.8粒，结实率78.4%，千粒重29.8g。

品质特性：糙米率81.6%，精米率74.6%，整精米率59.8%，精米长6.7mm，长宽比2.7，垩白粒率66%，垩白度12.9%，透明度2级，碱消值5.3级，胶稠度48mm，直链淀粉含量20.9%，蛋白质含量9.3%。

抗性：叶瘟5级，穗瘟9级，高感稻瘟病。白叶枯病7级，感白叶枯病。抗高温、抗寒能力差。

产量及适宜地区：2004—2005年湖南省两年区试平均单产8 580.0kg/hm^2，比对照Ⅱ优58和对照汕优63分别增产7.1%和9.2%。日产量58.4kg/hm^2。适宜在湖南省海拔300～600m的稻瘟病轻发区作中稻种植。

栽培技术要点：在湖南省海拔300～600m的山丘区作中稻栽培，4月15日左右播种。秧田播种量105.0kg/hm^2，大田用种量18.0～22.5kg/hm^2。秧龄30d左右，种植密度20.0cm×26.7cm，每穴栽插2～3粒谷秧，基本苗120万苗/hm^2。施足底肥，早施追肥。及时晒田控蘖，后期湿润灌溉，抽穗扬花后不宜过早脱水，保证充分结实灌浆。注意防治病虫害。

Ⅱ优1681（Ⅱ you 1681）

品种来源：湘西土家族苗族自治州农业科学研究所以Ⅱ-32A为母本，R1681为父本配组育成。2009年通过湖南省农作物品种审定委员会审定。

形态特征和生物学特性：属籼型三系杂交迟熟中稻。在湖南省作中稻栽培，全生育期144d。株高114cm，株型适中，半叶下禾，茎秆粗壮，分蘖力中等。叶色淡绿，叶片宽长，剑叶宽大，后期披叶重，叶鞘、稃尖紫色。穗大，谷粒中长形，有短顶芒，落色一般。有效穗213.0万穗/hm²，每穗总粒数200.8粒，结实率83.2%，千粒重26g。

品质特性：糙米率81.5%，精米率72.5%，整精米率48.3%，精米长6.2mm，长宽比2.6，垩白粒率68%，垩白度13.6%，透明度2级，碱消值4.3级，胶稠度78mm，直链淀粉含量23.1%，蛋白质含量8.5%。

抗性：叶瘟2级，穗瘟9级，稻瘟病综合指数5。中感纹枯病。耐低温、高温能力较强。

产量及适宜地区：2006—2007年两年湖南省区试平均单产8 602.5kg/hm²，比对照Ⅱ优58增产7.2%。日产量59.4kg/hm²，比对照Ⅱ优58高4.2kg/hm²。适宜在湖南省海拔800m以下稻瘟病轻发的山丘区作中稻种植。

栽培技术要点：在湖南省作中稻种植，4月上中旬播种。大田用种量22.5kg/hm²，秧龄30d以内。种植密度16.5cm×20.0cm。重施基肥，早施分蘖肥，促早生快发。中等肥力水平田块施碳酸氢铵600.0kg/hm²、五氧化二磷600.0kg/hm²作基肥，栽后5d追施尿素150.0kg/hm²、氧化钾150.0kg/hm²。足苗及时晒田，轻晒多露，有水孕穗抽穗，后期保持湿润，忌脱水过早。依据病虫测报，加强稻瘟病、纹枯病及螟虫、稻飞虱等病虫害的防治。

II优231 （II you 231）

品种来源：怀化职业技术学院以 II-32A 为母本，R231（恩恢58//R298/CDR22）为父本配组育成。2005 年通过湖南省农作物品种审定委员会审定。

形态特征和生物学特性：属籼型三系杂交迟熟中稻。在湖南省山丘区作中稻栽培，全生育期 139d。株高 115cm，株型松紧适中，叶鞘紫色，叶片宽直而厚，剑叶较短，属半叶下禾。茎秆粗而韧性强，分蘖力中等，穗大粒多，结实率高，稃尖紫色、无芒。有效穗 255.0 万穗/hm^2，每穗总粒数 160.0 粒，结实率 87.0%，千粒重 26.5g。

品质特性：糙米率 81.2%，精米率 71.7%，整精米率 65.2%，精米长 6.0mm，长宽比 2.6，垩白粒率 59%，垩白度 14.2%，透明度 2 级，碱消值 5.3 级，胶稠度 72mm，直链淀粉含量 23.2%，蛋白质含量 9.4%。

抗性：叶瘟 5 级，穗瘟 9 级，感稻瘟病。耐寒性中等偏弱，耐高温性差。

产量及适宜地区：2003—2004 年两年湖南省区试平均单产 8 301.0kg/hm^2，比对照 II优58 增产 1.9%。日产量 59.0kg/hm^2，比对照 II优58 高 2.4kg/hm^2。适宜于湖南省海拔 300～600m 稻瘟病轻发的山丘区作中稻种植。

栽培技术要点：在湖南省山丘区作中稻种植，4 月中下旬播种。秧田播种量 150.0kg/hm^2，大田用种量 18.8kg/hm^2。秧龄控制在 35d 以内，5.5 叶左右移栽。种植密度 16.7cm×23.3cm，每穴栽插 2 粒谷秧。重施底肥，早施追肥，适当增施磷、钾肥，中后期控制氮肥用量，防止肥水过旺，不宜过早脱水。注意稻瘟病等病虫害的防治。

II优372（II you 372）

品种来源：湖南希望种业科技有限公司以II-32A为母本，R372（IR54/爪哇稻）为父本配组育成。2008年通过湖南省农作物品种审定委员会审定。

形态特征和生物学特性：属籼型三系杂交一季晚稻。在湖南省作一季晚稻栽培，全生育期125d。株高122cm，株型适中，分蘖力强，茎秆粗壮，属半叶下禾，叶舌、叶耳、稃尖紫色，熟期落色好。有效穗244.5万穗/hm²，每穗总粒数160.3粒，结实率80.0%，千粒重27.1g。

品质特性：糙米率81.7%，精米率74.2%，整精米率59.9%，精米长6.2mm，长宽比2.5，垩白粒率33%，垩白度6.5%，透明度2级，碱消值5.2级，胶稠度72mm，直链淀粉含量21.2%，蛋白质含量10.5%。

抗性：叶瘟8级，穗瘟9级，稻瘟病综合指数8.5，高感稻瘟病。白叶枯病7级，感白叶枯病。抗高温能力较强。

产量及适宜地区：2006—2007年湖南省两年区试平均单产7 948.5kg/hm²，比对照汕优63增产1.9%。日产量63.2kg/hm²，比对照汕优63高0.9kg/hm²。适宜于湖南省稻瘟病轻发区作一季晚稻种植。

栽培技术要点：在湖南省作一季晚稻种植，5月中下旬播种。秧田播种量187.5kg/hm²，大田用种量18.8kg/hm²。秧龄30d内，移栽密度20.0cm×23.0cm，每穴栽插2粒谷秧，基本苗90万～120万苗/hm²。需肥水平中等偏上，重施底肥，多施有机肥，早施追肥，重施磷、钾肥，后期看苗补肥。科学管水，浅水栽秧，湿润灌溉，适时晒田。注意防治病虫害。

Ⅱ优416（Ⅱ you 416）

品种来源：湖南隆平高科农平种业有限公司以Ⅱ-32A为母本，R416（明恢63/密阳46）为父本配组育成。分别通过湖南省（2004）、国家（2005）、广西壮族自治区（2005）、重庆市（2005）、安徽省（2006）农作物品种审定委员会审定或引种。2007年获国家植物新品种权授权。

形态特征和生物学特性：属籼型三系杂交迟熟中稻。在湖南省湘西作中稻栽培，全生育期140d。株高110cm，株型松紧适中，半叶下禾。分蘖力强，根系发达。有效穗225.0万～255.0万穗/hm²，每穗总粒数162.5粒，结实率87%左右，千粒重28g左右。

品质特性：糙米率82.0%，精米率72.7%，整精米率68.1%，长宽比2.3，垩白粒率93%，垩白大小21.8%。

抗性：叶瘟4级，穗瘟9级。白叶枯病5级。耐寒性中等。

产量及适宜地区：2002年湖南省区试平均单产8 416.5kg/hm²，比对照Ⅱ优58增产6.1%。2003年续试平均单产8 745.0kg/hm²，比对照Ⅱ优58增产3.7%，增产不显著。适宜在福建、江西、湖南、湖北、安徽、浙江、江苏的长江流域稻区（武陵山区除外）、重庆市海拔800m以下稻瘟病非常发区以及河南南部稻区的白叶枯病轻发区作一季中稻种植，适宜在广西高寒山区稻作区作中稻或南部稻作区作早稻种植。

栽培技术要点：在湖南省作中稻种植，4月底至5月中旬播种。大田用种量18.8kg/hm²，秧龄期控制在30d以内，栽插密度为20.0cm×24.0cm。以有机肥为主施足底肥，早施追肥。加强对稻瘟病的防治。

II 优 441 （II you 441）

品种来源：湖南杂交水稻研究中心以 II -32A 为母本，R441（明恢 63/R312）为父本配组育成。2002 年通过湖南省农作物品种审定委员会审定。

形态特征和生物学特性：属籼型三系杂交迟熟中稻。在湖南省稻瘟病轻发的山丘区作中稻栽培，全生育期 144d。株高 111.5cm，株型适中，叶色豆绿，剑叶直立，属叶下禾，剑叶角度小，茎秆粗壮，分蘖力强，成穗率高。穗长 26.5cm，每穗总粒数 172.0 粒，结实率 93.0%，千粒重 27.7g。

品质特性：糙米率 79.9%，精米率 71.9%，整精米率 59.2%，精米长 6.0mm，长宽比 2.5，垩白粒率 72%，垩白度 21.2%，胶稠度 38.0mm，碱消值 4.5 级，直链淀粉含量 20.3%，蛋白质含量 9.9%。

抗性：叶瘟 4 级，穗瘟 3 级。白叶枯病 5 级。耐肥，抗倒伏。

产量及适宜地区：2000—2001 年湖南省两年区试平均单产 9 273.0kg/hm²，比对照汕优 63 增产 4.0%。日产量 61.2kg/hm²，比对照汕优 63 高 1.5kg/hm²。适宜在湖南省稻瘟病轻发的山丘区作中稻种植。

栽培技术要点：在湖南省稻瘟病轻发的山丘区作中稻种植，4 月上中旬播种。秧田播种量 225.0kg/hm²，大田用种量 18.8kg/hm²。采用双两大育秧方式，栽插 22.5 万穴 /hm²，基本苗 105 万～ 120 万苗 /hm²。增施有机肥和磷、钾肥，促进早分穴分蘖，争取有效穗 270 万穗 /hm² 左右。施纯氮 150.0kg/hm²，五氧化二磷 105.0kg/hm²，氧化钾 120.0kg/hm²。施肥以有机肥为主，前期重施，后期看苗施肥。管水以湿润灌溉为宜。

Ⅱ优5号（Ⅱ you 5）

品种来源：海南神农大丰种业科技股份有限公司以Ⅱ-32A为母本，海恢5号为父本配组育成。2009年通过湖南省农作物品种审定委员会审定。

形态特征和生物学特性：属籼型三系杂交迟熟中稻。在湖南省作中稻栽培，全生育期146d。株高115cm，株型适中，生长繁茂，分蘖力中等，叶色浓绿，叶片较短，直立，剑叶窄且直立，叶鞘、稃尖紫色。叶下禾，谷粒中长形，着粒密度适中。有效穗238.5万穗/hm²，每穗总粒数169.6粒，结实率83.5%，千粒重26.6g。

品质特性：糙米率82.0%，精米率74.5%，整精米率71.5%，精米长5.8mm，长宽比2.2，垩白粒率58%，垩白度11.7%，胶稠度81mm，透明度2级，碱消值5级，直链淀粉含量23.1%，蛋白质含量9.3%。

抗性：稻瘟病综合指数6.3，轻感纹枯病。抗寒性一般，耐高温能力中等。

产量及适宜地区：2006年、2008年湖南省两年区试平均单产8 470.5kg/hm²，比对照Ⅱ优58增产3.4%。日产量58.2kg/hm²，比对照Ⅱ优58高1.8kg/hm²。适宜于湖南省海拔600m以下稻瘟病轻发的山丘区作中稻种植。

栽培技术要点：在湖南省作中稻种植，4月上中旬播种。秧田播种量120.0～150.0kg/hm²，大田用种量15.0kg/hm²。秧龄控制在35d以内，叶龄5.0～6.0叶移栽。种植密度20.0cm×26.5cm，每穴栽插2粒谷秧，基本苗90万苗/hm²。施足底肥，早施追肥，大田氮、磷、钾肥施肥比例为2∶0.8∶1。底肥以复合肥和有机肥料为主，底肥用量占总用量的70%左右。插后5～7d，施尿素120.0kg/hm²、氧化钾150.0kg/hm²，并结合追肥搞好化学除草。及时晒田控蘖，旺苗可重晒、早晒，弱苗可轻晒、迟晒。抽穗扬花期间保持田间有浅水，后期干湿交替，养根壮籽，收割前7d断水，防止早衰。及时做好病虫害的防治。

Ⅱ优640（Ⅱ you 640）

品种来源：湖南杂交水稻研究中心以Ⅱ-32A为母本，R640（M3/竹青）为父本配组育成。2004年通过湖南省农作物品种审定委员会审定。2010年获国家植物新品种权授权。

形态特征和生物学特性：属籼型三系杂交迟熟中稻。在湖南省作中稻栽培，全生育期140d。株高112.9cm，株型松紧适中，茎秆坚韧，叶色较深，叶鞘、稃尖紫色，籽粒长形，颖壳黄色，落色好。有效穗255万～285万穗/hm²，穗长25.0cm，每穗总粒数153.9粒，结实率88.7%，千粒重28g。

品质特性：糙米率80.0%，精米率71.8%，整精米率65.0%，精米长6.2mm，长宽比2.6，垩白粒率77.5%，垩白大小41.1%。

抗性：叶瘟4级，穗瘟9级；白叶枯病5级；耐寒性中等偏弱。耐肥，抗倒伏。

产量及适宜地区：2002—2003年湖南省两年区试平均单产8 272.5kg/hm²，较对照Ⅱ优58增产1.0%。适宜在湖南省稻瘟病轻发区作中稻种植。

栽培技术要点：在湖南省湘西作中稻种植，4月中下旬播种。5月25日前移栽，秧龄不超过35d。大田用种量22.5kg/hm²，秧田播种量187.5kg/hm²，稀播育壮秧。栽插密度16.7cm×23.3cm，每穴栽插2粒谷秧，插基本苗120万～150万苗/hm²。施足底肥，早施追肥，巧施穗粒肥，氮、磷、钾肥配合施用，有机肥与无机肥适量搭配。后期宜采用干湿交替灌溉，不宜过早脱水，同时应注意穗颈瘟、纹枯病及螟虫、稻飞虱、稻纵卷叶螟等病虫防治。

II 优818（II you 818）

品种来源：湘西民族职业技术学院以 II -32A 为母本，R818（R507/T136）为父本配组育成。2009年通过湖南省农作物品种审定委员会审定。

形态特征和生物学特性：属籼型三系杂交迟熟中稻。在湖南省作中稻栽培，全生育期144d。株高115cm，株型适中，植株整齐，茎秆略高，茎秆粗壮，生长繁茂，分蘖力较强。叶色浓绿，剑叶宽长，披叶，叶鞘、稃尖紫色。叶下禾，谷粒中长形，无芒，着粒一般，落色好。有效穗222.0万穗/hm²，每穗总粒数174.3粒，结实率83.4%，千粒重28.5g。

品质特性：糙米率81.6%，精米率72.8%，整精米率64.8%，精米长6.6mm，长宽比2.5，垩白粒率31%，垩白度5.9%，透明度2级，碱消值5.0级，胶稠度68mm，直链淀粉含量22.6%，蛋白质含量8.7%。

抗性：稻瘟病综合指数3.9，中感纹枯病。抗低温能力一般，抗高温能力较强。

产量及适宜地区：2007—2008年湖南省两年区试平均单产8 449.5kg/hm²，比对照 II 优58增产5.3%。日产量57.0kg/hm²，比对照 II 优58高3.0kg/hm²。适宜于湖南省海拔600m以下稻瘟病轻发的山丘区作中稻种植。

栽培技术要点：在湖南省作中稻种植，4月上中旬播种。秧田播种量180.0kg/hm²，大田用种量22.5kg/hm²。秧龄30d或主茎叶片数达5 ～ 6叶移栽，栽插密度16.5cm×26.0cm，每穴栽插2粒谷秧，插22.5万穴/hm²，基本苗90万苗/hm²。底肥足，追肥早，后期看苗施肥，在分蘖盛期施氧化钾225.0kg/hm²。及时晒田控苗，有利于壮秆壮籽，后期实行湿润灌溉，不宜太早脱水，有利于灌浆结实。注意防治病虫害。

Ⅱ优93（Ⅱ you 93）

品种来源：湖南亚华种业科学研究院以Ⅱ-32A为母本，华恢93（成恢448/明恢86）为父本配组育成。2006年通过湖南省农作物品种审定委员会审定。

形态特征和生物学特性：属籼型三系杂交中熟中稻。在湖南省作中稻栽培，全生育期123d。株高121.7cm，株型较紧凑，茎秆粗壮，生长势旺，叶鞘、叶耳、叶缘、稃尖均紫色，剑叶直立，剑叶宽长，夹角小。分蘖力中等，成穗率较高，抽穗整齐，叶下禾，籽粒饱满，无芒，后期落色好，不早衰。有效穗240.0万穗/hm²，每穗总粒数180.1粒，结实率80.5%，千粒重28.0g。

品质特性：糙米率80.9%，精米率74.2%，整精米率63.1%，精米长6.3mm，长宽比2.5，垩白粒率76%，垩白度13.5%，透明度2级，碱消值6.0级，胶稠度80mm，直链淀粉含量22.0%，蛋白质含量8.8%。

抗性：叶瘟6级，穗瘟9级，高感稻瘟病。白叶枯病7级，感白叶枯病。抗高温、抗寒能力较强，耐肥，抗倒伏。

产量及适宜地区：2004—2005年湖南省两年区试平均单产8 950.5kg/hm²，比对照两优培九增产2.3%。日产量66.9kg/hm²，比对照两优培九高4.4kg/hm²。适宜于湖南省海拔800m以下的稻瘟病轻发区作中稻种植。

栽培技术要点：在湖南省作中稻种植，4月上中旬播种。秧田播种量150.0kg/hm²，大田用种量18.8kg/hm²。湿润育秧5.5叶移栽，插植密度20.0cm×26.0cm，每穴栽插2～3粒谷秧。需肥水平中上，够苗及时晒田。用三氯异氰尿酸（强氯精）浸种，及时施药防治二化螟、稻纵卷叶螟、稻飞虱及纹枯病等病虫害。

Ⅱ优997（Ⅱ you 997）

品种来源：湖南省张家界市武陵源区种子公司以Ⅱ-32A为母本，张恢997为父本配组育成。2007年通过湖南省农作物品种审定委员会审定。

形态特征和生物学特性：属籼型三系杂交迟熟中稻。在湖南省作中稻栽培，全生育期144d。株高117cm，株型松紧适中，剑叶较宽且直立，叶鞘、稃尖紫色，落色好。有效穗252.0万穗/hm²，每穗总粒数151.9粒，结实率87.6%，千粒重29.2g。

品质特性：糙米率80.5%，精米率73.0%，整精米率58.7%，精米长6.6mm，长宽比2.6，垩白粒率56%，垩白度11.2%，透明度2级，碱消值4.6级，胶稠度74mm，直链淀粉含量22.5%，蛋白质含量8.8%。

抗性：叶瘟7级，穗瘟9级，高感稻瘟病。抗高温能力较强，抗寒能力较强。

产量及适宜地区：2005—2006年湖南省两年区试平均单产8 161.5kg/hm²，比对照Ⅱ优58增产2.3%。日产量56.4kg/hm²，比对照Ⅱ优58高0.8kg/hm²。适宜在湖南省稻瘟病轻发的山丘区作中稻种植。

栽培技术要点：在湖南省作中稻种植，4月底至5月初播种。秧田播种量225.0kg/hm²，大田用种量15.0kg/hm²。秧龄35d以内，种植密度24.0cm×26.0cm或18.0cm×26.0cm，每穴栽插2粒谷秧，基本苗90万～120万苗/hm²。基肥足，追肥速，中期补。氮、磷、钾肥配合施用，适当增加磷、钾肥用量。深水活蔸，浅水分蘖，有水壮苞抽穗，后期干干湿湿，不宜过早脱水。注意病虫害防治。

Ⅱ优福4号（Ⅱ youfu 4）

品种来源：湖南先丰经贸有限责任公司以Ⅱ-32A为母本，先恢4号为父本配组育成。2007年通过湖南省农作物品种审定委员会审定。

形态特征和生物学特性：属籼型三系杂交迟熟中稻。在湖南省作中稻栽培，全生育期139d。株高121cm，株型松紧适中，茎秆坚韧，剑叶直立，剑叶长30.0cm、宽1.6cm，叶片角度中间类型，叶色深绿，叶鞘、稃尖紫色，熟期落色好，不早衰。有效穗240.0万～270.0万穗/hm²，每穗总粒数190.8粒，结实率87.5%，千粒重25.8g。

品质特性：糙米率79.9%，精米率71.9%，整精米率44.8%，精米长6.1mm，长宽比为2.5，垩白粒率68%，垩白度13.3%，透明度2级，碱消值4.6级，胶稠度81mm，直链淀粉含量20.6%，蛋白质含量8.1%。

抗性：叶瘟6级，穗瘟9级，高感稻瘟病。抗高温能力一般，抗寒能力较强。耐肥，抗倒伏。

产量及适宜地区：2005—2006年湖南省两年区试平均单产8 109.0kg/hm²，比对照Ⅱ优58增产1.6%。口产量56.0kg/hm²，比对照Ⅱ优58低0.5kg/hm²。适宜在湖南省海拔200m以上稻瘟病轻发的山丘区作中稻种植。

栽培技术要点：在湖南省作中稻种植，4月15日左右播种。秧田播种量90.0～120.0kg/hm²，大田用种量22.5kg/hm²。秧龄不超过35d，栽插密度为16.7cm×23.3cm，每穴栽插1～2粒谷秧，插基本苗120万～150万苗/hm²。施足基肥，早施追肥。及时晒田控蘖，后期实行湿润灌溉，抽穗扬花后不宜过早脱水，保证充分结实灌浆。注意防治纹枯病、稻瘟病、白叶枯病等病虫害。

II优江恢902（II youjianghui 902）

品种来源：湖南中江种业有限公司以 II -32A 为母本，中江恢902为父本配组育成。2008年通过湖南省农作物品种审定委员会审定。

形态特征和生物学特性：属籼型三系杂交迟熟中稻。在湖南省作中稻栽培，全生育期145d。株高115cm，株型较紧凑，茎秆粗壮，分蘖力强，叶鞘紫色，剑叶较短、直立，夹角较小。抽穗整齐，半叶下禾，后期落色好，不早衰，谷壳薄，籽粒饱满，秤尖紫色，有短顶芒。有效穗255.0万穗/hm²，每穗总粒数178.0粒，结实率85.0%，千粒重28.0g。

品质特性：糙米率81.8%，精米率72.8%，整精米率60.4%，精米长6.1mm，长宽比2.3，垩白粒率81%，垩白度16.8%，透明度3级，碱消值6.3级，胶稠度76mm，直链淀粉含量28.0%，蛋白质含量7.9%。

抗性：叶瘟3级，穗瘟9级，稻瘟病综合指数3.5，高感穗瘟。易感纹枯病。抗寒能力较强，抗高温能力较好。

产量及适宜地区：2006—2007年湖南省两年区试平均单产8 517.0kg/hm²，比对照 II 优58增产6.2%。日产量58.7kg/hm²，比对照 II 优58高3.5kg/hm²。适宜于湖南省稻瘟病轻发的山丘区作中稻种植。

栽培技术要点：在湖南省山丘区作中稻栽培，4月20日左右播种。秧田播种量150.0kg/hm²，大田用种量18.8kg/hm²。5.5～6.0叶移栽，插植密度16.5cm×23.3cm或16.5cm×26.7cm，每穴栽插2～3粒谷秧。需肥水平中上，及时施药防治稻瘟病、纹枯病及二化螟、稻纵卷叶螟、稻飞虱等病虫害。

D优2527（D you 2527）

品种来源：四川农业大学水稻研究所和四川农大高科农业有限责任公司以D200A为母本，蜀恢527（1318/88-R3360）为父本配组育成。分别通过湖南省（2006）和浙江省（2007）农作物品种审定委员会审定。

形态特征和生物学特性：属籼型三系杂交迟熟中稻。在湘西作中稻栽培，全生育期143d。株高113cm，株型紧凑，分蘖力较强，成穗率较高，中秆，叶下禾，植株整齐，叶色浓绿，后期落色好，长粒型，稃尖紫色。有效穗244.5万穗/hm²，每穗总粒数168.9粒，结实率80.7%，千粒重27.7g。

品质特性：糙米率80.9%，精米率73.4%，整精米率62.4%，精米长6.7mm，长宽比2.9，垩白粒率52%，垩白度8.6%，透明度2级，碱消值4.8级，胶稠度40mm，直链淀粉含量20.0%，蛋白质含量8.3%。

抗性：叶瘟8级，穗瘟9级，高感稻瘟病。抗高温能力一般，抗寒能力差。

产量及适宜地区：2004—2005年湖南省两年区试平均单产8 256.0kg/hm²，比对照Ⅱ优58增产5.2%。日产量57.6kg/hm²，比对照Ⅱ优58高3.8kg/hm²。适宜在湖南省海拔200～600m稻瘟病轻发区作中稻种植。

栽培技术要点：在湖南省作中稻种植，4月15日左右播种。秧田播种量120.0～150.0kg/hm²，大田用种量22.5kg/hm²。秧龄35d以内，种植密度16.7cm×（23.3～26.7）cm，基本苗120万～150万苗/hm²。施足基肥，早施追肥。及时晒田控蘖，后期湿润灌溉，抽穗扬花后不宜过早脱水，保证充分结实灌浆。注意防治稻瘟病等病虫害。

D优3527（D you 3527）

品种来源：四川农业大学水稻研究所和湖南川农高科种业有限责任公司以D35A（D297A/D35B）为母本，蜀恢527为父本配组育成。2007年通过湖南省农作物品种审定委员会审定。

形态特征和生物学特性：属籼型三系杂交迟熟晚稻。在湖南省作双季晚稻栽培，全生育期122d左右。株高108cm左右，株型适中，生长旺盛，熟期适宜，穗大粒重，丰产性较好，抗性较强，适应性较好，后期落色好。有效穗283.5万穗/hm²，每穗总粒数129.6粒，结实率74.6%，千粒重30.4g。

品质特性：糙米率82.5%，精米率75.0%，整精米率67.1%，精米长7.6mm，长宽比3.5，垩白粒率29%，垩白度3.2%，透明度1级，碱消值5.8级，胶稠度76mm，直链淀粉含量22.2%，蛋白质含量9.2%。

抗性：叶瘟4级，穗瘟7级，稻瘟病综合指数4.3，感稻瘟病。白叶枯病7级，感白叶枯病。抗低温能力一般，耐肥，抗倒伏。

产量及适宜地区：2005—2006年湖南省两年区试平均单产7 503.0kg/hm²，比对照威优46增产2.5%。日产量61.2kg/hm²，比对照威优46高0.9kg/hm²。适宜于湖南省稻瘟病轻发区作双季晚稻种植。

栽培技术要点：在湖南省作双季晚稻栽培，6月中旬播种，可参照当地威优46的播期。

秧田播种量150.0～225.0kg/hm²，大田用种量18.0～22.5kg/hm²。秧龄30d以内，种植密度16.7cm×23.3cm，每穴栽插2粒谷秧，基本苗150万苗/hm²左右。基肥足，追肥速，中期补。氮、磷、钾肥配合施用，适当增加磷、钾肥用量。深水活蔸，浅水分蘖，及时晒田，有水壮苞抽穗，后期干干湿湿，不要过早脱水。注意病虫害防治。

F优498 (F you 498)

品种来源：四川农业大学水稻研究所、四川省江油市川江水稻研究所和湖南川农高科种业有限责任公司以FS3A为母本，蜀恢498（核不育材料/明恢63和核不育材料/密阳46混合群体系选）为父本配组育成。分别通过湖南省（2009）和国家（2011）农作物品种审定委员会审定。2014年获国家植物新品种权授权。

形态特征和生物学特性：属籼型三系杂交迟熟中稻。在湖南省作中稻栽培，全生育期137d左右。株高118cm左右，株型适中，植株整齐，茎秆粗壮，分蘖力强，繁茂性好，叶色淡绿，叶片较长，叶鞘、稃尖紫色。叶下禾，穗大，谷粒中长形，着粒一般，落色好。有效穗213.0万穗/hm²，每穗总粒数196.5粒，结实率78.2%，千粒重29g。

品质特性：糙米率82.6%，精米率74.0%，整精米率67.5%，精米长7.0mm，长宽比2.8，垩白粒率44%，垩白度8.6%，透明度2级，碱消值5.7级，胶稠度79mm，直链淀粉含量23.9%，蛋白质含量7.9%。

抗性：稻瘟病综合指数5.7，易感纹枯病。抗寒性较强，耐高温能力较强。

产量及适宜地区：湖南省2007年高产组区试平均单产9 229.5kg/hm²，比对照两优培九增产1.6%，不显著；2008年转中熟组续试平均单产8 692.5kg/hm²，比对照金优207增产11.9%，极显著。两年区试平均单产8 961.0kg/hm²，比对照金优207（中、迟熟对照平均产量）增产6.8%。日产量66.0kg/hm²，比对照金优207高2.6kg/hm²。适宜在湖南海拔600m以下稻瘟病轻发的山丘区作一季中稻种植，适宜在云南、贵州（武陵山区除外）、重庆（武陵山区除外）的中低海拔籼稻区、四川平坝丘陵稻区、陕西南部稻区的稻瘟病轻发区作一季中稻种植。

栽培技术要点：在湖南省作中稻种植，4月中下旬播种。秧田播种量150.0～180.0kg/hm²，大田用种量22.5kg/hm²。秧龄35d以内，种植密度16.7cm×(23.0～26.5) cm，每穴栽插2粒谷秧苗，基本苗120万～150万苗/hm²。施足基肥，早施追肥，适当控制氮肥，增加磷、钾肥用量。中期及时晒田控蘖，后期实行湿润灌溉，抽穗扬花后不宜过早脱水，保证充分灌浆结实。注意防治稻纵卷叶螟、稻飞虱及稻瘟病和纹枯病等病虫害。

H28优451 （H 28 you 451）

品种来源：湖南亚华种业科学研究院以H28A（金23A/H28B）为母本，华恢451（明恢63/Lemont//先恢207）为父本配组育成。2009年通过湖南省农作物品种审定委员会审定。

形态特征和生物学特性：属籼型三系杂交中熟晚稻。在湖南省作双季晚稻栽培，全生育期110d左右。株高102cm左右，株型较紧凑，茎秆中粗。分蘖力较强，叶鞘、叶耳、叶缘均无色，剑叶较长，直立，抽穗整齐，稃尖无色，偶有顶芒，叶下禾，后期落色好，不早衰。有效穗279.0万穗/hm²，每穗总粒数123.2粒，结实率81.7%，千粒重29.2g。

品质特性：糙米率83.2%，精米率74.8%，整精米率65.8%，精米长7.4mm，长宽比3.4，垩白粒率36%，垩白度3.7%，透明度1级，碱消值5.1级，胶稠度66mm，直链淀粉含量15.5%，蛋白质含量12.6%。在2006年湖南省第六次优质稻品种评选中被评为二等优质稻品种。

抗性：稻瘟病综合指数7.8，高感稻瘟病。白叶枯病7级，感白叶枯病。耐低温能力较强。

产量及适宜地区：2007—2008年湖南省两年区试平均单产7 185.0kg/hm²，比对照金优207增产3.2%。日产量65.1kg/hm²，比对照金优207高2.1kg/hm²。适宜于湖南省稻瘟病轻发区作双季晚稻种植。

栽培技术要点：在湖南省作双季晚稻栽培，6月25日左右播种。秧田播种量150.0kg/hm²，大田用种量22.5kg/hm²。水育秧5.0叶移栽，插植密度20.0cm×20.0cm，每穴栽插2粒谷秧。需肥水平中等，够苗及时晒田。用三氯异氰尿酸浸种，及时防治稻瘟病等病虫害。

H28优9113 (H 28 you 9113)

品种来源：衡阳市农业科学研究所以H28A为母本，岳恢9113（CY85-41//DT713/IR26///农垦58/IR30）为父本配组育成。2005年通过湖南省农作物品种审定委员会审定。2008年获国家植物新品种权授权。

形态特征和生物学特性：属籼型三系杂交中熟晚稻，在湖南省作双季晚稻栽培，全生育期110d左右。株高94cm左右，株型适中，叶片直立，叶鞘、叶缘、叶耳均无色，稃尖无色、无芒，后期落色好。有效穗357.0万穗/hm²，每穗总粒数92.0粒，结实率81.5%，千粒重27.5g。

品质特性：糙米率82.8%，整精米率57.6%，精米长7.2mm，长宽比3.4，垩白粒率18%，垩白度2.7%，胶稠度50mm，直链淀粉含量21.9%。2002年被评为湖南省三等优质稻。

抗性：叶瘟8级，穗瘟9级，感稻瘟病。白叶枯病7级。耐寒性中等。

产量及适宜地区：2003—2004年湖南省两年区试平均单产7 010.3kg/hm²，比对照金优207增产0.4%。日产量63.8kg/hm²，比对照金优207高0.3kg/hm²。适宜于湖南省稻瘟病轻发区作双季晚稻种植。

栽培技术要点：在湖南省作双季晚稻种植，湘中南6月22～25日播种，湘北6月18～22日播种，秧龄控制在25d以内。秧田播种量150.0kg/hm²左右，大田用种量22.5kg/hm²。种植密度（13.3～16.5）cm×20.0cm，每穴栽插2粒谷秧，基本苗90万～120万苗/hm²。施足基肥，早施追肥。及时晒田控蘖，后期湿润灌溉，抽穗扬花后不宜过早脱水。注意及时防治稻瘟病、纹枯病、白叶枯病及稻纵卷叶螟、二化螟和稻飞虱等病虫害。

H37优207 (H 37 you 207)

品种来源：湖南杂交水稻研究中心以H37A（V20A/H37B）为母本，先恢207为父本配组育成。2005年通过湖南省农作物品种审定委员会审定。2010年获国家植物新品种权授权。

形态特征和生物学特性：属籼型三系杂交中熟晚稻。在湖南省作双季晚稻栽培，全生育期110d左右。株高96cm左右，株型紧凑，叶片挺直，剑叶较短，叶色淡绿，叶鞘、叶舌、叶耳均无色，成熟落色好，秆尖无色、无芒。有效穗285.0万穗/hm²，每穗总粒数121.0粒，结实率81.4%，千粒重25.8g。

品质特性：糙米率82.1%，精米率75.4%，整精米率72.2%，精米长6.6mm，长宽比3.0，垩白粒率7%，垩白度0.8%，透明度1级，碱消值6.2级，胶稠度76mm，直链淀粉含量17.2%，蛋白质含量8.0%。2002年被评为湖南省三等优质稻。

抗性：叶瘟7级，穗瘟9级，感稻瘟病。白叶枯病7级。耐寒性中等。

产量及适宜地区：2003年湖南省区试平均单产6 615.0kg/hm²，比对照金优207减产5.3%，不显著。日产量61.5kg/hm²，比对照低2.3kg/hm²。2004年转优质晚稻组续试平均单产6 292.5kg/hm²，比对照湘晚籼11号减产5.2%，不显著。日产量56.1kg/hm²，与对照金优207相当。两年区试平均单产6 453.8kg/hm²，日产量58.8kg/hm²。适宜于湖南省稻瘟病轻发区作双季晚稻种植。

栽培技术要点：在湖南省作双季晚稻种植，湘中6月底播种，湘南可适当延迟，湘北须适当提早。秧田播种量180.0～225.0kg/hm²，大田用种量22.5～30.0kg/hm²。秧龄30d以内，抛秧应相应提前5d播种，秧龄不能超过25d。播37.5万穴/hm²，基本苗150万～180万苗/hm²。施足基肥，早施追肥。及时晒田控蘗，后期湿润灌溉，抽穗扬花后不宜过早脱水。注意防治病虫害。

H优159 (H you 159)

品种来源：湖南农业大学和衡阳市农业科学研究所以H37A为母本，R51059为父本配组育成。2010年通过湖南省和国家农作物品种审定委员会审定。

形态特征和生物学特性：属籼型三系杂交中熟晚稻。在湖南省作双季晚稻栽培，全生育期108d左右。株高100.0cm，株型偏松散，剑叶中长直立，叶鞘、稃尖均无色，落色好。有效穗292.5万穗/hm²，每穗总粒数130.0粒，结实率80.0%，千粒重27.0g。

品质特性：糙米率80.9%，精米率73.0%，整精米率61.8%，精米长7.3mm，长宽比3.3，垩白粒率20%，垩白度2.0%，透明度2级，碱消值4.8级，胶稠度82mm，直链淀粉含量14.4%，蛋白质含量11.1%。

抗性：叶瘟3～4级，穗瘟5～9级，稻瘟病综合指数5.5。白叶枯病5级。抗寒能力强，抗倒伏性一般。

产量及适宜地区：2008—2009年湖南省两年区试平均单产7 828.5kg/hm²，比对照金优207增产8.9%。日产量72.9kg/hm²，比对照金优207高8.7%。适宜于湖南省稻瘟病轻发区作双季晚稻种植。

栽培技术要点：在湖南省作双季晚稻种植，6月25日左右播种。秧田播种量187.5kg/hm²，大田用种量22.5kg/hm²。秧龄25d以内，种植密度16.5cm×23.0cm，每穴栽插2粒谷秧，基本苗120万苗/hm²左右。施足基肥，早施追肥，中后期酌情补肥，适当控制氮肥，增加磷、钾肥用量，防止倒伏。灌水采用深水活蔸，浅水分蘖，及时晒田，有水壮苞抽穗，后期干干湿湿，不宜过早脱水。注意稻瘟病等病虫害防治。

H优518 (H you 518)

品种来源：湖南农业大学和衡阳市农业科学研究所以H28A为母本，R518（9113/明恢63//蜀恢527）为父本配组育成。分别通过湖南省（2010）和国家（2011）农作物品种审定委员会审定。

形态特征和生物学特性：属籼型三系杂交中熟晚稻。在湖南省作双季晚稻栽培，全生育期108d左右。株高96cm，株型偏松散，剑叶中长直立。叶鞘、稃尖均无色，落色好。有效穗330.0万穗/hm²，每穗总粒数130.0粒，结实率80.0%，千粒重27.0g。

品质特性：糙米率82.9%，精米率74.1%，整精米率52.7%，精米长7.4mm，长宽比3.3，垩白粒率39%，垩白度5.8%，透明度2级，碱消值5.8级，胶稠度44mm，直链淀粉含量22.4%，蛋白质含量10.5%。

抗性：叶瘟4～7级，穗瘟6～9级，稻瘟病综合指数6.3。白叶枯病5级。抗寒能力较强。

产量及适宜地区：2008—2009年湖南省两年区试平均单产7 956.0kg/hm²，比对照金优207增产11.3%。日产量73.7kg/hm²，比对照金优207高11.3%。适宜在江西、湖南、湖北、浙江以及安徽长江以南的稻瘟病、白叶枯病轻发的双季稻区作晚稻种植。

栽培技术要点：在湖南省作双季晚稻种植，6月25日左右播种。秧田播种量187.5kg/hm²，大田用种量22.5kg/hm²。秧龄25d以内，种植密度16.5cm×23.0cm，每穴栽插2粒谷秧，基本苗120万苗/hm²左右。施肥做到基肥足，追肥速，中后期酌情补，氮、磷、钾肥配合施用。灌水采用深水活蔸，浅水分蘖，及时晒田，有水壮苞抽穗，后期干干湿湿，不宜过早脱水。注意防治稻瘟病等病虫害防治。

H优636（H you 636）

品种来源：湖南农业大学和衡阳市农业科学研究所以H28A为母本，R63036为父本配组育成。2011年通过湖南省农作物品种审定委员会审定。

形态特征和生物学特性：属籼型三系杂交中熟晚稻。在湖南省作双季晚稻栽培，全生育期108d。株高103cm，茎秆较细，株型偏松，剑叶中长直立。叶鞘、稃尖均无色，落色好。有效穗321.0万穗/hm²，每穗总粒数116.8粒，结实率81.4%，千粒重28g。

品质特性：糙米率80.8%，精米率71.6%，整精米率50.7%，精米长7.4mm，长宽比3.4，垩白粒率24%，垩白度4.9%，透明度2级，碱消值5.3级，胶稠度50mm，直链淀粉含量20.2%。

抗性：平均叶瘟4级，穗瘟7级，稻瘟病综合指数4.7，高感稻瘟病。耐低温能力强，耐肥，抗倒伏性中等。

产量及适宜地区：2009—2010年湖南省两年区试平均单产7 534.5kg/hm²，比对照金优207增产6.7%。日产量69.9kg/hm²，比对照金优207高5.1kg/hm²。适宜于湖南省稻瘟病轻发区作双季晚稻种植。

栽培技术要点：在湖南省作双季晚稻种植，湘中6月22日播种，湘南推迟2～3d，湘北提早2～3d播种。秧田播种量180kg/hm²，大田用种量22.5kg/hm²，秧龄控制在25d以内。种植密度可根据肥力水平采用16cm×20cm或20cm×20cm，每穴栽插2粒谷秧。施肥做到基肥足，追肥速，中后期酌情补，氮、磷、钾肥配合施用，适当增加磷、钾肥用量。灌水采用深水活蔸，浅水分蘖，及时晒田，有水壮苞抽穗，后期干干湿湿，不宜过早脱水。秧田要狠抓稻飞虱、稻叶蝉的防治，大田注意防治稻瘟病、纹枯病及稻飞虱等病虫害。

K优451 (K you 451)

品种来源：湖南亚华种业科学研究院以K17A（K青A/K17B）为母本，华恢451（明恢63/Lemont//先恢207）为父本配组育成。2005年通过国家农作物品种审定委员会审定。

形态特征和生物学特性：属籼型三系杂交迟熟晚稻。在长江中下游作双季晚稻种植，全生育期120.8d。株型适中，茎秆粗壮，株高105.5cm，有效穗258.0万穗/hm²，穗长23.7cm，每穗总粒数127.5粒，结实率80.4%，千粒重29.8g。

品质特性：整精米率61.0%，长宽比3.2，垩白粒率24%，垩白度3.7%，胶稠度83mm，直链淀粉含量22.6%，达到国家优质稻3级标准。

抗性：稻瘟病平均5.4级，最高9级。白叶枯病7级，褐飞虱9级。

产量及适宜地区：2003—2004年长江中下游晚籼中迟熟高产组两年区试平均单产7 447.5kg/hm²，比对照汕优46增产2.2%。2004年生产试验平均单产6 049.5kg/hm²，比对照汕优46减产6.4%。适宜在广西中北部、广东北部、福建中北部、江西中南部、湖南中南部、浙江南部的稻瘟病、白叶枯病轻发的双季稻区作晚稻种植。

栽培技术要点：在长江中下游作双季晚稻种植，适时播种。秧田播种量150.0kg/hm²，大田用种量22.5kg/hm²。秧龄28d内移栽，栽插密度16.5cm×23.0cm，每穴栽插2粒谷秧，插足基本苗120万苗/hm²以上。中等肥力土壤施纯氮180.0kg/hm²、五氧化二磷90.0kg/hm²、氧化钾97.5kg/hm²，重施底肥，早施追肥，后期看苗补施穗肥。科学管水，移栽后深水活

苗，分蘖期干湿相间，孕穗期以湿为主，灌浆期以润为主，后期干湿交替，忌断水过早。注意及时防治稻瘟病、白叶枯病、纹枯病及稻纵卷叶螟、稻飞虱等病虫害。

L优科农98 （L youkenong 98）

品种来源：四川科农种业有限责任公司以LTA为母本，198为父本配组育成。2008年通过湖南省农作物品种审定委员会审定。

形态特征和生物学特性：属籼型三系杂交迟熟中稻。在湖南省作中稻栽培，全生育期144d。株高123cm，株型松紧适中，叶下禾，分蘖力较强，不耐高肥。叶片宽大，后期稍披叶，剑叶宽、长且披。谷粒长粒型，有芒，叶鞘、稃尖淡紫色。有效穗225.0万穗/hm²，每穗总粒数181.0粒，结实率80.0%，千粒重29.1g。

品质特性：糙米率80.0%，精米率71.2%，整精米率45.0%，精米长7.2mm，长宽比3.3，垩白粒率81%，垩白度15.2%，透明度3级，碱消值4.3级，胶稠度61mm，直链淀粉含量22.8%，蛋白质含量7.0%。

抗性：叶瘟2级，穗瘟9级，稻瘟病综合指数4.5，高感穗瘟。易感纹枯病。抗寒能力较强，抗高温能力较好。

产量及适宜地区：2006—2007年湖南省两年区试平均单产8 560.5kg/hm²，比对照Ⅱ优58增产6.7%。日产量59.1kg/hm²，比对照Ⅱ优58高3.9kg/hm²。适宜于湖南省稻瘟病轻发的山丘区作中稻种植。

栽培技术要点：在湖南省山丘区作中稻栽培，4月上旬播种。采用湿润或两段旱育秧方式，湿润育秧秧龄宜在30d以内。栽插18.0万～22.5万穴/hm²，每穴栽插2粒谷秧，基本苗90万～120万苗/hm²。需肥水平中等，除前期施足底肥，及时追肥外，后期一般不宜施氮肥。增施磷、钾肥，以防止后期倒伏，孕穗期和抽穗后可适当喷施一定的叶面肥。及时防治纹枯病、穗瘟等病虫害。

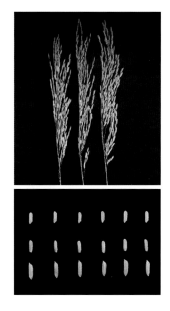

Q优1127（Q you 1127）

品种来源：湖南六三种业有限公司和湖南亚华种业科学研究院以Q1A为母本，华恢1127为父本配组育成。2011年通过湖南省农作物品种审定委员会审定。

形态特征和生物学特性：属籼型三系杂交中熟中稻。在湖南省作中稻栽培，全生育期130d。株高105.0cm，株型适中，生长势较强，叶色浓绿，叶鞘紫红色，剑叶宽、短、挺直，叶下禾，分蘖力中等，穗型较大，着粒密，谷粒中长形，稃尖紫红色，穗顶部有短芒，后期落色好。有效穗220.5万穗/hm²，每穗总粒数167.7粒，结实率83.7%，千粒重27.5g。

品质特性：糙米率80.8%，精米率71.2%，整精米率64.0%，精米长6.6mm，长宽比3.0，垩白粒率46%，垩白度5.5%，透明度1级，碱消值4.0级，胶稠度80mm，直链淀粉含量13.5%。

抗性：平均叶瘟3.6级，穗瘟8.6级，稻瘟病综合指数6.2，高感稻瘟病。耐高温能力强，耐低温能力一般。

产量及适宜地区：2009—2010年湖南省两年区试平均单产7 887.0kg/hm²，比对照金优207增产9.1%。日产量60.5kg/hm²，比对照金优207高4.1kg/hm²。适宜湖南省海拔500m以下稻瘟病轻发的山丘区作中稻种植。

栽培技术要点：在湖南省作中稻种植，4月25日左右播种，浸种时进行种子消毒。秧田播种量180kg/hm²，大田用种量22.5kg/hm²。秧龄控制在30d以内，秧苗叶龄5.5叶左右移栽。种植密度16.5cm×26.0cm，每穴栽插2粒谷秧。需肥水平中上，并采取重施底肥、早施追肥、后期看苗补施穗肥的施肥方法。加强田间管理，苗期注意防治稻飞虱，大田期注意防治稻螟虫、稻飞虱及稻瘟病等病虫害。

Q优麻恢1号（Q youmahui 1）

品种来源：麻阳苗族自治县种子公司以Q3A（Q2A/Q3B）为母本，麻恢1号为父本配组育成。2006年通过湖南省农作物品种审定委员会审定。

形态特征和生物学特性：属籼型三系杂交迟熟中稻。在湖南省作中稻栽培，全生育期142d。株高122.2cm，株型较紧凑，叶色较浓，叶下禾，剑叶窄长，稃尖无色。分蘖力较强，穗大粒多。有效穗243.0万穗/hm²，每穗总粒数179.1粒，结实率78.7%，千粒重29.5g。

品质特性：糙米率81.8%，精米率73.6%，整精米率58.5%，精米长7.2mm，长宽比3.3，垩白粒率37%，垩白度5.1%，透明度2级，碱消值5.7级，胶稠度55mm，直链淀粉含量22%，蛋白质含量8.7%。

抗性：叶瘟5级，穗瘟9级，高感稻瘟病。抗高温能力较强，抗寒能力一般。

产量及适宜地区：2004—2005年湖南省两年区试平均单产8 563.5kg/hm²，比对照Ⅱ优58和汕优63分别增产7.0%和9.1%。日产量60.3kg/hm²。适宜在湖南省海拔600m以下稻瘟病轻发区作中稻种植。

栽培技术要点：在湖南省作中稻种植，4月上中旬播种。秧田播种量120.0～135.0kg/hm²，大田用种量18.8～22.5kg/hm²。秧龄30～35d，6.0～7.0叶移栽，栽插密度20.0cm×26.7cm，每穴栽插2粒谷秧。施足底肥，控制氮肥用量，增施磷、钾肥，注意看苗补肥。前期采用薄水返青、有水分蘖，中期苗足及时晒田控蘖，孕穗、抽穗期保持水层，收割前5～7d断水，切忌过早脱水。要注意防治稻瘟病、纹枯病及稻飞虱、螟虫。

T98优1号 （T 98 you 1）

品种来源：怀化市农业科学研究所和湖南杂交水稻研究中心以T98A为母本，怀恢1124（恩恢58/蜀恢527）为父本配组育成。2010年通过湖南省农作物品种审定委员会审定。

形态特征和生物学特性：属籼型三系杂交迟熟中稻。在湖南省作中稻栽培，全生育期141d。株高125cm，茎秆中粗，株型较紧，生长旺盛，叶鞘、稃尖均无色，剑叶长直，叶下禾，落色好。有效穗240.0万穗/hm²，每穗总粒数200粒，结实率77.3%，千粒重29g。

品质特性：糙米率81.1%，精米率73.0%，整精米率60.3%，精米长7.3mm，长宽比3.2，垩白粒率34%，垩白度7.9%，透明度1级，碱消值4.4级，胶稠度68mm，直链淀粉含量21.2%，蛋白质含量8.1%。

抗性：叶瘟2～3级，穗瘟9级，稻瘟病综合指数5.4。抗寒能力和抗高温能力强。抗倒伏性弱。

产量及适宜地区：2008年湖南省区试平均单产8 706.0kg/hm²，比对照Ⅱ优58增产5.1%。2009年续试平均单产8 815.5kg/hm²，比对照两优培九减产0.5%。两年区试平均单产8 760.8kg/hm²，比对照Ⅱ优58增产2.3%。日产量63.8kg/hm²，比对照Ⅱ优58高3.5%。适宜于湖南省稻瘟病轻发的山丘区作中稻种植。

栽培技术要点：在湖南省作中稻种植，4月中旬播种，大田用种量15.0kg/hm²左右。插秧叶龄控制在5.5叶以内，种植密度20.0cm×26.5cm，每穴栽插2粒谷秧。需肥水平中等偏上，重施底肥，早施追肥。深水活蔸，浅水分蘖，多次露田，保水抽穗，后期干湿壮籽。加强全期病虫害防治。后期注意防倒伏。

T优100（T you 100）

品种来源：湖南杂交水稻研究中心以T98A为母本，湘恢100为父本配组育成。2006年通过湖南省农作物品种审定委员会审定。2010年获国家植物新品种权授权。

形态特征和生物学特性：属籼型三系杂交迟熟晚稻。在湖南省作双季晚稻栽培，全生育期122d。株高102cm，叶鞘、稃尖无色，叶片挺直，剑叶长度中等，株型紧凑，落色好，不落粒。有效穗273.0万～285.0万穗/hm²，每穗总粒数127.4～135.4粒，结实率74.0%～82.7%，千粒重25.8～26.7g。

品质特性：糙米率82.0%，精米率74.8%，整精米率57.9%，精米长7.0mm，长宽比3.2，垩白粒率34%，垩白度4.4%，透明度1级，碱消值5.6级，胶稠度54mm，直链淀粉含量20.1%，蛋白质含量11.5%。

抗性：叶瘟7级，穗瘟9级，高感稻瘟病。白叶枯病7级，感白叶枯病。抗寒能力一般。

产量及适宜地区：2004—2005年湖南省两年区试平均单产6 952.5kg/hm²，比对照湘晚籼11增产8.1%。日产量56.7kg/hm²，比对照湘晚籼11高2.7kg/hm²。适宜在湖南省稻瘟病、白叶枯病轻发区作双季晚稻种植。

栽培技术要点：在湖南省作双季晚稻种植，6月15～18日播种。秧田播种量90.0～120.0kg/hm²，大田用种量18.0～22.5kg/hm²。秧龄30d以内，种植密度16.7cm×23.3cm，每穴栽插2粒谷秧，基本苗120万～150万苗/hm²。施足基肥，早施追肥，后期看苗施肥。及时晒田控蘖，后期宜采用干湿交替灌溉，不宜过早脱水。注意防治稻瘟病。

T优109（T you 109）

品种来源：湖南省水稻研究所以T98A为母本，湘恢109（恢107/鄂恢58）为父本配组育成。分别通过湖南省（2007）和重庆市（2011）农作物品种审定委员会审定或认定。

形态特征和生物学特性：属籼型三系杂交一季晚稻。在湖南省作一季晚稻栽培，全生育期122d。株高124cm，株型松紧适中，叶色淡绿，茎秆坚韧，抽穗整齐，熟期落色好。分蘖力中等。有效穗235.5万穗/hm²，每穗总粒数173.0粒，结实率78.9%，千粒重26.7g。

品质特性：糙米率81.7%，精米率72.9%，整精米率57.2%，精米长7.3mm，长宽比3.5，垩白粒率68%，垩白度14.6%，透明度2级，碱消值4.8级，胶稠度72mm，直链淀粉含量20.2%，蛋白质含量8.8%。

抗性：叶瘟7级，穗瘟9级，稻瘟病综合指数6，高感稻瘟病。白叶枯病7级，感白叶枯病。抗高温能力较强。

产量及适宜地区：2005—2006年湖南省两年区试平均单产8 143.5kg/hm²，比对照汕优63增产3.7%。日产量66.9kg/hm²，比对照汕优63高4.1kg/hm²。适宜在湖南省稻瘟病轻发区作一季晚稻种植，适宜于重庆市海拔800m以下地区作一季中稻种植。

栽培技术要点：在湖南省作一季晚稻种植，6月1～5日播种。秧田播种量150.0kg/hm²，大田用种量18.8～22.5kg/hm²。秧龄不超过25d，种植密度20.0cm×30.0cm或20.0cm×33.3cm，每穴栽插2粒谷秧。中等肥力稻田施纯氮120.0～150.0kg/hm²、五氧化二磷90.0～120.0kg/hm²、氧化钾105.0～120.0kg/hm²，始穗期施尿素30.0kg/hm²、氧化钾37.5kg/hm²，抽穗4d后施谷粒饱15包/hm²，以发挥本组合大穗多粒的优势。切忌后期断水过早影响结实和灌浆。注意防治病虫害。抽穗扬花期如遇低温阴雨天气，应特别注意防治纹枯病。

T优111 (T you 111)

品种来源：湖南杂交水稻研究中心以T98A为母本，湘恢111（明恢63/密阳46）为父本配组育成。2004年通过湖南省农作物品种审定委员会审定。2007年获国家植物新品种权授权。

形态特征和生物学特性：属籼型三系杂交迟熟晚稻。在湖南省作双季晚稻栽培，全生育期123d。株高108cm，株型松紧适中，茎秆较硬，叶色较浓，剑叶直立，叶鞘、稃尖绿色，分蘖力较强，成穗率高，落色好。有效穗286.5万穗/hm^2，每穗总粒数126.4粒，结实率79.6%，千粒重26.0g。

品质特性：糙米率84.0%，精米率70.6%，整精米率65.8%，垩白粒率78.5%，垩白大小30.5%，长宽比2.7。

抗性：叶瘟7级，穗瘟7级。白叶枯病5级。耐寒性中等偏强。

产量及适宜地区：2002—2003年湖南省两年区试平均单产7 303.5kg/hm^2，比对照威优46增产1.8%。适宜在湖南省稻瘟病轻发区作双季晚稻种植。

栽培技术要点：在湖南省作双季晚稻种植，6月15日左右播种。7月20日前移栽，秧龄期不超过35d。株行距13.3cm×23.3cm，基本苗120万～150万苗/hm^2。及时防治病虫害。

T优1128（T you 1128）

品种来源：湖南明珠种业有限公司和郴州市农业科学研究所以T98A为母本，MZ1128（测64/马坝占//R80）为父本配组育成。2009年通过湖南省农作物品种审定委员会审定。

形态特征和生物学特性：属籼型三系杂交迟熟晚稻。在湖南省作双季晚稻栽培，全生育期118d。株高109cm，株型松紧适中，生长势强，剑叶中长、直立，叶下禾，穗大粒多，后期落色好，不早衰。有效穗273.0万穗/hm²，每穗总粒数163.3粒，结实率80.3%，千粒重25.5g。

品质特性：糙米率83.0%，精米率74.5%，整精米率67.9%，精米长6.8mm，长宽比3.1，垩白粒率20%，垩白度1.8%，透明度1级，碱消值5.9级，胶稠度68mm，直链淀粉含量27.5%，蛋白质含量10.5%。

抗性：稻瘟病综合指数7.1。白叶枯病7级，感白叶枯病。耐低温能力较强。

产量及适宜地区：2007—2008年湖南省两年区试平均单产7 227.0kg/hm²，比对照威优46增产1.1%。日产量61.1kg/hm²，比对照威优46高1.8kg/hm²。适宜在湖南省稻瘟病轻发区作双季晚稻种植。

栽培技术要点：在湖南省作双季晚稻种植，湘南6月25日前播种，湘北6月20日前播种。秧田播种量150.0kg/hm²，大田用种量18.8kg/hm²。秧龄在25d以内，每穴栽插2粒谷秧，基本苗90万～120万苗/hm²。施肥做到基肥足，追肥早而速，中期适当补，注意氮、磷、钾肥的合理配比，比例以1∶0.5∶0.7为宜。管水做到深水活蔸、浅水分蘖、够苗晒田、有水壮苞，抽穗后期干干湿湿，切忌断水过早。及时防治稻飞虱及稻瘟病、纹枯病等病虫害。

T优115 (T you 115)

品种来源：湖南农业大学农学院以T98A为母本，R115（R288/恩恢58）为父本配组育成。2006年通过湖南省农作物品种审定委员会审定。

形态特征和生物学特性：属籼型三系杂交中熟晚稻。在湖南省作双季晚稻栽培，全生育期113d。株高100.0 ~ 105.0cm，株型紧凑，叶片直立，叶色绿，剑叶长度适中，叶鞘、稃尖无色，熟期落色好。有效穗297.0万穗/hm²，每穗总粒数130.8粒，结实率79.7%，千粒重25.4g。

品质特性：糙米率82.0%，精米率74.4%，整精米率66.9%，精米长6.8mm，长宽比3.0，垩白粒率45%，垩白度5.3%，透明度2级，碱消值6.2级，胶稠度60mm，直链淀粉含量21.6%，蛋白质含量9.6%。

抗性：叶瘟9级，穗瘟9级，高感稻瘟病。白叶枯病7级，感白叶枯病。抗寒能力较强。

产量及适宜地区：2004—2005年湖南省两年区试平均单产7 212.0kg/hm²，比对照金优207增产3.8%。日产量63.5kg/hm²，比对照金优207高0.60kg/hm²。适宜在湖南省非稻瘟病区作双季晚稻种植。

栽培技术要点：在湖南省作双季晚稻种植，湘中6月23日播种，湘南可适当推迟，湘北须适当提早。秧田播种量150.0 ~ 180.0kg/hm²，大田用种量19.5 ~ 22.5kg/hm²。用三氯异氰尿酸浸种，秧龄控制在28d以内。种植密度16.7cm×20.0cm，每穴栽插2粒谷秧，基本苗120万苗/hm²。需肥水平中上，施足基肥，早施追肥，中期看苗补肥。及时晒田控蘖，后期宜采用干湿交替灌溉，成熟收割前5d排水干田，及时收割。注意防治病虫害。

T优118 (T you 118)

品种来源：永州市农业科学研究所以T98A为母本，R118（德国吨稻/明恢63）为父本配组育成。2009年通过湖南省农作物品种审定委员会审定。

形态特征和生物学特性：属籼型三系杂交中熟晚稻。在湖南省作双季晚稻栽培，全生育期110d。株高110cm，株型偏紧凑，分蘖力较强，生长稳健，茎秆较粗，叶片青绿，剑叶较宽、直立，后期落色好，籽粒饱满。稃尖无色，间有顶芒。有效穗300.0万穗/hm²，每穗总粒数144.4粒，结实率79.8%，千粒重25.3g。

品质特性：糙米率81.8%，精米率72.9%，整精米率66.7%，精米长6.9mm，长宽比3.0，垩白粒率44%，垩白度6.5%，透明度1级，碱消值5.8级，胶稠度45mm，直链淀粉含量22.8%，蛋白质含量10.2%。

抗性：稻瘟病综合指数8.4，高感稻瘟病。白叶枯病7级，感白叶枯病。后期耐寒性强。

产量及适宜地区：2007—2008年湖南省两年区试平均单产7 302.0kg/hm²，比对照金优207增产7.6%。日产量65.0kg/hm²，比对照金优207高3.3kg/hm²。适宜在湖南省稻瘟病轻发区作双季晚稻种植。

栽培技术要点：在湖南省作双季晚稻种植，湘中6月25日左右播种，湘北须提前3～4d播种，湘南可推迟3～4d播种。秧田播种量150.0～225.0kg/hm²，大田用种量18.8～22.5kg/hm²。秧龄控制在30d以内，种植密度20.0cm×20.0cm。每穴栽插2粒谷秧，基本苗90万～120万苗/hm²。施足基肥，早施追肥，后期看苗施肥。及时晒田控苗，后期干湿交替灌溉，不宜过早脱水，注意防治稻瘟病等病虫害。

T优15（T you 15）

品种来源：湖南怀化奥谱隆作物育种工程研究所以T98A为母本，R15（To974//R48-2/R64-7）为父本配组育成。2007年通过国家农作物品种审定委员会审定。

形态特征和生物学特性：属籼型三系杂交中熟早稻。在长江中下游作双季早稻种植，全生育期109.9d。株型适中，熟期转色好，有效穗数342.0万穗/hm²，株高91.7cm，穗长21.4cm，每穗总粒数120.6粒，结实率77.5%，千粒重24.4g。

品质特性：整精米率52.6%，长宽比2.7，垩白粒率92%，垩白度11.7%，胶稠度74mm，直链淀粉含量25.4%。

抗性：稻瘟病综合指数6.3，穗瘟病损失率最高9级。白叶枯病7级。

产量及适宜地区：2005—2006年长江中下游早籼早中熟组两年区域试验平均单产7 294.5kg/hm²，比对照浙733增产4.3%。2006年生产试验平均单产6 318.0kg/hm²，比对照浙733增产1.7%。适宜在江西、湖南、安徽、浙江的稻瘟病、白叶枯病轻发的双季稻区作双季早稻种植。

栽培技术要点：在长江中下游作双季早稻种植，适时播种。适宜大田直播、旱育抛秧和常规水育秧栽培，大田用种量30.0～37.5kg/hm²。稀播、匀播，培育壮秧，旱育秧3.5～4.0叶移（抛）栽，水育秧5.0～5.5叶移栽，秧龄25～30d。合理密植，栽插密度16.7cm×20.0cm，每穴栽插2～3粒谷秧，栽插基本苗135万～150万苗/hm²。需肥水平中等，大田施6 000.0～7 500.0kg/hm²有机肥混配375.0～450.0kg/hm²复合肥作基肥，移栽返青后追施尿素120.0～150.0kg/hm²和氧化钾90.0～120.0kg/hm²，看苗补施穗粒肥。采取浅水与湿润间歇灌溉促蘖，够苗及时搁田，孕穗中后期和抽穗扬花期保持浅水，灌浆结实期干湿交替，收割前6～7d断水。注意及时防治稻瘟病、白叶枯病、纹枯病及稻纵卷叶螟、二化螟、稻飞虱、稻秆潜叶蝇等病虫害。

T优1655 （T you 1655）

品种来源：湖南天盛生物科技有限公司和湖南杂交水稻研究中心以T98A为母本，盛恢1655为父本配组育成。2011年通过湖南省农作物品种审定委员会审定。

形态特征和生物学特性：属籼型三系杂交迟熟中稻。在湖南省作中稻栽培，全生育期135.0d。株高119cm，株型松紧适中。生长势较强，分蘖力中等，稃尖秆黄色，无芒，叶下禾，叶色淡绿，茎秆坚韧，熟期落色好。有效穗216.0万穗/hm²，每穗总粒数200.0粒，结实率83.5%，千粒重27.4g。

品质特性：糙米率81.4%，精米率68.6%，整精米率51.0%，精米长7.2mm，长宽比3.3，垩白粒率56%，垩白度5.0%，透明度2级，碱消值3.0级，胶稠度48mm，直链淀粉含量23.0%。

抗性：叶瘟4.0级，穗瘟7级，稻瘟病综合指数4.9。耐高温能力强，耐低温能力一般。耐肥，抗倒伏性中等。

产量及适宜地区：2009—2010年湖南省两年区试平均单产9 327.0kg/hm²，比对照两优培九增产5.3%。日产量68.7kg/hm²，比对照两优培九高5.3kg/hm²。适宜湖南省海拔500m以下稻瘟病轻发的山丘区作中稻种植。

栽培技术要点：在湖南省作中稻种植，4月20日左右播种。秧田播种量180kg/hm²，大田用种量22.5kg/hm²。秧龄不超过25d，秧苗叶龄5叶左右移栽。种植密度20cm×23cm或20cm×26cm，每穴栽插2粒谷秧。中等肥力稻田施纯氮120～150kg/hm²、五氧化二磷90～120kg/hm²、氧化钾105～120kg/hm²，始穗期施尿素30kg/hm²、氧化钾37.5kg/hm²。切忌后期过早断水。苗期注意防治稻飞虱，大田期及时防治稻螟虫、稻纵卷叶螟、稻飞虱、纹枯病和稻瘟病等病虫害。

T优167（T you 167）

品种来源：湖南隆平高科农平种业有限公司以T98A为母本，R167（R402/先恢207）为父本配组育成。2007年通过湖南省农作物品种审定委员会审定。2010年获国家植物新品种权授权。

形态特征和生物学特性：属籼型三系杂交迟熟早稻。在湖南省作双季早稻栽培，全生育期113d。株高90cm，株型松紧适中，茎秆坚韧，叶色淡绿，剑叶直立，叶鞘无色，后期落色好。有效穗330.0万穗/hm²，每穗总粒数95粒左右，结实率80%左右，千粒重26g。

品质特性：糙米率81.4%，精米率72.9%，整精米率58.2%，精米长6.8mm，长宽比3.2，垩白粒率67%，垩白度8.7%，透明度2级，碱消值5.7级，胶稠度56mm，直链淀粉含量20.2%，蛋白质含量11.0%。

抗性：叶瘟5级，穗瘟9级，稻瘟病综合指数8.0，高感稻瘟病。白叶枯病5级，中感白叶枯病。耐肥，抗倒伏。

产量及适宜地区：2005—2006年湖南省两年区试平均单产7 585.5kg/hm²，比对照金优402增产2.3%。日产量67.4kg/hm²，比对照金优402高0.6kg/hm²。适宜于湖南省稻瘟病轻发区作双季早稻种植。

栽培技术要点：在湖南省作双季早稻种植，3月底至4月初播种。秧田播种量180.0～225.0kg/hm²，大田用种量37.5kg/hm²。秧龄控制在25d以内，叶龄控制在4.0～5.0叶移栽，种植密度16.7cm×16.7cm或16.7cm×20.0cm。每穴栽插2粒谷秧，基本苗135万～150万苗/hm²。施足底肥，早施追肥。及时晒田控蘖，后期实行湿润灌溉，抽穗扬花后不宜过早脱水，保证充分结实灌浆。注意对病虫害的防治。

T优180（T you 180）

品种来源：湖南农业大学以T98A为母本，R180（R80系选）为父本配组育成。2005年通过湖南省农作物品种审定委员会审定。2010获国家植物新品种权授权。

形态特征和生物学特性：属籼型三系杂交中熟偏迟晚稻。在湖南省作双季晚稻栽培，全生育期114d。株高106cm，株型较松散，叶鞘、稃尖无色，叶片较长且直立，叶下禾。分蘖力强，生长繁茂。有效穗285.0万穗/hm²，每穗总粒数118.2粒，结实率82.4%，千粒重25.7g。

品质特性：糙米率81.7%，精米率72.3%，整精米率61.8%，精米长6.6mm，长宽比2.9，垩白粒率37%，垩白度8.8%，透明度1级，碱消值6.3级，胶稠度78mm，直链淀粉含量21.8%，蛋白质含量10.0%。

抗性：叶瘟8级，穗瘟9级，感稻瘟病。白叶枯病7级。耐寒性好。较耐肥与抗倒伏。

产量及适宜地区：2003—2004年湖南省两年区试平均单产7 011.0kg/hm²，比对照金优207增产0.2%。日产量62.4kg/hm²，比对照金优207低1.2kg/hm²。适宜在湖南省稻瘟病轻发区作双季晚稻种植。

栽培技术要点：在湖南省作双季晚稻种植，湘中6月22日左右播种，湘北、湘南可适当提前或推后2～3d播种。秧田播种量150.0kg/hm²，大田用种量22.5kg/hm²。秧龄30d以内，种植密度16.0cm×19.0cm。每穴栽插2粒谷秧，基本苗120万苗/hm²。施足基肥，追肥早而速，中期适当补，追肥以尿素为主，中后期切忌偏施氮肥。深水活蔸，浅水分蘖，有水壮苞抽穗，后期干湿交替，切忌生育后期过早脱水，后期注意防倒伏。加强防治稻瘟病等病虫害。

T优227（T you 227）

品种来源：怀化隆平高科种业有限责任公司以T98A为母本，湘恢227（密阳/R402）为父本配组育成。2005年通过湖南省农作物品种审定委员会审定。

形态特征和生物学特性：属籼型三系杂交中熟偏迟中稻。在湖南省山丘区作中稻栽培，全生育期137d。株高109cm，株型紧凑，分蘖力较强，叶片较窄长，叶色青绿，叶鞘、秆尖无色，谷粒长形，少量谷尖有短顶芒。有效穗255.0万穗/hm²，每穗总粒数132.4粒，结实率84.1%，千粒重25.8g。

品质特性：糙米率80.5%，精米率70.6%，整精米率63.8%，精米长6.3mm，长宽比2.8，垩白粒率38%，垩白度9.5%，透明度1级，碱消值5.5级，胶稠度66mm，直链淀粉含量21.1%，蛋白质含量10.3%。

抗性：叶瘟4级，穗瘟9级，感稻瘟病。耐寒性中等偏强。

产量及适宜地区：2003年湖南省区试平均单产8 374.5kg/hm²，比对照金优207增产15.5%。日产量61.8kg/hm²，比对照金优207高3.8kg/hm²；2004年转组续试平均单产8 094.0kg/hm²，比对照Ⅱ优58增产3.1%。日产量57.6kg/hm²，比对照Ⅱ优58高3.9kg/hm²。两年区试平均单产8 234.3kg/hm²，日产量59.7kg/hm²。适宜在湖南省海拔300～800m稻瘟病轻发的山丘区作中稻种植。

栽培技术要点：在湖南省山丘区作中稻种植，4月中旬播种。秧田播种量180.0～225.0kg/hm²，大田用种量18.0～22.5kg/hm²。秧龄30d以内，5.0～5.5叶期移栽。种植密度19.8cm×（23.1～26.4）cm，每穴栽插2粒谷秧。施足基肥，增施磷、钾肥，早施追肥，后期看苗追肥。浅水灌溉，及时晒田，干湿壮籽，不要过早脱水。注意防治稻瘟病等病虫害。

T优259（T you 259）

品种来源：湖南农业大学水稻科学研究所以T98A为母本，R259（先恢207/9453）为父本配组育成。2003年通过湖南省农作物品种审定委员会审定。

形态特征和生物学特性：属籼型三系杂交中熟晚稻。在湖南省作双季晚稻栽培，全生育期114d。株高105.0cm，株型较紧凑，分蘖力中等，茎秆粗细中等。叶鞘无色，剑叶直立、色绿，剑叶长38.0cm、宽1.9cm，属叶下禾。有效穗270.0万穗/hm²，穗长24.0cm，每穗总粒数131.0粒，结实率83.9%，成熟时落色好。

品质特性：糙米率81.6%，精米率73.3%，整精米率57.2%，精米长6.7mm，垩白粒率19%，垩白度3.4%，透明度2级，碱消值5.1级，胶稠度76mm，直链淀粉含量21.5%，蛋白质含量9.1%，谷粒长形，长宽比3.1。在2002年湖南省第五次优质稻品种评选中被评为三等优质稻组合。

抗性：叶瘟7级，穗瘟7级。白叶枯病5级。

产量及适宜地区：2001—2002年湖南省两年区试平均单产7 348.5kg/hm²，比对照威优77增产3.0%。适宜在湖南省稻瘟病轻发区作双季晚稻种植。

栽培技术要点：在湖南省作双季晚稻种植，湘中6月23日、湘南6月26日、湘北6月19日播种。大田用种量22.5kg/hm²，秧龄30d。移栽密度16.7cm×20.0cm或20.0cm×20.0cm，基本苗120.0万～150.0万苗/hm²。以基肥和有机肥或复合肥为主，早施追肥，中后期控施氮肥，注意防倒伏。在返青、孕穗抽穗期保持水层，其他时期以湿润为主。注意防治穗颈瘟及螟虫与稻飞虱等病虫害。

T优272 (T you 272)

品种来源：湖南亚华种业科学研究院以T98A为母本，华恢272（明恢63/Lemont//先恢207）为父本，采用三系法配组育成。分别通过湖南省（2007）、国家（2007）、贵州省（2009）和陕西省（2009）农作物品种审定委员会审定或引种。

形态特征和生物学特性：属籼型三系杂交中熟中稻。在湖南省作中稻栽培，全生育期128.0d。株高110.0cm，株型较紧凑，茎秆中粗，分蘖力较强，生长势旺。叶鞘、叶耳、叶缘均为无色，剑叶直立，抽穗整齐，叶下禾，后期落色好，不早衰。谷壳薄，籽粒饱满，淡黄色，稃尖无色、有短顶芒，谷粒长形。有效穗232.5万穗/hm²，每穗总粒数174.6粒，结实率82.5%，千粒重26.5g。

品质特性：糙米率81.8%，精米率74.3%，整精米率68.0%，长宽比3.3，垩白粒率30%，垩白度3.9%，透明度1级，碱消值5.8级，胶稠度84mm，直链淀粉含量21.8%，蛋白质含量8.7%。

抗性：叶瘟6级，穗瘟9级，高感稻瘟病。抗高温能力较强，抗寒能力较强，耐肥，抗倒伏性较强。

产量及适宜地区：2005—2006年湖南省两年区试平均单产7 993.5kg/hm²，比对照金优207增产10.6%。日产量62.3kg/hm²，比对照金优207高5.3kg/hm²。适宜在湖南、浙江、湖北和安徽各省长江以南的稻瘟病、白叶枯病轻发的双季稻区作晚稻种植，适宜在湖南省稻瘟病轻发的山丘区作中稻种植，适宜在陕西省南部汉中、安康海拔750m以下稻瘟病轻发区种植，适宜在贵州省中籼早熟稻区种植，稻瘟病常发区慎用。

栽培技术要点：在湖南省作中稻种植，4月20日左右播种。秧田播种量150.0kg/hm²，大田用种量18.8kg/hm²。播种时种子拌多效唑。水育小苗5.5～6.0叶移栽。栽插密度16.7cm×26.4cm，每穴栽插2～3粒谷秧。施肥水平中上，够苗及时晒田。坚持用三氯异氰尿酸浸种，及时施药防治二化螟、稻纵卷叶螟、稻飞虱及纹枯病等病虫害。

T优277 (T you 277)

品种来源：湖南亚华种业科学研究院以T98A为母本，R277（先恢207/R9113）为父本配组育成。2009年通过湖南省农作物品种审定委员会审定。

形态特征和生物学特性：属籼型三系杂交迟熟晚稻。在湖南省作双季晚稻栽培，全生育期117d。株高114cm，植株松紧适中，生长整齐，叶片挺直上举，较厚实。茎秆较粗壮，属叶下禾，后期落色好。有效穗271.5万穗/hm²，每穗总粒数146.8粒，结实率83.5%，千粒重26.6g。

品质特性：糙米率82.3%，精米率73.6%，整精米率63.5%，精米长7.1mm，长宽比3.2，垩白粒率8%，垩白度0.9%，透明度1级，碱消值4.9级，胶稠度71mm，直链淀粉含量24.0%，蛋白质含量10.4%。

抗性：稻瘟病综合指数5.3。白叶枯病7级，感白叶枯病。抗寒能力较强。

产量及适宜地区：2007—2008年湖南省两年区试平均单产7 672.5kg/hm²，比对照金优207增产5.5%。日产量65.3kg/hm²，比对照金优207高5.1kg/hm²。适宜在湖南省稻瘟病轻发区作双季晚稻种植。

栽培技术要点：在湖南省作双季晚稻种植，湘南6月20日播种，湘中、湘北提早2～4d播种。秧田播种量450.0kg/hm²，大田用种量45.0～52.5kg/hm²。秧龄30d以内，种植密度20.0cm×20.0cm或13.0cm×26.5cm或16.5cm×26.5cm，每穴栽插2粒谷秧，基本苗90万苗/hm²左右。基肥足，追肥速，中期补。氮、磷、钾肥配合施用，适当增加磷、钾肥用量。深水活蔸，浅水分蘖，及时晒田，有水壮苞抽穗，后期干干湿湿，不宜过早脱水。注意防治病虫害。

T优300（T you 300）

品种来源：湖南杂交水稻研究中心以T98A为母本，R300（明恢63/R312）为父本配组育成。分别通过湖南省（2005）、重庆市（2007）、云南省[红河（2008）、普洱（2012）、文山（2012）]农作物品种审定委员会审定或引种。2007年获国家植物新品种权授权。

形态特征和生物学特性：属籼型三系杂交迟熟中稻。在湖南省山丘区作中稻栽培，全生育期142d。株高120cm，株型松紧适中。在中低氮肥条件下种植，剑叶短硬而直立。生长中后期高氮肥条件下，表现剑叶长而软披。叶鞘、叶耳、稃尖无色，叶下禾，落色好。有效穗235.5万穗/hm²，每穗总粒数136.9粒，结实率81.4%，千粒重28.5g。

品质特性：糙米率81.1%，精米率70.8%，整精米率57.0%，精米长7.2mm，长宽比3.3，垩白粒率43%，垩白度6.1%，透明度1级，碱消值4.9级，胶稠度79mm，直链淀粉含量23.0%，蛋白质含量9.5%。

抗性：叶瘟4级，穗瘟9级，感稻瘟病。耐寒性中等偏弱，耐高温性差。

产量及适宜地区：2003年湖南省区试平均单产8 851.5kg/hm²，比对照金优207增产22.1%。日产量64.5kg/hm²，比对照金优207高6.5kg/hm²；2004年转迟熟组续试，平均单产8 287.5kg/hm²，比对照Ⅱ优58增产5.5%。日产量58.4kg/hm²，比对照Ⅱ优58高4.7kg/hm²。两年区试平均单产8 569.5kg/hm²，日产量61.5kg/hm²。适宜在湖南省海拔300~700m稻瘟病轻发的山丘区、重庆市海拔800m以下稻瘟病非常发区作一季中稻种植，适宜在云南省红河哈尼族彝族自治州内地区域海拔1 400m以下、边疆区域海拔1 350m以下的籼型杂交水稻区种植，普洱市海拔1 350m以下、文山壮族苗族自治州海拔600~1 350m杂交水稻生产适宜区域种植。

栽培技术要点：在湖南省山丘区作中稻种植，4月中旬播种。秧田播种量150.0~180.0kg/hm²，大田用种量18.0~22.5kg/hm²。秧龄30~35d，5~6叶移栽。栽插密度20.0cm×25.0cm，每穴栽插2粒谷秧，基本苗75万~90万苗/hm²。施足基肥，早施追肥，在幼穗分化时开始严格控制纯氮的用量。及时晒田控蘖，后期湿润灌溉，抽穗、扬花后不宜过早脱水。注意防治稻瘟病等病虫害。

T优353 (T you 353)

品种来源：湖南杂交水稻研究中心以T98A为母本，R353为父本配组育成。2006年通过湖南省农作物品种审定委员会审定。

形态特征和生物学特性：属籼型三系杂交中熟偏迟中稻。在湖南省作中稻栽培，全生育期140d。株高120.0cm，株型稍松散，重肥披叶，叶色浓绿，后期落色好，谷粒中长形。有效穗229.5万穗/hm²，每穗总粒数180.0粒，结实率78.0%，千粒重28.8g。

品质特性：糙米率81.6%，精米率73.3%，整精米率57.2%，精米长7.2mm，长宽比3.2，垩白粒率40%，垩白度7.2%，透明度2级，碱消值4.6级，胶稠度54mm，直链淀粉含量20.7%，蛋白质含量8.7%。

抗性：叶稻瘟5级，穗瘟9级，高感稻瘟病。抗高温能力一般，抗寒能力一般，不抗倒伏。

产量及适宜地区：2004年湖南省区试平均单产7 986.0kg/hm²，比对照金优207增产11.3%；2005年转迟熟组续试平均单产8 436.0kg/hm²，比对照Ⅱ优58增产11.1%。两年区试平均单产8 211.0kg/hm²，比对照金优207增产11.2%。日产量58.7kg/hm²，比对照金优207高6.0kg/hm²。适宜在湖南省海拔200～700m的稻瘟病轻发区作中稻种植。

栽培技术要点：在湖南省作中稻种植，4月上中旬播种。秧田播种量150.0～180.0kg/hm²，大田用种量18.0～22.5kg/hm²。秧龄30～35d，5～6叶移栽。栽插密度20.0cm×25.0cm，每穴栽插2粒谷秧，基本苗75万～90万苗/hm²。施足基肥，早施追肥，在幼穗分化开始后严格控制纯氮肥的用量。及时晒田控蘖，后期湿润灌溉，不宜过早脱水，保证充分结实灌浆。注意防治稻瘟病等病虫害。

T优535 (T you 535)

品种来源：衡阳市农业科学研究所以T98A为母本，To535（ZR02/制11//To463）为父本配组育成。2008年通过湖南省农作物品种审定委员会审定。

形态特征和生物学特性：属籼型三系杂交迟熟早稻。在湖南省作双季早稻栽培，全生育期113d。株高92cm，叶鞘绿色，秆尖无色，叶色淡绿，叶片直立，叶下禾。有效穗315.0万穗/hm²，每穗总粒数135.0粒，结实率78%，千粒重25.3g。

品质特性：糙米率82.2%，精米率73.2%，整精米率61.5%，精米长6.8mm，长宽比3.1，垩白粒率86%，垩白度12.2%，透明度2级，碱消值4.9级，胶稠度78mm，直链淀粉含量22.6%，蛋白质含量9.5%。

抗性：叶瘟7级，穗瘟9级，稻瘟病综合指数8.5，高感稻瘟病。白叶枯病5级，中感白叶枯病。

产量及适宜地区：2006—2007年湖南省两年区试平均单产7 897.5kg/hm²，比对照金优402增产5.7%。日产量69.9kg/hm²，比对照金优402高3.5kg/hm²。适宜在湖南省稻瘟病轻发区作双季早稻种植。

栽培技术要点：在湖南省作双季早稻栽培，3月下旬播种。秧田播种量225.0kg/hm²，大田用种量30.0～37.5kg/hm²。培肥秧田，稀播匀播，薄膜覆盖，培育壮秧，3.5～4.5叶移栽。栽插密度16.5cm×20.0cm，每穴栽插2～3粒谷秧，基本苗75.0万～112.5万苗/hm²。施纯氮180.0kg/hm²，氮、磷、钾肥比为10：6：9。重施基肥，早施追肥。浅水分蘖，足苗轻晒，后期干湿管理，成熟期不宜断水过早。及时防治纹枯病及稻纵卷叶螟、二化螟和稻飞虱等病虫害。

T优597（T you 597）

品种来源：湖南杂交水稻研究中心以T98A为母本，创恢597（稗草基因组DNA导入先恢207系选）为父本配组育成。2005年通过湖南省农作物品种审定委员会审定。

形态特征和生物学特性：属籼型三系杂交中熟偏迟晚稻。在湖南省作双季晚稻栽培，全生育期116d。株高103cm，株型松紧适中。叶片挺直，剑叶中长，叶色淡绿，叶鞘、叶舌、叶耳浅色，稃尖无色、无芒，成熟落色好。有效穗336.0万穗/hm²，每穗总粒数113.1粒，结实率79.0%，千粒重26.5g。

品质特性：糙米率82.2%，精米率74.8%，整精米率64.3%，精米长7.0mm，长宽比3.1，垩白粒率6%，垩白度0.5%，透明度1级，碱消值5.6级，胶稠度78mm，直链淀粉含量24.3%，蛋白质含量8.2%。

抗性：叶瘟7级，穗瘟5级，感稻瘟病。白叶枯病3级。

产量及适宜地区：2002年湖南省区试平均单产6 580.5kg/hm²，比对照威优77增产0.6%。日产量56.0kg/hm²，比对照威优77低3.6kg/hm²。2003转组续试平均单产7 134.0kg/hm²，比对照威优46减产1.4%。日产量61.7kg/hm²，比对照威优46高2.0kg/hm²。两年区试平均单产6 857.3kg/hm²，日产量58.8kg/hm²。适宜在湖南省稻瘟病轻发区作双季晚稻种植。

栽培技术要点：在湖南省作双季晚稻种植，湘中6月20日左右播种，湘南可适当推迟，湘北须适当提早。秧田播种量180.0～225.0kg/hm²，大田用种量2.3kg/hm²。秧龄30d以内，4.5～5.0叶移栽。栽插密度（13.3～16.5）cm×20.0cm，每穴栽插2粒谷秧，基本苗120万～150万苗/hm²。施足基肥，早施追肥。及时晒田控蘖，后期湿润灌溉，抽穗扬花后不要过早脱水。注意纹枯病等病虫害的防治。

T优618（T you 618）

品种来源：湖南隆平高科农平种业有限公司以T98A为母本，R618为父本配组育成。分别通过湖南省（2006）、贵州省（2007）、重庆市（2010）农作物品种审定委员会审定或引种。2010年获国家植物新品种权授权。

形态特征和生物学特性：属籼型三系杂交中熟偏迟中稻。在湖南省作中稻栽培，全生育期135～140d。株高125.5～132.0cm，株型松散，高秆，半叶下禾，植株整齐，茎秆粗软，繁茂性好，叶色淡绿，剑叶宽大且长，落色好，不落粒。有效穗222.0万穗/hm²，每穗总粒数224.8粒，结实率74.1%，千粒重25.8g。

品质特性：糙米率82.4%，精米率74.5%，整精米率65.5%，精米长6.9mm，长宽比3.1，垩白粒率32%，垩白度4.8%，透明度2级，碱消值4.8级，胶稠度52mm，直链淀粉含量20.9%，蛋白质含量7.8%。

抗性：叶瘟7级，穗瘟9级，高感稻瘟病。抗高温、抗寒能力一般，抗倒伏能力较弱。

产量及适宜地区：2004—2005年湖南省两年区试平均单产9 025.5kg/hm²，比对照两优培九增产3.0%。日产量65.7kg/hm²，比对照两优培九高3.2kg/hm²。适宜在湖南省海拔800m以下稻瘟病轻发的山丘区及重庆市海拔800m以下地区作中稻种植。

栽培技术要点：在湖南省作中稻种植，4月中旬播种。秧田播种量150.0～180.0kg/hm²，大田用种量22.5kg/hm²。秧龄控制在30d以内，种植密度19.8cm×23.0cm或19.8cm×26.4cm。施足基肥，早施追肥。及时晒田控蘖，后期湿润灌溉，抽穗扬花后不宜过早脱水，保证充分结实灌浆。注意防治纹枯病等病虫害。

T优640（T you 640）

品种来源：湖南杂交水稻研究中心以T98A为母本，R640（M3/竹青）为父本配组育成。2005年通过湖南省农作物品种审定委员会审定。2010年获国家植物新品种权授权。

形态特征和生物学特性：属籼型三系杂交中熟偏迟中稻。在湖南省山丘区作中稻栽培，全生育期135d。株高110cm，株型松紧适中，茎秆坚韧，叶色较深，叶耳、叶舌、叶鞘紫色，剑叶中长、挺直，叶下禾，稃尖紫色、无芒。有效穗241.5万穗/hm²，每穗总粒数167.9粒，结实率82.5%，千粒重26.0g。

品质特性：糙米率81.4%，精米率71.2%，整精米率61.4%，精米长6.6mm，长宽比3.1，垩白粒率45%，垩白度9.2%，透明度1级，碱消值5.0级，胶稠度76mm，直链淀粉含量22.3%，蛋白质含量10.1%。

抗性：叶瘟4级，穗颈瘟9级，感稻瘟病。耐寒性中等偏强，耐高温性好。抗倒伏性一般。

产量及适宜地区：2003—2004年湖南省两年区试平均单产8 355.0kg/hm²，比对照金优207增产15.8%。日产量62.1kg/hm²，比对照金优207高5.1kg/hm²。适宜在湖南省海拔300～700m稻瘟病轻发的山丘区作中稻种植。

栽培技术要点：在湖南省山丘区作中稻种植，4月中旬播种。秧田播种量112.5～150.0kg/hm²，大田用种量22.5～30.0kg/hm²。秧龄35d以内，5月20日以前移栽。种植密度16.7cm×23.3cm，每穴栽插2～3粒谷秧，基本苗45万～75万苗/hm²。施足基肥，早施追肥。及时晒田控蘖，后期湿润灌溉，抽穗扬花后不宜过早脱水。注意防倒伏和对稻瘟病等病虫害的防治。

T优705 (T you 705)

品种来源：湖南隆平高科农平种业有限公司以T98A为母本，R705（CPSLO17/R510）为父本配组育成。2005年通过湖南省农作物品种审定委员会审定。2008年获国家植物新品种权授权。

形态特征和生物学特性：属籼型三系杂交中熟早稻。在湖南省作双季早稻栽培，全生育期108d。株高84cm，株型松紧适中，茎秆坚韧，剑叶直立，剑叶角度中间类型，叶色深绿，叶鞘、稃尖无色，熟期落色好，不早衰。有效穗345.0万～375.0万穗/hm^2，每穗总粒数118粒，结实率68.5%～73.9%，千粒重23.6g。

品质特性：糙米率82.4%，精米率71.9%，整精米率44.4%，精米长6.6mm，长宽比3.0，垩白粒率30%，垩白度9.1%，透明度2级，碱消值4.6级，胶稠度42mm，直链淀粉含量22.2%，蛋白质含量9.9%。

抗性：叶瘟9级，穗瘟9级，高感稻瘟病。白叶枯病7级。耐肥，抗倒伏。

产量及适宜地区：2003—2004年湖南省两年区试平均单产6 664.5kg/hm^2，比对照湘早籼13增产3.9%。日产量61.5kg/hm^2，比对照湘早籼13高1.7kg/hm^2。适宜在湖南省稻瘟病轻发区作双季早稻种植。

栽培技术要点：在湖南省作双季早稻种植，湘中3月底至4月初播种，湘南可适当提早，湘北须适当推迟。秧田播种量150.0～225.0kg/hm^2，大田用种量22.5kg/hm^2，秧龄30d以内，栽插密度（13.3～16.5）cm×20.0cm或16.7cm×16.7cm。每穴栽插1～2粒谷秧，基本苗120万苗/hm^2。施足基肥，早施追肥。及时晒田控蘖，后期湿润灌溉，抽穗扬花后不宜过早脱水。注意纹枯病、稻穗瘟及白叶枯病等病虫害。

T优817（T you 817）

品种来源：湘西民族职业技术学院、湖南杂交水稻研究中心和湘西土家族苗族自治州农业科学研究所以T98A为母本，R817（R838//蜀恢527/密阳46）为父本配组育成。2010年通过湖南省农作物品种审定委员会审定。

形态特征和生物学特性：属籼型三系杂交迟熟中稻。在湖南省作中稻种植，全生育期141.3d。株高119.7cm，株型适中，茎秆中粗，繁茂性好，分蘖力较强，抽穗整齐。剑叶宽大，披垂，半叶下禾。叶鞘、稃尖无色，后期落色一般。有效穗219.0万穗/hm²，每穗总粒数181.8粒，结实率81.8%，千粒重28.2g。

品质特性：糙米率81.5%，精米率72.6%，整精米率53.7%，精米长7.2mm，长宽比3.2，垩白粒率14%，垩白度3.4%，透明度1级，碱消值4.5级，胶稠度80mm，直链淀粉含量22.2%，蛋白质含量8.1%。

抗性：叶瘟2.5级，穗瘟9级，稻瘟病综合指数4.9。纹枯病抗性中等。抗寒能力强，抗高温能力强。抗倒伏能力弱。

产量及适宜地区：2008—2009年湖南省两年区试平均单产8 574.0kg/hm²，比对照Ⅱ优58增产4.6%。日产量60.8kg/hm²，比对照Ⅱ优58高2.3kg/hm²。适宜在湖南省海拔500m以下稻瘟病轻发的山丘区作中稻种植。

栽培技术要点：在湖南省作中稻种植，4月上中旬播种。大田用种量22.5kg/hm²，秧田播种量180.0kg/hm²。秧龄30d或主茎叶片数达5～6叶移栽，栽插密度20.0cm×26.0cm。每穴栽插2粒谷秧，22.5万穴/hm²，基本苗90万～120万苗/hm²。底肥足，追肥早，后期看苗施肥，在分蘖盛期施氧化钾225.0kg/hm²，有利于壮秆壮籽。氮肥不宜过重，防止倒伏。及时晒田控苗，后期实行湿润灌溉，不要脱水太早，有利于结实灌浆。注意防治稻瘟病、纹枯病等病虫害。

T优82（T you 82）

品种来源：麻阳苗族自治县种子公司以T98A为母本，明恢82（IR60/圭630）为父本配组育成。2005年通过湖南省农作物品种审定委员会审定。2007年获国家植物新品种权授权。

形态特征和生物学特性：属籼型三系杂交中熟中稻。在湖南省山丘区作中稻栽培，全生育期127d。株高108cm，株型紧凑。叶片宽、短、直，叶色淡绿。分蘖力较强，成穗率偏低。穗大粒多，稃尖无色，颖壳无芒，成熟时落色好。有效穗250.5万穗/hm²，每穗总粒数160.3粒，结实率71.1%，千粒重25.8g。

品质特性：糙米率81.5%，精米率71.5%，整精米率61.3%，精米长6.6mm，长宽比3.1，垩白粒率56%，垩白度10.0%，透明度2级，碱消值5.8级，胶稠度60mm，直链淀粉含量22.4%，蛋白质含量9.9%。

抗性：叶瘟5级，穗瘟9级，感稻瘟病。耐寒性中等偏弱，耐高温性差。抗倒伏能力稍差。

产量及适宜地区：2003—2004年湖南省两年区试平均单产7 842.0kg/hm²，比对照金优207增产8.7%。日产量61.7kg/hm²，比对照金优207高4.7kg/hm²。适宜在湖南省海拔300～800m稻瘟病轻发的山丘区作中稻种植。

栽培技术要点：在湖南省山丘区作中稻种植，4月上旬播种。秧田播种量150.0kg/hm²，大田用种量22.5～27.0kg/hm²。秧龄30d以内，5.5～6.5叶移栽。种植密度16.7cm×26.7cm，每穴栽插2粒谷秧。施足基肥，早施追肥，注意看苗补肥。及时晒田控蘖，在孕穗、抽穗期保持水层，其他时期以湿润为主，后期注意防倒伏。注意防治螟虫、稻飞虱及纹枯病和稻瘟病等病虫害。

T优H505 （T you H 505）

品种来源：湖南天盛生物科技有限公司和湖南杂交水稻研究中心以T98A为母本，H505为父本配组育成。2011年通过湖南省农作物品种审定委员会审定。

形态特征和生物学特性：属籼型三系杂交迟熟晚稻。在湖南省作双季晚稻栽培，全生育期117.8d。株高117.1cm，株型适中，叶鞘、叶片、叶耳为绿色，稃尖、柱头为白色，生长较整齐，后期落色好。有效穗259.5万穗/hm²，每穗总粒数167.5粒，结实率79.6%，千粒重27.5g。

品质特性：糙米率80.6%，精米率72.7%，整精米率62.2%，精米长8mm，长宽比2.8，垩白粒率24%，垩白度4.3%，透明度2级，碱消值6级，胶稠度52mm，直链淀粉含量21.6%。

抗性：叶瘟5.1级，穗瘟8.3级，稻瘟病综合指数6.6，高感稻瘟病。耐低温能力中等。

产量及适宜地区：2009—2010年湖南省两年区试平均单产7 752.0kg/hm²，比对照威优46增产5.7%。日产量66.0kg/hm²，比对照威优46高4.5kg/hm²。适宜湖南省稻瘟病轻发区作双季晚稻种植。

栽培技术要点：在湖南省作双季晚稻种植，播种期在6月20日左右。秧田播种量225kg/hm²，大田用种量22.5kg/hm²。稀播匀播，培育壮秧，秧龄应控制在30d以内。栽插密度16.5cm×23.3cm或20cm×20cm，每穴栽插2粒谷秧。施肥掌握"前攻、中补、后控"的施肥原则，适当多施磷、钾肥，防止氮肥过头。苗足注意及时晒田，后期不宜过早脱水，以湿润灌溉为主。秧田要狠抓稻飞虱、稻叶蝉的防治，大田注意及时防治稻瘟病、纹枯病及稻飞虱、二化螟等病虫害。

炳优98（Bingyou 98）

品种来源：四川泰隆农业科技有限公司和湖南杂交水稻研究中心以炳1A（资100A/炳1B）为母本，泰恢1298为父本配组育成。2014年通过湖南省农作物品种审定委员会审定。

形态特征和生物学特性：属籼型三系杂交中熟中稻。在湖南省作中稻栽培，全生育期130d。株高103cm，株型适中，叶姿直立，叶鞘、稃尖紫红色，半叶下禾，后期落色好。有效穗270.0万穗/hm²，每穗总粒数150.3粒，结实率88.8%，千粒重24.7g。

品质特性：糙米率80.6%，精米率72.7%，整精米率62.2%，精米长8mm，长宽比2.8，垩白粒率24%，垩白度4.3%，透明度2级，碱消值6级，胶稠度52mm，直链淀粉含量21.6%。

抗性：叶瘟4.2级，穗颈瘟6.0级，稻瘟病综合指数4.3。白叶枯病6级，稻曲病1.8级。耐高温能力强，耐低温能力中。

产量及适宜地区：2012—2013年湖南省两年区试平均单产8 690.7kg/hm²，比对照T优272增产5.5%。日产量66.9kg/hm²，比对照T优272高2.9kg/hm²。适宜湖南省稻瘟病轻发的山丘区作中稻种植。

栽培技术要点：在湖南省作中稻种植，4月中下旬播种。大田用种量15.0kg/hm²，培育多蘖壮秧，秧龄30d以内或主茎叶片数达5.5叶移栽。种植密度20cm×20cm，每穴栽插2粒谷秧。采取底肥足、追肥早、后期看苗补施穗肥的施肥方法，够苗及时晒田控苗，后期湿润灌溉，不要脱水太早。浸种时坚持用三氯异氰尿酸消毒，注意防治稻瘟病及螟虫、稻飞虱等病虫害。

川香优1101（Chuanxiangyou 1101）

品种来源：长沙惟楚种业有限公司以川香29A（珍汕97A/川香29B）为母本，R1101为父本配组育成。2009年通过湖南省农作物品种审定委员会审定。

形态特征和生物学特性：属籼型三系杂交迟熟中稻。在湖南省作中稻栽培，全生育期146d。株高117cm，株型适中，植株整齐，茎秆高大、粗壮，生长繁茂。叶色深绿，剑叶宽长，中度披叶，叶鞘、稃尖紫色。叶下禾，谷粒中长形，着粒密，有少量短芒，落色一般。有效穗217.5万穗/hm²，每穗总粒数164.8粒，结实粒81.8%，千粒重31.4g。

品质特性：糙米率81.6%，精米率74.0%，整精米率66.4%，精米长6.9mm，长宽比2.6，垩白粒率26%，垩白度4.9%，透明度1级，碱消值5.0级，胶稠度66mm，直链淀粉含量22.0%，蛋白质含量8.2%。

抗性：稻瘟病综合指数4.9。耐低温能力一般，耐高温能力中等。

产量及适宜地区：2007—2008年湖南省两年区试平均单产8 481.0kg/hm²，比对照Ⅱ优58增产3.7%。日产量58.1kg/hm²，比对照Ⅱ优58高1.7kg/hm²。适宜在湖南省海拔600m以下稻瘟病轻发的山丘区作中稻种植。

栽培技术要点：在湖南省作中稻种植，4月上旬播种。秧田播种量150.0～180.0kg/hm²，大田用种量18.8kg/hm²。秧龄30～35d，5.0～6.0叶移栽，种植密度20.0cm×25.0cm。每穴栽插2粒谷秧，基本苗75万～90万苗/hm²。施足底肥，早施追肥。及时晒田控蘖，在成熟期实行湿润灌溉，有利于充分灌浆结实。注意防治病虫害。

川香优727（Chuanxiangyou 727）

品种来源：四川省农业科学院作物研究所和成都科瑞农业研究中心以川香29A为母本，成恢727（成恢177/蜀恢527）为父本配组育成。2010年通过湖南省农作物品种审定委员会审定。2013年获国家植物新品种权授权。

形态特征和生物学特性：属籼型三系杂交迟熟中稻。在湖南省作中稻种植，全生育期147d。株高115.0cm，株型适中，分蘖力中等，生长繁茂，茎秆粗壮，叶窄长，剑叶宽大，稃尖紫色，叶下禾。有效穗225.0万穗/hm²，穗长25.0cm，每穗总粒数170.0粒，结实率81.8%，千粒重29.3g。

品质特性：糙米率80.6%，精米率73.0%，整精米率54.3%，精米长7.2mm，长宽比3.0，垩白粒率44%，垩白度10.6%，透明度1级，碱消值5.5级，胶稠度50mm，直链淀粉含量22.4%。

抗性：叶瘟4级，穗瘟9级，稻瘟病综合指数4.3。易感稻曲病。抗倒伏能力一般。抗寒能力一般，抗高温能力强。

产量及适宜地区：2008—2009年湖南省两年区试平均单产8 467.5kg/hm²，比对照Ⅱ优58增产3.6%。适宜在湖南省海拔500m以下稻瘟病轻发的山丘区作中稻种植。

栽培技术要点：在湖南省作中稻种植，4月中旬播种。大田用种量15.0 ~ 22.5kg/hm²，秧龄5.5叶以内。根据肥力水平采用种植密度16.5cm×26.5cm或20.0cm×20.0cm，每穴栽插2粒谷秧，基本苗75万苗/hm²。基肥足，追肥速，中期补。氮、磷、钾肥配合施用，适当增加磷、钾肥用量。深水活蔸，浅水分蘖，及时晒田，有水壮苞抽穗，后期干干湿湿，不宜过早脱水。注意防治稻瘟病、稻曲病等病虫害。

丰优1167（Fengyou 1167）

品种来源：怀化隆平高科种业有限公司以丰源A为母本，R1167为父本配组育成。2008年通过湖南省农作物品种审定委员会审定。

形态特征和生物学特性：属籼型三系杂交一季晚稻。在湖南省作一季晚稻栽培，全生育期124.0d。株高115.0cm，株型紧凑，茎秆中粗，分蘖力强，成穗率70.5%。叶鞘、叶耳、叶缘均为紫色，剑叶较长、直立。抽穗整齐，叶下禾，后期落色好，不早衰，籽粒饱满，稃尖紫色、无芒。有效穗276.0万穗/hm²，每穗总粒数144.5粒，结实率74.1%，千粒重28.1g。

品质特性：糙米率82.2%，精米率73.2%，整精米率67.1%，精米长6.8mm，长宽比3.1，垩白粒率40%，垩白度6.2%，透明度2级，碱消值5.5级，胶稠度81mm，直链淀粉含量26.1%，蛋白质含量9.7%。

抗性：叶瘟8级，穗瘟9级，稻瘟病综合指数8.5，高感稻瘟病。白叶枯病7级，感白叶枯病。抗高温能力中等。

产量及适宜地区：2006—2007年湖南省两年区试平均单产8 149.5kg/hm²，比对照汕优63增产4.6%。日产量65.9kg/hm²，比对照汕优63高3.6kg/hm²。适宜在湖南省稻瘟病轻发区作一季晚稻种植。

栽培技术要点：在湖南省作一季晚稻种植，5月25日左右播种。秧田播种量150.0kg/hm²，大田用种量18.8kg/hm²。水育小苗5.5叶移栽，插植密度20.0cm×26.4cm，每穴栽插2粒谷秧。施肥水平中上，够苗及时晒田。坚持用三氯异氰尿酸浸种，及时施药防治二化螟、稻纵卷叶螟、稻飞虱、纹枯病、稻瘟病等病虫害。

丰优2号 (Fengyou 2)

品种来源: 湖南泰邦农业科技股份有限公司和湖南杂交水稻研究中心以丰源A为母本，R2 (R402/测64-7) 为父本配组育成。2012年通过湖南省农作物品种审定委员会审定。

形态特征和生物学特性: 属籼型三系杂交迟熟晚稻。在湖南省作晚稻栽培，全生育期116.8d。株高104.6cm，株型适中，生长势较强，叶鞘、秆尖紫红色，短顶芒，叶下禾，后期落色好。有效穗330万穗/hm²，每穗总粒数136.1粒，结实率78.9%，千粒重29.2g。

品质特性: 糙米率82.8%，精米率73.9%，整精米率60.6%，精米长7.0mm，长宽比2.9，垩白粒率86%，垩白度17.0%，透明度3级，碱消值5.1级，胶稠度86mm，直链淀粉含量24.5%。

抗性: 叶瘟4.5级，穗颈瘟7.0级，稻瘟病综合指数5.4级。白叶枯病5级。耐低温能力中等。

产量及适宜地区: 2009—2010年湖南省两年区试平均单产7 769.6kg/hm²，比对照威优46增产5.2%。日产量66.6kg/hm²，比对照威优46高5.0kg/hm²。适宜在湖南省稻瘟病轻发区作双季晚稻种植。

栽培技术要点: 在湖南省作双季晚稻种植，6月15～20日播种。秧田播种量150～225kg/hm²，大田用种量22.5kg/hm²。秧龄25d左右，种植密度16.5cm×20cm或13.2cm×23.1cm，每穴栽插2粒谷秧。施足基肥，早施追肥，防止氮肥施用过迟过量。及时晒田控蘖，后期湿润灌溉，不宜过早脱水。注意防治病虫害。

丰优210 (Fengyou 210)

品种来源：湖南杂交水稻研究中心以丰源A为母本，R210（R647/桂99）为父本配组育成。2003年通过湖南省农作物品种审定委员会审定。

形态特征和生物学特性：属籼型三系杂交中熟晚稻。在湖南省作双季晚稻栽培，全生育期113.0d。株高94.6cm，分蘖较强，植株整齐，株型集散适中，叶色淡绿，主茎叶片数15叶，茎秆粗壮，弹性好，叶下禾。谷粒长形，谷壳薄，呈金黄色，稃尖紫色。穗长21cm，每穗总粒数116.0粒，结实率77.0%，千粒重27g。

品质特性：糙米率81.0%，精米率69.4%，整精米率62.4%，长宽比2.9，垩白粒率41%，垩白度3.7%，透明度1级，胶稠度58mm，直链淀粉含量21.5%，蛋白质含量10.5%。

抗性：苗瘟4级，穗瘟5级。白叶枯病3级。耐寒性较强。抗倒伏性较强。

产量及适宜地区：2001—2002年湖南省两年区试平均单产7 713.0kg/hm²，比对照威优77增产8.1%。适宜在湖南省作双季晚稻种植。

栽培技术要点：在湖南省作双季晚稻种植，长沙地区6月20日播种。秧田播种量225.0kg/hm²，大田用种量22.5kg/hm²。秧龄控制在30d以内，移栽密度以16.5cm×19.8cm为宜，插基本苗120万苗/hm²。施肥以基肥和有机肥为主，前期重施，早施追肥，后期看苗施肥。灌浆期湿润灌溉，忌脱水过早。注意防治纹枯病和稻飞虱。

丰优416 (Fengyou 416)

品种来源：湖南隆平高科农平种业有限公司以丰源A为母本，以R416（明恢63/密阳46）为父本配组育成。2004年通过国家农作物品种审定委员会审定。2007年获国家植物新品种权授权。

形态特征和生物学特性：属籼型三系杂交迟熟晚稻。在长江中下游作双季晚稻种植，全生育期122.9d。株高96.6cm，株型适中，群体整齐，较易落粒。有效穗291.4万穗/hm²，穗长22.5cm，每穗总粒数112.9粒，结实率83.5%，千粒重28.2g。

品质特性：整精米率63.0%，长宽比2.7，垩白粒率57%，垩白度10.9%，胶稠度47.5mm，直链淀粉含量21.5%。

抗性：稻瘟病7级，白叶枯病9级，褐飞虱7级。

产量及适宜地区：2001—2002年长江中下游晚籼中迟熟高产组两年区试平均单产7 278.0kg/hm²，比对照汕优46增产4.4%。2003年生产试验平均单产6 934.5kg/hm²，比对照汕优46减产2.2%。适宜在广西中北部、福建中北部、江西中南部、湖南中南部以及浙江南部的稻瘟病、白叶枯病轻发区作双季晚稻种植。

栽培技术要点：在长江中下游作双季晚稻种植，根据当地种植习惯比汕优46早播1~2d。秧田播种量150~225kg/hm²，秧龄不超过30d。栽插密度为20.0cm×20.0cm或16.7cm×23.3cm，插基本苗75万~120万苗/hm²。插秧前以腐熟厩肥2 250kg/hm²加五氧化二磷450.0kg/hm²作底肥；栽后7d内用120.0~150.0kg/hm²尿素追肥，促其早生快发；幼穗分化期用尿素37.5kg/hm²加氧化钾75.0~105.0kg/hm²混合施用，以促后期穗大秆壮。水浆管理应注意后期采用干湿交替灌溉，不要过早脱水。注意防治稻瘟病和白叶枯病等病虫害。

丰优527 (Fengyou 527)

品种来源：湖南隆平高科农平种业有限公司以丰源A为母本，蜀恢527为父本配组育成。2007年通过湖南省农作物品种审定委员会审定。

形态特征和生物学特性：属籼型三系杂交一季晚稻。在湖南省作一季晚稻栽培，全生育期124d。株高110cm，株型松紧适中，茎秆坚韧，叶色淡绿，剑叶直立，叶鞘紫色。穗长25cm，谷粒长9mm，颖壳黄色，稃尖紫色。有效穗240.0万穗/hm²，每穗总粒数147粒，结实率76%，千粒重32g。

品质特性：糙米率81.9%，精米率73.4%，整精米率58.9%，精米长7.6mm，长宽比3.3，垩白粒率81%，垩白度10.1%，透明度2级，碱消值5.1级，胶稠度78mm，直链淀粉含量20.8%，蛋白质含量9.7%。

抗性：叶瘟5级，穗瘟7级，稻瘟病综合指数4.3，感稻瘟病。白叶枯病7级，感白叶枯病。抗高温能力一般。耐肥，抗倒伏。

产量及适宜地区：2005—2006年湖南省两年区试平均单产7 978.5kg/hm²，比对照汕优63增产1.6%。日产量64.1kg/hm²，比对照高12.0kg/hm²。适宜湖南省稻瘟病轻发区作一季晚稻种植。

栽培技术要点：在湖南省作一季晚稻种植，5月中旬至6月初播种。秧田播种量300.0kg/hm²，大田用种量22.5kg/hm²。秧龄控制在30d以内，叶龄控制在6.5叶内移栽，种植密度20.0cm×（20.0～23.3）cm。每穴栽插2粒谷秧，基本苗105万苗/hm²。施足底肥，早施追肥。及时晒田控蘖，后期实行湿润灌溉，抽穗扬花后不宜过早脱水，保证充分结实灌浆。注意防治稻瘟病等病虫害。

丰优700 （Fengyou 700）

品种来源：湖南杂交水稻研究中心以丰源 A 为母本，湘恢 700（R402/先恢 207）为父本配组育成。2003 年通过湖南省农作物品种审定委员会审定。2010 年获国家植物新品种权授权。

形态特征和生物学特性：属籼型三系杂交迟熟晚稻。在湖南省作双季晚稻栽培，全生育期 114.0d。株高 93cm，株型适中，茎秆坚韧，叶色淡绿，叶耳、叶舌、叶鞘浅紫色。主茎 15 叶左右，剑叶长 30.0cm、宽 1.5cm，夹角较小，属叶下禾，成熟落色好，不早衰。分蘖力中等，有效穗 270.0 万穗/hm²。穗长 22.0cm，每穗总粒数 123.0 粒，结实率 87.5%，千粒重 28.0g。

品质特性：糙米率 83.3%，精米率 75.5%，整精米率 55.5%，精米长 7.1mm，长宽比 3.2，垩白粒率 34%，垩白度 3.7%，透明度 1 级，碱消值 5.7 级，胶稠度 72mm，直链淀粉 22.8%，蛋白质含量 10.0%。

抗性：苗瘟 4 级，穗瘟 5 级。白叶枯病 5 级。抗倒伏。

产量及适宜地区：2001—2002 年湖南省两年区试平均单产 7 484.0kg/hm²，比对照威优 77 增产 4.9%。适宜在湖南省作双季晚稻种植。

栽培技术要点：在湖南省作双季晚稻种植，6 月 22 ～ 25 日播种。秧田播种量 90.0 ～ 120.0kg/hm²，适当稀植，施足底肥，及时追肥，培育壮秧。秧龄不超过 30d，7 月 20 日前移栽。种植密度 16.7cm×20.0cm 或 16.7cm×23.3cm，插基本苗 120 万～ 150 万苗/hm²。施足底肥，早施追肥，巧施穗粒肥，氮、磷、钾肥配合施用，有机肥和无机肥适量搭配。后期宜采用干湿交替灌溉，不宜过早脱水。同时应注意防治纹枯病、螟虫、稻飞虱等病虫害。

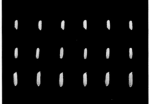

丰优800 (Fengyou 800)

品种来源：湖南杂交水稻研究中心以丰源A为母本，N恢800（R640/先恢207）为父本配组育成。2009年通过湖南省农作物品种审定委员会审定。

形态特征和生物学特性：属籼型三系杂交中熟晚稻。在湖南省作双季晚稻栽培，全生育期114d。株高100cm，株型适中，分蘖力较强，成穗率中等，成熟落色好。有效穗259.5万穗/hm²，每穗总粒数140.3粒，结实率81.3%，千粒重28.7g。

品质特性：糙米率82.5%，精米率74.8%，整精米率67.8%，精米长7.1mm，长宽比3.0，垩白粒率74%，垩白度8.9%，透明度2级，碱消值4.8级，胶稠度48mm，直链淀粉含量20.6%，蛋白质含量12.2%。

抗性：稻瘟病综合指数8.3，高感稻瘟病。白叶枯病7级，感白叶枯病。

产量及适宜地区：2007—2008年湖南省两年区试平均单产7 198.5kg/hm²，比对照金优207增产3.2%。日产量63.2kg/hm²，比对照金优207低0.3kg/hm²。适宜在湖南省稻瘟病轻发区作双季晚稻种植。

栽培技术要点：在湖南省作双季晚稻种植，6月20日左右播种。秧田播种量112.5 ～150.0kg/hm²，大田用种量22.5 ～ 30.0kg/hm²。7月中旬移栽，秧龄不超过30d。种植密度16.5cm×23.0cm，每穴栽插2粒谷秧，基本苗120万～ 180万苗/hm²。施足基肥，早施追肥。及时晒田控蘖，后期实行湿润灌溉，抽穗扬花后不宜过早脱水，保证充分灌浆结实。注意防治稻瘟病等病虫害。

丰优9号 (Fengyou 9)

品种来源：湖南杂交水稻研究中心以丰源A为母本，R9号（明恢63/轮回422）为父本配组育成。分别通过湖南省（2002）和国家（2004）农作物品种审定委员会审定。2008年获国家植物新品种权授权。

形态特征和生物学特性：属籼型三系杂交中熟晚稻。在湖南省作双季晚稻栽培，全生育期113d。株高95cm，分蘖力中上，叶色淡绿，主茎叶片数15片，茎秆粗壮，弹性好，叶下禾。稳产性好，熟期落色好。穗长21.0cm，每穗总粒数110.0粒，结实率80.0%，谷粒长形，稃尖紫色，千粒重29.0g。

品质特性：糙米率82.0%，精米率72.0%，整精米率59.0%，垩白粒率30.5%，垩白度11.0%，长宽比3.0，直链淀粉含量21.0%，蛋白质含量9.7%。稻米品质较好，米饭适口性较好。

抗性：叶瘟4级，穗瘟9级。白叶枯病7级。耐寒，抗倒伏。

产量及适宜地区：1999—2000年湖南省两年区试平均单产6 612.0kg/hm²，比对照威优64增产2.5%。适宜在江西、湖南、浙江省的中北部以及湖北、安徽省稻瘟病轻发区作双季晚稻种植。

栽培技术要点：在湖南省作双季晚稻种植，6月22～28日播种。大田用种量22.5kg/hm²，移栽密度以16.6cm×20.0cm为宜。施肥以基肥和有机肥为主，前期重施，早施追肥，后期看苗施肥。注意防治稻瘟病、纹枯病及稻飞虱等病虫害。

丰源优227（Fengyuanyou 227）

品种来源：湖南杂交水稻研究中心以丰源A为母本，湘恢227（密阳46/R402）为父本配组育成。分别通过湖南省（2005）和国家（2009）农作物品种审定委员会审定。2010年获国家植物新品种权授权。

形态特征和生物学特性：属籼型三系杂交迟熟晚稻。在湖南省作双季晚稻栽培，全生育期120d左右。株高95cm左右，株型松紧适中，叶片挺直，剑叶长度中等，叶鞘、秆尖均为紫色，落色好。有效穗315.0万穗/hm²，每穗总粒数115.0粒，结实率80.7%，千粒重27.7g。

品质特性：糙米率81.6%，精米率74.5%，整精米率68.4%，精米长6.5mm，长宽比2.8，垩白粒率27%，垩白度2.6%，透明度1级，碱消值6.4级，胶稠度84mm，直链淀粉含量22.3%，蛋白质含量7.6%。

抗性：叶瘟4级，穗瘟5级，感稻瘟病。白叶枯病5级。

产量及适宜地区：2001—2002年湖南省两年区试平均单产7 659.0kg/hm²，比对照威优46增产2.2%。日产量63.6kg/hm²，比对照威优46高1.2kg/hm²。适宜在广西中北部、广东北部、福建中北部、江西中南部、湖南中南部、浙江南部的白叶枯病轻发的双季稻区作晚稻种植。

栽培技术要点：在湖南省作双季晚稻种植，6月15～18日播种。秧田播种量120.0～150.0kg/hm²，大田用种量18.0～22.5kg/hm²，秧龄30d以内。种植密度16.7cm×20.0cm，每穴栽插2～3粒谷秧，基本苗120万～150万苗/hm²。施足基肥，早施追肥，后期看苗施肥。及时晒田控蘖，后期宜采用干湿交替灌溉，不宜过早脱水。注意防治病虫害。

丰源优263 （Fengyuanyou 263）

品种来源：怀化职业技术学院、湖南永益农业科技发展有限公司和湖南杂交水稻研究中心以丰源A为母本，湘恢263（蜀恢527/455）为父本配组育成。2012年通过湖南省农作物品种审定委员会审定。

形态特征和生物学特性：属籼型三系杂交一季晚稻。在湖南省作一季晚稻栽培，全生育期123.4d。株高116.4cm，株型适中，生长势较强，叶鞘、稃尖紫红色，无芒，叶下禾，后期落色好。有效穗228.0万穗/hm²，每穗总粒数156.8粒，结实率81.6%，千粒重28.8g。

品质特性：糙米率80.7%，精米率67.2%，整精米率56.9%，精米长7.2mm，长宽比3.1，垩白粒率52%，垩白度5.2%，透明度1级，碱消值3.0级，胶稠度52mm，直链淀粉含量22.0%。

抗性：叶瘟4.1级，穗瘟6.7级，稻瘟病综合指数4.4。耐高温能力强，耐低温能力中等。

产量及适宜地区：2010年湖南省区试平均单产8 417.6kg/hm²，比对照汕优63增产4.6%；2011年续试平均单产8 645.9kg/hm²，比对照C两优343增产3.9%。两年区试平均单产8 531.7kg/hm²，比对照增产4.2%。日产量69.2kg/hm²，比对照高2.7kg/hm²。适宜在湖南省稻瘟病轻发区作一季晚稻种植。

栽培技术要点：在湖南省作一季晚稻栽培，湘南5月25日播种，湘中、湘北适当提早2～4d播种。秧田播种量105～120kg/hm²，大田用种量15.0kg/hm²。秧龄控制在30d以内，大田种植密度为20.0cm×26.7cm，每穴栽插2粒谷秧。基肥足，追肥速，中期补。氮、磷、钾肥结合施用，适当增加磷、钾肥用量。深水活蔸，浅水分蘖，及时晒田，有水壮苞抽穗，后期干干湿湿，不要脱水过早。注意防治稻飞虱与稻瘟病等病虫害。

丰源优272 （Fengyuanyou 272）

品种来源：湖南亚华种业科学研究院以丰源A为母本，以华恢272（明恢63/Lemont//先恢207）为父本配组育成。2006年通过国家农作物品种审定委员会审定。

形态特征和生物学特性：属籼型三系杂交中熟晚稻。在长江中下游作双季晚稻种植，全生育期116.4d。株高98.4cm，株型适中，长势繁茂，茎秆粗壮。有效穗285.0万穗/hm²，穗长22.8cm，每穗总粒数127.7粒，结实率77.6%，千粒重29.1g。

品质特性：整精米率56.4%，长宽比3.3，垩白粒率35%，垩白度6.3%，胶稠度62mm，直链淀粉含量22.1%。

抗性：稻瘟病平均3.9级，最高7级，抗性频率90%。白叶枯病7级。

产量及适宜地区：2004—2005年长江中下游晚籼早熟组两年区试平均单产7 593.0kg/hm²，比对照金优207增产3.9%。2005年生产试验平均单产7 312.5kg/hm²，比对照金优207减产1.4%。适宜在江西、湖南、浙江、湖北和安徽各省长江以南的稻瘟病、白叶枯病轻发区的双季稻区作晚稻种植。

栽培技术要点：在长江中下游作双季晚稻种植，根据各地双季晚籼生产季节适时播种。秧田播种量150.0kg/hm²，大田用种量22.5kg/hm²。叶龄5.5叶左右，秧龄25～28d移栽，种植密度16.5cm×20.0cm，每穴栽插2粒谷秧，插足基本苗150万苗/hm²以上。中等肥力土壤，施纯氮180.0kg/hm²、五氧化二磷84.0kg/hm²、氧化钾97.5kg/hm²。重施基肥，早施追肥，后期看苗补施穗肥。移栽后深水活棵，分蘖期干湿促分蘖，总苗数达到375万苗/hm²时落水晒田，孕穗期以湿为主，灌浆期以润为主，后期忌脱水过早。注意及时防治稻瘟病、白叶枯病、纹枯病及螟虫、稻飞虱等病虫害。

丰源优299 (Fengyuanyou 299)

品种来源：湖南杂交水稻研究中心以丰源A为母本，湘恢299（R402/先恢207）为父本配组育成。2004年通过湖南省农作物品种审定委员会审定。2007年获国家植物新品种权授权。

形态特征和生物学特性：属籼型三系杂交中熟晚稻。在湖南省作双季晚稻种植，全生育期114.0d。株高97.0cm，株型松紧适中，茎秆较硬，叶色淡绿，叶鞘紫色，后期落色好。籽粒长形，稃尖紫色，颖壳黄色。有效穗285.0万穗/hm²，穗长22.0cm，每穗总粒数135.0粒，结实率80.0%，千粒重29.5g。

品质特性：糙米率83.1%，精米率75.6%，整精米率66.9%，长宽比3.0，垩白粒率23%，垩白大小2.6%。

抗性：叶瘟7级，穗瘟7级。白叶枯病3级。耐寒性中等。

产量及适宜地区：2002年湖南省区试平均单产7 035.0kg/hm²，比对照威优77增产7.6%，极显著；2003年续试平均产量7 113.0kg/hm²，比对照金优207增产2.7%，不显著。两年区试平均单产7 074.0kg/hm²，日产量61.8kg/hm²。适宜在湖南省稻瘟病轻发区作双季晚稻种植。

栽培技术要点：在湖南省作双季晚稻种植，6月20～25日播种，大田用种量22.5～30.0kg/hm²。7月20日前移栽，秧龄期控制在30d内。插植密度16.7cm×23.3cm，每穴栽插2粒谷秧，插基本苗120万～150万苗/hm²。及时做好肥水管理和病虫害防治。

丰源优326 （Fengyuanyou 326）

　　品种来源：湖南省水稻研究所以丰源A为母本，湘恢326（明恢63/95-18）为父本配组育成。2005年通过湖南省农作物品种审定委员会审定。

　　形态特征和生物学特性：属籼型三系杂交一季晚稻。在湖南省作一季晚稻种植，全生育期124d左右。株高120cm左右，株型松紧适中，叶色淡绿，茎秆坚韧，分蘖力中等，抽穗整齐，熟期落色好。稃尖红色，部分穗顶有短芒。有效穗261.0万穗/hm²，每穗总粒数157.5粒，结实率76.2%，千粒重27.3g。

　　品质特性：糙米率83.5%，精米率75.7%，整精米率53.8%，精米长7.0mm，长宽比3.1，垩白粒率65%，垩白度6.2%，透明度2级，碱消值6.3级，胶稠度83mm，直链淀粉含量19.4%，蛋白质含量12.1%。

　　抗性：叶瘟8级，穗瘟9级，感稻瘟病。白叶枯病7级。耐寒性中等偏弱，耐高温性差。

　　产量及适宜地区：2003—2004年湖南省两年区试平均单产7 830.0kg/hm²，比对照汕优63增产4.1%。日产量62.9kg/hm²，比对照汕优63高2.7kg/hm²。适宜在湖南省稻瘟病轻发区作一季晚稻种植。

　　栽培技术要点：在湖南省作一季晚稻种植，6月1～5日播种。秧田播种量150.0kg/hm²，大田用种量18.8～22.5kg/hm²。秧龄不超过25d，种植密度26.4cm×26.4cm或20.0cm×33.0cm，每穴栽插2粒谷秧。中等肥力稻田，施纯氮120.0～150.0kg/hm²、五氧化二磷90.0～120.0kg/hm²、氧化钾105.0～120.0kg/hm²。始穗期施尿素30.0kg/hm²、氧化钾37.5kg/hm²，抽穗4d后施谷粒饱15包/hm²。抽穗扬花期如遇高温可灌深水，切忌后期断水过早，以免影响结实。注意防治稻曲病、稻瘟病和纹枯病等病虫害。

丰源优358（Fengyuanyou 358）

品种来源：湖南杂交水稻研究中心以丰源A为母本，R358（泸恢17/先恢207）为父本配组育成。2010年通过国家农作物品种审定委员会审定。

形态特征和生物学特性：属籼型三系杂交迟熟晚稻。在长江中下游作双季晚稻种植，全生育期平均118.3d。株高106.8cm，株型适中，叶色浓绿。有效穗数270.0万穗/hm²，穗长23.2cm，每穗总粒数123.9粒，结实率77.6%，千粒重30.5g。

品质特性：整精米率59.6%，长宽比3.0，垩白粒率28%，垩白度4.3%，胶稠度42mm，直链淀粉含量21.5%。

抗性：稻瘟病综合指数6.7，穗瘟损失率最高级9级。白叶枯病7级，褐飞虱9级。

产量及适宜地区：2007—2008年长江中下游晚籼中迟熟组两年区试平均单产7 476.0kg/hm²，比对照汕优46增产4.2%。2009年生产试验，平均单产7 458.0kg/hm²，比对照汕优46增产12.0%。适宜在广西桂中和桂北稻作区及福建北部、江西中南部、湖南中南部、浙江南部的稻瘟病、白叶枯病轻发的双季稻区作晚稻种植。

栽培技术要点：在长江中下游作双季晚稻种植，适时播种。大田用种量18.0～22.5kg/hm²，培育壮秧。秧龄在25～28d移栽，种植密度为16.7cm×20.0cm或16.7cm×23.3cm，每穴栽插1～2粒谷秧。施肥以基肥为主，追肥为辅，早施分蘖肥，后期看苗施肥，有机肥与化学肥料搭配施用。深水活棵，及时晒田控苗，浅水孕穗抽穗，后期干干湿湿，防止过早脱水。注意及时防治稻瘟病、白叶枯病、纹枯病及螟虫、褐飞虱等病虫害。

丰源优6135（Fengyuanyou 6135）

品种来源：湖南隆平高科农平种业有限公司以丰源A为母本，R6135（先恢207变异株）为父本配组育成。2005年通过湖南省农作物品种审定委员会审定。2008年获国家植物新品种权授权。

形态特征和生物学特性：属籼型三系杂交一季晚稻。在湖南省作一季晚稻栽培，全生育期125d。株高113cm，株型松紧适中，茎秆坚韧，叶色淡绿，剑叶直立，叶鞘紫色，后期落色好。有效穗270.0万穗/hm^2，每穗总粒数152.0粒，结实率75.1%，千粒重26.6g。

品质特性：糙米率82.3%，精米率74.6%，整精米率57.1%，精米长6.6mm，长宽比2.9，垩白粒率42%，垩白度6.4%，透明度2级，碱消值5.8级，胶稠度86mm，直链淀粉含量20.5%，蛋白质含量12.1%。

抗性：叶瘟7级，穗瘟9级，感稻瘟病。白叶枯病7级。耐寒性中等偏弱，耐高温性一般。耐肥，抗倒伏。

产量及适宜地区：2003—2004年湖南省两年区试平均单产7 924.5kg/hm^2，比对照汕优63增产5.4%。日产量63.2kg/hm^2，比对照高3.3kg/hm^2。适宜在湖南省稻瘟病轻发区作一季晚稻种植。

栽培技术要点：在湖南省作一季晚稻种植，6月1～5日播种。秧田播种量120.0～180.0kg/hm^2，大田用种量22.5kg/hm^2。秧龄控制在30d以内，6.5叶内移栽。种植密度20.0cm×（20.0～23.3）cm，每穴栽插2粒谷秧，基本苗107万苗/hm^2。施足底肥，早施追肥。及时晒田控蘖，后期湿润灌溉，抽穗扬花后不要脱水过早。注意防治稻瘟病等病虫害。

福优527 (Fuyou 527)

品种来源：四川农业大学水稻所以福伊A（地谷A/福伊B）为母本，蜀恢527为父本配组育成。2004年通过湖南省农作物品种审定委员会审定。

形态特征和生物学特性：属籼型三系杂交迟熟中稻。在湘西作中稻栽培，全生育期141d。株高112.0cm，株型松紧适中，叶色较深，叶片直立，叶下禾。分蘖力较强，成穗率中等。有效穗225.0万穗/hm²，穗长26.0cm，每穗总粒数176.0粒，结实率83.5%，千粒重27.0g。

品质特性：糙米率81.0%，精米率69.9%，整精米率61.2%，长宽比2.5，垩白粒率92.5%，垩白大小32.2%。

抗性：叶瘟3级，穗瘟1级。白叶枯病5级。耐寒性中等偏强。

产量及适宜地区：2002—2003年湖南省两年区试平均单产8 604.0kg/hm²，比对照Ⅱ优58增产5.1%。适宜在湖南省中稻区种植。

栽培技术要点：在湖南省湘西作中稻种植，4月中旬播种。秧龄期40d左右，种植密度16.7cm×23.3cm或16.7cm×26.7cm，插基本苗120万苗/hm²。适量施用氮肥，注意防治病虫害，浸种消毒预防恶苗病。

冈优140 （Gangyou 140）

品种来源：四川省绵阳市天龙水稻研究所以冈46A（冈二九矮7号A/冈46B）为母本，天龙恢140（乐恢188/93）为父本配组育成。2009年通过湖南省农作物品种审定委员会审定。

形态特征和生物学特性：属籼型三系杂交一季晚稻。在湖南省作一季晚稻栽培，全生育期128d。株高135cm，株型松紧适中，分蘖力中等，叶片挺直，绿色，剑叶宽大直立，微内卷，前期长势旺，后期落色好。有效穗232.5万穗/hm²，每穗总粒数166.4粒，结实率72.9%，千粒重30.4g。

品质特性：糙米率82.9%，精米率74.9%，整精米率59.6%，精米长6.2mm，长宽比2.2，垩白粒率86%，垩白度15.9%，透明度2级，碱消值5.2级，胶稠度58mm，直链淀粉含量25.7%，蛋白质含量11.2%。

抗性：稻瘟病综合指数5.9。白叶枯病7级，感白叶枯病。耐高温能力较强。

产量及适宜地区：2007—2008年湖南省两年区试平均单产8 475.0kg/hm²，比对照汕优63增产4.9%。日产量66.2kg/hm²，比对照汕优63高2.4kg/hm²。适宜在湖南省稻瘟病轻发区作一季晚稻种植。

栽培技术要点：在湖南省作一季晚稻种植，5月20日前播种。秧田播种量150.0kg/hm²，大田用种量15.0kg/hm²，秧龄控制在30d以内。合理密植，插足基本苗，每穴栽插2～3粒谷秧，基本苗120万苗/hm²。施足底肥，早施分蘖肥，看苗补施穗肥，氮、磷、钾肥配合施用。科学管水，及时防治病虫害。

冈优416（Gangyou 416）

品种来源：湖南隆平高科农平种业有限公司以冈46A为母本，R416（明恢63/密阳46）为父本配组育成。2006年通过湖南省农作物品种审定委员会审定。2010年获国家植物新品种权授权。

形态特征和生物学特性：属籼型三系杂交迟熟中稻。在湖南省作中稻栽培，全生育期140d。株高119cm，株型松紧适中，中秆，半叶下禾，叶色淡绿，剑叶宽大，叶稍披，分蘖力较差，落色好。有效穗225.0万穗/hm²，每穗总粒数159.3粒，结实率78.0%，千粒重28.9g。

品质特性：糙米率81.8%，精米率73.4%，整精米率63.1%，精米长6.0mm，长宽比2.3，垩白粒率91%，垩白度18.7%，透明度3级，碱消值5.9级，胶稠度62mm，直链淀粉含量20.8%，蛋白质含量8.0%。

抗性：叶瘟4级，穗瘟9级，高感稻瘟病。抗高温能力差，抗寒能力一般。

产量及适宜地区：2003年湖南省区试平均单产8 194.5kg/hm²，比对照金优207增产13.0%。2005年转迟熟组续试平均单产8 326.5kg/hm²，比对照Ⅱ优58增产9.1%。两年区试平均单产8 260.5kg/hm²，比对照增产11.1%。日产量59.0kg/hm²，比对照高6.3kg/hm²。适宜在湖南省海拔200～700m的稻瘟病轻发区作中稻种植。

栽培技术要点：在湖南省作中稻种植，4月15日左右播种。适当稀播，秧田播种量150.0～180.0kg/hm²。培育壮秧，适时移栽，秧龄不超过30d。合理密植，种植密度19.8cm×23.1cm或19.8cm×26.4cm。施足基肥，早施追肥。及时晒田控蘖，后期湿润灌溉，抽穗扬花后不要过早脱水。注意防治纹枯病等病虫害。

光优708 （Guangyou 708）

品种来源：湖南隆平高科农平种业有限公司以光叶A（金23A/光叶B）为母本，F708（先恢207变异株/R288）为父本配组育成。2007年通过湖南省农作物品种审定委员会审定。

形态特征和生物学特性：属籼型三系杂交迟熟晚稻。在湖南省作双季晚稻栽培，全生育期111.0～115.0d。株高95.5～97.8cm，株型偏紧凑，植株整齐，生长势中等，叶色淡绿，剑叶宽大且长，落色好，不落粒。有效穗300.0万穗/hm²，每穗总粒数119.8～130.8粒，结实率75.2%～79.1%，千粒重23.6～24.1g。

品质特性：糙米率82.0%，精米率75.1%，整精米率68.5%，精米长6.8mm，长宽比3.5，垩白粒率14%，垩白大小2.4%，透明级2级，碱消值5.9级，胶稠度78mm，直链淀粉含量13.6%，蛋白质含量10.4%。

抗性：叶瘟8级，穗瘟9级，高感稻瘟病。白叶枯病9级，高感白叶枯病。抗低温能力较强。抗倒伏能力较强。

产量及适宜地区：2004年湖南省区试平均单产6 669.0kg/hm²，比对照金优207减产4.8%；2005年续试平均单产6 930.0kg/hm²，比对照湘晚籼11增产11.2%。两年区试平均单产6 799.5kg/hm²。适宜在湖南省稻瘟病轻发区作双季晚稻种植。

栽培技术要点：在湖南省作双季晚稻种植，6月中旬播种。秧田播种量150.0～225.0kg/hm²，大田用种量30.0kg/hm²。适时移栽，合理密植。秧龄控制在30d以内，种植密度19.8cm×19.8cm或16.5cm×26.4cm。施足基肥，早施追肥。及时晒田控蘖，后期实行湿润灌溉，抽穗扬花后不要过早脱水，保证充分结实灌浆。注意病虫害防治，特别是稻瘟病、纹枯病的防治。

广8优199 (Guang 8 you 199)

品种来源：湖南金稻种业有限公司和广东省农业科学院水稻研究所以广8A（325A//增城丝苗-8选/1325B）为母本，广恢199（广恢128/镇恢084）为父本配组育成。2013年通过湖南省农作物品种审定委员会审定。

形态特征和生物学特性：属籼型三系杂交一季晚稻。在湖南省作一季晚稻栽培，全生育期125.9d。株高121.8cm，株型适中，生长势强，植株整齐，叶姿直立，叶鞘绿色，稃尖秆黄色，无芒，叶下禾，后期落色好。有效穗17.4万穗/hm²，每穗总粒数185.6粒，结实率85.1%，千粒重23.4g。

品质特性：糙米率82.3%，精米率70.8%，整精米率57.8%，精米长7.2mm，长宽比3.6，垩白粒率34%，垩白度5.8%，透明度1级，碱消值3.0级，胶稠度90mm，直链淀粉含量12.6%。

抗性：叶瘟4.4级，穗颈瘟5.3级，稻瘟病综合指数4.2。白叶枯病5级，稻曲病5级。耐高温能力中等，耐低温能力中等。

产量及适宜地区：2011—2012年湖南省两年区试平均单产8 851.7kg/hm²，比对照C两优343增产4.2%。日产量70.4kg/hm²，比对照C两优343高2.4kg/hm²。适宜在湖南省稻瘟病轻发区作一季晚稻种植。

栽培技术要点：在湖南省作一季晚稻栽培，湘中5月25日播种，湘南、湘北适当推迟或提早2～3d播种。秧田播种量150kg/hm²，大田用种量15kg/hm²左右。秧龄25d左右，种植密度采用16cm×26cm或20cm×26cm，每穴栽插2粒谷秧。施肥做到基肥足、追肥速、中后期酌情补，氮、磷、钾肥配合施用，适当增加磷、钾肥用量。深水活蔸，浅水分蘖，及时晒田，有水壮苞抽穗，后期干干湿湿，不脱水过早。注意防治稻瘟病、稻曲病等病虫害。

贺优1号 （Heyou 1）

品种来源：怀化市农业科学研究所和湖南省贺家山原种场以贺50A（金23A/贺50B）为母本，怀恢210（多系1号/蜀恢527）为父本配组育成。2011年通过湖南省农作物品种审定委员会审定。

形态特征和生物学特性：属籼型三系杂交迟熟中稻。在湖南省作中稻栽培，全生育期142.3d。株高117.6cm，株型适中，生长整齐，叶姿平展，生长势较强，叶鞘、稃尖紫红色，无芒，叶下禾，后期落色好。有效穗215.3万穗/hm²，每穗总粒数157.7粒，结实率82.5%，千粒重31.9g。

品质特性：糙米率79.8%，精米率68.8%，整精米率50.1%，精米长7.0mm，长宽比3.2，垩白粒率74%，垩白度11.8%，透明度2级，碱消值3.0级，胶稠度60mm，直链淀粉含量22.0%。

抗性：叶瘟3.6级，穗瘟8.6级，稻瘟病综合指数5.7，高感稻瘟病。耐高温能力中等，耐低温能力一般。

产量及适宜地区：2009—2010年湖南省两年区试平均单产8 979.0kg/hm²，比对照Ⅱ优58增产7.1%。日产量63.0kg/hm²，比对照Ⅱ优58高4.2kg/hm²。适宜在湖南省海拔300～500m稻瘟病轻发的山丘区作中稻种植。

栽培技术要点：在湖南省作中稻栽培，4月25日左右播种。大田用种量15.0kg/hm²，秧田播种量150kg/hm²。稀播培育壮秧，叶龄控制在5.5叶以内。种植密度20.0cm×26.5cm，每穴栽插2粒谷秧。基肥足，追肥速，中期补。氮、磷、钾肥配合施用，适当增加磷、钾肥用量。深水活蔸，浅水分蘖，及时晒田，有水壮苞抽穗，后期干干湿湿，不要脱水过早。及时防治稻瘟病、纹枯病及稻飞虱、二化螟、稻纵卷叶螟等病虫害。

贺优328（Heyou 328）

品种来源：湖南恒德种业科技有限公司和湖南省贺家山原种场以贺50A为母本，R328为父本配组育成。2013年通过湖南省农作物品种审定委员会审定。

形态特征和生物学特性：属籼型三系杂交迟熟晚稻。在湖南省作晚稻栽培，全生育期118.2d。株高105.0cm，株型紧凑，植株整齐，茎秆较粗，叶姿直立，叶鞘、秳尖紫红色，叶色深绿，分蘖力中等，剑叶较短、宽、直立，穗型较大，无芒，叶下禾，熟期落色好。有效穗249.0万穗/hm²，每穗总粒数151.4粒，结实率81.0%，千粒重30.0g。

品质特性：糙米率78.4%，精米率69.8%，整精米率65.0%，精米长7.1mm，长宽比3.1，垩白粒率47%，垩白度5.6%，透明度1级，碱消值3.5级，胶稠度50mm，直链淀粉含量19.8%。

抗性：叶瘟4.8级，穗瘟6.0级，稻瘟病综合指数4.5。白叶枯病5级，稻曲病5级。耐低温能力较强。

产量及适宜地区：2011—2012年湖南省两年区试平均单产8 111.4kg/hm²，比对照天优华占增产3.4%。日产量68.7kg/hm²，比对照天优华占高4.1kg/hm²。适宜在湖南省稻瘟病轻发区作双季晚稻种植。

栽培技术要点：在湖南省作双季晚稻种植，6月15～18日播种。秧田播种量105～120kg/hm²，大田用种量15.0～22.5kg/hm²。秧龄控制在25d左右，种植密度20.0cm×16.7cm，每穴栽插2粒谷秧。施足底肥，早施追肥，巧施穗粒肥。足苗时晒田，幼穗分化中期复灌，到抽穗扬花期保持浅水层，灌浆结实期干湿交替，不要过早脱水。注意防治稻瘟病、纹枯病及稻飞虱、二化螟等病虫害。

宏优69（Hongyou 69）

品种来源：湖南省贺家山原种场以宏A（金23A/宏B）为母本，R69（桂99/明恢77//广恢122/R288）为父本配组育成。2011年通过湖南省农作物品种审定委员会审定。

形态特征和生物学特性：属籼型三系杂交中熟晚稻。在湖南省作双季晚稻栽培，全生育期111d。株高109.9cm，株型紧凑，生长势强，叶型适中，生长整齐，叶姿平展，叶鞘、稃尖紫红色，无芒，叶下禾，后期落色好。有效穗313.5万穗/hm²，每穗总粒数156.8粒，结实率77.2%，千粒重22.4g。

品质特性：糙米率81.1%，精米率73.0%，整精米率66.5%，精米长6.1mm，长宽比2.8，垩白粒率18%，垩白度2.9%，透明度2级，碱消值6.6级，胶稠度48mm，直链淀粉含量21.6%。

抗性：叶瘟4.6级，穗瘟8.6级，稻瘟病综合指数6.0，高感稻瘟病。耐低温能力中等，抗倒伏能力较强。

产量及适宜地区：2009—2010年湖南省两年区试平均单产7 706.6kg/hm²，比对照金优207增产9.1%。日产量69.5kg/hm²，比对照金优207高4.7kg/hm²。适宜在湖南省稻瘟病轻发区作双季晚稻种植。

栽培技术要点：在湖南省作双季晚稻种植，湘南6月25日播种，湘中、湘北适当提早2～4d播种。秧田播种量150kg/hm²，大田用种量18.8kg/hm²。秧龄控制在30d以内，种植密度根据肥力水平采用16.5cm×20.0cm或16.5cm×23.0cm，每穴栽插2粒谷秧。下足基肥，早施、重施攻蘖肥，中期控制氮肥施用，后期看土质、看苗情施复合肥作穗肥，要增加磷、钾肥用量。深水活蔸，浅水分蘖，及时晒田，有水壮苞抽穗，后期干干湿湿至成熟，不要过早脱水。抓好病虫防治。秧田要狠抓稻飞虱、稻叶蝉的防治，大田注意防治稻瘟病、稻曲病等病虫害。

华香优69 (Huaxiangyou 69)

品种来源：湖南亚华种业科学研究院以华香A（金23A/2610B）为母本，华恢69为父本配组育成。2013年通过湖南省农作物品种审定委员会审定。

形态特征和生物学特性：属籼型三系杂交迟熟晚稻。在湖南省作双季晚稻栽培，全生育期121.0天。株高105.8cm，株型适中，生长势强，植株群体整齐，叶姿直立，叶下禾，稃尖无色、无芒，后期落色好。有效穗312.0万穗/hm²，每穗总粒数125.5粒，结实率75.4%，千粒重27.2g。

品质特性：糙米率82.0%，精米率72.2%，整精米率60.4%，粒长7.3mm，长宽比3.3，垩白粒率22%，垩白度3.0%，透明度1级，碱消值7.0级，胶稠度53mm，直链淀粉含量23.4%。

抗性：叶瘟4.3级，穗颈瘟6.3级，稻瘟病综合指数4.5。白叶枯病7级，稻曲病4级，耐低温能力中等。

产量及适宜地区：2011年湖南省区试平均单产6 409.5kg/hm²，比对照玉针香增产8.56%，增产极显著；2012年湖南省区试平均单产8 178.0kg/hm²，比对照天优华占减产0.16%，减产不显著。适宜在湖南省稻瘟病轻发区作双季晚稻种植。

栽培技术要点：在湖南省作双季晚稻种植，6月18日播种，大田用种量18.75kg/hm²，秧田播种量150kg/hm²，浸种时进行种子消毒。秧苗叶龄5.5叶移栽，秧龄控制在28d以内。插植密度16.5cm×23.0cm，每穴栽插2粒谷秧。需肥水平中上，一般施纯氮165.0kg/hm²，五氧化二磷90.0kg/hm²，氧化钾97.5kg/hm²。重施底肥，早施追肥，后期看苗补施穗肥。注意防治螟虫、稻纵卷叶螟、稻飞虱及纹枯病、稻瘟病等病虫害。

华优322（Huayou 322）

品种来源：湖南亚华种业科学研究院以华37A（金23A/华37B）为母本，TR322为父本配组育成。2008年通过湖南省农作物品种审定委员会审定。

形态特征和生物学特性：属籼型三系杂交中熟晚稻。在湖南省作双季晚稻栽培，全生育期110d。株高105.0cm，株型较紧凑，剑叶中长且直立。叶鞘、稃尖紫色，分蘖力强，成穗率高，熟期落色好。有效穗292.5万穗/hm²，每穗总粒数120.7粒，结实率81.2%，千粒重26.2g。

品质特性：糙米率82.9%，精米率75.3%，整精米率67.4%，精米长6.7mm，长宽比3.0，垩白粒率25%，垩白度3.4%，透明度1级，碱消值5.4级，胶稠度63mm，直链淀粉含量21%，蛋白质含量11.1%。

抗性：叶瘟4级，穗瘟9级，稻瘟病综合指数7.8，高感稻瘟病。白叶枯病7级，感白叶枯病。抗低温能力较强。

产量及适宜地区：2006—2007年湖南省两年区试平均单产6 754.5kg/hm²，比对照金优207减产0.7%。日产量61.4kg/hm²，比对照金优207高0.2kg/hm²。适宜在湖南省稻瘟病轻发区作双季晚稻种植。

栽培技术要点：在湖南省作双季晚稻种植，湘南6月25日播种，湘中、湘北提早3～4d播种。秧田播种量150.0～187.5kg/hm²，大田用种量18.8～22.5kg/hm²。秧龄28d以内，种植密度20.0cm×20.0cm。每穴栽插2粒谷秧，基本苗120万苗/hm²。重施底肥，早施追肥，氮、磷、钾肥配合施用，控施高氮肥，适当增加磷、钾肥用量。深水活蔸，浅水分蘖，及时晒田，有水壮苞抽穗，后期干干湿湿，不宜过早脱水。注意病虫害防治。

吉优716 (Jiyou 716)

品种来源：四川农大高科农业有限责任公司和湖南川农高科种业有限责任公司以吉2A为母本，蜀恢716（辐36-2/蜀恢527//蜀恢527）为父本配组育成。分别通过湖南省（2008）、广西壮族自治区（2009）和云南省（2010）农作物品种审定委员会审定。

形态特征和生物学特性：属籼型三系杂交迟熟中稻。在湖南省作中稻栽培，全生育期140d。株高116.6cm，株型适中，叶下禾，分蘖力中等，抽穗整齐。叶色淡绿，剑叶较长、略披，叶鞘、稃尖无色。谷粒长形，有短顶芒，落色一般。有效穗247.5万穗/hm²，每穗总粒数159.8粒，结实率86.5%，千粒重28.2g。

品质特性：糙米率81.7%，精米率72.7%，整精米率46.5%，精米长7.2mm，长宽比3.3，垩白粒率56%，垩白度7.8%，透明度2级，碱消值4.4级，胶稠度80mm，直链淀粉含量24.9%，蛋白质含量8.7%。

抗性：叶瘟3级，穗瘟9级，稻瘟病综合指数5.25，高感穗瘟。易感纹枯病。抗寒能力较强，抗高温能力较好。

产量及适宜地区：2006—2007年湖南省两年区试平均单产8 440.5kg/hm²，比对照Ⅱ优58增产4.6%。日产量60.0kg/hm²，比对照Ⅱ优58高4.1kg/hm²。适宜在湖南省稻瘟病轻发的山丘区作中稻种植，适宜在广西南部稻作区或中部稻作区作早稻种植，适宜在云南省海拔900～1 400m的籼稻区种植。

栽培技术要点：在湖南省作中稻种植，4月中下旬播种。秧田播种量120.0～180.0kg/hm²，大田用种量22.5kg/hm²。秧龄35d以内，种植密度16.7cm×（23.3～26.7）cm，每穴栽插2粒谷秧，基本苗120万～150万苗/hm²。施足基肥，早施追肥，适当控制氮肥，增加磷、钾肥用量。中期及时晒田控蘖，后期湿润灌溉，抽穗扬花后不要过早脱水。注意防治稻瘟病、纹枯病及稻纵卷叶螟、稻飞虱等病虫害。

健优8号 （Jianyou 8）

品种来源：湖南金健种业有限责任公司和常德市农业科学研究所以健645A（金23A/645B）为母本，常恢117选（常恢117系选）为父本配组育成。分别通过湖南省（2007）和贵州省（2008）农作物品种审定委员会审定或引种。

形态特征和生物学特性：属籼型三系杂交迟熟晚稻。在湖南省作双季晚稻栽培，全生育期119d。株高105.0cm，叶片较窄，剑叶挺直，株型松紧适中，落色好，不落粒。有效穗306.0万穗/hm²，每穗总粒数122.9粒左右，结实率75.3%，千粒重29.0g。

品质特性：糙米率83.0%，精米率75.1%，整精米率62.1%，精米长7.6mm，长宽比3.5，垩白粒率21%，垩白度1.4%，透明度1级，碱消值6.2级，胶稠度78mm，直链淀粉含量21.1%，蛋白质含量9.6%。

抗性：叶瘟4级，穗瘟7级，穗瘟病综合指数4.3，感稻瘟病。白叶枯病7级，感白叶枯病。抗低温能力较强。

产量及适宜地区：2005年湖南省区试平均单产6 853.5kg/hm²，比对照湘晚籼11增产9.9%。2006年续试平均单产7 747.5kg/hm²，比对照金优207增产7.0%。两年区试平均单产7 300.5kg/hm²，比对照增产8.5%，日产量61.4kg/hm²，比对照高2.9kg/hm²。适宜在湖南省稻瘟病轻发区作双季晚稻种植。

栽培技术要点：在湖南省作双季晚稻种植，6月中旬播种。秧田播种量105.0kg/hm²，大田用种量18.0～22.5kg/hm²。秧龄32d以内，种植密度20.0cm×26.7cm。每穴栽插2～3粒谷秧，基本苗120万苗/hm²。施足基肥，早施追肥。及时晒田控蘖，后期实行湿润灌溉，抽穗扬花后不要过早脱水，保证充分灌浆结实。注意防治纹枯病、稻瘟病及螟虫、稻飞虱等病虫害。

杰丰优1号（Jiefengyou 1）

品种来源：湖南希望种业科技有限公司以杰丰A为母本，望恢493为父本配组育成。2012年通过湖南省农作物品种审定委员会审定。

形态特征和生物学特性：属籼型三系杂交迟熟早稻。在湖南省作双季早稻栽培，全生育期116.8d。株高96.6cm，株型适中，叶姿平展，生长势强，叶鞘、秆尖无色，无芒，叶下禾，后期落色一般。有效穗342.0万穗/hm²，每穗总粒数118.5粒，结实率78.2%，千粒重26.4g。

品质特性：糙米率81.6%，精米率70.7%，整精米率58.0%，精米长6.6mm，长宽比3.0，垩白粒率57%，垩白度4.0%，透明度2级，碱消值3.0级，胶稠度60mm，直链淀粉含量19.9%。

抗性：叶瘟4.1级，穗瘟7级，稻瘟病综合指数4.5。白叶枯病5级。

产量及适宜地区：2010—2011年湖南省两年区试平均单产7 530.3kg/hm²，比对照金优402增产4.6%。日产量64.7kg/hm²，比对照金优402高2.3kg/hm²。适宜在湖南省稻瘟病轻发区作双季早稻种植。

栽培技术要点：在湖南省作双季早稻种植，3月底播种，湘南可适时提早。秧田播种量225 ～ 300kg/hm²，大田用种量30.0 ～ 37.5kg/hm²。水育秧4.5叶左右移栽，种植密度16.5cm×20.0cm，每穴栽插2 ～ 3粒谷秧。施足基肥，及时追肥，适当增加磷、钾肥用量。深水活蔸，浅水分蘖，及时晒田，后期干干湿湿，不宜过早脱水。注意防治纹枯病、稻瘟病及螟虫、稻飞虱等病虫害。

金谷优72（Jinguyou 72）

品种来源：四川农业大学水稻研究所和湖南川农高科种业有限责任公司以金谷A（金23A/金谷B）为母本，蜀恢早72为父本配组育成。2006年通过湖南省农作物品种审定委员会审定。

形态特征和生物学特性：属籼型三系杂交中熟晚稻。在湖南省作双季晚稻栽培，全生育期112d。株高97.0cm，株型适中，抽穗整齐，分蘖力强，后期落色好。有效穗289.5万穗/hm²，每穗总粒数117.0～134.5粒，结实率76.1%～82.9%，千粒重27.5～27.9g。

品质特性：糙米率82.1%，精米率75.1%，整精米率65.1%，精米长7.0mm，长宽比3.3，垩白粒率52%，垩白度6.2%，透明度2级，碱消值5.7级，胶稠度61mm，直链淀粉含量21.5%，蛋白质含量11.2%。

抗性：叶瘟7级，穗瘟9级，高感稻瘟病。白叶枯病7级，感白叶枯病。抗寒能力较强。

产量及适宜地区：2004—2005年湖南省两年区试平均单产6 816.0kg/hm²，比对照威优46减产6.6%。日产量60.6kg/hm²，比对照威优46高0.3kg/hm²。适宜在湖南省稻瘟病轻发区作双季晚稻种植。

栽培技术要点：在湖南省作双季晚稻种植，湘南6月25日播种，湘中6月22日播种，湘北6月20日播种。用三氯异氰尿酸对种子进行消毒，秧田播种量150.0～225.0kg/hm²，大田用种量22.5kg/hm²。秧龄控制在28d内，5.0～5.5叶移栽，种植密度16.7cm×20.0cm，插足基本苗150万～180万苗/hm²。重施底肥，早施追肥，适施氮肥，增施磷、钾肥。足苗晒田，后期不宜过早脱水。注意防治病虫害。

金优108（Jinyou 108）

品种来源：湘西土家族苗族自治州农业科学研究所以金23A为母本，州恢108（IR56/lemont//恩恢58）为父本配组育成。2006年通过湖南省农作物品种审定委员会审定。

形态特征和生物学特性：属籼型三系杂交迟熟中稻。在湖南省作中稻栽培，全生育期138d。株高118.0cm，株型紧散适中，叶片直立，茎秆粗壮，抽穗整齐，穗大粒多，结实率高，叶下禾，后期落色好。有效穗244.5万穗/hm²，每穗总粒数179.4粒左右，结实率79.9%，千粒重26.4g。

品质特性：糙米率82.5%，精米率74.6%，整精米率62.8%，精米长6.9mm，长宽比3.1，垩白粒率63%，垩白度7.1%，透明度2级，碱消值6.0级，胶稠度48mm，直链淀粉含量20.5%，蛋白质含量9.2%。

抗性：叶瘟4级，穗瘟9级，高感稻瘟病。抗高温能力差，抗寒能力较强。

产量及适宜地区：2004—2005年湖南省两年区试平均单产8 584.5kg/hm²，比对照Ⅱ优58和汕优63分别增产7.2%和9.2%。日产量62.3kg/hm²。适宜在湖南省海拔200～800m稻瘟病轻发区作中稻种植。

栽培技术要点：在湖南省作中稻种植，海拔500m以下地区4月上旬播种，海拔500m以上地区4月中旬播种。大田用种量22.5kg/hm²，秧龄30d以内，种植密度17.0cm×20.0cm。重施基肥，早施分蘖肥，促早生快发。中等肥力水平田块施碳酸氢铵600.0kg/hm²、五氧化二磷600.0kg/hm²作基肥，栽后5d追尿素150.0kg/hm²、氧化钾150.0kg/hm²。足苗及时晒田，轻晒多露，有水孕穗抽穗，后期保持湿润，忌过早脱水。加强对稻瘟病、纹枯病及螟虫、稻飞虱等病虫害的防治。

金优163 (Jinyou 163)

品种来源：湖南泰邦农业科技发展有限公司以金23A为母本，R6-163（578S/先恢207）为父本配组育成。2007年通过湖南省农作物品种审定委员会审定。

形态特征和生物学特性：属籼型三系杂交迟熟晚稻。在湖南省作双季晚稻栽培，全生育期119d。株高105.0cm，株型紧凑，生长势强，熟期早。有效穗315.0万穗/hm²，每穗总粒数150.0粒，结实率80.0%，千粒重26.5g。

品质特性：糙米率83.2%，精米率75.5%，整精米率69.4%，精米长7mm，长宽比3.3，垩白粒率22%，垩白大小3.0%，透明度1级，碱消值6.4级，胶稠度82mm，直链淀粉含量21.5%，蛋白质含量9%。

抗性：叶瘟5级，穗瘟7级，稻瘟病综合指数6，感稻瘟病。白叶枯病5级，中感白叶枯病。抗低温能力较强。

产量及适宜地区：2005—2006年湖南省两年区试平均单产7 512.0kg/hm²，比对照威优46增产2.0%。日产量63.0kg/hm²，比对照威优46高2.3kg/hm²。适宜在湖南省稻瘟病轻发区作双季晚稻种植。

栽培技术要点：在湖南省作双季晚稻种植，湘南6月16日播种，湘北6月12日播种。秧田播种量150.0 ～ 225.0kg/hm²，大田用种量22.5kg/hm²。秧龄30d以内，种植密度16.5cm×19.8cm或13.2cm×23.1cm。每穴栽插2粒谷秧，基本苗180万苗/hm²。施足基肥，早施追肥，要防止氮肥施用过迟过量。及时晒田控蘖，后期实行湿润灌溉，抽穗扬花后不要过早脱水，以使籽粒充实饱满。注意病虫害防治。

金优179（Jinyou 179）

品种来源：怀化职业技术学院和海南神农大丰种业有限公司以金23A为母本，R179（R298/明恢63//恩恢58）为父本配组育成。2004年通过湖南省农作物品种审定委员会审定。

形态特征和生物学特性：属籼型三系杂交中熟偏迟中稻。在湖南作中稻栽培，全生育期133.0d。株高116.1cm，株型松紧适中，茎秆粗壮，分蘖力中等偏上。叶色淡绿，主茎叶片数15叶，剑叶长挺、夹角小，属叶下禾。谷粒长形，谷壳黄色、较薄，稃尖无色、无芒。有效穗285.0万穗/hm²，穗长27.0cm，每穗总粒数157.3粒，结实率81.2%，千粒重28.0g。

品质特性：糙米率79.5%，精米率68.0%，整精米率48.2%，长宽比3.3，垩白粒率96.5%，垩白大小28.2%。

抗性：叶瘟2级，穗瘟9级。白叶枯病2级。耐寒性中等。

产量及适宜地区：2002年湖南省区试平均单产8 055.0kg/hm²，比对照Ⅱ优58增产1.5%；2003年续试平均单产8 023.5kg/hm²，比对照金优207增产10.7%。两年区试平均单产8 039.3kg/hm²，日产量60.5kg/hm²。适宜在湖南省稻瘟病轻发区作中稻种植。

栽培技术要点：在湖南省作中稻栽培，4月上中旬播种。人田用种量22.5kg/hm²，秧田播种量150.0kg/hm²。秧龄期控制在30d内，栽插密度16.6cm×26.6cm，每穴栽插2～3粒谷秧。中后期控制氮肥用量，防止披叶，后期不宜过早脱水。注意加强稻瘟病和纹枯病的防治。

金优198（Jinyou 198）

品种来源：湖南农业大学以金23A为母本，R198（DT713/明恢63）为父本配组育成。1999年通过湖南省农作物品种审定委员会认定。

形态特征和生物学特性：属籼型三系杂交迟熟晚稻。在湖南省作双季晚稻栽培，全生育期121.0d。株高100.0cm，株型较紧凑，茎秆粗壮。叶色适中、挺直、色淡绿，叶鞘紫色，叶下禾。分蘖力较强，后期抗倒伏、抗寒性强，熟期落色好。谷粒长形，谷壳薄、黄色，籽粒饱满，稃尖紫色、无芒，易脱粒但不易掉粒。有效穗270.0万穗/hm²，每穗总粒数133.0粒，结实率80.0%，千粒重27.0g。

品质特性：糙米率81.5%，精米率73.3%，整精米率59.4%，精米长6.3mm，长宽比2.6，垩白粒率33%，胶稠度33mm，直链淀粉含量23.6%，蛋白质含量9.0%。

抗性：叶瘟8级，穗瘟7级，感稻瘟病。白叶枯病5级，中感白叶枯病。

产量及适宜地区：1997—1998年湖南省两年区试平均单产7 260.0kg/hm²，比对照威优46低2.3%，不显著。适宜在湖南省稻瘟病轻发区作双季晚稻种植。

栽培技术要点：在湖南省作双季晚稻种植，湘中6月17～19日，湘东、湘南6月20～22日，湘西、湘北6月14～16日播种。7月20日左右移栽，秧龄控制在35d以内。大田用种18.8kg/hm²，秧田播种量150.0kg/hm²。种植密度30.0cm×13.3cm或20.0cm×20.0cm，每穴栽插2粒谷秧，基本苗150万苗/hm²左右。肥料用量为纯氮180.0～195.0kg/hm²、五氧化二磷75.0～90.0kg/hm²、氧化钾120.0～150.0kg/hm²。浅水分厢移栽，寸水活蔸返青，间歇灌溉分蘖，及时晒田控制无效分蘖，有水壮苞抽穗，干干湿湿灌浆结实，成熟前3～5d断水。做好病虫草害的防治。

金优207（Jinyou 207）

品种来源：湖南杂交水稻研究中心以金23A为母本，先恢207为父本配组育成。分别通过湖南省（1998）、贵州省（2000）、广西壮族自治区（2001）、陕西省（2002）和湖北省（2002）农作物品种审定委员会审定或引种。

形态特征和生物学特性：属籼型三系杂交中熟晚稻。在湖南作双季晚稻栽培，全生育期115.0d。株高100.0cm，株型适中，剑叶短而挺拔，茎秆坚韧，分蘖力较弱，穗型较大，谷粒长形，有少量短芒分布，后期耐寒落色好。每穗总粒数120.0粒，结实率80.0%，千粒重26.0g。

品质特性：精米率69.3%，整精米率60.0%，精米长7.3mm，长宽比3.3，垩白粒率67%，垩白大小12.5%，碱消值6.2级，胶稠度34mm，直链淀粉含量22.0%，蛋白质含量10.6%。1999年被评为湖南省优质稻品种。

抗性：叶瘟3级，穗瘟5级，中抗稻瘟病。不抗白叶枯病。

产量及适宜地区：1996—1997年湖南省两年区试平均单产7 050.0kg/hm²，比对照威优64增产6.7%。适宜在湖南省白叶枯病轻发区、湖北省稻瘟病无病区或轻发区作双季晚稻种植，适宜在广西壮族自治区中部和北部作早、晚稻推广种植，适宜在贵州省海拔700～1 200m的遵义、安顺、贵阳等具有相似生态的中高海拔水稻适宜地区种植，稻瘟病重发区慎用。

栽培技术要点：在湖南省作双季晚稻种植，6月20日左右播种。大田用种22.0kg/hm²。基本苗105.0万苗/hm²以上，保证有效穗300万穗/hm²以上。施足基肥，早追肥，配施磷、钾肥，看苗施好穗肥。加强水浆管理，前期浅灌勤灌，后期干干湿湿，防断水过早。做好白叶枯病等病虫害防治工作，及时收获。

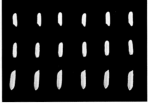

金优212 (Jinyou 212)

品种来源：湖南希望种业科技有限公司以金23A为母本，R2122为父本配组育成。2008年通过湖南省农作物品种审定委员会审定。

形态特征和生物学特性：属籼型三系杂交中熟晚稻。在湖南省作双季晚稻栽培，全生育期112d。株高104.7cm，株型较紧凑，抽穗整齐，穗大粒多，分蘖力较强，茎秆粗壮、弹性好，属半叶下禾。叶舌、叶耳紫色，稃尖紫色、无芒，熟期落色好。有效穗271.5万穗/hm²，每穗总粒数135.0粒，结实率79.3%，千粒重27.5g。

品质特性：糙米率83.0%，精米率75.1%，整精米率68.0%，精米长6.9mm，长宽比3.1，垩白粒率23%，垩白度1.8%，透明度1级，碱消值6.2级，胶稠度56mm，直链淀粉含量21.7%，蛋白质含量11.0%。

抗性：叶瘟5级，穗瘟9级，稻瘟病综合指数7.8，高感稻瘟病。白叶枯病7级，感白叶枯病。抗低温能力较强。

产量及适宜地区：2006—2007年湖南省两年区试平均单产7 191.0kg/hm²，比对照金优207增产5.6%。日产量64.1kg/hm²，比对照金优207高2.7kg/hm²。适宜在湖南省稻瘟病轻发区作双季晚稻种植。

栽培技术要点：在湖南省作双季晚稻种植，湘中6月22日左右播种，湘北应提早2～3d，湘南可推迟3～4d。秧田播种量187.5kg/hm²，大田用种量22.5kg/hm²。秧龄30d以内，移栽密度16.5cm×20.0cm。每穴栽插2粒谷秧，插足基本苗120万～150万苗/hm²。需肥水平中等偏上，重施底肥，多施有机肥，早施追肥，重施磷、钾肥，后期看苗补肥。科学管水，浅水栽秧，湿润灌溉，抽穗扬花后不宜脱水过早，适时晒田。注意病虫害防治。

金优213 （Jinyou 213）

品种来源：湖南隆平高科农平种业有限公司以金23A为母本，R213（R119/明恢78）为父本配组育成。分别通过湖南省（2004）和江西省（2005）农作物品种审定委员会审定。

形态特征和生物学特性：属籼型三系杂交迟熟早稻。在湖南省作双季早稻栽培，全生育期113.0d。株高98.0cm，叶色淡绿，株型松紧适度。茎秆粗壮、坚韧，后期成熟快，落色好。有效穗345.0万～390.0万穗/hm²，穗长21.0cm，每穗总粒数124.0粒，结实率80.0%，千粒重25.0g。

品质特性：糙米率82.5%，精米率74.6%，整精米率55.8%，长宽比2.8，垩白粒率83%，垩白大小9.1%。

抗性：叶瘟9级，穗瘟9级。白叶枯病3级。抗倒伏性好。

产量及适宜地区：2001—2002年湖南省两年区试单产平均7 387.5kg/hm²，比对照湘早籼19增产1.1%。日产量65.9kg/hm²。适宜在湖南省稻瘟病轻发区作双季早稻栽培。

栽培技术要点：在湖南省作双季早稻种植，3月下旬播种。大田用种量30.0～37.5kg/hm²。4月下旬移栽，种植密度以16.7cm×20.0cm为宜。每穴栽插2粒谷秧，插足基本苗120万苗/hm²以上。以有机底肥为主，速效追肥为辅，中等肥力栽培。及时晒田和防治病虫害。

金优217（Jinyou 217）

品种来源：湘西土家族苗族自治州农业科学研究所以金23A为母本，州恢217（Lemont/海174）为父本配组育成。分别通过湖南省（2003）、重庆市（2007）和陕西省（2007）农作物品种审定委员会审定或引种。2008年获国家植物新品种权授权。

形态特征和生物学特性：属籼型三系杂交迟熟中稻。在湖南省作中稻栽培，全生育期133.0d。株高108.5cm，植株整齐，分蘖力强，茎秆粗壮，繁茂性好，株型较紧凑，穗大粒多，剑叶直立，穗长24.9cm，每穗总粒数155.0粒，结实率88.8%，千粒重27.5g。

品质特性：糙米率81.4%，精米率73.4%，整精米率54.7%，精米长6.8mm，长宽比3，垩白粒率59%，垩白度10.1%，透明度2级，胶稠度36mm，直链淀粉含量20.2%，蛋白质含量7.8%。

抗性：叶瘟0～3级，穗瘟3～4级。

产量及适宜地区：2001—2002年湖南省两年区试平均单产8 118.0kg/hm²，比对照Ⅱ优58增产2.5%。适宜在湘西海拔600m以下地区作中稻种植，适宜重庆市海拔800m以下稻瘟病非常发区作一季中稻种植，并要求种子包衣，加强稻瘟病防治。

栽培技术要点：在湖南省作中稻栽培，4月20日左右播种。大田用种量22.5kg/hm²，秧龄30d左右。种植密度16.5cm×23.1cm，基本苗120万苗/hm²。增施有机肥，保证纯氮150.0kg/hm²，氮、磷、钾肥比例为1∶0.5∶1。需肥水平中等，重施基肥，早施追肥，后期看苗施肥。后期干干湿湿灌溉，不要过早脱水。注意病虫害的防治。

金优233 （Jinyou 233）

品种来源：湖南隆平种业有限公司以金23A为母本，LZ160（R402/先恢207）为父本配组育成。2009年通过湖南省农作物品种审定委员会审定。

形态特征和生物学特性：属籼型三系杂交迟熟早稻。在湖南省作双季早稻栽培，全生育期112d。株高90cm，株型较紧凑，生长势较强。有效穗322.5万穗/hm²，每穗总粒数110.0～115.0粒，结实率82.0%～85.0%，千粒重27.3g。

品质特性：糙米率82.1%，精米率73.3%，整精米率60.5%，精米长6.9mm，长宽比2.9，垩白粒率84%，垩白度15.0%，透明度2级，碱消值4.0级，胶稠度48mm，直链淀粉含量20.4%，蛋白质含量9.2%。

抗性：稻瘟病综合指数7.7，高感稻瘟病。白叶枯病5级，中感白叶枯病。

产量及适宜地区：2007—2008年湖南省两年区试平均单产8 116.5kg/hm²，比对照金优402增产3.0%。日产量72.3kg/hm²，比对照金优402高2.3kg/hm²。适宜在湖南省稻瘟病轻发区作双季早稻种植。

栽培技术要点：在湖南省作双季早稻种植，3月28日左右播种。秧田播种量225.0kg/hm²，大田用种量30.0～37.5kg/hm²。4.5叶左右移栽，种植密度16.5cm×20.0cm，每穴栽插2～3粒谷秧。施足底肥，早施追肥，后期严控氮肥。中等肥力土壤，栽后5～7d结合施用除草剂追施尿素150.0kg/hm²，后期看苗适当补施穗肥。分蘖期干湿相间促分蘖，及时落水晒田。孕穗期以湿为主，保持田面有水层。抽穗期保持田间有浅水。灌浆期以湿润为主，干干湿湿，保持根系活力，切忌过早脱水，以免早衰。大田期根据病虫预报，及时施药防治稻瘟病、纹枯病及二化螟、稻纵卷叶螟等病虫害。

金优238（Jinyou 238）

品种来源：怀化市职业技术学院以金23A为母本，R238（蜀恢527/R677）为父本配组育成。2010年通过湖南省农作物品种审定委员会审定。

形态特征和生物学特性：属籼型三系杂交中熟晚稻。在湖南省作双季晚稻栽培，全生育期108.6d。株高102.0cm，株型较紧凑，生长势中等，茎秆中粗，分蘖力强，叶鞘紫色，剑叶较短、较窄、直立，叶下禾。穗型中等，着粒较稀，谷长粒型，颖尖紫色、无芒，成熟落色好。有效穗298.5万穗/hm²，每穗总粒数135.0粒，结实率78.4%，千粒重26.7g。

品质特性：糙米率81.8%，精米率74.2%，整精米率64.5%，精米长7.0mm，长宽比3.1，垩白粒率58%，垩白度13.6%，透明度2级，碱消值4.9级，胶稠度84mm，直链淀粉含量25.4%，蛋白质含量11.6%。

抗性：叶瘟5.0级，穗瘟7.7级，稻瘟病综合指数5.3。白叶枯病5级。抗低温能力强。

产量及适宜地区：2008—2009年湖南省两年区试平均单产7 551.0kg/hm²，比对照金优207增产4.9%。日产量69.6kg/hm²，比对照金优207高4.5%。适宜在湖南省稻瘟病轻发区作双季晚稻种植。

栽培技术要点：在湖南省作双季晚稻种植，6月25日左右播种。秧田播种量150.0kg/hm²，大田用种量22.5kg/hm²。水育秧5.0叶移栽，种植密度20.0cm×20.0cm，每穴栽插2粒谷秧。需肥水平中等，够苗及时晒田。坚持用三氯异氰尿酸浸种，注意防治稻瘟病等病虫害。

金优268 （Jinyou 268）

品种来源：湖南希望种业科技有限公司以金23A为母本，宁恢268（R8312/R402）为父本配组育成。2007年通过湖南省农作物品种审定委员会审定。

形态特征和生物学特性：属籼型三系杂交迟熟早稻。在湖南省作双季早稻栽培，全生育期110d。株高90.8cm，株型较紧凑，剑叶较长且直立。叶鞘、稃尖均紫色，落色好。有效穗363.0万穗/hm²，每穗总粒数109.7粒，结实率82.1%，千粒重24.7g。

品质特性：糙米率80.9%，精米率74.3%，整精米率62.7%，精米长6.4mm，长宽比2.8，垩白粒率85%，垩白度16.6%，透明度3级，碱消值4.4级，胶稠度42mm，直链淀粉含量17.7%，蛋白质含量10.3%。

抗性：叶瘟5级，穗瘟9级，稻瘟病综合指数8，高感稻瘟病。白叶枯病7级，感白叶枯病。

产量及适宜地区：2005—2006年湖南省两年区试平均单产7 636.5kg/hm²，比对照金优402增产3.4%。日产量69.2kg/hm²，比对照金优402高2.6kg/hm²。适宜在湖南省稻瘟病轻发区作双季早稻种植。

栽培技术要点：在湖南省作双季早稻栽培，3月底至4月初播种。秧田播种量225.0～300.0kg/hm²，大田用种量30.0～37.5kg/hm²。秧龄28d左右，种植密度13.3cm×20.0cm或16.5cm×20.0cm。每穴栽插2粒谷秧，基本苗120万～150万苗/hm²。基肥足，追肥速，中期补。氮、磷、钾肥配合施用，适当增加磷、钾肥用量。深水活蔸，浅水分蘖，及时晒田，有水壮苞抽穗，后期干干湿湿，不脱水过早。注意病虫害防治。

金优284（Jinyou 284）

品种来源：湖南亚华种业科学研究院以金23A为母本，华恢284（明恢63/Lemont//先恢207）为父本配组育成。分别通过湖南省（2005）、江西省（2005）、国家（2006）和陕西省（2009）农作物品种审定委员会审定。

形态特征和生物学特性：属籼型三系杂交中熟晚稻。在湖南省作双季晚稻栽培，全生育期113d。株高100cm，株型松紧适中，茎基部叶鞘、叶耳、稃尖均为紫色。生长势强，抽穗整齐，成熟落色好，籽粒饱满，颖尖紫色、有顶芒。有效穗279.0万穗/hm²，每穗总粒数125.6粒，结实率78.7%，千粒重28.6g。

品质特性：糙米率81.7%，精米率74.4%，整精米率61.2%，精米长7.1mm，长宽比3.2，垩白粒率33%，垩白度3.1%，透明度1级，碱消值6.6级，胶稠度76mm，直链淀粉含量24.4%，蛋白质含量8.4%。

抗性：叶瘟7级，穗瘟9级，感稻瘟病。白叶枯病7级。耐寒性中等，耐肥，抗倒伏能力较强。

产量及适宜地区：2003—2004年湖南省两年区试平均单产6 901.5kg/hm²，比对照金优207减产1.4%。日产量61.1kg/hm²，比对照金优207低2.6kg/hm²。适宜在江西、湖南、浙江及湖北和安徽长江以南的稻瘟病轻发的双季稻区作晚稻种植，适宜在陕西省汉中、安康海拔750m以下稻瘟病轻发区种植。

栽培技术要点：在湖南省作双季晚稻种植，6月20~25日播种。秧田播种量150.0kg/hm²，大田用种量22.5kg/hm²。用三氯异氰尿酸浸种，播种时种子拌适量多效唑。秧龄控制在28d以内，种植密度16.5cm×20.0cm，每穴栽插2~3粒谷秧。需肥水平中上，够苗及时晒田。及时防治纹枯病及二化螟、稻纵卷叶螟、稻飞虱等病虫害。

金优297 (Jinyou 297)

品种来源：湖南杂交水稻研究中心以金23A为母本，湘恢297为父本配组育成。2005年通过湖南省农作物品种审定委员会审定。2010年获国家植物新品种权授权。

形态特征和生物学特性：属籼型三系杂交中熟晚稻。在湖南省作双季晚稻栽培，全生育期110d。株高96cm，株型较紧凑，叶色淡绿，叶片挺直，剑叶长度中等，叶鞘、秤尖均为紫色，熟期落色好。有效穗270.0万穗/hm²，每穗总粒数125.0粒，结实率85.0%，千粒重27.0g。

品质特性：糙米率82.7%，精米率75%，整精米率65.4%，精米长6.7mm，长宽比3.1，垩白粒率41%，垩白度4.9%，透明度1级，碱消值5.2级，胶稠度82mm，直链淀粉含量21.5%，蛋白质含量9.5%。

抗性：叶瘟7级，穗瘟9级，感稻瘟病。白叶枯病7级。

产量及适宜地区：2003—2004年湖南省两年区试平均单产7 008.0kg/hm²，比对照金优207增产0.2%。日产量63.8kg/hm²，比对照金优207高0.2kg/hm²。适宜在湖南省稻瘟病轻发区作双季晚稻种植。

栽培技术要点：在湖南省作双季晚稻种植，6月23～25日播种。秧田播种量150.0kg/hm²，大田用种量18.0～22.5kg/hm²。秧龄28d以内，种植密度16.7cm×20.0cm。每穴栽插2粒谷秧，基本苗120万～150万苗/hm²。施足基肥，早施追肥，后期看苗施肥。及时晒田控蘖，后期宜采用干湿交替灌溉，不宜过早脱水。注意病虫害防治。

金优402（Jinyou 402）

品种来源：湖南省安江农业学校和常德市农业科学研究所以金23A为母本，R402为父本配组育成。分别通过湖南省（1997）、江西省（1999）、广西壮族自治区（2001）和湖北省（2002）农作物品种审定委员会审定。

形态特征和生物学特性：属籼型三系杂交迟熟早稻。在湖南省作双季早稻栽培，全生育期113.0d。株高83.7cm，株型适中，叶鞘、稃尖紫色、剑叶中长，窄而直立，后期落色好。每穗总粒数93.8粒，结实率72.1%，千粒重26.8g。

品质特性：糙米率80.0%，精米率71.0%，垩白粒率84%，垩白大小18.0%。

抗性：叶瘟4级，穗瘟4级。白叶枯病5级。

产量及适宜地区：1994—1995年湖南省两年区试平均单产6 864.0kg/hm²，与对照威优48相当。适宜在湖南省、湖北省、江西省及广西壮族自治区的中部与北部作双季早稻种植。

栽培技术要点：在湖南省作双季早稻种植，3月底播种。秧田播种量225.0kg/hm²，大田用种量30.0kg/hm²。种植密度13.3cm×20.0cm，每穴栽插2粒谷秧。茎秆偏细，耐肥、抗倒伏性较差。少施氮肥，增施磷、钾肥，施肥总量折合纯氮135.0～150.0kg/hm²，五氧化二磷90.0～105.0kg/hm²，氧化钾165.0～180.0kg/hm²。实施旺根、壮秆、健株的大田水浆定向管理，遵循寸水返青、湿润分蘖、够苗晒田、浅水孕穗杨花、干湿交替灌浆结实的原则。综合防治病虫草害，适时收获。

金优433 （Jinyou 433）

品种来源：衡阳市农业科学研究所以金23A为母本，P433（To463/先恢207）为父本配组育成。2008年通过湖南省农作物品种审定委员会审定。

形态特征和生物学特性：属籼型三系杂交迟熟早稻。在湖南省作双季早稻栽培，全生育期111.0d。株高87cm，株型紧凑，生长势强，茎秆较粗壮，分蘖力强，有效穗较多，穗大粒多，结实率高，落色好。叶鞘、叶缘紫色，稃尖紫色，叶色淡绿，叶片直立，半叶上禾。有效穗318.0万穗/hm²，每穗总粒数105.0粒，结实率81.5%，千粒重25.6g。

品质特性：糙米率82.0%，精米率73.4%，整精米率65.2%，精米长7.1mm，长宽比3.2，垩白粒率66%，垩白度6.6%，透明度1级，碱消值5.4级，胶稠度74mm，直链淀粉含量22.0%，蛋白质含量9.5%。

抗性：叶瘟7级，穗瘟9级，稻瘟病综合指数8.5，高感稻瘟病。白叶枯病7级，感白叶枯病。

产量及适宜地区：2006—2007年湖南省两年区试平均单产7 753.5kg/hm²，比对照金优402增产3.4%。日产量69.8kg/hm²，比对照金优402高2.9kg/hm²。适宜在湖南省稻瘟病轻发区作双季早稻种植。

栽培技术要点：在湖南省作双季早稻种植，3月底播种。秧田播种量150.0～225.0kg/hm²，大田用种量30.0kg/hm²。培肥秧床，稀播匀播，薄膜覆盖，培育壮秧。3.5～4.5叶移栽，栽插密度16.5cm×20.0cm，插足基本苗90万～120万苗/hm²。施纯氮180.0kg/hm²，施用氮、磷、钾肥比例为10：9：6。浅水分蘖，足苗轻晒，后期干湿管理。及时防治病虫害，特别注意防治纹枯病及稻纵卷叶螟、二化螟和稻飞虱。

金优44 (Jinyou 44)

　　品种来源：岳阳市农业科学研究所以金23A为母本，岳恢44（IR54/明恢63//安312）为父本配组育成。2002年通过湖南省农作物品种审定委员会审定。

　　形态特征和生物学特性：属籼型三系杂交中熟晚稻。在湖南省作双季晚稻栽培，全生育期110.0d。株高97cm，株型紧凑，分蘖力较强，叶色深绿，叶鞘、叶耳、叶枕浅紫色，剑叶直立，叶下禾。着粒密度适中，谷粒细长，稃尖浅紫，无芒。有效穗316.5万～354.0万穗/hm²，穗长24.3cm，每穗总粒数110.0粒，结实率83.0%，千粒重28.0g。

　　品质特性：整精米率55.1%，精米长7.5mm，长宽比3.5，垩白粒率30%，垩白度2.6%，透明度1级，碱消值4.8级，胶稠度76mm，直链淀粉含量21.5%，蛋白质含量9.6%。

　　抗性：叶瘟5级，穗颈瘟9级。白叶枯病7级。

　　产量及适宜地区：2000—2001年湖南省两年区试平均单产7 248.0kg/hm²，日产量66.2kg/hm²。适宜在湖南省稻瘟病、白叶枯病较轻的地区作双季晚稻种植。

　　栽培技术要点：在湖南省作双季晚稻种植，湘北6月20～22日、湘中6月22～24日、湘南6月24～28日播种。秧田播种量150.0～165.0kg/hm²，大田用种量22.5kg/hm²。秧龄一般不超过30d，种植密度16.7cm×20.0cm，每穴栽插2粒谷秧。施纯氮165.0～180.0kg/hm²，配施有机肥及磷、钾肥。足苗及时晒田，后期保持田间湿润。注意防治稻瘟病、纹枯病及螟虫、稻飞虱等病虫害。

金优468 (Jinyou 468)

品种来源：湘西土家族苗族自治州农业科学研究所以金23A为母本，州恢168为父本配组育成。2007年通过湖南省农作物品种审定委员会审定。

形态特征和生物学特性：属籼型三系杂交迟熟中稻。在湖南省作中稻栽培，全生育期139d。株高117cm，株型紧散适中，叶片浓绿，叶片宽大、稍披。叶鞘、稃尖紫色，后期黄丝亮秆，落色好。有效穗247.5万穗/hm²，每穗总粒数173.2粒，结实率79.2%，千粒重27.0g。

品质特性：糙米率81.3%，精米率73.1%，整精米率42.4%，精米长7.0mm，长宽比3.2，垩白粒率60%，垩白度9.7%，透明度1级，碱消值5.8级，胶稠度82mm，直链淀粉含量23.1%，蛋白质含量7.9%。

抗性：叶瘟5级，穗瘟9级，高感稻瘟病。感纹枯病。抗高温能力较强，抗寒能力一般。

产量及适宜地区：2005—2006年湖南省两年区试平均单产8 391.0kg/hm²，比对照Ⅱ优58增产7.7%。日产量60.2kg/hm²，比对照Ⅱ优58高6.3kg/hm²。适宜在湖南省海拔600m以下稻瘟病轻发的山丘区作中稻种植。

栽培技术要点：在湖南省作中稻种植，4月20日左右播种。秧田播种量150.0～187.5kg/hm²，大田用种量18.8kg/hm²。秧龄30d以内，中等肥力水平采用种植密度16.5cm×(26.5～30.0) cm，每穴栽插2粒谷秧，基本苗90万～120万苗/hm²。基肥足，追肥早，中期看苗补施有机肥，氮、磷、钾肥配合施用，适当控制氮肥，增加磷、钾肥用量。深水活蔸，浅水分蘖，及时晒田，有水壮苞抽穗，后期干干湿湿，忌脱水过早。注意防治病虫害。

金优498（Jinyou 498）

品种来源：湖南省水稻研究所以金23A为母本，R498为父本配组育成。2010年通过湖南省农作物品种审定委员会审定。

形态特征和生物学特性：属籼型三系杂交中熟晚稻。在湖南省作双季晚稻种植，全生育期110.1d。株高112.5cm，株型松紧适度。剑叶长，生长整齐、旺盛，叶下禾，后期落色好。有效穗289.5万穗/hm²，每穗总粒数143.9粒，结实率78.1%，千粒重27.3g。

品质特性：糙米率81.3%，精米率73.9%，整精米率66.8%，精米长7.1mm，长宽比3.2，垩白粒率36%，垩白度6.8%，透明度2级，碱消值6.0级，胶稠度53mm，直链淀粉含量24.1%，蛋白质含量10.7%。

抗性：叶瘟4.6级，穗瘟7.8级，稻瘟病综合指数5.8。白叶枯病7级。抗低温能力强。

产量及适宜地区：2008—2009年湖南省两年区试平均单产7 725.0kg/hm²，比对照金优207增产7.4%。日产量70.2kg/hm²，比对照金优207高4.7%。适宜在湖南省稻瘟病轻发区作双季晚稻种植。

栽培技术要点：在湖南省作双季晚稻种植，6月25日左右播种。秧田播种量150.0kg/hm²，大田用种量18.8kg/hm²。水育秧5.0叶移栽，种植密度20.0cm×20.0cm，每穴栽插2粒谷秧。需肥水平中等，够苗及时晒田。用三氯异氰尿酸浸种，及时防治稻瘟病等病虫害。

金优540 (Jinyou 540)

品种来源：湖南金健种业有限责任公司和常德市农业科学研究所以金23A为母本，常恢540（圭630/粳410//明恢63）为父本配组育成。2005年通过湖南省农作物品种审定委员会审定。2009年获国家植物新品种权授权。

形态特征和生物学特性：属籼型三系杂交迟熟晚稻。在湖南省作双季晚稻栽培，全生育期120d。株高100cm，株型紧凑，叶片挺直，剑叶挺举微内卷，叶下禾，基部紫色，叶耳、叶舌、叶鞘、颖尖紫色，叶色深绿，成穗率高，穗大粒多，熟期青秀，不早衰。有效穗298.5万穗/hm²，每穗总粒数110.6粒，结实率78.9%，千粒重29.0g。

品质特性：糙米率82.5%，精米率75.1%，整精米率58.6%，精米长7.1mm，长宽比3.2，垩白粒率27%，垩白度2.7%，透明度1级，碱消值6.7级，胶稠度82mm，直链淀粉含量23.8%，蛋白质含量7.9%。

抗性：叶瘟8级，穗瘟9级，感稻瘟病。白叶枯病5级。耐寒性强。

产量及适宜地区：2002—2003年湖南省两年区试平均单产7 152.0kg/hm²，比对照威优46减产0.3%。日产量60.0kg/hm²，比对照威优46高0.9kg/hm²。适宜在湖南省稻瘟病轻发区作双季晚稻种植。

栽培技术要点：在湖南省作双季晚稻种植，湘中6月17日左右播种，湘北6月12～15日播种，湘南可于6月19日左右播种。秧田播种量150.0kg/hm²，大田用种量18.0～22.5kg/hm²。秧龄30d以内，种植密度20.0cm×26.7cm或16.7cm×26.7cm，每穴栽插2粒谷秧。施足底肥，早施追肥，增施磷、钾肥，后期控制氮肥施用。及时晒田控苗，后期实行湿润灌溉，抽穗扬花期田间灌深水，灌浆结实期不宜脱水过早。注意防治稻瘟病等病虫害。

金优555（Jinyou 555）

品种来源：海南神农大丰种业科技股份有限公司以金23A为母本，R555（R119/R974）为父本配组育成。2006年通过湖南省农作物品种审定委员会审定。

形态特征和生物学特性：属籼型三系杂交迟熟早稻。在湖南省作双季早稻栽培，全生育期111d。株高91cm，株型偏紧，植株整齐，茎秆粗壮坚韧，分蘖力强，叶色淡绿，叶鞘紫色，属叶下禾，稃尖紫色，颖壳黄色，后期落色好。有效穗322.5万～369.0万穗/hm²，每穗总粒数117.0粒，结实率74.1%，千粒重25.2g。

品质特性：糙米率81.1%，精米率71.6%，整精米率55.0%，精米长6.3mm，长宽比2.6，垩白粒率100%，垩白度32.8，透明度4级，碱消值5.4级，胶稠度74mm，直链淀粉含量26.1%，蛋白质含量10.9%。

抗性：叶瘟7级，穗瘟9级，高感稻瘟病。白叶枯病7级，感白叶枯病。

产量及适宜地区：2003—2004年湖南省两年区试平均单产7 045.5kg/hm²，比对照金优402减产0.3%。日产量63.2kg/hm²，比对照金优402高0.8kg/hm²。适宜在湖南省稻瘟病轻发区作双季早稻种植。

栽培技术要点：在湖南省作双季早稻种植，湘中3月下旬播种，湘南可适当提早，湘北可适当推迟。大田用种量45.0～52.5kg/hm²，种植密度16.7cm×20.0cm。每穴栽插2粒谷秧，插足基本苗120万苗/hm²。中等肥力水平栽培，施足基肥，早施追肥。搞好田间管理，及时晒田。注意病虫害防治，特别是稻瘟病的防治。

金优59 (Jinyou 59)

品种来源：湖南泰邦农业科技发展有限公司以金23A为母本，R59（桂99///安农810S/T344//先恢207）为父本配组育成。2010年通过湖南省农作物品种审定委员会审定。

形态特征和生物学特性：属籼型三系杂交中熟晚稻。在湖南省作双季晚稻种植，全生育期110d。株高110.0cm，株型松紧适中，生长势中等，茎秆中粗，叶鞘紫色，后期落色好。有效穗300.0万穗/hm²，每穗总粒数123.0粒，结实率84.0%，千粒重26.8g。

品质特性：糙米率84.4%，精米率75.7%，整精米率68.1%，精米长7.0mm，长宽比3.1，垩白粒率37%，垩白度6.1%，透明度1级，碱消值5.8级，胶稠度46mm，直链淀粉含量23.3%，蛋白质含量12.8%。2006年在湖南省第六次优质稻评选中被评为三等优质稻品种。

抗性：叶瘟7级，穗瘟7级，稻瘟病综合指数6.4。白叶枯病7级。后期耐寒性较强，抗倒伏能力一般。

产量及适宜地区：2007—2008年湖南省两年区试平均单产7 014.0kg/hm²，比对照金优207增产0.8%。日产量64.1kg/hm²，比对照金优207高1.1kg/hm²。适宜在湖南省稻瘟病轻发区作双季晚稻种植。

栽培技术要点：在湖南省作双季晚稻种植，湘南6月25日左右播种，湘北6月20日左右播种。秧田播种量150.0 ~ 225.0kg/hm²，大田用种量22.5kg/hm²。秧龄25d左右，种植密度16.0cm×20.0cm或13.0cm×23.0cm。每穴栽插2粒谷秧，基本苗180万苗/hm²。施足基肥，早施追肥，要防止氮肥施用过迟过量。及时晒田控蘖，后期实行湿润灌溉，抽穗扬花后不要脱水过早，以使籽粒充实饱满。注意防治稻瘟病等病虫害。

金优63（Jinyou 63）

品种来源：常德市农业科学研究所以金23A为母本，明恢63为父本配组育成。分别通过湖南省（1996）、贵州省（2000）、广西壮族自治区（2001）和陕西省（2002）农作物品种审定委员会审定。

形态特征和生物学特性：属籼型三系杂交迟熟中稻。在湖南省作中稻种植，全生育期133.0d。株高105～110cm，株型与叶型适中，生长势强，叶片细长挺直，叶色淡绿，分蘖力中等，后期熟色好。有效穗270万～300万穗/hm²，每穗总粒数120～150粒，结实率77%，千粒重25.5～27.0g。

品质特性：米质较好。

抗性：中抗穗瘟，感叶瘟和白叶枯病。

产量及适宜地区：湖南省区试单产8 205.0kg/hm²，丰产性好。适宜在湖南省、贵州省海拔1 000m以下的水稻适宜地区（稻瘟病重发区慎用）作中稻种植，适宜在广西壮族自治区的中部和北部作中、晚稻种植。

栽培技术要点：在湖南省作中稻种植，4月中下旬播种。秧龄不宜太长，一般40～50d。合理密植，栽插27万～30万穴/hm²，基本苗150万～180万苗/hm²。科学施肥，该组合茎秆较细，耐肥、抗倒伏性较差，需控施氮肥，增施磷、钾肥。有水插秧，足水返青，浅水分蘖，适时排水晒田，湿润灌浆。注意防治病虫草害，适时收获。

金优640（Jinyou 640）

品种来源：湖南杂交水稻研究中心以金23A为母本，R640（M3/竹青）为父本配组育成。2005年通过湖南省农作物品种审定委员会审定。2010年获国家植物新品种权授权。

形态特征和生物学特性：属籼型三系杂交迟熟晚稻。在湖南省作双季晚稻栽培，全生育期120d。株高94cm，株型紧凑，叶色深绿，叶耳、叶舌、叶鞘、稃尖紫色，剑叶中长、窄小、挺直，成熟落色好。有效穗321.0万穗/hm²，每穗总粒数97.9粒，结实率86.3%，千粒重28.8g。

品质特性：糙米率82.3%，精米率74.4%，整精米率64.4%，精米长6.9mm，长宽比3.2，垩白粒率35%，垩白度4.4%。透明度1级，碱消值5.6级，胶稠度90mm，直链淀粉含量23.9%，蛋白质含量7.5%。

抗性：叶瘟9级，穗瘟9级，高感稻瘟病。耐寒性中等。耐肥，抗倒伏。

产量及适宜地区：2003—2004年湖南省两年区试平均单产7 318.5kg/hm²，比对照威优46增产0.2%。日产量61.1kg/hm²，比对照威优46高0.8kg/hm²。适宜在湖南省稻瘟病轻发区作双季晚稻种植。

栽培技术要点：在湖南省作双季晚稻种植，湘中6月18日左右播种，湘南可适当推迟，湘北地区可适当提早。秧田播种量150.0kg/hm²，大田用种量22.5～30.0kg/hm²。秧龄不超过30d，种植密度16.7cm×23.3cm，每穴栽插2粒谷秧。施足基肥，早施追肥。及时晒田控蘖，后期湿润灌溉，抽穗扬花后不要脱水过早。注意防治稻瘟病等病虫害。

金优6530 （Jinyou 6530）

品种来源：湖南省水稻研究所以金23A为母本，R6530为父本配组育成。2011年通过湖南省农作物品种审定委员会审定。

形态特征和生物学特性：属籼型三系杂交中熟晚稻。在湖南省作双季晚稻栽培，全生育期110.4d。株高110.8cm，株型松紧适度，剑叶长，叶姿平展，生长整齐、旺盛，属叶下禾，后期落色好。有效穗271.5万穗/hm²，每穗总粒数150.4粒，结实率79.2%，千粒重27.8g。

品质特性：糙米率81.4%，精米率72.5%，整精米率59.9%，精米长7.2mm，长宽比3.2，垩白粒率38%，垩白度7.2%，透明度2级，碱消值4.9级，胶稠度60mm，直链淀粉含量21.4%。

抗性：叶瘟4.1级，穗瘟8.3级，稻瘟病综合指数5.4，高感稻瘟病。抗低温能力一般。

产量及适宜地区：2009—2010年湖南省两年区试平均单产7 889.7kg/hm²，比对照金优207增产11.7%。日产量71.7kg/hm²，比对照金优207高6.5kg/hm²。适宜在湖南省稻瘟病轻发区作双季晚稻种植。

栽培技术要点：在湖南省作双季晚稻种植，湘中6月22日播种，湘南推迟2～3d，湘北提早2～3d播种。秧田播种量150kg/hm²，大田用种量22.5kg/hm²。秧龄控制在25d以内，根据肥力水平采用种植密度20cm×20cm或16cm×20cm，每穴栽插2粒谷秧。基肥足，追肥速，中期补。氮、磷、钾肥配合施用，适当增加磷、钾肥用量。深水活蔸，浅水分蘖，及时晒田控苗，有水壮苞抽穗，后期干干湿湿，忌脱水过早，遇寒露大风天气注意灌水保温，防治根系早衰。秧田期狠抓稻飞虱、稻叶蝉的防治，大田注意防治稻瘟病、纹枯病及稻飞虱等病虫害。

金优706 （Jinyou 706）

品种来源：湖南隆平高科农平种业有限公司以金23A为母本，R706(CPSL017/R510)为父本配组育成。2005年通过湖南省和江西省农作物品种审定委员会审定。2007年获国家植物新品种权授权。

形态特征和生物学特性：属籼型三系杂交中熟早稻。在湖南省作双季早稻栽培，全生育期108d。株高80cm，株型松紧适中，茎秆坚韧，叶色淡绿，剑叶直立，叶鞘紫色。有效穗330.0万～375.0万穗/hm²，每穗总粒数110.0粒，结实率83.0%，千粒重25.0g。

品质特性：糙米率82.6%，精米率73.2%，整精米率53.1%，精米长6.5mm，长宽比3.0，垩白粒率50%，垩白度10.5%，透明度2级，碱消值4.8级，胶稠度38mm，直链淀粉含量21.3%，蛋白质含量9.8%。

抗性：叶瘟9级，穗瘟9级，高感稻瘟病。白叶枯病5级。耐肥，抗倒伏。

产量及适宜地区：2002—2003年湖南省两年区试平均单产6 744.0kg/hm²，比对照湘早籼13增产4.1%。日产量62.4kg/hm²，比对照湘早籼13高3.0kg/hm²。适宜在湖南省稻瘟病轻发区作双季早稻种植。

栽培技术要点：在湖南省作双季早稻种植，湘中3月底播种，湘南可适当提前，湘北须适当推迟。秧田播种量300.0kg/hm²，大田用种量37.3kg/hm²。秧龄控制在30d以内，4.5～5.0叶移栽。种植密度16.7cm×20.0cm，每穴栽插2～3粒谷秧，基本苗120万～150万苗/hm²。施足基肥，早施追肥。及时晒田控蘖，后期湿润灌溉，抽穗扬花后不要过早脱水。注意防治病虫害。

金优828 （Jinyou 828）

品种来源：湖南科裕隆种业有限公司以金23A为母本，湘恢828为父本配组育成。2011年通过湖南省农作物品种审定委员会审定。

形态特征和生物学特性：属籼型三系杂交中熟中稻。在湖南省作中稻栽培，全生育期132.3d。株高110.4cm，株型适中，生长整齐，生长势强，叶鞘、稃尖紫红色，稃尖有短芒，叶下禾，后期落色好。有效穗257.3万穗/hm²，每穗总粒数184.3粒，结实率77.4%，千粒重24.8g。

品质特性：糙米率82.3%，精米率70.2%，整精米率55.0%，精米长7.0 mm，长宽比3.5，垩白粒率42%，垩白度4.2%，透明度2级，碱消值4.0级，胶稠度45mm，直链淀粉含量24.2%。

抗性：叶瘟3.6级，穗瘟7.0级，稻瘟病综合指数5.2，高感稻瘟病。耐高温能力中等，耐低温能力一般。

产量及适宜地区：2009—2010年湖南省两年区试平均单产8 457.0kg/hm²，比对照金优207增产17.1%。日产量63.9kg/hm²，比对照金优207高7.7kg/hm²。适宜在湖南省海拔200～500m稻瘟病轻发的山丘区作中稻种植。

栽培技术要点：在湖南省作中稻栽培，4月中下旬播种。秧田播种量180kg/hm²，大田用种量22.5kg/hm²。秧龄30d或主茎叶片数达6叶移栽，种植密度20cm×20cm，每穴栽插2粒谷秧。采取底肥足、施肥早、后期看苗补施穗肥的施肥方法。够苗及时晒田控苗，后期湿润灌溉，不要脱水太早。苗期注意防治稻飞虱，大田注意防治稻瘟病及稻螟虫、稻飞虱等病虫害。

金优899 (Jinyou 899)

品种来源：永州市农业科学研究所以金23A为母本，R899（To974/湘早籼13号）为父本配组育成。2004年通过湖南省农作物品种审定委员会审定。

形态特征和生物学特性：属籼型三系杂交迟熟早稻。在湖南省作双季早稻栽培，全生育期113.1d。株高90cm，分蘖力中上，株型松紧适中。主茎叶片数12叶，叶色较深绿，叶片较细长，后期剑叶较直立。有效穗336.0万穗/hm²，每穗总粒数120.0粒，穗长21.0cm，结实率80.0%，千粒重27.0g。

品质特性：糙米率82.5%，精米率66.5%，整精米率为41.8%，长宽比3.6，垩白粒率35%，垩白大小19.0%。

抗性：叶瘟9级，穗瘟9级。白叶枯病5级。

产量及适宜地区：2001—2002年湖南省两年区试平均单产7 355.9kg/hm²，比对照湘早籼19增产0.7%。适宜在湘南稻瘟病轻发区作双季早稻种植。

栽培技术要点：在湖南省作双季早稻种植，3月底至4月初播种。旱育秧播种量1 000kg/hm²，水育秧播种量300.0kg/hm²，大田用种量30.0～37.5kg/hm²。秧龄期25d左右，种植密度14.0cm×20.0cm或16.5cm×20.0cm，每穴栽插2粒谷秧。前期浅水灌溉，中期够苗晒田，后期干干湿湿，切忌脱水过早。及时防治病虫害。

金优938（Jinyou 938）

品种来源：岳阳市农业科学研究所和湖南洞庭种业有限公司以金23A为母本，98238为父本配组育成。2009年通过湖南省农作物品种审定委员会审定。

形态特征和生物学特性：属籼型三系杂交迟熟早稻。在湖南省作双季早稻栽培，全生育期110d。株高86cm，株型松紧适中，剑叶直立，叶鞘、秆尖均为紫色，穗型中等，落色好。有效穗355.5万穗/hm²，每穗总粒数100.2粒，结实率84.0%，千粒重28.1g。

品质特性：糙米率82.4%，精米率74.0%，整精米率60.8%，长宽比3.1，垩白粒率84%，垩白度12.8%，透明度1级，碱消值5.8级，胶稠度54mm，直链淀粉含量20.6%，蛋白质含量9.7%。

抗性：稻瘟病综合指数7.0。白叶枯病5级，中感白叶枯病。

产量及适宜地区：2006—2007年湖南省两年区试平均单产7 767.8kg/hm²，比对照金优402增产2.7%。日产量70.5kg/hm²，比对照金优402高3.0kg/hm²。适宜在湖南省稻瘟病轻发区作双季早稻种植。

栽培技术要点：在湖南省作双季早稻种植，3月中下旬播种。秧田播种量240.0kg/hm²，大田用种量30.0 ~ 37.5kg/hm²。秧田下足底肥，培育壮秧，秧龄30d内。种植密度16.5cm×20.0cm，每穴栽插3粒谷秧，基本苗150万苗/hm²。施足基肥，早施追肥，配合施用有机肥和磷、钾肥，促早生快发。深水活蔸，浅水分蘖，足苗晒田，有水抽穗，后期干湿灌溉，不宜脱水过早。注意防治稻瘟病等病虫害。

金优967（Jinyou 967）

品种来源：湖南泰邦农业科技发展有限公司以金23A为母本，泰恢967为父本配组育成。2007年通过湖南省农作物品种审定委员会审定。

形态特征和生物学特性：属籼型三系杂交迟熟早稻。在湖南省作双季早稻栽培，全生育期110d。株高88cm，生长势强，繁茂性好，丰产性较好。有效穗315.0万～435.0万穗/hm²，每穗总粒数113.0粒，结实率80.4%，千粒重25.0g。

品质特性：糙米率81.2%，精米率74.3%，整精米率60.6%，精米长6.1mm，长宽比2.8，垩白粒率92%，垩白度17%，透明度3级，碱消值5.0级，胶稠度62mm，直链淀粉含量23.9%，蛋白质含量10.1%。

抗性：叶瘟7级，穗瘟9级，稻瘟病综合指数8.5，高感稻瘟病。白叶枯病5级，中感白叶枯病。

产量及适宜地区：2005—2006年湖南省两年区试平均单产7 675.1kg/hm²，比对照金优402增产3.9%。日产量69.3kg/hm²，比对照金优402高2.7kg/hm²。适宜在湖南省稻瘟病轻发区作双季早稻种植。

栽培技术要点：在湖南省作双季早稻种植，3月底播种。秧田播种量225.0～300.0kg/hm²，大田用种量30.0～37.5kg/hm²。秧龄30d、5.0叶左右移栽，种植密度13.2cm×19.8cm。每穴栽插2～3粒谷秧，基本苗120万～150万苗/hm²。施足基肥，早施追肥。及时晒田控蘖，后期实行湿润灌溉，抽穗扬花后不要过早脱水，使籽粒充实饱满。根据当地病虫预测预报，注意防治稻瘟病和纹枯病等病虫害。

金优974 （Jinyou 974）

品种来源：衡阳市农业科学研究所以金23A为母本，To974（测64///水源287//二六窄早/To498）为父本配组育成。分别通过湖南省（1999）、广西壮族自治区（2001）和江西省（2001）农作物品种审定委员会审定。

形态特征和生物学特性：属籼型三系杂交中熟早稻。在湖南省作双季早稻栽培，全生育期109.0d。株高81.0cm，株型松紧适中，茎秆较粗，分蘖力较强。叶片直立，叶鞘、叶耳紫色，半叶下禾。穗型较大，抽穗整齐，谷粒长形，稃尖紫色，落色好。穗长23.0cm，每穗总粒数108.0粒，结实率75.0%，千粒重25.0g。

品质特性：糙米率81.1%，精米率71.9%，整精米率59.5%，长宽比3.0，碱消值4.2级，胶稠度65.3mm，直链淀粉含量19.8%，蛋白质含量7.5%，腹白小，半透明有光泽。

抗性：叶瘟3级，穗瘟3级，中感稻瘟病。白叶枯病5级，中感白叶枯病。苗期耐寒性较强。

产量及适宜地区：1997—1998年湖南省两年区试平均单产7 215.0kg/hm²，与对照威优402相当。适宜在湖南省作双季早稻种植，适宜在广西壮族自治区的桂中、桂北作早稻种植。

栽培技术要点：在湖南省作双季早稻种植，3月下旬播种。秧田播种量300.0kg/hm²，大田用种量37.5kg/hm²。4.5 ~ 5.0叶移栽，栽插30万穴/hm²，基本苗120万 ~ 150万苗/hm²。

基肥施粪肥7 500kg/hm²、过磷酸钙600.0kg/hm²，追肥施尿素195.0kg/hm²、氧化钾150.0kg/hm²。浅水分蘖，足苗晒田，浅水抽穗，湿润壮籽。注意防治二化螟和稻纵卷叶螟。

金优997 （Jinyou 997）

品种来源：张家界市武陵源区种子公司以金23A为母本，张恢997为父本配组育成。2005年通过湖南省农作物品种审定委员会审定。

形态特征和生物学特性：属籼型三系杂交迟熟中稻。在湖南省山丘区作中稻栽培，全生育期140d。株高110cm，株型松紧适中，茎秆较粗，分蘖力较强，叶色青绿，叶鞘、叶耳无色，叶下禾，穗顶部部分籽粒有短芒，成穗率中等，成熟落色较好。有效穗253.5万穗/hm²，每穗总粒数151.0粒，结实率80.0%，千粒重29.4g。

品质特性：糙米率81.4%，精米率72.6%，整精米率58.1%，精米长7.3mm，长宽比3.3，垩白粒率65%，垩白度10.9%，透明度1级，碱消值4.9级，胶稠度74mm，直链淀粉含量21.8%，蛋白质含量9.9%。

抗性：叶瘟4级，穗瘟9级，感稻瘟病。耐寒性中等，耐高温性一般。

产量及适宜地区：2003年湖南省区试平均单产8 743.5kg/hm²，比对照金优207增产20.6%。日产量63.5kg/hm²，比对照金优207高5.4kg/hm²。2004年转迟熟组续试，平均单产8 097.0kg/hm²，比对照Ⅱ优58增产3.1%。口产量57.3kg/hm²，比对照Ⅱ优58高3.6kg/hm²。两年区试平均单产8 421.0kg/hm²，日产量60.5kg/hm²。适宜在湖南省海拔300～800m稻瘟病轻发的山丘区作中稻种植。

栽培技术要点：在湖南省山丘区作中稻种植，4月上中旬播种。秧田播种量150.0kg/hm²，大田用种量15.0kg/hm²。须用三氯异氰尿酸浸种，采用两段育秧和旱育秧。种植密度20.0cm×25.0cm。每穴栽插2粒谷秧。重施基肥，早施追肥，后期不宜氮肥过重和过早脱水，以防披叶倒伏。注意防治稻瘟病等病虫害。

金优郴97（Jinyouchen 97）

品种来源：郴州市农业科学研究所以金23A为母本，郴R97-4（郴早2号/To974）为父本配组育成。2006年通过湖南省农作物品种审定委员会审定。

形态特征和生物学特性：属籼型三系杂交迟熟早稻。在湖南省作双季早稻栽培，全生育期110d。株型紧散适中，剑叶挺直，叶下禾，分蘖力较强，成穗率较高，抽穗整齐，成熟落色好。有效穗360.0万穗/hm²，每穗总粒数111.0粒，结实率83.8%，千粒重25.9g。

品质特性：糙米率81.5%，精米率75.8%，整精米率71.0%，精米长6.6mm，长宽比3.0，垩白粒率90%，垩白度11.7%，透明度3级，碱消值5.6级，胶稠度59mm，直链淀粉含量21.1%，蛋白质含量9.4%。

抗性：叶瘟9级，穗瘟9级，高感稻瘟病。白叶枯7级，感白叶枯病。

产量及适宜地区：2003年、2005年湖南省两年区试平均单产7 380.0kg/hm²，比对照金优402增产3.4%。日产量67.4kg/hm²，比对照金优402高3.0kg/hm²。适宜在湖南省稻瘟病轻发区作双季早稻种植。

栽培技术要点：在湖南省作双季早稻种植，3月底播种。秧田播种量300.0kg/hm²，大田用种量30.0kg/hm²。秧龄30d以内、5.0叶左右移栽，种植密度16.5cm×20.0cm，基本苗120万～150万苗/hm²。施足基肥，早施追肥。及时晒田控蘖，后期湿润灌溉，不宜脱水过早。注意防治稻瘟病、二化螟、稻纵卷叶螟和稻飞虱等。

金优桂99（Jinyougui 99）

品种来源：常德市农业科学研究所以金23A为母本，桂99（龙野5-3//IR661/IR2061）为父本配组育成。分别通过湖南省（1994）、广西壮族自治区（1999）、贵州省（2000）和云南省红河哈尼族彝族自治州（2005）农作物品种审定委员会审定。

形态特征和生物学特性：属籼型三系杂交迟熟晚稻。在湖南省作双季晚稻栽培，全生育期比威优46短2d。株高95cm，株叶型好，叶色深绿，分蘖力强，后期落色好。有效穗300.0万～330.0万穗/hm²，穗长22.0～24.0cm，每穗总粒数110.0～120.0粒，结实率80.0%，千粒重25.5g。

品质特性：糙米率80.4%，精米率73.2%，整精米率66.7%，精米长7.7mm，碱消值6.3级，胶稠度45mm，蛋白质含量7.2%。

抗性：抗稻瘟病能力弱，较抗白叶枯病、细菌性条斑病，纹枯病轻。抗寒性强。

产量及适宜地区：1992—1993年常德市两年区试平均单产分别为7 081.5kg/hm²和7 093.5kg/hm²；1993年湖南省区试平均单产7 101.0kg/hm²，比对照威优46低5.2%。适宜在湖南省稻瘟病轻发的双季稻区推广。

栽培技术要点：在湖南省作双季晚稻种植，6月18日左右播种。合理施肥，氮肥施用量不超过150.0kg/hm²，施用氮、磷、钾肥比例以1：0.5：0.8为宜。重底肥，早追肥。秧龄期控制在38d以内，最好采用"双两大"栽培法。稻瘟病严重的地区，注意防治稻瘟病。成熟期不宜脱水过早。

金优怀181（Jinyouhuai 181）

品种来源：怀化市农业科学研究所以金23A为母本，怀恢181为父本配组育成。2009年通过湖南省农作物品种审定委员会审定。

形态特征和生物学特性：属籼型三系杂交中熟偏迟中稻。在湖南省作中稻栽培，全生育期135d。株高115cm，株型紧凑，茎秆中粗，生长旺盛，抽穗整齐，叶鞘、秆尖紫色，剑叶长且直立，叶下禾，落色好。谷粒长形，秆尖有色，约1/5谷粒有芒。有效穗240.0万穗/hm^2，每穗总粒数160.0粒，结实率80.0%，千粒重26.0g。

品质特性：糙米率79.5%，精米率71.4%，整精米率62.7%，精米长6.9mm，长宽比3.0，垩白粒率21%，垩白度2.8%，透明度2级，碱消值5.2级，胶稠度82mm，直链淀粉含量24.0%，蛋白质含量8.5%。

抗性：稻瘟病综合指数6.2，高感纹枯病，耐寒、耐高温能力强。

产量及适宜地区：2007年参加湖南省区试平均单产7 566.0kg/hm^2，比对照金优207增产13.6%。日产量55.5kg/hm^2，比对照金优207高3.5kg/hm^2。2008年转迟熟组续试平均单产8 134.5kg/hm^2，比对照Ⅱ优58减产1.8%。生育期比对照短11d，日产量60.2kg/hm^2，比对照Ⅱ优58高3.3kg/hm^2。适宜在湖南省海拔600m以下稻瘟病轻发的山丘区作中稻种植。

栽培技术要点：在湖南省作中稻栽培，4月中旬播种。大田用种量15.0～22.5kg/hm^2，秧龄5.5叶以内。种植密度16.5cm×26.5cm或20.0cm×20.0cm，每穴栽插2粒谷秧，基本苗75万苗/hm^{2}左右。基肥足，追肥速，中期补。氮、磷、钾肥配合施用，适当增加磷、钾肥用量。深水活蔸，浅水分蘖，及时晒田，有水壮苞抽穗，后期干干湿湿，不宜过早脱水。注意病虫害的防治。

金优怀210（Jinyouhuai 210）

品种来源：怀化市农业科学研究所以金23A为母本，怀恢210（多系1号/蜀恢527）为父本配组育成。2009年通过湖南省农作物品种审定委员会审定。

形态特征和生物学特性：属籼型三系杂交中熟中稻。在湖南省作中稻栽培，全生育期141d。株高120cm，株型较紧凑，茎秆中粗，生长旺盛，抽穗整齐，叶鞘、稃尖紫色，剑叶较宽长，叶下禾，谷粒长形，有少量短芒，落色一般。有效穗240.0万穗/hm²，每穗总粒数174.0粒，结实率80.0%，千粒重28.5g。

品质特性：糙米率81.6%，精米率73.8%，整精米率62.4%，精米长7.2mm，长宽比3.0，垩白粒率44%，垩白度7.9%，透明度1级，碱消值4.4级，胶稠度81mm，直链淀粉含量22.8%，蛋白质含量9.8%。

抗性：稻瘟病综合指数4.8，中感纹枯病。抗寒能力一般，抗高温能力中等。

产量及适宜地区：2007年湖南省区试平均单产8 013.0kg/hm²，比对照金优207增产20.4%。日产量57.8kg/hm²，比对照金优207高5.7kg/hm²。2008年转迟熟组续试平均单产8 380.5kg/hm²，比对照Ⅱ优58增产1.2%。日产量58.1kg/hm²，比对照Ⅱ优58高1.2kg/hm²。适宜在湖南省海拔600m以下稻瘟病轻发的山丘区作中稻种植。

栽培技术要点：在湖南省作中稻栽培，4月中旬播种。秧田播种量225.0～300.0kg/hm²，大田用种量15.0～18.8kg/hm²。秧龄25d以内，根据肥力水平采用种植密度16.5cm×26.5cm或20.0cm×20.0cm。每穴栽插2粒谷秧，基本苗75万苗/hm²。基肥足，追肥速，中期补。氮、磷、钾肥配合施用，适当增加磷、钾肥用量。深水活蔸，浅水分蘖，及时晒田，有水壮苞抽穗，后期干干湿湿，不宜过早脱水。注意防治病虫害。

金优怀340 （Jinyouhuai 340）

品种来源：怀化市农业科学研究所以金23A为母本，怀恢340（恩恢58/先恢207）为父本配组育成。2008年通过湖南省农作物品种审定委员会审定。

形态特征和生物学特性：属籼型三系杂交中熟中稻。在湖南省作中稻栽培，全生育期129d。株高105cm，茎秆中粗，株型紧凑，抽穗整齐，叶鞘、稃尖紫色，剑叶长直，叶下禾，谷粒长形，稃尖无芒，落色好。有效穗270.0万穗/hm²，每穗总粒数150.0粒，结实率80.0%以上，千粒重26.0g。

品质特性：糙米率81.4%，精米率72.8%，整精米率56.5%，精米长6.9mm，长宽比3.1，垩白粒率51%，垩白度6.9%，透明度1级，碱消值4.3级，胶稠度86mm，直链淀粉含量21.8%，蛋白质含量8.5%。

抗性：叶瘟2级，穗瘟9级，稻瘟病综合指数7.25，高感穗瘟。易感纹枯病。抗寒能力一般，抗高温能力较好。

产量及适宜地区：2006—2007年湖南省两年区试平均单产7 387.5kg/hm²，比对照金优207增产6.8%。日产量57.2kg/hm²，比对照金优207高3.2kg/hm²。适宜在湖南省海拔600m以下稻瘟病轻发的山丘区作中稻种植。

栽培技术要点：在湖南省山丘区作中稻种植，4月中旬播种。秧田播种量225.0 ~ 300.0kg/hm²，大田用种量15.0 ~ 18.9kg/hm²。秧龄30d以内为佳，种植密度16.5cm×26.5cm或20.0cm×20.0cm。每穴栽插2粒谷秧，基本苗75万苗/hm²。基肥足，追肥速，中期补。氮、磷、钾肥配合施用，适当增加磷、钾肥用量。深水活蔸，浅水分蘖，及时晒田，有水壮苞抽穗，后期干干湿湿，不宜过早脱水。注意防治病虫害。

金优怀98 (Jinyouhuai 98)

品种来源：怀化市农业科学研究所以金23A为母本，怀恢98（先恢207/桂99）为父本配组育成。2007年通过湖南省农作物品种审定委员会审定。

形态特征和生物学特性：属籼型三系杂交中熟中稻。在湖南省作中稻栽培，全生育期128d。株高102cm，株型较紧凑，剑叶较长且直立。叶鞘、稃尖均有色，落色好。有效穗244.5万穗/hm²，每穗总粒数158.0粒，结实率80.0%，千粒重25.5g。

品质特性：糙米率82.0%，精米率74.5%，整精米率65.7%，精米长6.8mm，长宽比3.4，垩白粒率20%，垩白度3.5%，透明度1级，碱消值4.4级，胶稠度84mm，直链淀粉含量21.6%，蛋白质含量9.0%。

抗性：叶瘟7级，穗瘟9级，高感稻瘟病。抗高温能力差，抗寒能力较强。

产量及适宜地区：2005—2006年湖南省两年区试平均单产7 554.0kg/hm²，比对照金优207增产4.5%。日产量58.7kg/hm²，比对照金优207高1.5kg/hm²。适宜在湖南省海拔200m以上稻瘟病轻发的山丘区作中稻种植。

栽培技术要点：在湖南省作中稻栽培，4月中下旬播种。秧田播种量225.0 ~ 300.0kg/hm²，大田用种量15.0 ~ 18.8kg/hm²。秧龄30d以内，根据肥力水平采用种植密度16.5cm×26.5cm或20.0cm×20.0cm。每穴栽插2粒谷秧，基本苗75万苗/hm²。基肥足，追肥速，中期补。氮、磷、钾肥配合施用，适当增加磷、钾肥用量。深水活苗，浅水分蘖，有水壮苞抽穗，后期干干湿湿，不过早脱水。注意防治病虫害。

九优207（Jiuyou 207）

品种来源：湖南金健种业有限责任公司和常德市农业科学研究所以898A（金23A/898B）为母本，先恢207为父本配组育成。2006年分别通过湖南省、广西壮族自治区和湖北省农作物品种审定委员会审定。2009年获国家植物新品种权授权。

形态特征和生物学特性：属籼型三系杂交中熟晚稻。在湖南省作双季晚稻栽培，全生育期116d。株高100.0cm，叶片中等，剑叶挺直，株型松紧适中，落色好，半叶下禾。有效穗300.0万穗/hm²，每穗总粒数120.0粒，结实率80.0%，千粒重26.3g。

品质特性：糙米率82.1%，精米率74.5%，整精米率67.9%，精米长6.8mm，长宽比3.3，垩白粒率10%，垩白度0.8%，透明度2级，碱消值4.1级，胶稠度82mm，直链淀粉含量15.7%，蛋白质含量11.6%。

抗性：叶瘟7级，穗瘟9级，高感稻瘟病。白叶枯病9级，高感白叶枯病。抗寒能力较强。

产量及适宜地区：2004—2005年湖南省两年区试平均单产7 063.5kg/hm²，比对照威优46减产3.2%。日产量60.9kg/hm²，比对照威优46高0.8kg/hm²。适宜在湖南省稻瘟病、白叶枯病轻发区和湖北省稻瘟病无病区或轻病区作双季晚稻种植，适宜在广西中部和北部稻作区作早、晚稻种植。

栽培技术要点：在湖南省作双季晚稻栽培，可参照当地金优207的播期。秧田播种量不超过150.0kg/hm²，大田用种量18.0～22.5kg/hm²。秧龄26d以内，种植密度16.7cm×26.7cm，每穴栽插2～3粒谷秧，基本苗150万苗/hm²。施足基肥，早施追肥。及时晒田控蘖，后期湿润灌溉，抽穗扬花后不要脱水过早，保证充分结实灌浆。注意防治稻瘟病和白叶枯病。

九优8号（Jiuyou 8）

品种来源：湖南金健种业有限责任公司和常德市农业科学研究所以898A为母本，常恢117（R80074/R120//多系1号）为父本配组育成。2007年通过湖南省农作物品种审定委员会审定。

形态特征和生物学特性：属籼型三系杂交迟熟晚稻。在湖南省作双季晚稻栽培，全生育期120d。株高106cm，叶片较大，剑叶长挺，株型较紧凑，落色好，不落粒。有效穗285.0万穗/hm^2，每穗总粒数140.9粒，结实率75.0%，千粒重28.8g。

品质特性：糙米率82.6%，精米率74.2%，整精米率62.2%，精米长7.6mm，长宽比3.6，垩白粒率25%，垩白度2.6%，透明度1级，碱消值4.8级，胶稠度72mm，直链淀粉含量15.0%，蛋白质含量9.7%。

抗性：叶瘟4级，穗瘟7级，稻瘟病综合指数4.3，感稻瘟病。白叶枯病3级，中抗白叶枯病。抗低温能力一般。

产量及适宜地区：2005—2006年湖南省两年区试平均单产7 386.6kg/hm^2，比对照威优46增产0.3%。日产量61.2kg/hm^2，比对照威优46高0.6kg/hm^2。适宜在湖南省稻瘟病轻发区作双季晚稻种植。

栽培技术要点：在湖南省作双季晚稻种植，6月17日左右播种。秧田播种量105.0kg/hm^2，大田用种量18.0～22.5kg/hm^2。秧龄32d以内，种植密度20.0cm×26.7cm。每穴栽插2～3粒谷秧，基本苗120万苗/hm^2。施足基肥，早施追肥，后期控制氮肥施用。及时晒田控蘖，后期实行湿润灌溉，抽穗扬花后不要脱水过早，保证充分灌浆结实。注意防治纹枯病等病虫害。

科香优56 (Kexiangyou 56)

品种来源：湖南科裕隆种业有限公司以科香A为母本，湘恢56为父本配组育成。2011年通过湖南省农作物品种审定委员会审定。

形态特征和生物学特性：属籼型三系杂交中熟晚稻。在湖南省作双季晚稻栽培，全生育期112.3d。株高112cm，株型紧凑，生长势强，叶鞘绿色，稃尖秆黄色，短顶芒，叶下禾，后期落色好。有效穗328.5万穗/hm²，每穗总粒数106.7粒，结实率80.0%，千粒重27.5g。

品质特性：糙米率81.3%，精米率72.4%，整精米率53.0%，精米长7.6mm，长宽比3.4，垩白粒率76%，垩白度14.3%，透明度2级，碱消值6.9级，胶稠度50mm，直链淀粉含量22.2%。

抗性：叶瘟5.1级，穗瘟8.3级，稻瘟病综合抗性指数6.7，高感稻瘟病。耐低温能力中等。

产量及适宜地区：2009—2010年湖南省两年区试平均单产7 536.0kg/hm²，比对照金优207增产6.8%。日产量67.1kg/hm²，比对照金优207高2.3kg/hm²。适宜在湖南省稻瘟病轻发区作双季晚稻种植。

栽培技术要点：在湖南省作双季晚稻种植，湘中6月22日播种，湘北与湘南相应提早或推迟1～2d播种。秧田播种量180kg/hm²，大田用种量22.5kg/hm²。秧龄30d或主茎叶片数达5～6叶移栽，种植密度16.5cm×20.0cm或20.0cm×20.0cm，每穴栽插2粒谷秧。底肥足，追肥早。及时晒田控苗，后期实行湿润灌溉，不要脱水太早，以利于结实灌浆。秧田要狠抓稻飞虱、稻叶蝉的防治，大田注意防治稻瘟病、纹枯病及稻飞虱等病虫害。

科优21 (Keyou 21)

品种来源：湖南科裕隆种业有限公司以湘菲A（V20A///L301B/菲改B//菲改B）为母本，湘恢529（扬稻6号/R647//蜀恢527）为父本配组育成。分别通过湖南省（2007）、贵州省（2008）、湖北省（2010）和重庆市（2011）农作物品种审定委员会审定或认定。

形态特征和生物学特性：属籼型三系杂交迟熟中稻。在湖南省作中稻栽培，全生育期141d。株高116cm，株型较紧凑，叶下禾，植株整齐，茎秆中粗，生长旺盛，分蘖力较弱。叶色浓绿，剑叶宽且较长。有效穗231.0万穗/hm²，每穗总粒数176.5粒，结实率82.6%，千粒重29.6g。

品质特性：糙米率80.7%，精米率71.9%，整精米率54.8%，精米长7.3mm，长宽比3.5，垩白粒率31%，垩白度5.3%，透明度1级，碱消值4.7级，胶稠度88mm，直链淀粉含量21.9%，蛋白质含量8.3%。

抗性：叶瘟4级，穗瘟7级，感稻瘟病。抗寒、抗高温能力较强，抗倒伏能力一般。

产量及适宜地区：2005—2006年湖南省两年区试平均单产8 659.5kg/hm²，比对照Ⅱ优58增产11.2%。日产量61.4kg/hm²，比对照Ⅱ优58高5.1kg/hm²。适宜在湖南省稻瘟病轻发的山丘区作中稻种植，适宜在贵州省中籼中迟熟稻区种植，稻瘟病常发区慎用。

栽培技术要点：在湖南省作中稻栽培，4月上中旬播种。秧田播种量180.0kg/hm²，大田用种量22.5kg/hm²。秧龄30d或主茎叶片数达5.0～6.0叶移栽，种植密度16.5cm×26.0cm，每穴栽插2粒谷秧，栽插22.5万穴/hm²，基本苗90万苗/hm²。底肥足，追肥早，后期看苗施肥，在分蘖盛期施氧化钾225.0kg/hm²。及时晒田控苗，有利于壮秆壮籽。后期实行湿润灌溉，不要过早脱水，有利于结实灌浆。注意防治病虫害。

隆香优130 (Longxiangyou 130)

品种来源：袁隆平农业高科技股份有限公司以隆香634A（丰源A/隆香634B）为母本，R130（湘恢299/PH51）为父本配组育成。2013年通过湖南省农作物品种审定委员会审定。

形态特征和生物学特性：属籼型三系杂交中熟晚稻。在湖南省作双季晚稻栽培，全生育期110.2d。株高101.0cm，株型适中，植株整齐，生长势中等，叶鞘、稃尖紫红色，无芒，叶下禾，后期落色好。有效穗270.0万穗/hm²，每穗总粒数166.8粒，结实率75.5%，千粒重26.1g。

品质特性：糙米率81.3%，精米率70.9%，整精米率56.8%，精米长7.1mm，长宽比3.4，垩白粒率30%，垩白度2.7%，透明度1级，碱消值3级，胶稠度90mm，直链淀粉含量12.4%。

抗性：叶瘟4.2级，穗颈瘟6.7级，稻瘟病综合指数4.8。白叶枯病7级，稻曲病2.5级。耐低温能力中等。

产量及适宜地区：2010—2011年湖南省两年区试平均单产7 389.3kg/hm²，比对照岳优9113增产6.8%。日产量67.1kg/hm²，比对照岳优9113高5.3kg/hm²。适宜在湖南省稻瘟病轻发区作双季晚稻种植。

栽培技术要点：在湖南省作双季晚稻种植，湘中6月25～30日播种，湘南、湘北相应推迟或提前1～2d播种。秧田播种量150～225kg/hm²，大田用种量22.5kg/hm²。秧龄控制在25d以内，种植密度16.5cm×20.0cm或20.0cm×20.0cm，每穴栽插2粒谷秧。基肥足，追肥速，中期补。氮、磷、钾肥配合施用，适当增加磷、钾肥用量。深水活蔸，浅水分蘖，及时晒田，有水壮苞抽穗，后期干干湿湿，不脱水过早。注意及时防治稻瘟病、纹枯病、稻飞虱等病虫害。

南优2号 （Nanyou 2）

品种来源：湖南省杂交水稻研究协作组以二九南1号A为母本，IR24（IR8/IR127-2-2）为父本配组育成。

形态特征和生物学特性：属籼型三系杂交迟熟晚稻。在湖南省作双季晚稻种植，全生育期130d。株高90.7cm，茎秆粗壮。株型较松散，叶色浓绿，生长速度快，易落粒。成穗率80.0%，有效穗300.0万穗/hm²，每穗总粒数120.0～130.0粒，千粒重27.0g。

抗性：抗性较差，易感白叶枯病和纹枯病。抽穗时不耐高温，较耐肥，抗倒伏。

产量及适宜地区：1975年湖南省晚稻区域试验平均单产6 005.3kg/hm²，华容、岳阳、常德、益阳、贺家山原种场、汉寿、吉首、衡阳等试验点，比对照农垦58增产16.3%～69.8%，平均增产33.4%。

栽培技术要点：在湖南省作双季晚稻种植，6月15日左右播种，最迟不超过6月20日。在中等偏上肥力条件下，可插15万～30万穴/hm²。采用宽行窄株，种植密度（19.8～29.7）cm×（13.2～19.8）cm。每穴栽插2粒谷秧，基本苗300万苗/hm²。施足底肥，适量追肥，注意氮、磷、钾肥的平衡使用。浅灌勤灌，适时晒田，抽穗期间不宜断水，齐穗后干干湿湿，一直到黄熟。注意防治病虫害。

内5优263 (Nei 5 you 263)

品种来源：怀化职业技术学院和湖南永益农业科技发展有限公司以内香5A（88A/内香5B）为母本，湘恢263（蜀恢527/455）为父本配组育成。2012年通过湖南省农作物品种审定委员会审定。

形态特征和生物学特性：属籼型三系杂交迟熟中稻。在湖南省作中稻栽培，全生育期137.5d。株高117.5cm，株型适中，生长势较强，叶鞘绿色，稃尖无色，无芒，叶下禾，后期落色好。有效穗250.5万穗/hm²，每穗总粒数175.9粒，结实率80.4%，千粒重30.2g。

品质特性：糙米率81.1%，精米率69.1%，整精米率52.5%，精米长7.2mm，长宽比3.3，垩白粒率29%，垩白度2.9%，透明度2级，碱消值3.8级，胶稠度85mm，直链淀粉含量15.2%。

抗性：叶瘟4.4级，穗瘟7.4级，稻瘟病综合指数4.6。耐低温能力一般，耐高温能力强。

产量及适宜地区：2010—2011年湖南省两年区试平均单产9 505.4kg/hm²，比对照Y两优1号增产4.8%。日产量69.5kg/hm²，比对照Y两优1号高4.1kg/hm²。适宜在湖南省稻瘟病轻发的山丘区作中稻种植。

栽培技术要点：在湖南省作中稻种植，4月中下旬播种。秧田播种量120kg/hm²，大田用种量22.5kg/hm²。秧龄控制在30d以内，种苗5.0～5.5叶移栽。种植密度采用20.0cm×26.6cm或20.0cm×30.0cm，每穴栽插2粒谷秧。基肥足，追肥速，中期补。氮、磷、钾肥配合施用，适当增加磷、钾肥用量。深水活蔸，浅水分蘖，及时晒田，有水壮苞抽穗，后期干干湿湿，不要脱水过早。注意防治稻瘟病、稻曲病及稻飞虱、螟虫等病虫害。

内5优玉香1号 (Nei 5 youyuxiang 1)

品种来源：邓兆玉和内江杂交水稻科技开发中心以内香5A为母本，玉香恢1号（先恢207杂株系选）为父本配组育成。2012年通过湖南省农作物品种审定委员会审定。

形态特征和生物学特性：属籼型三系杂交中熟晚稻。在湖南省作晚稻栽培，全生育期112.2d。株高113.3cm，株型适中，分蘖力一般，茎秆较粗，叶片青绿、斜直，半叶下禾，稃尖紫红色，无芒，后期落色好。有效穗255.0万穗/hm²，每穗总粒数146.6粒，结实率74.6%，千粒重29.0g。

品质特性：糙米率81.0%，精米率70.8%，整精米率61.8%，精米长7.1mm，长宽比3.2，垩白粒率38%，垩白度3.4%，透明度1级，碱消值4.0级，胶稠度87mm，直链淀粉含量13.2%。

抗性：叶瘟4.6级，穗瘟7.0级，稻瘟病综合指数5.3。白叶枯病7级。耐低温能力中等。

产量及适宜地区：2010—2011年湖南省两年区试平均单产7 099.2kg/hm²，比对照金优207增产3.1%。日产量63.2kg/hm²，比对照金优207高2.0kg/hm²。适宜在湖南省稻瘟病轻发区作双季晚稻种植。

栽培技术要点：在湖南省作双季晚稻种植，6月20～25日播种。秧田播种量150～225kg/hm²，大田用种量18.8～22.5kg/hm²。秧龄25d以内，种植密度16.5cm×20cm或20cm×20cm，每穴栽插2粒谷秧。施足基肥，早施追肥，后期看苗施肥，适当增加磷、钾肥用量。深水活蔸，浅水分蘖，有水壮苞抽穗，后期干干湿湿，不过早脱水。注意防治纹枯病、稻瘟病、稻曲病及稻飞虱、螟虫等病虫害。

农富优1号 (Nongfuyou 1)

品种来源：湖南农富种子有限公司以农富A（新香A/44）为母本，湘恢299为父本配组育成。2007年通过湖南省农作物品种审定委员会审定。

形态特征和生物学特性：属籼型三系杂交中熟晚稻。在湖南省作双季晚稻栽培，全生育期113d。株高97cm，株型松紧适中，落色好，剑叶长35cm、直立，穗长22.0～23.0cm，谷粒稃尖紫色。有效穗262.5万穗/hm²，每穗总粒数175.5粒，结实率76.2%，千粒重25.8g。

品质特性：糙米率83.2%，精米率75.0%，整精米率67.1%，精米长7.0mm，长宽比3.3，垩白粒率16%，垩白度3.3%，透明度2级，碱消值4.5级，胶稠度82mm，直链淀粉含量15.0%，蛋白质含量9.5%。

抗性：叶瘟4级，穗瘟9级，稻瘟病综合指数7.8，高感稻瘟病。白叶枯病7级，感白叶枯病。抗低温能力较强。

产量及适宜地区：2005—2006年湖南省两年区试平均单产7 547.7kg/hm²，比对照金优207增产6.4%。日产量66.6kg/hm²，比对照金优207高2.9kg/hm²。适宜于湖南省稻瘟病轻发区作双季晚稻种植。

栽培技术要点：在湖南省作双季晚稻种植，6月22日左右播种。秧田播种量225.0kg/hm²，大田用种量22.5～30.0kg/hm²。秧龄20d左右，种植密度15.0cm×18.0cm。每穴栽插2～3粒谷秧，基本苗150万苗/hm²。基肥足，早施重施追肥。及时晒田控蘖，后期湿润灌溉，抽穗扬花后不要脱水过早，保证充分结实灌浆。注意防治病虫害。

农香优204（Nongxiangyou 204）

品种来源：湖南农富种子有限公司以农香A（新香A/44）为母本，R204为父本配组育成。2010年通过湖南省农作物品种审定委员会审定。

形态特征和生物学特性：属籼型三系杂交一季晚稻。在湖南省作一季晚稻种植，全生育期127d。株高120cm，株型适中，分蘖力较强，叶色较深，剑叶挺直，谷粒秆尖紫色，后期落色好。有效穗225.0万穗/hm²，每穗总粒数170.0粒，结实率79.0%，千粒重28.0g。

品质特性：糙米率81.1%，精米率73.3%，整精米率63.8%，精米长7.1mm，长宽比3.1，垩白粒率16%，垩白度1.7%，透明度2级，碱消值4.0级，胶稠度82mm，直链淀粉含量14.6%，蛋白质含量10.4%。

抗性：叶瘟4级，穗瘟9级，稻瘟病综合指数6.8。白叶枯病3级。耐高温能力强，抗低温能力一般。

产量及适宜地区：2007—2008年湖南省两年区试平均单产8 347.7kg/hm²，比对照汕优63增产3.8%。日产量65.3kg/hm²，比对照汕优63高1.4kg/hm²。适宜在湖南省稻瘟病轻发区作一季晚稻种植。

栽培技术要点：在湖南省作一季晚稻种植，4月下旬至5月25日播种。大田用种量15.0kg/hm²，秧田播种量小于150.0kg/hm²。秧龄30d以内，种植密度20.0cm×26.0cm。每穴栽插2粒谷秧，基本苗75万～105万苗/hm²。基肥足，追肥速，中后期酌情补。抽穗扬花后间歇灌溉，保持田间湿润，不要脱水过早。注意防治病虫害。

农香优676（Nongxiangyou 676）

品种来源：湖南农业大学以农香A为母本，R673（多系1号/9453）为父本配组育成。分别通过湖南省（2010）和江西省（2014）农作物品种审定委员会审定。

形态特征和生物学特性：属籼型三系杂交迟熟中稻。在湖南省作中稻种植，全生育期145d。株高105cm，株型紧凑，茎秆粗壮，分蘖力较强，繁茂性较好，叶片长宽适中、挺直，叶鞘紫色，叶下禾，谷壳薄、黄色，稃尖紫色，少量谷粒间有长芒，熟期落色好。有效穗252.0万穗/hm²，每穗总粒数160.0粒，结实率80.0%～85.0%，千粒重27.5g。

品质特性：糙米率80.7%，精米率72.8%，整精米率62.7%，精米长7.1mm，长宽比3.1，垩白粒率23%，垩白度5.0%，透明度1级，碱消值4.0级，胶稠度83mm，直链淀粉含量14.3%，蛋白质含量7.8%。

抗性：叶瘟3级，穗瘟9级，稻瘟病综合指数5.4。抗寒、抗高温能力强，耐肥，抗倒伏。

产量及适宜地区：2008—2009年湖南省两年区试平均单产8 484.0kg/hm²，比对照Ⅱ优58增产3.9%。日产量58.2kg/hm²，比对照Ⅱ优58高2.0kg/hm²。适宜在湖南省稻瘟病轻发的山丘区作中稻种植，适宜在江西省稻瘟病轻发区作一季稻种植。

栽培技术要点：在湖南省作中稻种植，4月上中旬播种。大田用种量19.5kg/hm²，秧田播种量180.0kg/hm²。秧龄30d以内，种植密度20.0cm×26.0cm。每穴栽插2粒谷秧，插基本苗90万苗/hm²。大田施足基肥，早施分蘖肥，以促进早生快发。中等肥力水平田块施碳酸氢铵600.0kg/hm²和五氧化二磷600.0kg/hm²，或氮、磷、钾肥比例为15：15：15的复合肥600.0kg/hm²作基肥。栽后5～6d追施尿素150.0kg/hm²，并结合施用水田除草剂，栽后15d追施225.0kg/hm²氧化钾。浅水移栽，寸水活蔸，干湿交替分蘖，苗数达270万苗/hm²时落水晒田，寸水孕穗抽穗，干干湿湿壮籽，成熟前5～7d断水。注意防治纹枯病、稻瘟病及螟虫、稻飞虱等病虫害。

青优109（Qingyou 109）

品种来源：湖南金山农业科技有限公司以青A（博A/青B）为母本，R109为父本配组育成。2009年通过湖南省农作物品种审定委员会审定。

形态特征和生物学特性：属籼型三系杂交中熟晚稻。在湖南省作双季晚稻栽培，全生育期112d。株高107cm，株型略紧，长势繁茂，茎秆粗壮，分蘖能力较强，剑叶挺直，叶鞘绿色，颖尖、柱头无色，叶片深绿色，主茎叶片数16片，属半叶下禾。有效穗274.5万穗/hm²，每穗总粒数142.6粒，结实率81.0%，千粒重26.5g。

品质特性：糙米率81.7%，精米率72.8%，整精米率65.0%，精米长6.8mm，长宽比3.1，垩白粒率14%，垩白度1.2%，透明度1级，碱消值4.7级，胶稠度50mm，直链淀粉含量22.4%，蛋白质含量11.3%。

抗性：稻瘟病综合指数7.7，高感稻瘟病。白叶枯病7级，感白叶枯病。

产量及适宜地区：2007—2008年湖南省两年区试平均单产7 227.8kg/hm²，比对照金优207增产5.9%。日产量64.4kg/hm²，比对照金优207高2.3kg/hm²。适宜在湖南省稻瘟病轻发区作双季晚稻种植。

栽培技术要点：在湖南省作双季晚稻种植，6月22日左右播种。大田用种量30.0kg/hm²，7月中旬移栽。种植密度16.5cm×20.0cm，每穴栽插2～3粒谷秧，基本苗120万～150万苗/hm²。适合中等肥力水平下栽培，施纯氮150.0kg/hm²，氮、磷、钾肥的比例为1：0.8：1。重施底肥、有机肥，快追肥。及时落水晒田，及时防治稻瘟病等病虫害。

三香优516 (Sanxiangyou 516)

品种来源：湖南农业大学以316A（金23A/三香B）为母本，R516（6388/42203）为父本配组育成。2005年通过湖南省农作物品种审定委员会审定。

形态特征和生物学特性：属籼型三系杂交一季晚稻。在湖南省作一季晚稻栽培，全生育期126d。株高131cm，株型松紧适中，叶色较浓，叶鞘、叶缘、稃尖均无色，茎秆粗壮，繁茂性好。有效穗268.5万穗/hm²，每穗总粒数147.9粒，结实率78.9%，千粒重25.9g。

品质特性：糙米率81.7%，精米率73.0%，整精米率58.4%，精米长6.9mm，长宽比3.1，垩白粒率24%，垩白度3.6%，透明度2级，碱消值7.0级，胶稠度78mm，直链淀粉含量21.0%，蛋白质含量13.2%。2002年在湖南省农业厅粮油处组织的优质稻品比中被评为三等优质稻组合。

抗性：叶瘟8级，穗瘟7级，感稻瘟病。白叶枯病7级。耐寒性中等偏弱，耐高温性一般。

产量及适宜地区：2003—2004年湖南省两年区试平均单产7 800.3kg/hm²，比对照汕优63增产3.8%。日产量62.0kg/hm²，比对照汕优63高2.1kg/hm²。适宜在湖南省稻瘟病轻发区作一季晚稻种植。

栽培技术要点：在湖南省作一季晚稻种植，5月25日左右播种。秧田播种量135.0～150.0kg/hm²，大田用种量18.0～22.5kg/hm²。秧龄20～25d，移栽前5d施一次送嫁肥。种植密度20.0cm×20.0cm或16.0cm×26.0cm，插基本苗90万～120万苗/hm²。中肥管理。深水活蔸，浅水分蘖，有水壮苞抽穗，后期干湿交替，切忌生育后期脱水过早。及时防治稻瘟病、稻飞虱、二化螟和稻纵卷叶螟。

三香优612 (Sanxiangyou 612)

品种来源：衡阳市农业科学研究所以三香A为母本，Yo612（明恢63/密阳46//蜀恢881）为父本配组育成。2005年通过湖南省农作物品种审定委员会审定。

形态特征和生物学特性：属籼型三系杂交一季晚稻。在湖南省作一季晚稻栽培，全生育期124d。株高128cm，株叶型好，剑叶直立，叶鞘、叶耳、叶枕、稃尖均无色，叶下禾，成熟落色好。有效穗267.0万穗/hm²，每穗总粒数145.8粒，结实率79.1%，千粒重27.1g。

品质特性：糙米率81.4%，精米率74.3%，整精米率71.9%，精米长6.3mm，长宽比2.5，垩白粒率16%，垩白度1.8%，透明度1级，碱消值6.9级，胶稠度66mm，直链淀粉含量21.5%，蛋白质含量10.2%。

抗性：叶瘟7级，穗瘟9级，感稻瘟病。白叶枯病7级。耐寒性中等偏强，耐高温性差。

产量及适宜地区：2003—2004年湖南省两年区试平均单产7 826.0kg/hm²，比对照汕优63增产4.1%。日产量63.0kg/hm²，比对照汕优63高3.2kg/hm²。适宜在湖南省稻瘟病轻发区作一季晚稻种植。

栽培技术要点：在湖南省作一季晚稻种植，6月1日左右播种。秧田播种量150.0kg/hm²，大田用种量18.8kg/hm²。秧龄18d左右，种植密度19.8cm×21.3cm，每穴栽插2粒谷秧。以基肥和有机肥为主，基肥施猪牛粪肥7 500～12 000kg/hm²、过磷酸钙450.0kg/hm²、碳酸氢铵450.0kg/hm²，追肥施尿素150.0～225.0kg/hm²、氧化钾112.5kg/hm²。浅水分蘖，足苗晒田，后期干干湿湿壮籽，并注意防倒伏。及时防治稻瘟病、二化螟、稻纵卷叶螟、稻飞虱等病虫害。

三香优613 （Sanxiangyou 613）

品种来源：衡阳市农业科学研究所以三香A为母本，Yo613（明恢63/密阳46//蜀恢881）为父本配组育成。2006年通过湖南省农作物品种审定委员会审定。

形态特征和生物学特性：属籼型三系杂交迟熟晚稻。在湖南省作双季晚稻栽培，全生育期122d。株高110cm，株型较紧凑，剑叶较长且直立。叶鞘、稃尖均无色，落色好。有效穗300.0万穗/hm²，每穗总粒数114.0粒，结实率82.0%，千粒重29.2g。

品质特性：糙米率81.4%，精米率74.6%，整精米率66.9%，精米长6.5mm，长宽比2.6，垩白粒率92%，垩白度16.1%，透明度2级，碱消值7.0级，胶稠度46mm，直链淀粉含量23%，蛋白质含量8.8%。

抗性：叶瘟7级，穗瘟9级，高感稻瘟病。白叶枯病5级，中感白叶枯病。抗寒能力较强。

产量及适宜地区：2003—2004年湖南省两年区试平均单产7 478.3kg/hm²，比对照威优46增产0.2%。日产量61.5kg/hm²，同于对照威优46。适宜在湖南省稻瘟病轻发区作双季晚稻种植。

栽培技术要点：在湖南省作双季晚稻种植，湘南6月20日播种，湘中、湘北提早2～4d播种。秧田播种量150.0～187.5kg/hm²，大田用种量18.8kg/hm²。秧龄32d以内，种植密度20.0cm×20.0cm或13.0cm×26.0cm或16.0cm×26.0cm。每穴栽插2粒谷秧，基本苗90万苗/hm²。

基肥足，追肥速，中期补。氮、磷、钾肥配合施用，适当增加磷、钾肥用量。深水活蔸，浅水分蘖，及时晒田，有水壮苞抽穗，后期干干湿湿，不脱水过早。注意病虫害防治。

三香优714（Sanxiangyou 714）

品种来源：衡阳市农业科学研究所以三香A为母本，Yo714（明恢63/明恢72）为父本配组育成。2004年通过国家农作物品种审定委员会审定。2009年获国家植物新品种权授权。

形态特征和生物学特性：属籼型三系杂交迟熟晚稻。在长江中下游作双季晚稻种植，全生育期123.9d。株高111.1cm，植株高，长势繁茂，整齐度一般。有效穗271.5万穗/hm²，穗长24.7cm，每穗总粒数123.4粒，结实率76.0%，千粒重30.1g。

品质特性：整精米率63.0%，长宽比2.7，垩白粒率57.0%，垩白度10.9%，胶稠度47.5mm，直链淀粉含量21.5%。

抗性：稻瘟病9级，白叶枯病7级，褐飞虱9级。

产量及适宜地区：2001—2002年长江中下游晚籼中迟熟优质组两年区域试验平均单产7 115.0kg/hm²，比对照汕优46增产3.8%。2003年生产试验平均单产6 969.8kg/hm²，比对照汕优46减产1.6%。适宜在广西中北部、福建中北部、江西中南部、湖南中南部以及浙江南部的稻瘟病、白叶枯病轻发区作双季晚稻种植。

栽培技术要点：在长江中下游作双季晚稻种植，根据当地种植习惯与汕优46同期播种。播种量187.5kg/hm²，秧龄控制在32d以内。插植密度为16.7cm×20.0cm或20.0cm×20.0cm，基本苗75万苗/hm²以上。基肥以有机肥为主，追肥前期重施，后期看苗施肥，施纯氮180.0kg/hm²、五氧化二磷90.0kg/hm²和氧化钾135.0kg/hm²。前期浅水勤灌，后期以湿润为主，干干湿湿壮籽，收获前10d排水干田。注意防治稻瘟病和白叶枯病。

三香优786（Sanxiangyou 786）

品种来源：湖南农业大学水稻科学研究所和海南神农大丰种业科技股份有限公司以三香A为母本，R10786（矮优108//明恢63/测选88）为父本配组育成。2006年通过国家农作物品种审定委员会审定。2008年获国家植物新品种权授权。

形态特征和生物学特性：属籼型三系杂交迟熟晚稻。在长江中下游作双季晚稻种植，全生育期118.4d。株高114.8cm，株型适中，植株较高，叶姿较披，穗粒重协调。有效穗268.5万穗/hm²，穗长23.8cm，每穗总粒数128.3粒，结实率78.1%，千粒重28.9g。

品质特性：整精米率60.4%，长宽比3.5，垩白粒率11.0%，垩白度1.2%，胶稠度68mm，直链淀粉含量16.8%。

抗性：稻瘟病平均7.0级，最高9级；白叶枯病7级；褐飞虱9级；抗倒伏性较弱。

产量及适宜地区：2003—2004年长江中下游晚籼中迟熟优质组两年区域试验平均单产6 983.0kg/hm²，比对照汕优46减产3.3%。2004年生产试验，平均单产6 607.8kg/hm²，比对照汕优46减产1.5%。适宜在广西中北部、广东北部、福建中北部、江西中南部、湖南中南部、浙江南部的稻瘟病、白叶枯病轻发的双季稻区作晚稻种植。

栽培技术要点：在长江中下游作双季晚稻种植，根据当地双季晚籼生产实际适时播种。秧田播种量135.0～150.0kg/hm²，大田用种量19.5～22.5kg/hm²。稀播匀播培育适龄壮秧，移栽前5d施一次送嫁肥。栽插密度20.0cm×20.0cm或13.0cm×26.0cm或16.0cm×26.0cm，

每穴栽插2粒谷秧。基肥足，追肥早而速，中期适当补，后期酌情施，氮、磷、钾肥配合施用，并增加磷、钾肥的施用比例。单产7 500kg/hm²需纯氮225.0kg/hm²、五氧化二磷180.0kg/hm²、氧化钾180.0kg/hm²。水浆管理上，深水活蔸，浅水分蘖，有水壮苞抽穗，后期干湿交替，切忌断水过早。注意及时防治稻瘟病、白叶枯病、稻飞虱等病虫害。

三香优974 （Sanxiangyou 974）

品种来源：衡阳市农业科学研究所以三香A为母本，To974（测64///水源287//二六窄早/To498）为父本配组育成。2005年通过湖南省农作物品种审定委员会审定。

形态特征和生物学特性：属籼型三系杂交迟熟早稻。在湖南省作双季早稻栽培，全生育期112d。株高90cm，株型紧凑，剑叶挺直，叶下禾，分蘖力较强，成穗率较高。抽穗整齐，落色较好。有效穗345.0万穗/hm²，每穗总粒数116.0粒，结实率80.0%，千粒重26.0g。

品质特性：糙米率81.8%，精米率71.8%，整精米率30.5%，精米长7.1mm，长宽比3.3，垩白粒率37%，垩白度10.3%，透明度3级，碱消值4.4级，胶稠度79mm，直链淀粉含量14.3%，蛋白质含量10.9%。

抗性：叶瘟8级，穗瘟9级，感稻瘟病。白叶枯病5级。

产量及适宜地区：2002年湖南省区试平均单产7 089.6kg/hm²，比对照湘早籼19减产3.1%；日产量63.2kg/hm²，比对照湘早籼19低1.4kg/hm²。2003年续试平均单产6 873.6kg/hm²，比对照金优402增产0.9%；日产量61.8kg/hm²，比对照金优402高2.0kg/hm²。两年湖南省区试平均单产6 981.6kg/hm²，日产量62.6kg/hm²。适宜在湖南省稻瘟病轻发区作双季早稻种植。

栽培技术要点：在湖南省作双季早稻种植，3月底播种。秧田播种量300.0kg/hm²，大田用种量30.0kg/hm²。秧龄30d以内，5.0～5.5叶移栽。插足30万穴/hm²，基本苗120万苗/hm²。以基肥为主，施猪牛粪肥7 500kg/hm²、过磷酸钙600.0kg/hm²、碳酸氢铵450.0kg/hm²，追施尿素150.0kg/hm²。浅水分蘖，够苗晒田，后期干干湿湿壮籽。注意防治稻瘟病、二化螟、稻纵卷叶螟和稻飞虱，同时注意防止后期倒伏。

汕优111（Shanyou 111）

品种来源：湖南杂交水稻研究中心以珍汕97A（野败/珍汕97）为母本，Y111（明恢63/密阳46）为父本配组育成。2001年通过湖南省农作物品种审定委员会审定。

形态特征和生物学特性：属籼型三系杂交迟熟中稻。在湖南省作中稻栽培，全生育期137.0d。株高117.0cm，叶色青绿，叶耳、叶舌、叶鞘浅紫色。主茎16片叶，叶下禾，成熟落色好，不早衰。分蘖力中等，成穗率较高，有效穗270.0万～300.0万穗/hm²，穗长22.0cm，每穗总粒数130.0粒，结实率81.5%，千粒重28.0g。

品质特性：糙米率80.3%，精米率69.0%，整精米率52.8%，垩白粒率97.5%，长宽比2.4。

抗性：中抗稻瘟病，不抗白叶枯病。

产量及适宜地区：1999—2000年湖南省两年区试平均单产8 596.5kg/hm²，与对照汕优63相当。适宜在湖南省白叶枯病轻的地区作中稻种植。

栽培技术要点：在湖南省作中稻种植，4月下旬播种。秧田播种量180.0kg/hm²，大田用种量30.0～45.0kg/hm²。5月底前移栽，秧龄控制在35d以内。施纯氮180.0kg/hm²、五氧化二磷135.0kg/hm²、氧化钾150.0kg/hm²，底肥足，追肥速，增施穗粒肥，有机肥与无机肥适量配合。深水活蔸，浅水分蘖，有水壮苞，干湿壮籽。注意及时防治病虫害。

汕优198 (Shanyou 198)

品种来源：湖南农业大学水稻科学研究所以珍汕97A为母本，R198（DT713/明恢63）为父本配组育成。1998年通过湖南省农作物品种审定委员会审定。

形态特征和生物学特性：属籼型三系杂交迟熟中稻。在湖南省作中稻栽培，全生育期136.0d。株高115.0cm，株型较紧凑，茎秆粗壮、弹性好，分蘖力较强，剑叶挺直、色绿，叶鞘紫色，叶下禾，熟期落色好，谷粒长形。穗长27.0cm，每穗130.0～140.0粒，结实率80.0%以上，千粒重29.0～30.0g。

品质特性：糙米率81.6%，精米率73.5%，整精米率66.0%，精米长6.2mm，长宽比2.4，垩白粒率75%，直链淀粉含量24.3%，胶稠度32mm。

抗性：不抗稻瘟病和白叶枯病。

产量及适宜地区：1996—1997年湖南省两年区试平均单产8 430.0kg/hm²，比对照汕优63增产1.8%。可在湖南省稻瘟病和白叶枯病轻的地区作中稻种植。

栽培技术要点：在湖南省作中稻种植，适宜播种期5月10日左右。秧田播种量150.0kg/hm²，大田用种量15.0～18.8kg/hm²。秧龄35d以内，种植密度16.7cm×26.7cm，基本苗150万苗/hm²。施肥以基肥为主、追肥为辅，肥料以有机肥或复合肥为主、速效氮肥为辅。重施基肥，早施追肥，中后期控制施用氮肥，注意看苗补肥。浅水分厢移栽，寸水活蔸返青，间歇灌溉分蘖，总苗数达375万苗/hm²开始晒田，有水壮苞抽穗，干湿交替壮籽，成熟前3～5d断水。注意防治螟虫。

汕优287（Shanyou 287）

品种来源：湖南杂交水稻研究中心以珍汕97A为母本，水源287为父本配组育成。分别通过湖南省（1990）和陕西省（1991）农作物品种审定委员会认定或审定。

形态特征和生物学特性：属籼型三系杂交中迟熟中稻。在湖南省作中稻栽培，全生育期130.0d。株高99.0cm，株型紧凑，茎秆粗壮，叶片直立，穗大粒多。有效穗300.0万穗/hm²，每穗总粒数162.2粒，结实率86.3%，千粒重28.0g。

品质特性：糙米率79.2%，精米率73.5%。

抗性：中抗稻飞虱、叶蝉，稻瘟病抗性较好。抗寒性较强，耐热性较差。

产量及适宜地区：1985—1986年湖南省两年作中稻试种，单产8 250.0 ~ 9 000.0kg/hm²；作晚稻种植，单产7 500.0kg/hm²。可在湖南省作中稻或双季晚稻种植。

栽培技术要点：在湖南省作中稻种植，4月下旬播种，5月下旬移栽，9月初收获；作双季晚稻种植，6月25日播种，大暑前后移栽，秧龄不超过30d。在深脚泥田及山阴冷浸田，只要增施有机肥料，尤其是热性的猪牛粪和磷钾肥，也可获高产。

汕优527 (Shanyou 527)

品种来源：湖南川农高科种业有限责任公司以珍汕97A为母本，蜀恢527（1318/88-R3360）为父本配组育成。2006年通过湖南省农作物品种审定委员会审定。

形态特征和生物学特性：属籼型三系杂交迟熟中稻。在湖南省作中稻栽培，全生育期143d。株高122.7cm，株型松紧适中，中高秆，叶下禾，茎秆粗壮，植株整齐度一般，叶色较淡，剑叶宽大，披叶，分蘖力中等，后期落色好，穗大粒多，长粒型，稃尖紫色。有效穗238.5万穗/hm²，每穗总粒数149.0粒，结实率80.4%，千粒重30.5g。

品质特性：糙米率81.7%，精米率74.3%，整精米率52.5%，精米长6.6mm，长宽比为2.6，垩白粒率81%，垩白度14.2%，透明度3级，碱消值5.7级，胶稠度52mm，直链淀粉含量21.2%，蛋白质含量8.8%。

抗性：叶瘟6级，穗瘟9级，高感稻瘟病。抗高温能力一般，抗寒能力差。

产量及适宜地区：2004—2005年湖南省两年区试平均单产8 722.5kg/hm²，比对照Ⅱ优58和汕优63分别增产8.9%和11.1%。日产量60.6kg/hm²。可在湖南省海拔500m以下稻瘟病轻发的山丘区作中稻种植。

栽培技术要点：在湖南省作中稻栽培，4月中旬播种。秧田播种量120.0 ~ 150.0kg/hm²，大田用种量22.5kg/hm²。秧龄35d以内，5.5 ~ 6.0叶移栽。种植密度16.7cm×（23.3 ~ 26.7）cm，每穴栽插2粒谷秧，基本苗120万 ~ 150万苗/hm²。施足基肥，早施追肥。及时晒田控蘖，后期湿润灌溉，抽穗扬花后不要脱水过早，保证充分结实灌浆。注意病虫害特别是稻瘟病的防治。

汕优77（Shanyou 77）

品种来源：三明市农业科学研究所以珍汕97A为母本，明恢77（明恢63/测64-7）为父本配组育成。分别通过湖南省（1994）、福建省（1997）和国家（1998）农作物品种审定委员会审定。

形态特征和生物学特性：属籼型三系杂交中熟晚稻。在湘中地区作双季晚稻栽培，生育期115d。株高100cm，苗期较耐寒，分蘖力中等，后期耐高温。有效穗270.0万～300.0万穗/hm²，每穗总粒数130.0～150.0粒，结实率80.0%以上，千粒重27.0g。

品质特性：糙米率79.8%，精米率73.0%，整精米率59.9%，长宽比2.2，垩白度7.0%，透明度2级，胶稠度54mm，直链淀粉含量24.8%，蛋白质含量9.5%。

抗性：中抗白叶枯病，感稻瘟病。

产量及适宜地区：1995—1996年南方稻区两年中稻区试平均单产7 560.0kg/hm²，比对照威优64增产8.0%。适宜在福建、广东、湖南、广西、江西等地作早稻、中稻或双季晚稻种植。

栽培技术要点：湘南作晚稻栽培，6月25日左右播种。大田用种22.5kg/hm²，秧田播种量150.0kg/hm²。秧龄30d左右，栽插密度为13.2cm×19.8cm或16.5cm×19.8cm，每穴栽插1～2粒谷秧。施足底肥，早施追肥。

汕优晚3（Shanyouwan 3）

品种来源：湖南杂交水稻研究中心以珍汕97A为母本，晚3（明恢63/二六窄早）为父本配组育成。分别通过湖南省（1994）、贵州省（1996）、福建省莆田市（1998）、湖北省（1998）、安徽省（1998）和陕西省（1999）农作物品种审定委员会审定。

形态特征和生物学特性：属籼型三系杂交迟熟晚稻。在湖南省作双季晚稻栽培，全生育期115.0～120.0d；作中稻栽培，全生育期128.0～130.0d。株高95.0～105.0cm，株型松紧适中，茎秆粗壮。分蘖力中等，秧龄弹性大。穗长22.0～24.0cm，每穗120.0～130.0粒，结实率80.0%，千粒重28.0g。

品质特性：米质中等，食味较好。

抗性：较抗稻瘟病和白叶枯病。前期耐高温，后期抗寒能力强。

产量及适宜地区：1991年湖南省区试平均单产7 087.5kg/hm^2，比对照威优64增产5.1%。全国籼型杂交晚稻区试平均单产6 567.0kg/hm^2，比对照汕优桂33增产2.7%。可在湖南、贵州、福建、湖北、安徽和陕西作双季晚稻或中稻栽培。

栽培技术要点：在湖南省作晚稻栽培，6月20～25日播种。大田用种18.0kg/hm^2，秧田播种量不超过150.0kg/hm^2。种植密度16.5cm×20.0cm或20.0cm×20.0cm，插基本苗150万苗/hm^{2}以上。肥料水平宜中等偏上，以有机肥料为主，适当控制氮肥，增施磷、钾肥。后期湿润管水，不能脱水过早，也不能长期灌水而引起倒伏。秧田加强稻蓟马、稻叶蝉和稻螟蛉的防治。移栽后，前期防治稻飞虱、叶蝉和螟虫，中期防治稻纵卷叶螟和褐飞虱。

尚优518 (Shangyou 518)

品种来源：湘西土家族苗族自治州农业科学研究所以好24A（金23A/好24B）为母本，州恢518（绵恢527//绵恢527/创丰1号）为父本配组育成。2010年通过湖南省农作物品种审定委员会审定。

形态特征和生物学特性：属籼型三系杂交中熟中稻。在湖南省作中稻种植，全生育期128.9d。株高111.5cm，株型松紧适中，茎秆粗壮，叶下禾，后期落色好。有效穗235.5万穗/hm²，穗长22.0cm，每穗总粒数146.5粒，结实率79.9%，千粒重30.1g。

品质特性：糙米率80.7%，精米率73.1%，整精米率58.6%，精米长7.5mm，长宽比3.2，垩白粒率90%，垩白度19.8%，透明度2级，碱消值5.2级，胶稠度78mm，直链淀粉含量16.2%，蛋白质含量7.6%。

抗性：叶瘟3级，穗瘟9级，稻瘟病综合指数5.5。抗寒性强，抗高温能力强，抗倒伏性较弱。

产量及适宜地区：2008—2009年湖南省两年区试平均单产8 040.0kg/hm²，比对照金优207增产6.4%。日产量62.6kg/hm²，比对照金优207高3.8kg/hm²。适宜于湖南省稻瘟病轻发的山丘区作中稻种植。

栽培技术要点：在湖南省作中稻种植，海拔500m以下地区4月上旬播种，海拔500m以上地区4月中旬播种。大田用种量22.5kg/hm²，秧龄30d以内移栽，种植密度20.0cm×23.0cm。重施基肥，早施分蘖肥，促早生快发。中等肥力水平田，施用碳酸氢铵600.0kg/hm²、五氧化二磷600.0kg/hm²作基肥，栽后5d追尿素150.0kg/hm²、氧化钾150.0kg/hm²。足苗及时晒田，轻晒多露，有水孕穗抽穗，后期保持湿润，忌脱水过早。加强稻瘟病、纹枯病、螟虫、稻飞虱等病虫害的防治。

深优2200（Shenyou 2200）

品种来源：国家杂交水稻工程技术研究中心清华深圳龙岗研究所以深97A（金23A/深97B）为母本，R2200为父本配组育成。2009年通过湖南省农作物品种审定委员会审定。

形态特征和生物学特性：属籼型三系杂交迟熟晚稻。在湖南省作双季晚稻栽培，全生育期118d。株高115cm，株型较紧凑，剑叶较长且直立，叶鞘、稃尖紫色，落色好。有效穗261.0万穗/hm²，每穗总粒数170.3粒，结实率84.0%，千粒重24.4g。

品质特性：糙米率81.5%，精米率74.0%，整精米率68.6%，精米长6.1mm，长宽比2.6，垩白粒率15%，垩白度2.7%，透明度1级，碱消值6.8级，胶稠度66mm，直链淀粉含量16.8%，蛋白质含量11.5%。在2006年湖南省第六次优质稻品种评选中被评为三等优质稻品种。

抗性：稻瘟病综合指数5.0。白叶枯病9级，高感白叶枯病。

产量及适宜地区：2007—2008年湖南省两年区试平均单产7 726.2kg/hm²，比对照威优46增产2.7%。日产量65.7kg/hm²，比对照威优46高2.1kg/hm²。适宜于湖南省稻瘟病轻发区作双季晚稻种植。

栽培技术要点：在湖南省作双季晚稻种植，湘南6月21日播种，湘中、湘北提前2～3d播种。秧田播种量225.0～300.0kg/hm²，大田用种量22.5kg/hm²。秧龄35d以内，种植密度20.0cm×20.5cm或13.0cm×26.5cm或16.5cm×26.5cm。每穴栽插2粒谷秧，基本苗87万苗/hm²。

基肥足，追肥速，中期补。氮、磷、钾肥结合施用，适当增加磷、钾肥用量。深水活苗，浅水分蘖，及时晒田，有水壮苞抽穗，后期干干湿湿，不宜脱水过早。注意病虫害的防治。

深优5105（Shenyou 5105）

品种来源：湖南亚华种业科学研究院以深95A为母本，华恢1054为父本配组育成。2014年通过湖南省农作物品种审定委员会审定。

形态特征和生物学特性：属籼型三系杂交中熟晚稻。在湖南省作双季晚稻栽培，全生育期116.7d。株高105.8cm，株型适中，生长势强，分蘖力强，叶鞘、叶耳、叶枕紫红色，叶下禾，后期落色好。有效穗268.5万穗/hm²，每穗总粒数140.4粒，结实率83.0%，千粒重29.4g。

品质特性：糙米率80.6%，精米率72.4%，整精米率61.9%，精米长7.1mm，长宽比3.0，垩白粒率47.5%，垩白度6.0%，透明度2.5级，碱消值3.6级，胶稠度76mm，直链淀粉含量15.1%。

抗性：叶瘟4.5级，穗颈瘟5.7级，稻瘟病综合指数4.3。白叶枯病4级，稻曲病5.5级。耐低温能力中等。

产量及适宜地区：2012—2013年湖南省两年区试平均单产7 958.0kg/hm²，比对照岳优9113增产4.7%。日产量68.3kg/hm²，比对照岳优9113高1.8kg/hm²。适宜在湖南省稻瘟病轻发区作双季晚稻种植。

栽培技术要点：在湖南省作双季晚稻种植，湘中6月22日左右播种，湘北提早1～2d播种，湘南推迟1～2d播种。秧田播种量180kg/hm²，大田用种量22.5kg/hm²。秧龄控制在27d以内，种植密度16.7cm×20cm，每穴栽插2粒谷秧。需肥水平中等偏上，重施底肥、早施追肥、后期看苗补施穗肥。浸种时坚持用三氯异氰尿酸消毒，注意防治稻瘟病、纹枯病、稻蓟马、稻飞虱和稻纵卷叶螟等病虫害。

深优9520（Shenyou 9520）

品种来源：袁隆平农业高科技股份有限公司以深95A为母本，R20为父本配组育成。2013年通过湖南省农作物品种审定委员会审定。

形态特征和生物学特性：属籼型三系杂交中熟晚稻。在湖南省作晚稻栽培，全生育期112.0d。株高96.9cm，株型适中，生长势强，植株整齐，叶鞘、稃尖紫红色，无芒，叶下禾，后期落色好。每穗总粒数155.9粒，结实率80.1%，千粒重26.3g。

品质特性：糙米率79.2%，精米率71.3%，整精米率66.2%，精米长6.7mm，长宽比3.0，垩白粒率39%，垩白度7.4%，透明度2级，碱消值3级，胶稠度80mm，直链淀粉含量13.9%。

抗性：叶瘟4.3级，穗颈瘟6.3级，稻瘟病综合指数4.7。白叶枯病7级，稻曲病5级。耐低温能力较弱。

产量及适宜地区：2011—2012年湖南省两年区试平均单产7 625.0kg/hm²，比对照岳优9113增产2.6%。日产量68.1kg/hm²，比对照岳优9113高3.6kg/hm²。适宜在湖南省稻瘟病轻发区作双季晚稻种植。

栽培技术要点：在湖南省作双季晚稻种植，湘中6月25日左右播种，湘南推迟1～2d、湘北提前1～2d播种。秧田播种量225～300kg/hm²，大田用种量18.0～27.0kg/hm²。秧龄控制在25d以内，种植密度20cm×20cm或13cm×26cm或16cm×26cm。每穴栽插2粒谷秧，基本苗80万～90万苗/hm²。基肥足，追肥速，中期补。氮、磷、钾肥配合施用，适当增加磷、钾肥用量。深水活蔸，浅水分蘖，及时晒田，有水壮苞抽穗，后期干干湿湿，不脱水过早。注意防治稻瘟病、纹枯病、稻飞虱、二化螟等病虫害。

深优9586（Shenyou 9586）

品种来源：湖南袁氏种业高科技有限公司和国家杂交水稻工程技术研究中心清华深圳龙岗研究所以深95A为母本，R8086（轮回422/蜀恢527//R998）为父本配组育成。2011年通过湖南省农作物品种审定委员会审定。

形态特征和生物学特性：属籼型三系杂交中熟晚稻。在湖南省作双季晚稻栽培，全生育期112d。株高105cm，株型适中，生长势较强，叶鞘、稃尖紫红色，短顶芒，半叶下禾，后期落色好。有效穗270万穗/hm²，每穗总粒数160粒，结实率80%，千粒重25g。

品质特性：糙米率81.8%，精米率74.0%，整精米率66.8%，精米长6.6mm，长宽比2.9，垩白粒率14%，垩白度2.9%，透明度2级，碱消值3.8级，胶稠度82mm，直链淀粉含量14.0%。

抗性：叶瘟4.3级，穗瘟8.3级，稻瘟病综合指数5.8，高感稻瘟病。耐低温能力中等。

产量及适宜地区：2009—2010年湖南省两年区试平均单产7 686.0kg/hm²，比对照金优207增产8.8%。日产量68.4kg/hm²，比对照金优207高3.6kg/hm²。适宜在湖南省稻瘟病轻发区作双季晚稻种植。

栽培技术要点：在湖南省作双季晚稻种植，湘南6月25日播种，湘中、湘北提前2～3d播种。秧田播种量150kg/hm²，大田用种量22.5kg/hm²。秧龄控制在28d以内，种植密度16.5cm×20.0cm或20.0cm×20.0cm，每穴栽插2粒谷秧。基肥足，追肥速，中期补。氮、磷、钾肥配合施用，适当增加磷、钾肥用量。深水活蔸，浅水分蘖，及时晒田，有水壮苞抽穗，后期干干湿湿，不脱水过早。秧田要狠抓稻飞虱、稻叶蝉的防治，大田注意防治稻瘟病、纹枯病、稻飞虱等病虫害。

深优9588（Shenyou 9588）

品种来源：国家杂交水稻工程技术研究中心清华深圳龙岗研究所以深95A（深23A/////BORO-2/97B////CYPRESS/V20B//孟加拉野生稻///丰源B）为母本，R588为父本配组育成。2010年通过湖南省农作物品种审定委员会审定。

形态特征和生物学特性：属籼型三系杂交中熟晚稻。在湖南省作双季晚稻种植，全生育期108d。株高95.0cm，株型较紧凑，剑叶较短且直立，叶鞘、秤尖均紫色，落色好。有效穗316.5万穗/hm²，每穗总粒数118.6粒，结实率85.5%，千粒重26.2g。

品质特性：糙米率80.9%，精米率73.3%，整精米率67.1%，精米长6.1mm，长宽比2.6，垩白粒率22%，垩白度4.2%，胶稠度86mm，碱消值4.0级，直链淀粉含量11.2%，蛋白质含量13.2%。

抗性：叶瘟5级，穗瘟7.8级，稻瘟病综合指数6.0。白叶枯病6级。

产量及适宜地区：2008—2009年湖南省两年区试平均单产7 446.6kg/hm²，比对照金优207增产3.6%。日产量68.9kg/hm²，比对照金优207高2.7%。适宜于湖南省稻瘟病轻发区作双季晚稻种植。

栽培技术要点：在湖南省作双季晚稻种植，湘南6月26日播种，湘中、湘北提前2～3d播种。秧田播种量180.0kg/hm²，大田用种量22.5kg/hm²。秧龄28d以内，种植密度20.0cm×20.0cm或16.5cm×23.0cm。每穴栽插2粒谷秧，基本苗90万苗/hm²以上。基肥足，追肥速，中期补。适当控制氮肥，增加磷、钾肥用量。深水活蔸，浅水分蘖，及时晒田，有水壮苞抽穗，后期干干湿湿，不脱水过早。注意稻瘟病等病虫害防治。

深优9595 (Shenyou 9595)

品种来源：袁隆平农业高科技股份有限公司以深95A为母本，R6295为父本配组育成。2014年通过湖南省农作物品种审定委员会审定。

形态特征和生物学特性：属籼型三系杂交迟熟中稻。在湖南省作中稻栽培，全生育期140.3d。株高113.3cm，生长势强，叶鞘、稃尖紫红色，短顶芒，叶下禾。有效穗228.0万穗/hm²，每穗总粒数176.3粒，结实率87.6%，千粒重26.9g。

品质特性：糙米率80.5%，精米率71.3%，整精米率64.9%，精米长6.6mm，长宽比3.0，垩白粒率29%，垩白度3.8%，透明度2级，碱消值3.0级，胶稠度90mm，直链淀粉含量12.9%。

抗性：叶瘟5.2级，穗颈瘟6.7级，稻瘟病综合指数4.6。白叶枯病6级，稻曲病5级。耐高温、低温能力强。

产量及适宜地区：2012—2013年湖南省两年区试平均单产9 236.6kg/hm²，比对照Y两优1号增产5.6%。日产量65.9kg/hm²，比对照Y两优1号高3.5kg/hm²。适宜在湖南省稻瘟病轻发的山丘区作中稻种植。

栽培技术要点：在湖南省作中稻种植，4月中下旬播种。秧田播种量150～180kg/hm²，大田用种量15kg/hm²。秧龄30d以内或主茎叶片数达6叶移栽，种植密度16.5cm×26.5cm，每穴栽插2粒谷秧。适宜中上肥力水平种植，施足基肥，早施分蘖肥以促进早生快发，后期严格控制氮肥的施用。浅水插秧，寸水活苗，浅水湿润交替促分蘖，及时晒田，有水孕穗抽穗，干干湿湿壮籽，收割前5～7d断水，忌断水过早。浸种时坚持用三氯异氰尿酸消毒，注意防治稻瘟病、纹枯病、稻曲病、稻蓟马和稻飞虱等病虫害。

胜优321 (Shengyou 321)

品种来源：湖南胜必达种业研究所以E68A（T98A//T98B/常菲22B）为母本，R321为父本配组育成。2012年通过湖南省农作物品种审定委员会审定。

形态特征和生物学特性：属籼型三系杂交迟熟晚稻。在湖南省作双季晚稻栽培，全生育期122.3d。株高114.9cm，株型松紧适中，叶鞘、稃尖紫红色，短顶芒，叶下禾，后期落色好。有效穗283.5万穗/hm²，每穗总粒数141.8粒，结实率79.3%，千粒重25.6g。

品质特性：糙米率82.6%，精米率74.2%，整精米率70%，精米长6.4mm，长宽比2.6，垩白粒率48%，垩白度7.7%，透明度2级，碱消值5.8级，胶稠度50mm，直链淀粉含量21.1%。

抗性：叶瘟4.8级，穗瘟7级，稻瘟病综合指数5.2级。白叶枯病5级。耐低温能力中等。

产量及适宜地区：2007—2008年湖南省两年区试平均单产7 306.1kg/hm²，比对照威优46增产2.3%。日产量59.9kg/hm²，比对照威优46高1.4kg/hm²。适宜在湖南省稻瘟病轻发区作双季晚稻种植。

栽培技术要点：在湖南省作双季晚稻种植，6月15～20日播种。秧田播种量150.0～187.5kg/hm²，大田用种量22.5kg/hm²。秧龄28d以内，种植密度16.5cm×20.0cm或20.0cm×20.0cm，每穴栽插2粒谷秧。施足底肥，早施追肥，巧施穗粒肥。及时晒田，有水壮苞抽穗，后期干干湿湿，不要脱水过早。注意防治稻瘟病、纹枯病、稻飞虱、二化螟等病虫害。

盛泰优018 (Shengtaiyou 018)

品种来源：湖南洞庭高科种业股份有限公司和岳阳市农业科学研究所以盛泰A（岳4A/盛21232-Q3B）为母本，R018为父本配组育成。2013年通过湖南省农作物品种审定委员会审定。

形态特征和生物学特性：属籼型三系杂交中熟晚稻。在湖南省作双季晚稻栽培，全生育期114.5d。株高99cm，株型适中，分蘖能力强，剑叶直立，叶色青绿，叶鞘、叶耳、叶枕无色，稃尖秆黄色，短顶芒，叶下禾，落色好。有效穗330万穗/hm²，每穗总粒数142.5粒，结实率79.1%，千粒重25.9g。

品质特性：糙米率79.5%，精米率71.3%，整精米率66.2%，长宽比3.4，垩白粒率7%，垩白度0.7%，透明度1级，碱消值6.5级，胶稠度85mm，直链淀粉含量17.0%。

抗性：叶瘟5.0级，穗瘟6.3级，稻瘟病综合指数4.8。白叶枯病6级，稻曲病4级。耐低温能力中等。

产量及适宜地区：2011—2012年湖南省两年区试平均单产7 859.0kg/hm²，比对照岳优9113增产5.9%。日产量68.7kg/hm²，比对照岳优9113高4.2kg/hm²。适宜在湖南省稻瘟病轻发区作双季晚稻种植。

栽培技术要点：在湖南省作双季晚稻种植，湘北地区6月22日左右播种，湘中、湘南6月28日播种。大田用种量22.5kg/hm²，秧田播种量180kg/hm²以内。秧龄控制在28d以内，种植密度20.0cm×20.0cm或16.5cm×20.0cm，每穴栽插2粒谷秧。基肥足，追肥速，氮、磷、钾肥与有机肥配合施用，适当增加磷、钾肥用量。深水活蔸，浅水分蘖，及时晒田，有水孕穗抽穗，后期干干湿湿，不宜脱水过早。秧田要狠抓稻飞虱、稻叶蝉的防治，大田注意防治稻瘟病、纹枯病、稻飞虱等病虫害。

盛泰优722 （Shengtaiyou 722）

品种来源：湖南洞庭高科种业股份有限公司和岳阳市农业科学研究所以盛泰A为母本，岳恢9722（先恢207/蜀恢527//岳恢9113）为父本配组育成。2012年通过湖南省农作物品种审定委员会审定。

形态特征和生物学特性：属籼型三系杂交中熟晚稻。在湖南省作双季晚稻栽培，全生育期112.6d。株高94.8cm，株型适中，生长势旺，茎秆有韧性，分蘖能力强，剑叶直立，叶色青绿，叶鞘、叶耳、叶枕无色，后期落色好。有效穗330万穗/hm²，每穗总粒数119.7粒，结实率75.3%，千粒重26.1g。

品质特性：糙米率81.9%，精米率70.8%，整精米率57.1%，精米长7.3mm，长宽比3.6，垩白粒率28%，垩白度2.5%，透明度1级，碱消值6.0级，胶稠度55mm，直链淀粉含量18.2%。

抗性：叶瘟4.1级，穗瘟7.3级，稻瘟病综合指数5.3。耐低温能力中等。

产量及适宜地区：2010—2011年湖南省两年区试平均单产7 522.4kg/hm²，比对照金优207增产9.3%。日产量66.8kg/hm²，比对照金优207高5.6kg/hm²。适宜在湖南省稻瘟病轻发区作双季晚稻种植。

栽培技术要点：在湖南省作双季晚稻种植，6月22～25日播种。秧田播种量180kg/hm²，大田用种量22.5kg/hm²。秧龄控制在28d以内，种植密度20cm×20cm或16.5cm×20cm，每穴栽插2粒谷秧。基肥足，追肥速，氮、磷、钾肥与有机肥配合施用，适当增加磷、钾肥用量。深水活蔸，浅水分蘖，及时晒田，有水孕穗抽穗，后期干干湿湿，不宜脱水过早。秧田要狠抓稻飞虱、稻叶蝉的防治，大田注意防治稻瘟病、稻曲病、纹枯病、稻飞虱等病虫害。

盛泰优9712 (Shengtaiyou 9712)

品种来源：湖南洞庭高科种业股份有限公司和岳阳市农业科学研究所以盛泰A为母本，岳恢9712（9105/岳恢44）为父本配组育成。分别通过湖南省（2011）和国家（2013）农作物品种审定委员会审定。

形态特征和生物学特性：属籼型三系杂交中熟晚稻。在湖南省作双季晚稻栽培，全生育期109d。株高95cm，株型松紧适中，剑叶直立，叶鞘绿色，稃尖秆黄色有短芒，落色好。有效穗310.5万穗/hm²，每穗总粒数130.8粒，结实率77.5%，千粒重26.3g。

品质特性：糙米率81.2%，精米率73.3%，整精米率66.6%，精米长6.7mm，长宽比3.0，垩白粒率18%，垩白度3.3%，透明度2级，碱消值5.7级，胶稠度80mm，直链淀粉含量14.2%。

抗性：叶瘟5.0级，穗瘟8.3级，稻瘟病综合指数6.0，高感稻瘟病。耐低温能力强。

产量及适宜地区：2009—2010年湖南省两年区试平均单产7 435.5kg/hm²，比对照金优207增产5.3%。日产量68.9kg/hm²，比对照金优207高2.9kg/hm²。适宜在江西、湖南、湖北、浙江、安徽的双季稻区作晚稻种植，稻瘟病重发区不宜种植。

栽培技术要点：在湖南省作双季晚稻种植，湘北6月24日左右播种，湘中、湘南6月28日以前播种。秧田播种量150kg/hm²，大田用种量22.5kg/hm²。秧龄控制在25d内，种植密度16.5cm×20.0cm或20.0cm×20.0cm，每穴栽插2粒谷秧。基肥足，追肥速，氮、磷、钾肥与有机肥配合施用，适当增加磷、钾肥用量。深水活蔸，浅水分蘖，及时晒田，有水孕穗抽穗，后期干干湿湿，不脱水过早。秧田要狠抓稻飞虱、稻叶蝉的防治，大田注意防治稻瘟病、纹枯病、稻飞虱等病虫害。

丝优63（Siyou 63）

品种来源：岳阳市农业科学研究所以丝苗 A（V20A/丝苗）为母本，明恢63为父本配组育成。分别通过湖南省（1994）和贵州省（2000）农作物品种审定委员会审定。

形态特征和生物学特性：属籼型三系杂交迟熟中稻。在湖南省作中稻种植，全生育期122d。株高95.0～110.0cm，株型紧凑，坚韧，再生能力较强，较易脱粒。有效穗342.0万～385.5万穗/hm^2，每穗总粒数136.4～163.2粒，结实率80.6%～91.3%，千粒重26.5～26.8g。

品质特性：糙米率81.5%，精米率73.8%，整精米率61.6%，垩白粒率26.5%，垩白度3.1%，碱消值5.5级，胶稠度50.5mm，直链淀粉含量21.3%，蛋白质含量11.0%。

抗性：抗稻瘟病能力较弱，抗倒伏。

产量及适宜地区：1991—1992年岳阳市晚稻区试，平均单产分别为7 138.5kg/hm^2、7 536.0kg/hm^2。1993年湖南省区试单产7 444.5kg/hm^2，比对照汕优63增产1.8%。适宜在湖南省稻瘟病轻发区作晚稻种植，适宜在贵州省海拔1 000m以下的安顺、贵阳等具有相似生态的中低海拔地区种植，稻瘟病重发区慎用。

栽培技术要点：在湖南省作中稻种植，5月中旬播种，生育期122.0d；作中稻再生稻种植，同早稻播种，头季稻生育期133.0d，再生季生育期60.0d。需中、高肥力水平，一般施纯氮150.0～195.0kg/hm^2，配合施用有机肥、磷肥、钾肥。以基肥为主，早施早追，酌施穗肥。作中稻再生稻，前期争早生快发，中后期保稳生稳长。再生季管理注意"保根"（头季稻后期干湿交替）、"助蘗"（头季稻收割前7d追尿素150.0kg/hm^2）、"留高桩"（留稻桩高40.0～50.0cm），加强头季纹枯病防治，再生齐苗、齐穗前施赤霉素，争多穗、高结实率，夺再生高产。

泰优390 (Taiyou 390)

品种来源：湖南金稻种业有限公司和广东省农业科学院水稻研究所以泰丰A（荣丰A/泰丰B）为母本，广恢390为父本配组育成。2013年通过湖南省农作物品种审定委员会审定。

形态特征和生物学特性：属籼型三系杂交迟熟晚稻。在湖南省作双季晚稻栽培，全生育期118.5d。株高105.2cm，株型适中，生长势强，植株整齐度一般，叶姿平展，叶鞘绿色，秆尖秆黄色，短顶芒，叶下禾，后期落色好。有效穗303.8万穗/hm²，每穗总粒数149.6粒，结实率81.0%，千粒重25.2g。

品质特性：糙米率81.6%，精米率73.2%，整精米率66.5%，精米长6.7mm，长宽比3.4，垩白粒率7%，垩白度1.0%，透明度1级，碱消值7.0级，胶稠度70mm，直链淀粉含量17.6%。

抗性：叶瘟4.8级，穗颈瘟6.7级，稻瘟病综合指数4.7。白叶枯病6级，稻曲病6级。耐低温能力中等。

产量及适宜地区：2011—2012年湖南省两年区试平均单产8 079.6kg/hm²，比对照天优华占增产3.2%。日产量68.3kg/hm²，比对照天优华占高3.8kg/hm²。适宜在湖南省作双季晚稻种植。

栽培技术要点：在湖南省作双季晚稻种植，6月15～20日播种。秧田播种量150～187.5kg/hm²，大田用种量1.5kg/hm²。秧龄28d以内，种植密度16.5cm×20cm或20cm×20cm，每穴栽插2粒谷秧。施足底肥，早施追肥，巧施穗粒肥。及时晒田，有水壮苞抽穗，后期干干湿湿，不要脱水过早。注意防治稻瘟病、纹枯病、稻飞虱、二化螟等病虫害。

潭原优0845 (Tanyuanyou 0845)

品种来源：湘潭市原种场以潭原A（金23A/潭原B）为母本，R08-45为父本配组育成。2013年通过湖南省农作物品种审定委员会审定。

形态特征和生物学特性：属籼型三系杂交中熟晚稻。在湖南省作双季晚稻栽培，全生育期116.8d。株高107.0cm，茎秆较粗，韧性好。株型适中，生长势强，植株整齐度好，叶姿平展，叶鞘绿色，叶下禾，后期落色好，不早衰，籽粒饱满，稃尖秆黄色，无芒。有效穗311.1万穗/hm²，每穗总粒数131.2粒，结实率80.5%，千粒重27.6g。

品质特性：糙米率83.0%，精米率72.9%，整精米率64.8%，精米长7.2mm，长宽比3.3，垩白粒率56%，垩白度6.7%，碱消值3.0级，透明度1级，胶稠度70mm，直链淀粉含量15.4%。

抗性：叶瘟3.8级，穗颈瘟5.4级，稻瘟病综合指数3.7。白叶枯病7级，稻曲病5级。耐低温能力中等。

产量及适宜地区：2011—2012年湖南省两年区试平均单产7 773.5kg/hm²，比对照岳优9113增产4.9%。日产量66.6kg/hm²，比对照岳优9113高2.3kg/hm²。适宜在湖南省稻瘟病轻发区作双季晚稻种植。

栽培技术要点：在湖南省作双季晚稻种植，6月20～25日前后播种。秧田播种量225kg/hm²，大田用种量22.5～30.0kg/hm²，秧龄不超过28d为宜。插植密度16.5cm×20.0cm，基本苗90万～120万苗/hm²。以基肥为主、追肥为辅，氮、磷、钾肥配合施用，注意控制氮肥总量。前期促早发，浅水分蘖，够苗晒田，后期干干湿湿壮籽。秧田及大田注意病虫害的预测预报，抓好二化螟、稻纵卷叶螟、稻飞虱、纹枯病及稻瘟病的综合防治。

潭原优4903 (Tanyuanyou 4903)

品种来源：湘潭市原种场以潭原A为母本，R4903为父本配组育成。2014年通过湖南省农作物品种审定委员会审定。

形态特征和生物学特性：属籼型三系杂交迟熟早稻。在湖南省作双季早稻栽培，全生育期111.1d。株高89.9cm，株型松紧适中，生长势强，叶姿直立，叶鞘绿色，秆尖秆黄色，短顶芒，半叶下禾，后期落色好。有效穗342万穗/hm²，每穗总粒数105.5粒，结实率86.2%，千粒重29.5g。

品质特性：糙米率82.1%，精米率73.8%，整精米率60.3%，精米长7.2mm，长宽比3.0，垩白粒率48%，垩白度4.3%，透明度1级，碱消值4.0级，胶稠度32mm，直链淀粉含量21.9%。

抗性：叶瘟3.8级，穗颈瘟4.7级，稻瘟病综合指数3.3。白叶枯病5级。

产量及适宜地区：2012—2013年湖南省两年区试平均单产8 042.0kg/hm²，比对照陆两优996增产5.6%。日产量72.5kg/hm²，比对照陆两优996高4.4kg/hm²。适宜在江西、湖南、广西北部、福建北部、浙江中南部的双季稻区作双季早稻种植。

栽培技术要点：在湖南省作双季早稻种植，3月下旬播种。秧田播种量225kg/hm²，大田用种量30.0 ~ 37.5kg/hm²。秧龄28d以内或叶龄4.5叶移栽，种植密度16.5cm×20.0cm，基本苗105万~ 135万苗/hm²。需肥水平中上，以基肥为主、追肥为辅。前期促早发，浅水分蘖，够苗晒田，后期干干湿湿。浸种时坚持用三氯异氰尿酸消毒，注意防治稻瘟病、纹枯病、二化螟、稻纵卷叶螟和稻飞虱等病虫害。

天龙优140（Tianlongyou 140）

品种来源：四川省绵阳市天龙水稻研究所和衡阳金泉种业有限公司以天龙1A（珍汕97A//Basmati370×Hy067）为母本，天龙恢140（乐恢188/93）为父本配组育成。2009年通过湖南省农作物品种审定委员会审定。

形态特征和生物学特性：属籼型三系杂交迟熟晚稻。在湖南省作双季晚稻栽培，全生育期122d。株高107cm，株型紧凑，分蘖力强，叶片挺直，绿色，剑叶宽短、直立，微内卷，前期长势旺，后期落色好。有效穗290.6万穗/hm²，每穗总粒数121.6粒，结实率77.8%，千粒重28.5g。

品质特性：糙米率83.2%，精米率75.6%，整精米率64.2%，精米长7.0mm，长宽比2.9，垩白粒率50%，垩白度5.6%，透明度1级，碱消值6.3级，胶稠度70mm，直链淀粉含量22.0%，蛋白质含量10.6%。

抗性：稻瘟病综合指数7.8，高感稻瘟病。白叶枯病7级，感白叶枯病。耐寒能力较强。

产量及适宜地区：2006—2007年湖南省两年区试平均单产7 581.0kg/hm²，比对照威优46增产3.6%。日产量62.1kg/hm²，比对照威优46高2.0kg/hm²。适宜在湖南省稻瘟病轻发区作双季晚稻种植。

栽培技术要点：在湖南省作双季晚稻种植，湘南6月20日前播种，湘中、湘北提早2～3d播种。秧田播种量150.0～225.0kg/hm²，大田用种量18.8kg/hm²。秧龄在30d以内，每穴栽插2粒谷秧，基本苗120万～150万苗/hm²。施足底肥，早施分蘖肥，看苗补施穗肥，氮、磷、钾肥配合施用。科学管水，及时防治病虫害。

威优111 (Weiyou 111)

品种来源：湖南杂交水稻研究中心以V20A为母本，湘恢111（明恢63/密阳46）为父本配组育成。分别通过湖南省（1999）和国家（2003）农作物品种审定委员会审定。

形态特征和生物学特性：属籼型三系杂交迟熟中稻。在湖南省作中稻栽培，全生育期131.0d。株高110.0cm，株型松紧适中，叶片窄直，尤其剑叶窄长挺直，叶色较浓，叶鞘、稃尖紫色。分蘖力较强，叶下禾，谷粒椭圆形，稃尖紫色，穗型较大。穗长22.0cm，每穗总粒数115.0粒，结实率85.0%，千粒重28.0g。

品质特性：糙米率81.5%，精米率69.8%，整精米率50.3%，精米长6.2mm，长宽比2.5，垩白粒率98%。

抗性：叶瘟4级，穗颈瘟1～3级，抗稻瘟病；感白叶枯病；耐肥，抗倒伏。

产量及适宜地区：1997—1998年湖南省两年区试平均单产7 800.0kg/hm²，与对照汕优63相当。适宜在湖南省作中稻种植。

栽培技术要点：在湖南省作中稻种植，4月下旬播种。秧田播种量180.0kg/hm²，大田用种量22.5kg/hm²。秧龄控制在35d以内，插足27万穴/hm²，基本苗120万～150万苗/hm²。施足基肥，插栽前施腐熟厩肥22.5t/hm²、过磷酸钙450.0kg/hm²。插栽后1周内追施尿素120.0～150.0kg/hm²，幼穗分化初期施尿素37.5kg/hm²、氧化钾105.0kg/hm²。前期浅水分蘖，中期适时晒田，后期干湿壮籽。注意防治白叶枯病。

威优1126（Weiyou 1126）

品种来源：湖南杂交水稻研究中心以V20A为母本，R1126（三意B/IR661//IR58）为父本配组育成。1989年通过湖南省农作物品种审定委员会审定。

形态特征和生物学特性：属籼型三系杂交中熟早稻。在湖南省作双季早稻栽培，全生育期108.0 ～ 110.0d。株高85.0cm，株叶型较好，分蘖力强。有效穗360万～ 390万穗/hm²，每穗总粒数100.0粒，结实率80%以上，千粒重24.0 ～ 25.0g。

品质特性：米质较好。

抗性：中抗稻瘟病、白叶枯病和稻飞虱，不抗纹枯病。

产量及适宜地区：1987年湖南省区试平均单产6 915.5kg/hm²，比对照威优49减产3.5%，比对照湘早籼1号增产8.2%；在南方稻区杂交早稻区试中长沙点平均单产7 600.5kg/hm²，比对照威优35、湘早籼1号分别增产3.6%和5.1%。适宜在湖南省作双季早稻种植。

栽培技术要点：在湖南省作双季早稻种植，3月下旬至4月初播种，4月下旬至5月初移栽。该品种丰产性好，耐肥，抗倒伏，宜中等偏上肥力水平栽培。在插足基本苗的基础上，前期争取早分蘖、多分蘖，保证穗多、穗大。后期加强肥水管理，防止纹枯病的发生和危害，提高千粒重。

威优134（Weiyou 134）

品种来源：湖南杂交水稻研究中心以V20A为母本，Y1-34（测64-49/US121）为父本配组育成。分别通过湖南省（2000）和国家（2003）农作物品种审定委员会审定。

形态特征和生物学特性：属籼型三系杂交中熟晚稻。在湖南省作双季晚稻栽培，全生育期114.0d。株高98.0cm，株叶型好，松紧适中，分蘖力中等，耐寒，谷粒椭圆形，稃尖紫色，后期落色好。穗长21.0cm，每穗总粒数117.0粒，结实率80.0%，千粒重29.0g。

品质特性：糙米率83.0%，精米率74.0%，整精米率56.8%，精米长7.0mm，长宽比3.3，垩白粒率85%，垩白度26.0%。

抗性：叶瘟7级，穗颈瘟7级，感稻瘟病。白叶枯病7级，感白叶枯病。耐肥，抗倒伏。

产量及适宜地区：1997—1998年湖南省两年区试平均单产7 305.0kg/hm²，比对照威优64增产7.2%。适宜在江西、湖南、湖北、安徽、浙江的双季稻稻瘟病轻发区作晚稻种植。

栽培技术要点：在湖南省作双季晚稻种植，6月25日左右播种。秧田播种量180.0kg/hm²，大田用种量18.0～22.5kg/hm²。秧龄控制在25d以内，插25.5万～30.0万穴/hm²，基本苗150万～180万苗/hm²。施足基肥，追肥速，前、中期并重，后期补施穗粒肥。施土杂肥30.0t/hm²、五氧化二磷375.0kg/hm²、碳酸氢铵750.0kg/hm²作基肥，栽后5d施尿素105.0～120.0kg/hm²、氧化钾105.0～120.0kg/hm²，结合晒田复水，看苗追施尿素37.5kg/hm²，始穗前和齐穗后用磷酸二氢钾3.0kg/hm²对水750.0kg/hm²喷雾。水分管理和病虫害防治按一般方法进行。

威优198（Weiyou 198）

品种来源：湖南农业大学以V20A为母本，R198（DT713/明恢63）为父本配组育成。1998年通过湖南省农作物品种审定委员会审定。

形态特征和生物学特性：属籼型三系杂交迟熟晚稻。在湖南省作双季晚稻栽培，全生育期120.0～125.0d。株高105cm，株型较紧凑，茎秆粗壮弹性好。分蘖力中等，繁茂性好。叶片较大、挺直、色绿，叶鞘紫色，叶下禾。谷粒长形，谷壳较薄，稃尖紫色、无芒，易脱粒但不易落粒。有效穗255.0万～270.0万穗/hm²，穗长25.0cm，每穗总粒数135.0～165.0粒，结实率80.0%～85.0%，千粒重30.0g。

品质特性：精米率70.0%，整精米率50.3%，垩白粒率92%，垩白大小39.0%，精米长6.2mm，长宽比2.5，碱消值7级，胶稠度32mm，直链淀粉含量24.0%，蛋白质含量9.5%。

抗性：叶瘟6级，穗瘟5级，中抗稻瘟病。白叶枯病7级，不抗白叶枯病。

产量及适宜地区：1994年和1995年参加益阳市和株洲市晚稻区试，平均单产分别为7 280.0kg/hm²和7 270.0kg/hm²，比对照威优46分别增产7.0%和0.1%。可在湖南省白叶枯病轻发区作双季晚稻种植。

栽培技术要点：在湖南省作双季晚稻种植，湘中6月15～17日、湘东和湘南6月17～19日、湘北和湘西6月13～15日播种。秧田播种量150.0kg/hm²，大田用种量18.8～22.5kg/hm²。湿润育秧，施用腐熟人畜粪或速效氮磷钾肥料作底肥，秧龄控制在35d以内。宽窄行或宽行窄株移栽，宽窄行移栽规格33.3cm×16.7cm、16.7cm×16.7cm，宽行窄株移栽规格30.0cm×13.3cm或26.7cm×16.7cm。插24万穴/hm²，每穴栽插2粒谷秧，基本苗150万苗/hm²。施肥以基肥为主、追肥为辅，肥料以有机肥和复合肥为主、速效氮肥为辅。前期早施追肥，中后期控制施用氮肥，注意施用穗粒肥。浅水分厢移栽，寸水活蔸返青，间歇灌溉分蘖，有水壮苞抽穗，干湿交替灌浆结实，成熟前3～5d断水。重点防治二化螟、稻纵卷叶螟和褐飞虱，兼治稻蓟马、稻叶蝉和纹枯病，稻瘟病严重地区要注意稻瘟病的防治。

威优207 (Weiyou 207)

品种来源：湖南农业大学以V20A为母本，先恢207为父本配组育成。分别通过湖南省(1999)、广西壮族自治区（2001）农作物品种审定委员会审定。

形态特征和生物学特性：属籼型三系杂交迟熟晚稻。在湖南省作双季晚稻栽培，全生育期117.0d。株高104.0cm，株型松紧适中，秆直叶挺，分蘖力较弱，穗型大，叶下禾，谷粒中长，稃尖紫色，间有短芒，落色好。每穗总粒数120.0粒，结实率80.0%，千粒重29.0g。

品质特性：米质较好。

抗性：中抗叶瘟，感穗瘟。高感白叶枯病。耐肥，抗倒伏。

产量及适宜地区：1997—1998年湖南省两年区试平均单产7 305.0kg/hm²，比对照威优64高8.0%。适宜在湖南省白叶枯病轻发区作双季晚稻种植，适宜在广西壮族自治区北部作早、晚稻种植。

栽培技术要点：在湖南省作双季晚稻种植，6月中下旬播种。秧田播种量225.0kg/hm²，大田用种量22.5kg/hm²。秧龄期30d，4.6叶移栽，栽插27万穴/hm²，基本苗120万～150万苗/hm²。重施基肥，早施追肥，后期看苗施肥，基肥以有机肥为主。在整个生长发育过程中采用湿润灌溉。加强白叶枯病防治，注意防治稻瘟病。

威优227（Weiyou 227）

品种来源：国家杂交水稻工程技术研究中心以V20A为母本，湘恢227（密阳46/R402）为父本配组育成。2000年通过湖南省农作物品种审定委员会审定。

形态特征和生物学特性：属籼型三系杂交迟熟晚稻。在湖南省作双季晚稻栽培，全生育期121.0d。株高103.0cm，株型适中，分蘖力中等，叶片挺直，叶下禾，后期耐寒力强，谷粒中长，秆尖紫色，落色好。穗长22.0cm，每穗总粒数120.0粒，结实率80.0%，千粒重28.0～30.0g。

品质特性：糙米率82.2%，精米率73.1%，整精米率61.6%，垩白粒率70%，垩白大小18.0%。

抗性：苗瘟2级，穗瘟3级，较抗稻瘟病。白叶枯病7级，感白叶枯病。田间较抗纹枯病和稻飞虱。耐肥，抗倒伏。

产量及适宜地区：1998—1999年湖南省两年区试平均单产7 140.0kg/hm²，比对照威优46增产2.2%。可在湖南省白叶枯病轻发区作双季晚稻种植。

栽培技术要点：在湖南省作双季晚稻种植，6月12～18日播种。秧田播种量225.0kg/hm²，大田用种量22.5kg/hm²。秧龄控制在35d以内，插27.0万～30.0万穴/hm²，基本苗120万～150万苗/hm²。施肥以基肥和有机肥为主，前期重施，早追肥，后期看苗施肥。干湿壮籽，不要脱水过早。注意防治病虫害，特别注意白叶枯病和细条病的防治。

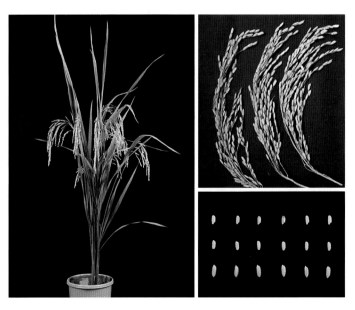

威优288（Weiyou 288）

品种来源：湖南农业大学水稻科学研究所以V20A为母本，R288（松南8号/明恢63）为父本配组育成。2000年通过湖南省农作物品种审定委员会审定。

形态特征和生物学特性：属籼型三系杂交中熟晚稻。在湖南省作双季晚稻栽培，全生育期116.0d。株高90.0cm，茎秆粗壮，分蘖力强，根系发达，叶片直立，叶鞘紫色，株叶形态好，叶下禾。谷粒中长，部分有顶芒，稃尖紫色，熟期落色好。穗型较大，每穗总粒数110.0粒，结实率80.0%，千粒重29.0g。

品质特性：品质较好。

抗性：感稻瘟病，较抗白叶枯病。后期抗寒性强。耐肥，抗倒伏。

产量及适宜地区：1992年湖南省区试平均单产6 855.0kg/hm²，比对照威优64增产3.0%。可在湖南省稻瘟病轻发区作双季晚稻种植。

栽培技术要点：在湖南省作双季晚稻种植，6月25日播种。秧田播种量150.0～180.0kg/hm²，大田用种量22.5kg/hm²。秧龄控制在30d以内，栽插25.5万～28.5万穴/hm²，基本苗120万～150万苗/hm²。基肥足，追肥早，中后期酌情补。深水活蔸，浅水分蘖，有水壮苞抽穗，后期干湿交替壮籽。加强稻瘟病和白叶枯病的防治，注意防治纹枯病。

威优35（Weiyou 35）

品种来源：湖南省贺家山原种场和湖南省水稻研究所以V20A为母本，二六窄早（IR26/窄叶青8号//早恢1号）为父本配组育成。分别通过湖南省（1985）、浙江省（1986）、福建省（1986）和国家（1990）农作物品种审定委员会审定或认定。

形态特征和生物学特性：属籼型三系杂交迟熟早稻。在湖南省作双季早稻栽培，全生育期比湘矮早9号长2～3d。株型前散后集，根系发达，茎秆粗壮，后期落色好，后劲足，不早衰。有效穗270.0万～300.0万穗/hm²，每穗总粒数130.0粒左右，结实率80.0%以上，千粒重27.0～28.0g。

品质特性：糙米率78.0%～80.0%，精米率70.5%，整精米率较低。

抗性：较抗稻瘟病、纹枯病和褐飞虱，抽穗期抗寒力较强。耐肥，抗倒伏。

产量及适宜地区：1982年湖南省区试平均单产7 650.0kg/hm²，比对照湘矮早9号增产15.1%；同年参加南方区试平均单产7 480.5kg/hm²，比对照湘矮早9号增产18.0%。1983年南方区试平均单产7 137.0kg/hm²，比对照湘矮早9号增产3.2%。可在湖南省中部、南部作迟熟早稻适当搭配种植，全省各地可作早熟晚稻栽培。

栽培技术要点：在湖南省作双季早稻种植，在3月底播种，7月23日左右成熟。稀播匀播，秧田播种量300.0kg/hm²以内。株行距13.3cm×20.0cm或10.0cm×26.7cm，保证37.5万穴/hm²。每穴栽插2粒谷秧苗，插足基本苗120万～150万苗/hm²。施纯氮225.0kg/hm²以上，氮、磷、钾肥的比例为1：0.58：1。

威优402（Weiyou 402）

品种来源：湖南省安江农业学校以V20A为母本，R402为父本配组育成。分别通过湖南省（1991）、浙江省（1995）、国家（1999）、广西壮族自治区（2001）农作物品种审定委员会审定或认定。

形态特征和生物学特性：属籼型三系杂交迟熟早稻。在湖南省作双季早稻栽培，全生育期116.0d。株高85.0～90.0cm，株型松紧适中，剑叶中长，窄而直立。单株有效穗9穗左右，穗型中等偏大，每穗总粒数110.0～120.0粒，结实率85.0%～91.0%，千粒重29.0g。

品质特性：糙米率81.5%，精米率67.7%，整精米率53.0%，垩白粒率99%，垩白小，最大30.0%。

抗性：抗稻瘟病能力不强，不抗白叶枯病；抗寒能力较强，抗倒伏能力较强。

产量及适宜地区：1989—1990年湖南省两年区试平均单产7 753.5kg/hm²，比对照威优49增产2.8%。适宜在长江流域南部双季稻区和广西壮族自治区北部作早稻种植。

栽培技术要点：在湖南省作双季早稻种植，3月底4月初播种。大田用种量37.5kg/hm²，秧田播种量225.0～300.0kg/hm²。湿润薄膜育秧，秧龄30d左右，5.0～6.0叶移栽。种植密度13.3cm×20.0cm，插37.5万穴/hm²，每穴栽插2粒谷秧，插足基本苗150万苗/hm²。中等肥力田施纯氮180.0kg/hm²，氮、磷、钾肥的比例为1∶0.8∶1，以有机肥为主。重施基肥，早施追肥。

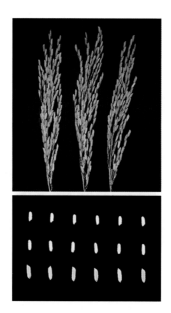

威优438（Weiyou 438）

品种来源：湖南省安江农业学校以V20A为母本，R438（75P12/测64）为父本配组育成。1992年通过湖南省农作物品种审定委员会审定。

形态特征和生物学特性：属籼型三系杂交迟熟早稻。在湖南省作双季早稻栽培，全生育期116.0～118.0d。株高82.0～85.0cm，株型松紧适中，分蘖力强，叶片窄而直立，半叶下禾，成穗率80.0%以上。有效穗405.0万穗/hm²，每穗总粒数93.0～95.0粒，结实率76.0%，千粒重27.0g。

品质特性：糙米率80.0%，谷粒长形，外观透明度及食味都较好。

抗性：连续两年室内接种鉴定，高抗稻瘟病B群。田间未发现稻瘟病为害，但要注意防治纹枯病。

产量及适宜地区：1987年湖南省联合鉴定，获早稻品比第二名；1988年湖南省联合鉴定续试，获早稻品比第一名。一般单产7 500.0kg/hm²。适宜在湖南省作双季早稻种植。

栽培技术要点：在湖南省作双季早稻种植，3月底4月初播种。大田用种量37.5kg/hm²，秧田播种量262.5～300.0kg/hm²。4月底移栽，秧龄30d左右。种植密度13.3cm×20.0cm，插足基本苗120万～150万苗/hm²。适宜中等肥力栽培，采用低氮肥高磷、钾肥的施肥原则，单产7 500.0kg/hm²需纯氮112.5～150.0kg/hm²，氮、磷、钾肥比例为1：1：1。播种前用1%生石灰水浸种24h，预防稻田恶苗病。孕穗期和齐穗期各喷1次井冈霉素，防治纹枯病。

威优46（Weiyou 46）

品种来源：湖南杂交水稻研究中心以V20A为母本，密阳46（统一/IR24//IR1317/IR24）为父本配组育成。1988年通过湖南省农作物品种审定委员会审定。

形态特征和生物学特性：属籼型三系杂交迟熟晚稻。在湖南省作双季晚稻栽培，全生育期与威优6号基本相同。株高90cm，株型较紧凑，成穗率高，穗大，穗多，粒重，早熟，且熟期落色好。有效穗324.2万穗/hm^2，每穗总粒数99.8粒，千粒重28.5g。

品质特性：糙米率80.9%，精米率73.0%，整精米率67.0%，垩白粒率90%。1986年全国杂交稻区试年会评定为米质中等。

抗性：中抗稻瘟病，轻感纹枯病和稻飞虱，白叶枯病4～9级。较耐肥，抗倒伏。

产量及适宜地区：1986—1987年湖南省两年区试平均单产7 403.3kg/hm^2，比对照威优64增产4.5%。可在湖南省作双季晚稻种植。

栽培技术要点：在湖南省作双季晚稻种植，湘南地区6月17～22日播种，湘中地区6月16～19日播种，湘北地区6月15～17日播种。秧龄弹性较小，不宜过长，一般为30～34d。

威优48（Weiyou 48）

品种来源：湖南省安江农业学校以V20A为母本，测48-2（测64-7系选）为父本配组育成。1989年通过湖南省农作物品种审定委员会审定。

形态特征和生物学特性：属籼型三系杂交中熟早稻。在湖南省作双季早稻栽培，全生育期112.0d。株高85.0cm，株型松紧适中，叶片青秀，分蘖力较强，成穗率较高，生长势旺盛。根系发达，叶色深绿，后期功能叶刚直，叶片较厚，灌浆快，转色顺调，无早衰现象。茎秆较粗，穗颈较短，穗位较低，属半叶下禾。谷粒长形，充实度好。有效穗367.5万穗/hm^2，每穗总粒数114.5粒，结实率83.0%，千粒重27.5g。

品质特性：米质中等。

抗性：对纹枯病和稻瘟病抗性较差，抗倒伏能力强。

产量及适宜地区：一般单产6 750.0 ～ 7 500.0kg/hm^2。适宜在湖南省作双季早稻种植。

栽培技术要点：在湖南省作双季早稻种植，3月底播种。大田用种量30.0 ～ 37.5kg/hm^2，秧田播种量262.5 ～ 300.0kg/hm^2。秧田施足基肥，均匀稀播，3叶期追施尿素37.5 ～ 75.0kg/hm^2，培育分蘖壮秧。栽插密度13.3cm×20.0cm，每穴插带蘖秧3 ～ 4根，保证基本苗120万 ～ 150万苗/hm^2。中上肥水管理，采用低氮肥高磷、钾肥的施肥原则。稻谷单产7 500.0kg/hm^2需纯氮112.5 ～ 150.0kg/hm^2、五氧化二磷135.0 ～ 165.0kg/hm^2、氧化钾187.5 ～ 225.0kg/hm^2。基肥足，追肥速，前重后轻，视苗情补肥，早插早管，促使早返青、早分蘖。该组合易感纹枯病，一般在孕穗期和齐穗期各喷1次井冈霉素，同时要注意防治稻瘟病。

威优49（Weiyou 49）

品种来源：湖南省安江农业学校和湖南杂交水稻研究中心以V20A为母本，测49（测64-7早熟株）为父本配组育成。分别通过湖南省（1985）和广西壮族自治区（1993）农作物品种审定委员会审定。

形态特征和生物学特性：属籼型三系杂交中熟早稻。在湖南省作双季早稻栽培，全生育期112.0～117.0d。株高77.0～85.0cm，茎部基节略为开散，中部直立，叶片稍卷，呈瓦片状，长短适中，属半叶面禾，具有良好的受光姿态，分蘖力强，成穗率较高，有早衰现象。有效穗450.0万穗/hm²，结实率80.0%左右，千粒重28.0～29.0g。

抗性：感稻瘟病和纹枯病。

产量及适宜地区：1985年湖北黄冈地区区试平均单产7 401.0kg/hm²，比对照广陆矮4号增产20.9%；参加江西宜春市区试平均单产6 694.5kg/hm²，比对照二九丰增产16.1%；在湖南杂交水稻研究中心双杂吨粮试验田中平均单产7 762.5kg/hm²。适宜在湖南省稻瘟病轻发区作双季早稻种植。

栽培技术要点：在湖南省作双季早稻种植，3月下旬播种。秧田播种量300kg/hm²，用薄膜小拱棚覆盖保温，施足底肥，4月底5月初移栽。移栽前5d施尿素45～60kg/hm²作送嫁肥，带泥移栽，插基本苗90万～120万苗/hm²。平衡施肥，基肥与追肥比例平衡，氮、磷、钾三要素平衡，追肥各期数量平衡。合理灌溉，浅水促分蘖，露田控好苗，有水抽穗，干湿壮籽。抽穗扬花后，每次灌水后让其自然落干，3～6d干湿交替一次，改善土壤通气条件，养根保叶增粒重。综合防治病虫害。

威优56 (Weiyou 56)

品种来源：湖南农业大学以V20A为母本，R56（密阳23/圭630//26窄早）为父本配组育成。1997年通过湖南省农作物品种审定委员会审定。

形态特征和生物学特性：属籼型三系杂交特迟熟早稻。在湖南省作双季早稻栽培，全生育期113d。株高80cm，植株前期较散、叶披，幼穗分化后叶收拢，株型变紧。根系发达，叶色浓绿，叶鞘、秆尖紫色，剑叶挺直，分蘖力强。每穗总粒数114.9粒，结实率71.5%，千粒重30.0g。

品质特性：糙米率80.0%，精米率65.7%，整精米率41.5%，垩白粒率55%，垩白大小16.0%，精米长7.1mm，宽2.6mm，长宽比2.73。

抗性：叶瘟6级，穗瘟7级。白叶枯9级。苗期耐冷性较强，后期抗干热风能力较强。

产量及适宜地区：1995—1996年湖南省两年区试平均单产6 784.5kg/hm²，比对照威优48增产2.9%。适宜在湖南省白叶枯病轻发区作双季早稻种植。

栽培技术要点：在湖南省作双季早稻种植，3月底播种。秧田播种量225.0kg/hm²，大田用种量30.0 ～ 37.5kg/hm²。秧龄30d，薄膜育秧。种植密度16.7cm×20.0cm或13.3cm×26.7cm，每穴栽插2 ～ 3粒谷秧，插足基本苗150万苗/hm²。基肥足，追肥早。剑叶开始抽出时施一次保花肥，生育后期根据禾苗长势长相酌情施用粒肥。移栽至返青灌浅水，够苗晒田，孕穗至抽穗扬花田间保持浅水层，其他时间干干湿湿。

威优64（Weiyou 64）

品种来源：湖南农业大学以V20A为母本，测64-7为父本配组育成。分别通过湖南省（1985）、四川省（1985）、陕西省（1985）、广西壮族自治区（1987）、湖北省（1987）和福建省（1989）农作物品种审定委员会审定。

形态特征和生物学特性：属籼型三系杂交中熟晚稻。在湖南省作双季晚稻栽培，全生育期110d。株高90.0～100.0cm，株叶型良好，松紧适度，分蘖力强，生长势旺，谷粒长形。有效穗375.0万穗/hm²，每穗总粒数110.0粒，结实率80.0%～85.0%，千粒重28.0g。

品质特性：米质中等。

抗性：抗稻瘟病、白叶枯病、青矮病、黄矮病和叶蝉、稻飞虱等6种主要病虫害。不抗纹枯病和小球菌核病。

产量及适宜地区：1982—1983年在湖南省怀化地区杂交晚稻组合配套试验中，两年平均单产6 536.25kg/hm²，比对照威优6号增产9.6%。适宜在长江流域作早熟中稻、一季早稻或双季晚稻种植。

栽培技术要点：在湖南省作双季晚稻种植，6月末7月初播种，湘北要适当早播，湘南可略推迟。秧田播种量150.0～187.5kg/hm²，大田用种量22.5～26.3kg/hm²。秧龄20～25d，最长不超过30d。栽培密度根据季节迟早、土壤肥力而定，一般插37.5万穴/hm²，每穴栽插2粒谷秧。适合中等肥力田栽培，施纯氮150.0kg/hm²，单产可达7 500.0kg/hm²。前期要轰得起，长好苗架。注意氮、磷、钾肥配合施用，增施钾肥壮秆，以防倒伏。注意适时排水晒田防治纹枯病，但要避免齐穗以后田面长期无水层而发生小球菌核病。

威优644（Weiyou 644）

品种来源：湖南杂交水稻研究中心以V20A为母本，R644（密阳46/测48-2）为父本配组育成。1997年通过湖南省农作物品种审定委员会审定。

形态特征和生物学特性：属籼型三系杂交迟熟晚稻。在湖南省作双季晚稻栽培，全生育期125.0d。株高98.1cm，株型适中，茎秆粗壮，叶色淡绿，稃尖紫色。每穗总粒数119.7粒，结实率75.2%，千粒重28.1g。

品质特性：糙米率80.0%，精米率69.5%，整精米率59.2%，垩白粒率94.8%，垩白大小20.5%，直链淀粉含量21.5%。

抗性：叶瘟7级，穗瘟8级。白叶枯病7级。抗寒，抗倒伏。

产量及适宜地区：1994—1995年湖南省两年区试平均单产6 766.7kg/hm²，比对照威优46增产0.1%。适宜在湖南省稻瘟病和白叶枯病轻发区作双季晚稻种植。

栽培技术要点：在湖南省作双季晚稻种植，湘北6月12～15日播种，湘南6月15～18日播种。秧田播种量150.0～180.0kg/hm²，大田用种量18.0～22.5kg/hm²。秧龄控制在35d以内，种植密度16.6cm×26.6cm或20.0cm×23.3cm。每穴栽插2粒谷秧，插基本苗150.0万苗/hm²。基肥为主，追肥为辅，后期看苗施肥。一般施纯氮300.0～375.0kg/hm²，氮、磷、钾肥的比例为1：0.5：0.8。深水活蔸，有水壮苞，抽穗后干湿交替。及时防治病虫害，尤其是对螟虫的防治。

威优647 (Weiyou 647)

品种来源：湖南省安江农业学校和湖南杂交水稻研究中心以V20A为母本，R647（G733/矮黄米//测64-7///IR2035）为父本配组育成。分别通过湖南省（1994）和广西壮族自治区（2001）农作物品种审定委员会审定。

形态特征和生物学特性：属籼型三系杂交迟熟晚稻。在湖南省作双季晚稻栽培，全生育期119d；作一季中稻栽培，全生育期130d。株高90.0cm，株型松紧适中，分蘖力较强。有效穗330.0万～360.0万穗/hm²，每穗总粒数100.0～130.0粒，结实率80.0%，千粒重27.5g。

品质特性：糙米率82.0%～84.0%，精米率68.5%～71.6%，整精米率54.0%。

抗性：苗叶瘟0～2级，穗瘟1～7级。白叶枯病5～7级。中抗稻飞虱。

产量及适宜地区：1988年在湖南省杂交晚稻联合鉴定中，比对照威优6号增产8.0%；1990年参加湖南省晚稻区试，比对照威优6号增产1.7%。适宜在湖南作双季晚稻或一季中稻种植，适宜在广西北部作早、晚稻种植。

栽培技术要点：在湖南作一季中稻种植，栽培方法及技术同威优64；作双季晚稻种植，湘北6月20日播种，湘中、湘西6月25日播种，湘南6月底播种。秧龄25d左右。

威优8号 (Weiyou 8)

品种来源：湖南科裕隆种业有限公司以V20A为母本，湘恢8为父本配组育成。2011年通过湖南省农作物品种审定委员会审定。

形态特征和生物学特性：属籼型三系杂交迟熟晚稻。在湖南省作双季晚稻栽培，全生育期120.5d。株高107cm，株型适中，生长势较强，叶鞘、稃尖紫红色，短顶芒，叶下禾，后期落色好。有效穗297.0万穗/hm^2，每穗总粒数130.1粒，结实率80.5%，千粒重29.5g。

品质特性：糙米率81.8%，精米率73.4%，整精米率53.0%，精米长7.0 mm，长宽比2.7，垩白粒率71%，垩白度14.1%，透明度2级，碱消值4.8级，胶稠度66mm，直链淀粉含量22.3%。

抗性：叶瘟4.3级，穗瘟6.6级，稻瘟病综合指数4.9，高感稻瘟病。耐低温能力中等。

产量及适宜地区：2009—2010年湖南省两年区试平均单产7 764.0kg/hm^2，比对照威优46增产5.0%。日产量64.5kg/hm^2，比对照威优46高3.0kg/hm^2。适宜在湖南省稻瘟病轻发区作双季晚稻种植。

栽培技术要点：在湖南省作双季晚稻种植，湘中6月18日播种，湘北提早2～3d，湘南推迟2～3d。秧田播种量150.0～187.5kg/hm^2，大田用种量22.5kg/hm^2。秧龄32d以内，种植密度16.5cm×20.0cm或20.0cm×20.0cm，每穴栽插2粒谷秧。底肥足，追肥早。及时晒田控苗，后期实行湿润灌溉，不要脱水太早，有利于结实灌浆。秧田要狠抓稻飞虱、稻叶蝉的防治，大田注意防治稻瘟病、纹枯病、稻飞虱等病虫害。

威优8312 (Weiyou 8312)

品种来源：永州市宁远县种子公司以V20A为母本，R8312（测64-7变异株）为父本配组育成。1991年通过湖南省农作物品种审定委员会审定。

形态特征和生物学特性：属籼型三系杂交中熟早稻。在湖南省作双季早稻栽培，全生育期106.8d。株高75cm，主茎叶片数13～14片，叶色深绿，茎基较粗，分蘖力强，前期株型分散，抽穗时剑叶短直、株型紧凑，穗型较小，结实率高。有效穗可达405万穗/hm^{2}以上，每穗总粒数87.4粒，结实率84.7%，千粒重29～30g。

品质特性：糙米率80.7%，精米率69.2%，整精米率49.7%，米粒透明，腹白小。

抗性：较抗稻瘟病和稻飞虱，苗期抗寒能力较强。

产量及适宜地区：1986年零陵地区区试单产6 730.5kg/hm^2，比对照湘矮早9号增产13.7%；比对照威优49减产4.2%，但生育期短4d以上。日产量62.9kg/hm^2，同威优49。1987年湖南省区试平均单产6 937.5kg/hm^2，比对照威优49减产4.6%，比对照湘早籼1号增产8%。适宜在湖南省作双季早稻种植。

栽培技术要点：在湖南作双季早稻种植，宜在中等偏上肥力田栽培。前期力争早分蘖、多分蘖，保证穗数；后期加强肥水管理，提高结实率和千粒重。同时注意防治纹枯病。

威优98（Weiyou 98）

品种来源：衡阳市农业科学研究所以V20A为母本，To498为父本配组育成。1985年通过湖南省农作物品种审定委员会审定。

形态特征和生物学特性：属籼型三系杂交迟熟早稻。在湖南省作双季早稻栽培，全生育期115d。分蘖力比威优6号稍弱，主茎总叶片数为13～14片，穗大、粒多、粒重，但后期灌浆速度较慢。

品质特性：糙米率77.7%，精米率64.3%，整精米率48.6%，碱消值4.9级，胶稠度32mm，直链淀粉含量29.3%。

抗性：对高温、低温有一定适应性。

产量及适宜地区：一般单产7 000kg/hm²。适宜在湖南省作双季早稻种植。

栽培技术要点：在湖南作双季早稻种植，宜在3月下旬播种。薄膜育秧，稀播培育分蘖壮秧，争取6月25日前齐穗。秧田播种量150～225kg/hm²，大田用种量22.5～30.0kg/hm²。6叶移栽，分蘖成穗率高，且主、蘖穗均匀，抽穗整齐。插足基本苗75万～150万苗/hm²，力争有较多穗数更能获得高产。合理施肥，施足有机底肥，重施分蘖肥，穗期喷施磷、钾肥，争粒多、粒重。适时露田，苗数达300万苗/hm²即可落水晒田或露田。注意防治病虫害。

威优辐26（Weiyoufu 26）

品种来源：湖南杂交水稻研究中心和华联杂交水稻开发公司以V20A为母本，华联2号（26窄早辐射诱变育成）为父本配组育成。1991年通过湖南省农作物品种审定委员会审定。

形态特征和生物学特性：属籼型三系杂交中熟偏迟早稻。在湖南省作双季早稻栽培，全生育期117.0d。株高85.0cm，株叶型好，叶色淡绿，分蘖力较强，不卡颈，后期落色好，黄丝亮秆，不早衰，着粒密，不落粒，基部结实好。有效穗375.0万穗/hm²，结实率80.0%，千粒重29.5g。

品质特性：米质较好。

抗性：叶瘟3级，穗颈瘟5级，抗稻瘟病。田间耐纹枯病能力强，坚韧抗倒伏。

产量及适宜地区：1989年湖南省区试平均单产7 696.5kg/hm²，比对照威优49增产3.0%，比对照湘早籼1号增产7.1%。适宜在湖南省作双季早稻种植。

栽培技术要点：在湖南省作双季早稻种植，3月底播种，7月23日左右成熟。播种前做好种子消毒，防徒长苗。宜在中等偏上肥力水平下栽培，前期促早生快发，保证穗大粒多；中期加强肥水管理，注意防治病虫害；后期干湿管理，提高千粒重。

威优晚3 (Weiyouwan 3)

品种来源：湖南杂交水稻研究中心以V20A为母本，晚3[（明恢63/二六窄早）F₁辐射系选]为父本配组育成。1994年通过湖南省农作物品种审定委员会审定。

形态特征和生物学特性：属籼型三系杂交中熟晚稻。在湖南省作双季晚稻栽培，全生育期110.0 ~ 115.0d。株高94.8cm，生长整齐，植株繁茂，分蘖力较强，成穗率高，穗大粒多。有效穗330.0万 ~ 360.0万穗/hm²，穗长23.0cm，每穗总粒数107.7粒，结实率81.4%，千粒重31.1g。

品质特性：糙米率81.6%，精米率72.2%，整精米率56.7%，精米长7.1mm，长宽比2.95，垩白粒率94.5%，垩白大小12.5%，碱消值3.5级，胶稠度58.7mm，直链淀粉含量23.6%，蛋白质含量8.4%。

抗性：较抗白叶枯病，抗稻瘟病能力较弱，田间较耐纹枯病。前期耐高温，后期抗寒能力较强。

产量及适宜地区：1992—1993年湖南省两年区试平均单产7 245.0kg/hm²，比对照威优64增产7.3%。适宜在湖南省稻瘟病轻的地区作双季晚稻种植。

栽培技术要点：在湖南省作双季晚稻种植，6月22 ~ 28日播种。大田用种量18.0 ~ 22.5kg/hm²，秧田播种量150 ~ 180kg/hm²。分厢过称均播匀播，3.0叶期移密补稀，保证每株秧苗有足够的空间和分蘖。多效唑拌芽谷播种抑制秧苗高度、增加分蘖，注意拌均匀，随拌随播。浸种时用三氯异氰尿酸消毒，秧田注意防治病虫害。秧龄控制在35d以内，移栽密度16.7cm×（20.0 ~ 23.3）cm。每穴栽插2粒谷秧，插基本苗225万苗/hm²。施肥水平宜中等偏上，大田肥料以基肥为主追肥为辅、有机肥为主化肥为辅，增施磷、钾肥，幼穗分化时视情况追施少量化肥。生长后期注意干干湿湿管水，切忌过早脱水，影响谷粒充实度，也要避免长期灌水造成披叶和纹枯病的发生。中期和后期防治稻纵卷叶螟和褐飞虱。

五丰优569（Wufengyou 569）

品种来源：贵州省水稻研究所、广东省农业科学院水稻研究所和湖南六三种业有限公司以五丰A为母本，G569为父本配组育成。2011年通过湖南省农作物品种审定委员会审定。

形态特征和生物学特性：属籼型三系杂交中熟晚稻。在湖南省作双季晚稻栽培，全生育期112d。株高104cm，株型适中，生长势强，叶鞘、稃尖紫红色，无芒，叶下禾，后期落色好。有效穗310.5万穗/hm²，每穗总粒数130.7粒，结实率78.6%，千粒重27.0g。

品质特性：糙米率80.9%，精米率73.5%，整精米率66.2%，精米长6.2mm，长宽比2.4，垩白粒率54%，垩白度7.0%，透明度2级，碱消值4.8级，胶稠度82mm，直链淀粉含量14.9%。

抗性：叶瘟4.8级，穗瘟7.3级，稻瘟病综合指数5.6，高感稻瘟病。耐低温能力中等。

产量及适宜地区：2009—2010年湖南省两年区试平均单产7 587.0kg/hm²，比对照金优207增产8.0%。日产量67.7kg/hm²，比对照金优207高3.3kg/hm²。适宜在湖南省稻瘟病轻发区作双季晚稻种植。

栽培技术要点：在湖南省作双季晚稻种植，湘北6月20日左右播种，湘中、湘南6月25日前播种。秧田播种量187.5kg/hm²，大田用种量22.5kg/hm²。秧龄控制在28d以内，种植密度16.5cm×20cm或16.7cm×23cm，每穴栽插2粒谷秧。基肥足，追肥速，中期补。氮、磷、钾肥配合施用，适当增加磷、钾肥用量。深水返青，浅水分蘖，及时晒田，有水壮苞抽穗，后期干干湿湿，不脱水过早。秧田要狠抓稻飞虱、稻叶蝉的防治，大田注意防治稻瘟病、纹枯病、稻飞虱等病虫害。

五优369 （Wuyou 369）

品种来源：湖南泰邦农业科技股份有限公司和广东省农业科学院水稻研究所以五丰A（广23A/五丰B）为母本，R369为父本配组育成。2014年通过湖南省农作物品种审定委员会审定。

形态特征和生物学特性：属籼型三系杂交中熟晚稻。在湖南省作双季晚稻栽培，全生育期114.6d。株高99.2cm，株型适中，生长势旺，茎秆有韧性，分蘖力强，剑叶直立，叶色青绿，叶鞘、稃尖紫红色，无芒，半叶下禾，后期落色好。有效穗322.5万穗/hm²，每穗总粒数132.6粒，结实率77.2%，千粒重26.1g。

品质特性：糙米率82.7%，精米率71.3%，整精米率63.4%，精米长6.6mm，长宽比2.9，垩白粒率33%，垩白度3.0%，透明度3.0级，碱消值5.3级，胶稠度55mm，直链淀粉含量19.2%。

抗性：叶瘟4.2级，穗瘟6.0级，稻瘟病综合指数4.0。白叶枯病5级，稻曲病2级。耐低温能力强。

产量及适宜地区：2012—2013年湖南省两年区试平均单产8 013.3kg/hm²，比对照岳优9113增产5.5%。日产量69.9kg/hm²，比对照岳优9113高3.8kg/hm²。适宜在湖南省稻瘟病轻发区作双季晚稻种植。

栽培技术要点：在湖南省作双季晚稻种植，6月22～25日播种。秧田播种量180kg/hm²，大田用种量22.5kg/hm²。秧龄控制在27d以内，种植密度20.0cm×20.0cm或16.7cm×20.0cm，每穴栽插2粒谷秧。基肥足，追肥速，氮、磷、钾肥配合施用，适当增加磷、钾肥用量。深水活蔸，浅水分蘖，及时晒田，有水孕穗抽穗，后期干干湿湿，不宜脱水过早。浸种时坚持用三氯异氰尿酸消毒，注意防治稻瘟病、纹枯病、稻蓟马、稻飞虱和稻纵卷叶螟等病虫害。

先丰优034（Xianfengyou 034）

品种来源：湖南省洪江先丰种业有限公司以先丰A为母本，洪恢034为父本配组育成。2009年通过湖南省农作物品种审定委员会审定。

形态特征和生物学特性：属籼型三系杂交迟熟晚稻。在湖南省作双季晚稻栽培，全生育期122d。株高112cm，株型松紧适中，剑叶较长且直立，叶鞘、稃尖均无色，籽粒饱满，有少量顶芒，落色好。有效穗240.0万～255.0万穗/hm²，每穗总粒数142.2粒，结实率77.7%，千粒重30.2g。

品质特性：糙米率82.4%，精米率73.7%，整精米率57.6%，精米长7.6mm，长宽比3.3，垩白粒率32%，垩白度2.9%，透明度1级，碱消值4.6级，胶稠度72mm，直链淀粉含量23.2%，蛋白质含量10.5%。

抗性：稻瘟病综合指数5.1。白叶枯病7级，感白叶枯病。耐低温能力中等。

产量及适宜地区：2007—2008年湖南省两年区试平均单产7 478.9kg/hm²，比对照威优46增产3.5%。日产量61.2kg/hm²，比对照威优46高1.4kg/hm²。适宜在湖南省稻瘟病轻发区作双季晚稻种植。

栽培技术要点：在湖南省作双季晚稻种植，湘南6月18日前播种，湘中、湘北提早2～4d播种。秧田播种量150.0～180.0kg/hm²，大田用种量15.0～22.5kg/hm²。秧龄30d以内，种植密度20.0cm×30.0cm。每穴栽插2粒谷秧，基本苗75万～90万苗/hm²。基肥足，追肥速，中期补。氮、磷、钾肥配合施用，适当增加磷、钾肥用量。深水活蔸，浅水分蘖，及时晒田，有水壮苞抽穗，后期干干湿湿壮籽，不宜脱水过早。注意病虫害的防治。

先丰优933 (Xianfengyou 933)

　　品种来源：湖南省洪江先丰种业有限公司以先丰A为母本，洪恢933为父本配组育成。2009年通过湖南省农作物品种审定委员会审定。

　　形态特征和生物学特性：属籼型三系杂交迟熟中稻。在湖南省作中稻栽培，全生育期138d。株高117cm，植株整齐，茎秆略高，抗倒伏性差，分蘖力中等。叶色深绿，剑叶窄长，后期披叶较重，叶鞘、稃尖无色。叶下禾，穗型较小，谷粒长形，有少量短顶芒，着粒一般，落色差。有效穗247.5万穗/hm²，每穗总粒数153.6粒，结实率82.8%，千粒重28.7g。

　　品质特性：糙米率82.7%，精米率74.3%，整精米率63.5%，精米长7.4mm，长宽比3.1，垩白粒率36%，垩白度6.5%，透明度2级，碱消值5.0级，胶稠度54mm，直链淀粉含量22.2%，蛋白质含量10.0%。

　　抗性：稻瘟病综合指数5.6，中感纹枯病。耐低温能力一般，耐高温能力中等。

　　产量及适宜地区：2007—2008年湖南省两年区试平均单产8 392.5kg/hm²，比对照Ⅱ优58增产4.2%。日产量59.3kg/hm²，比对照高4.1kg/hm²。可在湖南省海拔600m以下稻瘟病轻发的山丘区作中稻种植。

　　栽培技术要点：在湖南省作中稻种植，4月18日左右播种。秧田播种量120.0～150.0kg/hm²，大田用种量15.0～18.0kg/hm²。秧龄35d以内，种植密度20.0cm×30.0cm。每穴栽插2粒谷秧，基本苗90万～105万苗/hm²。加强肥水管理，基肥足，追肥速，中期补。氮、磷、钾肥配合施用，适当增加磷、钾肥用量。深水活蔸，浅水分蘖，及时晒田，有水壮苞抽穗，后期干干湿湿壮籽，不宜脱水过早。注意病虫害的防治。

香优63（Xiangyou 63）

品种来源：湖南杂交水稻研究中心以湘香2A（V20A/湘香2号B）为母本，明恢63为父本配组育成。分别通过湖南省（1995）和广东省韶关市（2004）农作物品种审定委员会认定或审定。

形态特征和生物学特性：属籼型三系杂交迟熟晚稻。在湖南省作晚稻栽培，全生育期125.9d。株高100cm，分蘖力强，经济性状好，穗粒结构合理。每穗总粒数100.0粒，结实率75.0%以上，千粒重28.0g。

品质特性：达到部颁优质米二级标准。

抗性：苗叶瘟4级，穗颈瘟0级，抗稻瘟病。田间鉴定抗白叶枯病、矮缩病，较抗稻飞虱和螟虫。

产量及适宜地区：1988—1989年湖南省两年区试平均单产6 750.0kg/hm²，比对照威优6号增产1.7%。适宜在湖南省稻瘟病轻发区作双季晚稻或中稻种植，适宜在韶关市中上肥力田块作晚稻种植。

栽培技术要点：在湖南省可作双季晚稻或中稻种植，栽培技术与威优6号、汕优6号或汕优63相仿。但由于组合中含有少部分早杂株，必须插双本。因为其种子带有香味，秧田期严防老鼠、麻雀等。抽穗到成熟期要注意防治稻飞虱。

湘菲优8118 (Xiangfeiyou 8118)

品种来源：湖南科裕隆种业有限公司以湘菲A（V20A///L301B/菲改B//菲改B）为母本，湘恢8118为父本配组育成。分别通过湖南省（2009）、国家（2010）农作物品种审定委员会审定。

形态特征和生物学特性：属籼型三系杂交中熟晚稻。在湖南省作双季晚稻栽培，全生育期114d。株高101cm，株型适中，剑叶直立。叶鞘、稃尖紫色，落色好。有效穗316.5万穗/hm²，每穗总粒数118.1粒，结实率80.0%，千粒重29.4g。

品质特性：糙米率82.5%，精米率73.8%，整精米率64.6%，精米长7.1mm，长宽比3.0，垩白粒率98%，垩白度17.8%，透明度2级，碱消值5.2级，胶稠度86mm，直链淀粉含量27.4%，蛋白质含量10.0%。

抗性：稻瘟病综合指数6.0。白叶枯病7级，感白叶枯病。耐寒能力较强。

产量及适宜地区：2007—2008年湖南省两年区试平均单产7 313.1kg/hm²，比对照金优207增产7.8%。日产量64.5kg/hm²，比对照金优207高2.9kg/hm²。适宜在江西、湖南、湖北、浙江以及安徽长江以南的稻瘟病轻发的双季稻区作晚稻种植。

栽培技术要点：在湖南省作双季晚稻种植，一般在6月22日播种，湘北适当提早，湘南适当推迟。秧田播种量180.0kg/hm²，大田用种量22.5kg/hm²。秧龄30d或主茎叶片数达5.0～6.0叶移栽，种植密度20.0cm×20.0cm。每穴栽插2粒谷秧，基本苗105万～120万苗/hm²。底肥足，追肥早。及时晒田控苗，后期实行湿润灌溉，不要脱水太早，以利于灌浆结实。注意防治病虫害。

湘丰优103（Xiangfengyou 103）

品种来源：湖南杂交水稻研究中心以湘丰70A（V20A/湘丰70B）为母本，湘恢103为父本配组育成。2009年通过湖南省农作物品种审定委员会审定。

形态特征和生物学特性：属籼型三系杂交中熟晚稻。在湖南省作双季晚稻栽培，全生育期110d。株高104cm，叶片挺直，剑叶长度中等，株型较紧凑，落色好。抗倒伏。有效穗267.0万～273.0万穗/hm²，每穗总粒数136.6～145.8粒，结实率77.7%～78.5%，千粒重27.0～28.0g。

品质特性：糙米率82.8%，精米率75.3%，整精米率68.9%，精米长6.8mm，长宽比2.9，垩白粒率29%，垩白度2.8%，透明度2级，碱消值4.1级，胶稠度79mm，直链淀粉含量13.6%，蛋白质含量11.2%。

抗性：稻瘟病综合指数6.7。白叶枯病9级，高感白叶枯病。耐寒。

产量及适宜地区：2007—2008年湖南省两年区试平均单产7 174.2kg/hm²，比对照金优207增产5.2%。日产量65.3kg/hm²，比对照金优207高3.2kg/hm²。适宜于湖南省稻瘟病轻发区作双季晚稻种植。

栽培技术要点：在湖南省作双季晚稻栽培，6月23～25日播种。秧田播种量90.0～120.0kg/hm²，大田用种量18.0～22.5kg/hm²。秧龄30d以内，种植密度16.5cm×20.0cm。每穴栽插2粒谷秧，基本苗120万～150万苗/hm²。施足基肥，早施追肥，后期看苗施肥。及时晒田控蘖，后期干湿交替灌溉，不宜脱水过早。注意病虫害的防治。

湘丰优186 (Xiangfengyou 186)

品种来源：湖南隆平超级杂交稻工程研究中心有限公司以湘丰70A为母本，湘恢186为父本配组育成。2009年通过国家农作物品种审定委员会审定。

形态特征和生物学特性：属籼型三系杂交迟熟晚稻。在长江中下游作双季晚稻种植，全生育期117.3d。株高111.1cm，株型适中，熟期转色好，谷粒秆尖紫色、有顶芒。有效穗252.0万穗/hm²，穗长24.0cm，每穗总粒数148.8粒，结实率78.2%，千粒重28.6g。

品质特性：整精米率59.4%，长宽比3.1，垩白粒率10%，垩白度1.6%，胶稠度71mm，直链淀粉含量16.2%，达到国家优质稻二级标准。

抗性：稻瘟病综合指数6.5，穗瘟损失率最高9级。白叶枯病9级。褐飞虱9级。

产量及适宜地区：2007—2008年长江中下游中迟熟晚籼组两年区试平均单产7 518.1kg/hm²，比对照汕优46增产3.9%。2008年生产试验，平均单产7 476.6kg/hm²，比对照汕优46增产3.1%。适宜在广西中北部、福建中北部、江西中南部、湖南中南部、浙江南部的稻瘟病、白叶枯病轻发的双季稻区作晚稻种植。

栽培技术要点：在长江中下游作双季晚稻种植，适时播种。秧田播种量180.0～225.0kg/hm²，大田用种量22.5kg/hm²。稀播培育壮秧，秧龄25～30d移栽，栽插密度16.7cm×20.0cm或16.7cm×23.3cm。以基肥为主，早施追肥，中后期控制氮肥用量，增施磷、钾肥。基肥应占总肥量的60%～70%，追肥占30%～40%。深水返青，浅水分蘖，适时搁田控苗，后期干湿壮籽，湿润养根。注意及时防治稻瘟病、白叶枯病、稻飞虱等病虫害，抽穗期注意防冷害。

湘丰优974 (Xiangfengyou 974)

品种来源：湖南杂交水稻研究中心以湘丰70A为母本，R974（测64///水源287//二六窄早/To498）为父本配组育成。2009年通过湖南省农作物品种审定委员会审定。

形态特征和生物学特性：属籼型三系杂交迟熟早稻。在湖南省作双季早稻栽培，全生育期111d。株高85cm，株型适中，剑叶窄而挺，叶色深绿，分蘖力较强，成穗率高，穗大粒多，着粒较密，后期落色好。有效穗345.0万穗/hm²，每穗总粒数120.0粒，结实率80.0%，千粒重26.0g。

品质特性：糙米率80.7%，精米率72.8%，整精米率67.5%，精米长6.4mm，长宽比2.7，垩白粒率54%，垩白度11.8%，透明度2级，碱消值3.5级，胶稠度80mm，直链淀粉含量14.5%，蛋白质含量8.7%。

抗性：稻瘟病综合指数7.1。白叶枯病5级，中感白叶枯病。

产量及适宜地区：2007—2008年湖南省两年区试平均单产8 134.2kg/hm²，比对照金优402增产3.2%。日产量72.5kg/hm²，比对照金优402高2.4kg/hm²。适宜于湖南省稻瘟病轻发区作双季早稻种植。

栽培技术要点：在湖南省作双季早稻栽培，3月25～30日播种。秧田播种量150.0～300.0kg/hm²。种植密度16.5cm×20.0cm或13.0cm×20.0cm，插基本苗120万～150万苗/hm²。施足底肥，早施追肥，氮、磷、钾肥配合施用，有机肥、无机肥适量搭配。基肥应占总肥量的60%～70%，移栽前以22.5～30.0t/hm²土杂肥或22.5t/hm²腐熟厩肥加450.0kg/hm²五氧化二磷作底肥。移栽后7d内用120.0～150.0kg/hm²尿素追肥，在抽穗期根据叶色或长势酌情补施氮肥和钾肥或喷施叶面肥，保证不衰、不贪青。后期宜采用干湿交替灌溉，不宜脱水过早。注意稻瘟病、纹枯病、螟虫、稻飞虱等病虫害的防治。

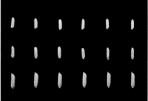

湘华优7号 （Xianghuayou 7）

品种来源：湖南亚华种业科学研究院以华37A（金23A/华37B）为母本，华恢7号（测58/蜀恢527）为父本配组育成。2006年通过湖南省农作物品种审定委员会审定。

形态特征和生物学特性：属籼型三系杂交中熟中稻。在湖南省作中稻栽培，全生育期139d。株高117.9cm，株型较紧凑，茎秆中粗，不抗倒伏，感温性较强，生育期弹性较大。叶鞘、叶耳、叶缘、稃尖均为紫色，剑叶宽大、夹角小。分蘖力中等，成穗率62.0%，抽穗整齐，叶下禾，籽粒饱满，长粒型，偶有顶芒，后期落色一般。有效穗261.0万穗/hm²，每穗总粒数148.1粒，结实率75.9%，千粒重28.1g。

品质特性：糙米率81.3%，精米率74.2%，整精米率52.2%，精米长7.2mm，长宽比3.1，垩白粒率66%，垩白度8.4%，透明度2级，碱消值4.8级，胶稠度54mm，直链淀粉含量19.9%，蛋白质含量8.8%。

抗性：叶瘟4级，穗瘟3级，中抗穗瘟。白叶枯病7级，感白叶枯病。抗高温能力较强，抗寒能力差。

产量及适宜地区：2004年湖南省区试平均单产8 076.0kg/hm²，比对照金优207增产12.6%；2005年转迟熟组续试平均单产8 466.0kg/hm²，比对照Ⅱ优58增产11.5%。两年区试平均单产8 271.0kg/hm²，比对照增产12.1%。日产量59.4kg/hm²，比对照高6.8kg/hm²。适宜于湖南省海拔600m以下地区作中稻种植。

栽培技术要点：在湖南省作中稻种植，4月15日左右播种。秧田播种量150.0kg/hm²，大田用种量22.5kg/hm²。播种时种子拌多效唑，水育小苗5.5～6.0叶移栽。插植密度16.7cm×26.4cm，插18.8万～22.5万穴/hm²，每穴栽插2～3粒谷秧。需肥水平中上，够苗及时晒田。坚持用三氯异氰尿酸浸种，及时施药防治二化螟、稻纵卷叶螟、稻飞虱、纹枯病等病虫害。

湘优6号 （Xiangyou 6）

品种来源：孙梅元和湖南荆楚种业科技有限公司以湘菲A为母本，R166为父本配组育成。2011年通过湖南省农作物品种审定委员会审定。

形态特征和生物学特性：属籼型三系杂交迟熟中稻。在湖南省作中稻栽培，全生育期141.5d。株高119.2cm，株型适中，生长势较强，叶鞘绿色，稃尖秆黄色，无芒，叶下禾，后期落色好。有效穗211.5万穗/hm²，每穗总粒数194.7粒，结实率77.6%，千粒重28.9g。

品质特性：糙米率80.9%，精米率67.6%，整精米率50.6%，精米长7.0mm，长宽比3.2，垩白粒率58%，垩白度8.1%，透明度2级，碱消值3.0级，胶稠度55mm，直链淀粉含量22.8%。

抗性：叶瘟3.5级，穗瘟7.6级，稻瘟病综合指数4.6，高感稻瘟病。耐高温、低温能力强。

产量及适宜地区：2009—2010年湖南省两年区试平均单产8 887.5kg/hm²，比对照Ⅱ优58增产6.0%。日产量62.9kg/hm²，比对照Ⅱ优58高3.9kg/hm²。适宜在湖南省稻瘟病轻发的山丘区作中稻种植。

栽培技术要点：在湖南省作中稻种植，4月下旬播种。秧田播种量150kg/hm²，大田用种量22.5kg/hm²。秧龄控制在30d以内，种苗叶龄5.0～5.5叶移栽。种植密度20.0cm×26.6cm或20.0cm×30.0cm，每穴栽插2粒谷秧。基肥足，追肥速，中期补。氮、磷、钾肥配合施用，适当增加磷、钾肥用量。深水活蔸，浅水分蘖，及时晒田，有水壮苞抽穗，后期干干湿湿，不要脱水过早。注意防治稻瘟病、稻飞虱、螟虫等病虫害。

湘优616 (Xiangyou 616)

品种来源：永州市农业科学研究所、湖南杂交水稻研究中心和湖南金色农华种业科技有限公司以湘丰70A为母本，R616（先恢207变异株系选）为父本配组育成。2013年通过湖南省农作物品种审定委员会审定。

形态特征和生物学特性：属籼型三系杂交迟熟早稻。在湖南省作双季早稻栽培，全生育期113.1d。株高89.0cm，株型紧凑，生长势强，植株整齐，茎秆粗壮，叶姿直立，剑叶挺直，分蘖力强，间有短顶芒，叶下禾，后期落色好，抗倒伏性好。有效穗345万穗/hm²，每穗总粒数115.3粒，结实率80.9%，千粒重27.1g。

品质特性：糙米率81.1%，精米率71.5%，整精米率62.9%，精米长7.0mm，长宽比2.9，垩白粒率50%，垩白度4.0%，透明度2级，碱消值3.0级，胶稠度86mm，直链淀粉含量13.8%。

抗性：叶瘟4.2级，穗瘟5.4级，稻瘟病综合指数3.8。白叶枯病4级。

产量及适宜地区：2011—2012年湖南省两年区试平均单产7 725.2kg/hm²，比对照陆两优996增产4.7%。日产量68.4kg/hm²，比对照陆两优996高2.6kg/hm²。适宜在湖南省稻瘟病轻发区作双季早稻种植。

栽培技术要点：在湖南省作双季早稻种植，旱育秧3月22日左右播种，水育秧3月28日左右播种。秧田播种量180kg/hm²，大田用种量30.0～37.5kg/hm²。软盘抛秧3.1～3.5叶抛栽，旱育小苗3.5～4.0叶移栽，水育小苗4.5叶左右移栽。插植密度16.5cm×20.0cm，每穴栽插2～3粒谷秧。需肥水平中上，采取前重、中控、后补的施肥方法。分蘖期干湿相间，够苗及时晒田，后期以润为主，干干湿湿，保持根系活力。坚持用三氯异氰尿酸浸种，及时施药防治二化螟、稻纵卷叶螟、稻飞虱、纹枯病、稻瘟病等病虫害。

湘优8218 （Xiangyou 8218）

品种来源：湖南科裕隆种业有限公司以湘菲A为母本，湘恢8218为父本配组育成。2013年通过湖南省农作物品种审定委员会审定。

形态特征和生物学特性：属籼型三系杂交迟熟中稻。在湖南省作中稻栽培，全生育期138.8d。株高127.2cm，熟期适宜，丰产性好，稳定性好。株型适中，生长势强，植株整齐，叶姿直立，叶鞘绿色，稃尖秆黄色，中长芒，叶下禾，后期落色好。每穗总粒数191.8粒，结实率85.6%，千粒重28.0g。

品质特性：糙米率80.1%，精米率70.0%，整精米率62.8%，精米长7.1mm，长宽比3.4，垩白粒率43%，垩白度5.2%，透明度2级，碱消值4.0级，胶稠度50mm，直链淀粉含量23.5%。

抗性：叶瘟4.3级，穗颈瘟6.3级，稻瘟病综合指数4.2。白叶枯病7级，稻曲病3级。耐高温、低温能力中等。

产量及适宜地区：2011—2012年湖南省两年区试平均单产9 557.6kg/hm²，比对照Y两优1号增产2.3%。日产量69.2kg/hm²，比对照Y两优1号高2.3kg/hm²。适宜在湖南省稻瘟病轻发的山丘区作中稻种植。

栽培技术要点：在湖南省作中稻种植，4月中下旬播种。秧田播种量180kg/hm²，大田用种量15.0kg/hm²。秧龄控制在30d以内，秧苗5.0 ~ 6.0叶移栽。种植密度24cm×24cm，每穴栽插2粒谷秧。基肥足，追肥速，中期补。氮、磷、钾肥配合施用，适当增加磷、钾肥用量。深水活苠，浅水分蘖，及时晒田，有水壮苞抽穗，后期干干湿湿，不要脱水过早。注意防治稻瘟病、稻曲病、稻飞虱、螟虫等病虫害。

湘州优918 (Xiangzhouyou 918)

品种来源：张家界市瑞安水稻研究所以湘州113A（金23A/湘州113B）为母本，张恢918（密阳46/多系1号//恩恢58）为父本配组育成。2009年通过湖南省农作物品种审定委员会审定。

形态特征和生物学特性：属籼型三系杂交迟熟中稻。在湖南省作中稻栽培，全生育期141d。株高116cm，株型适中，叶色淡绿，剑叶较长，前期直立，后期略披，叶鞘、稃尖无色，后期落色好。有效穗244.5万穗/hm²，每穗总粒数158.6粒，结实率84.5%，千粒重28.0g。

品质特性：糙米率82.6%，精米率73.7%，整精米率64.7%，精米长7.0mm，长宽比2.9，垩白粒率29%，垩白度5.7%，透明度2级，碱消值4.0级，胶稠度82mm，直链淀粉含量21.2%，蛋白质含量10.0%。

抗性：稻瘟病综合指数5.1，中感纹枯病。抗寒能力一般，耐高温能力中等。

产量及适宜地区：2007—2008年湖南省两年区试平均单产8 406.0kg/hm²，比对照Ⅱ优58增产3.7%。日产量59.9kg/hm²，比对照Ⅱ优58高4.4kg/hm²。适宜于湖南省海拔600m以下稻瘟病轻发的山丘区作中稻种植。

栽培技术要点：在湖南省作中稻种植，4月初到5月初播种。秧田播种量150.0～187.5kg/hm²，大田用种量18.8kg/hm²。秧龄30d左右，种植密度20.0cm×23.0cm或20.0cm×26.5cm。每穴栽插2粒谷秧，基本苗90万苗/hm²。基肥足，追肥速，适当增施磷、钾肥，中后期控制氮肥。深水活蔸，浅水分蘖，及时晒田，有水壮苞抽穗，干干湿湿壮籽，忌脱水过早。注意病虫害的防治。

湘州优H104 （Xiangzhouyou H 104）

品种来源：湘西土家族苗族自治州农业科学研究所和全国农业技术推广服务中心以湘州113A为母本，州恢H104（萍恢725/皖恢110//镇恢084）为父本配组育成。2008年通过湖南省农作物品种审定委员会审定。

形态特征和生物学特性：属籼型三系杂交中熟中稻。在湖南省作中稻栽培，全生育期116d。株高113.0cm，分蘖力较强，株型较松散，叶片较长，剑叶宽大且长，披叶，不耐高肥。叶鞘、稃尖无色。抽穗整齐，穗大粒多，半叶下禾，落色一般。有效穗225.8万穗/hm²，每穗总粒数175.2粒，结实率79.5%，千粒重27.0g。

品质特性：糙米率82.5%，精米率73.8%，整精米率59.9%，精米长7.1mm，长宽比3.2，垩白粒率66%，垩白度9.8%，透明度2级，碱消值5.8级，胶稠度86mm，直链淀粉含量22.2%，蛋白质含量7.7%。

抗性：叶瘟3级，穗瘟9级，稻瘟病综合指数4.75，高感穗瘟。易感纹枯病。抗寒能力一般，抗高温能力较好。

产量及适宜地区：2006—2007年湖南省两年区试平均单产7 984.5kg/hm²，比对照金优207增产12.7%。日产量59.4kg/hm²，比对照金优207高5.4kg/hm²。适宜于湖南省海拔600m以下稻瘟病轻发的山丘区作中稻种植。

栽培技术要点：在湖南省山丘区作中稻种植，4月上旬播种。大田用种量22.5kg/hm²，秧龄30d以内。种植密度17.0cm×20.0cm。重施基肥，早施分蘖肥，促早生快发。中等肥力水平田块施碳酸氢铵600.0kg/hm²、五氧化二磷600.0kg/hm²作基肥，栽后5d追施尿素150.0kg/hm²、氧化钾150.0kg/hm²。足苗及时晒田，轻晒多露，有水孕穗抽穗，后期保持湿润，忌脱水过早。加强对稻瘟病、纹枯病、螟虫、稻飞虱等病虫害的防治。

协优117（Xieyou 117）

品种来源：四川省泸州泰丰种业有限公司以协青早A（矮败/竹军//协珍1号///军协/温选青//秋塘早5号）为母本，泸恢17（02428/圭630）为父本配组育成。2009年通过湖南省农作物品种审定委员会审定。

形态特征和生物学特性：属籼型三系杂交一季晚稻。在湖南省作一季晚稻栽培，全生育期126d。株高131cm，株型紧凑，茎秆粗壮，剑叶直，叶色较浓，长势旺，叶鞘、稃尖紫色，后期落色好。有效穗245.3万穗/hm²，每穗总粒数151.1粒，结实率81.4%，千粒重31.1g。

品质特性：糙米率82.9%，精米率73.9%，整精米率45.9%，精米长6.9mm，长宽比2.6，垩白粒率72%，垩白度14.0%，透明度2级，碱消值5.8级，胶稠度38mm，直链淀粉含量23.2%，蛋白质含量11.2%。

抗性：稻瘟病综合指数5.9。白叶枯病7级，感白叶枯病。

产量及适宜地区：2007—2008年湖南省两年区试平均单产8 779.5kg/hm²，比对照汕优63增产5.9%。日产量69.8kg/hm²，比对照汕优63高3.0kg/hm²。适宜于湖南省稻瘟病轻发区作一季晚稻种植。

栽培技术要点：在湖南省作一季晚稻种植，可与当地汕优63同期播种。秧田播种量180.0～225.0kg/hm²，大田用种量15.0kg/hm²。水育秧秧龄不超过30d，适当稀播。注意合理密植，建立良好的高产群体结构。重施底肥，早施追肥，培育多蘖壮秧，巧施穗肥，氮、磷、钾肥配合，有机肥、无机肥适量搭配。科学管水，注意病虫害的防治。

协优432（Xieyou 432）

品种来源：湖南杂交水稻研究中心以协青早A为母本，R432（测64-7/IR56）为父本配组育成。1993年通过湖南省农作物品种审定委员会审定。

形态特征和生物学特性：属籼型三系杂交双季晚稻。在湖南省作双季晚稻栽培，全生育期115d。株高85cm，株叶型好，分蘖力强。有效穗375.0万～390.0万穗/hm²，每穗总粒数95.0粒，结实率75.0％，千粒重27.3g。

品质特性：糙米率81.6%，精米率72.7%，整精米率65.0%，垩白粒率37.7%。

抗性：苗叶瘟4～7级，穗颈瘟0～1级。白叶枯病7级，稻飞虱7级。

产量及适宜地区：1988—1989年湖南省两年区试平均单产7 014.0kg/hm²，比对照威优64增产2.5%。适宜在湖南省作双季晚稻种植。

栽培技术要点：在湖南省作双季晚稻种植，长沙地区6月25日左右播种，湘南可适当推迟。7月25日以前移栽，秧龄最好不超过30d。该组合苗架较矮，茎秆较细，前期生长缓慢，应适当密植，一般插24.0万～30.0万穴/hm²，每穴栽插2粒谷秧。宜早施肥，促进早分蘖、多分蘖，中后期看苗施肥，同时注意水分管理和病虫害防治。

协优716 (Xieyou 716)

品种来源：四川农业大学水稻研究所和四川农大高科农业有限责任公司湖南分公司以协青早A为母本，蜀恢716（辐36-2/蜀恢527//蜀恢527）为父本配组育成。2004年通过湖南省农作物品种审定委员会审定。

形态特征和生物学特性：属籼型三系杂交迟熟中稻。在湖南省作中稻栽培，全生育期140.0d。株高117.1cm，株型紧凑，分蘖力中等，叶色青绿，叶夹角较小，容穗量较大，成穗率较高，穗层整齐，后期落色好。中等穗型，丰产性好。较耐肥，抗倒伏能力强。有效穗240.0万～255.0万穗/hm²，每穗总粒数140.0粒，结实率87.0%，千粒重32.1g。

品质特性：糙米率80.0%，精米率69.2%，整精米率50.2%，垩白粒率90.5%，垩白大小28.2%，长宽比3.1。

抗性：叶瘟0～1级，穗瘟1～9级，感稻瘟病。耐寒性中等。

产量及适宜地区：2002—2003年湖南省两年区试平均单产8 424.0kg/hm²，较对照Ⅱ优58增产3.1%。适宜于湖南省海拔500m以下稻瘟病轻发区作中稻种植。

栽培技术要点：在湘西、湘西南等地作中稻种植，4月中旬播种。秧龄40d左右，种植密度为16.7cm×23.3cm或16.7cm×26.7cm，插基本苗120万苗/hm²。注意防治病虫害。

欣荣优华占（Xinrongyouhuazhan）

品种来源：湖南金色农华种业科技有限公司和中国水稻研究所以欣荣A为母本，华占为父本配组育成。2013年分别通过湖南省、江西省和国家农作物品种审定委员会审定。

形态特征和生物学特性：属籼型三系杂交迟熟晚稻。在湖南省作双季晚稻栽培，全生育期118.2d。株高103.3cm，株型适中，生长势强，植株整齐，叶姿直立，叶鞘、稃尖紫红色，无芒，叶下禾，后期落色好。有效穗307.5万穗/hm²，每穗总粒数152.0粒，结实率81.6%，千粒重23.9g。

品质特性：糙米率81.8%，精米率72.6%，整精米率69.6%，精米长6.3mm，长宽比3.0，垩白粒率20%，垩白度2.8%，碱消值3.0级，透明度2级，胶稠度80mm，直链淀粉含量15.0%。

抗性：叶瘟3.8级，穗颈瘟6.0级，稻瘟病综合指数4.0。白叶枯病7级，稻曲病7级。耐低温能力中等。

产量及适宜地区：2011—2012年湖南省两年区试平均单产8 139.5kg/hm²，比对照天优华占增产4.0%。日产量69.0kg/hm²，比对照天优华占高4.5kg/hm²。适宜在湖南、江西稻瘟病轻发区作双季晚稻种植，适宜在江西、湖南（武陵山区除外）、湖北（武陵山区除外）、安徽、浙江、江苏的长江流域稻区以及福建北部、河南南部作一季中稻种植。

栽培技术要点：在湖南省作双季晚稻种植，湘北6月18日左右播种，湘中、湘南6月20日前播种。秧田播种量150～180kg/hm²，大田用种量15kg/hm²。秧龄控制在25d左右，根据肥力水平种植密度采用16.5cm×20.0cm或16.7cm×23.0cm，每穴栽插2粒谷秧。基肥足，追肥速，中期补。氮、磷、钾肥配合施用，适当增施磷、钾肥。深水返青，浅水分蘖，及时晒田，有水壮苞抽穗，后期干干湿湿，不宜脱水过早。秧田要狠抓稻飞虱、稻叶蝉防治，大田注意防治稻瘟病、纹枯病、稻飞虱等病虫害。

新香优101（Xinxiangyou 101）

品种来源：湖南杂交水稻研究中心以新香A（V20A/新香B）为母本，湘恢101（明恢63/H58）为父本配组育成。2008年通过湖南省农作物品种审定委员会审定。

形态特征和生物学特性：属籼型三系杂交迟熟晚稻。在湖南省作双季晚稻栽培，全生育期122d。株高106cm，株叶形态较好，剑叶较长且直立，叶鞘、稃尖紫色。有效穗270.0万穗/hm²，每穗总粒数130.0粒，结实率80.0%，千粒重30.0g。

品质特性：糙米率81.6%，精米率74.2%，整精米率67.2%，精米长7.1mm，长宽比3.0，垩白粒率54%，垩白度6.4%，透明度1级，碱消值6.2级，胶稠度70mm，直链淀粉含量22.5%，蛋白质含量9.8%。

抗性：叶瘟9级，穗瘟9级，稻瘟病综合指数7.5级，高感稻瘟病。白叶枯病9级，高感白叶枯病。抗低温能力一般。

产量及适宜地区：2006—2007年湖南省两年区试平均单产7 625.2kg/hm²，比对照威优46增产6.1%。日产量63.3kg/hm²，比对照威优46高3.9kg/hm²。适宜于湖南省稻瘟病轻发区作双季晚稻种植。

栽培技术要点：在湖南省作双季晚稻种植，6月15～20日播种。秧田播种量150.0～225.0kg/hm²，大田用种量22.5kg/hm²。秧龄25d左右，插27.0万穴/hm²。每穴栽插2粒谷秧，插足基本苗120万～150万苗/hm²。以基肥为主，早施追肥，中后期控制氮肥施用，增施磷、钾肥。基肥占总施肥量的60%～70%，追肥占30%～40%。深水返青，浅水分蘖，适时搁田控苗，后期干湿壮籽、湿润养根。综合防治稻瘟病及其他病虫害。

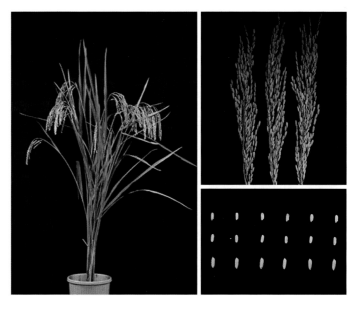

新香优102（Xinxiangyou 102）

品种来源：湖南亚华种业科学研究院以新香A为母本，华恢102（华恢110系选）为父本配组育成。2006年通过湖南省农作物品种审定委员会审定。

形态特征和生物学特性：属籼型三系杂交中熟晚稻。在湖南省作双季晚稻栽培，全生育期111d。株高95cm，株型适中，分蘖力强，茎秆较粗，叶片青绿，剑叶较宽且直立。籽粒饱满，后期落色好，稃尖紫色，部分籽粒有顶芒，易脱粒不易落粒。有效穗322.5万穗/hm²，每穗总粒数116.5粒，结实率79.0%，千粒重26.4g。

品质特性：糙米率82.0%，精米率75.1%，整精米率63.0%，精米长6.7mm，长宽比2.9，垩白粒率57%，垩白度6.6%。透明度2级，碱消值6.2级，胶稠度46mm，直链淀粉含量22.3%，蛋白质含量9.8%。

抗性：叶瘟8级，穗瘟9级，高感稻瘟病。白叶枯病7级，感白叶枯病。抗寒能力较强。

产量及适宜地区：2004—2005年湖南省两年区试平均单产7 175.8kg/hm²，比对照金优207增产3.3%。日产量64.4kg/hm²，比对照金优207高1.5kg/hm²。适宜于湖南省非稻瘟病区作双季晚稻种植。

栽培技术要点：在湖南省作双季晚稻种植，湘中6月23日播种，湘南推迟2～3d，湘北提早2～4d。秧田播种量225.0kg/hm²，大田用种量22.5kg/hm²。秧龄控制在30d以内，种植密度16.5cm×20.0cm。每穴栽插2粒谷秧，基本苗120万～150万苗/hm²。施足基肥，早施追肥，后期看苗施肥。前期浅水灌溉，够苗晒田控蘖；后期湿润灌溉，抽穗扬花期保持水层，灌浆期不能脱水过早。注意病虫害特别是稻瘟病、纹枯病的防治。

新香优111（Xinxiangyou 111）

品种来源：长沙长龙生物科技有限公司以新香A为母本，长恢111为父本配组育成。2009年通过湖南省农作物品种审定委员会审定。

形态特征和生物学特性：属籼型三系杂交迟熟中稻。在湖南省作中稻栽培，全生育期140d。株高105cm，株型适中，植株整齐，叶下禾，茎秆粗壮，分蘖力弱，繁茂性较差。叶色浓绿，叶片挺直，剑叶短小，叶鞘、稃尖紫色。谷粒中长形，有短顶芒，着粒密，落色一般。有效穗270.0万穗/hm²，每穗总粒数173.0粒，结实率81.1%，千粒重26.8g。

品质特性：糙米率81.7%，精米率73.2%，整精米率58.7%，精米长6.7mm，长宽比3.0，垩白粒率52%，垩白度8.9%，透明度2级，碱消值5.1级，胶稠度68mm，直链淀粉含量21.9%，蛋白质含量7.9%。

抗性：叶瘟4级，穗瘟9级，稻瘟病综合指数6.8。易感纹枯病。耐低温、高温能力较强。

产量及适宜地区：2006—2007年湖南省两年区试平均单产8 385.0kg/hm²，比对照Ⅱ优58增产4.7%。日产量60.0kg/hm²，比对照Ⅱ优58高4.7kg/hm²。适宜于湖南省海拔500m以下稻瘟病轻发的山丘区作中稻种植。

栽培技术要点：在湖南省作中稻栽培，4月20日左右播种。秧田播种量180.0kg/hm²，大田用种量22.5kg/hm²。稀播匀播，叶龄5～6叶移栽，秧龄控制在30d以内。种植密度16.5cm×26.5cm。每穴栽插2粒谷秧，基本苗90万～120万苗/hm²。需肥水平中等，基肥足，追肥早，促分蘖早发，主攻大穗重粒夺高产，中后期看苗补施穗肥和壮籽肥。及时晒田控蘖，后期实行湿润灌溉，抽穗扬花后不能过早脱水，有水灌浆，湿润壮籽，保证充分灌浆结实。注意稻瘟病等病虫害的防治。

新香优118（Xinxiangyou 118）

品种来源：永州市农业科学研究所以新香A为母本，R118（德国吨稻/明恢63）为父本配组育成。2005年通过湖南省农作物品种审定委员会审定。

形态特征和生物学特性：属籼型三系杂交中熟晚稻。在湖南省作双季晚稻栽培，全生育期110d。株高100cm，株型适中，分蘖力强，苗期繁茂性好，茎秆较粗，抗倒伏能力强。叶片青绿，剑叶较宽且直立，后期落色好，籽粒饱满。稃尖紫色，间有顶芒，谷粒有香味。有效穗319.5万穗/hm²，每穗总粒数113.0粒，结实率76.7%，千粒重27.3g。

品质特性：糙米率82.6%，精米率75.2%，整精米率72.1%，精米长6.9mm，长宽比3.2，垩白粒率12%，垩白度0.9%，透明度1级，碱消值6.4级，胶稠度88mm，直链淀粉含量23.1%，蛋白质含量9.7%。

抗性：叶瘟8级，穗瘟9级，感稻瘟病。白叶枯病5级。耐寒性中等。

产量及适宜地区：2002年湖南省区试平均单产6 847.8kg/hm²，比对照威优77增产4.7%，极显著；日产量60.8kg/hm²，比对照威优77高1.2kg/hm²。2003年续试平均单产6 788.3kg/hm²，比对照金优207减产2.0%，不显著；日产量60.9kg/hm²，比对照金优207低2.6kg/hm²。两年区试平均单产6 818.1kg/hm²，日产量60.9kg/hm²。适宜在湖南省稻瘟病轻发区作双季晚稻种植。

栽培技术要点：在湖南省作双季晚稻种植，湘中6月25日左右播种，湘北提早3～4d、湘南推迟3～4d播种。秧田播种量225.0kg/hm²，大田用种量22.5kg/hm²。秧龄控制在30d以内，种植密度16.5cm×20.0cm或16.5cm×26.0cm。每穴栽插2～3粒谷秧，插足基本苗90万～120万苗/hm²。施足基肥，早施追肥，后期看苗施肥。前期浅水灌溉，够苗晒田，后期湿润灌溉，抽穗扬花期保持水层，灌浆期不能脱水过早。注意防治稻瘟病和纹枯病。

新香优315（Xinxiangyou 315）

品种来源：湖南德农种业有限公司以新香A为母本，德恢315（明恢63/密阳46//恩恢58）为父本配组育成。2006年通过湖南省农作物品种审定委员会审定。2009年获国家植物新品种权授权。

形态特征和生物学特性：属籼型三系杂交迟熟晚稻。在湖南省作双季晚稻栽培，全生育期121d。株高99.0～103.0cm，株型适中，分蘖力较强，生长势中等，叶色青绿。抽穗整齐，成穗率高，成熟后落色好，穗粒结构均衡。有效穗330.0万穗/hm²，每穗总粒数110.0粒，结实率82.0%，千粒重27.1g。

品质特性：糙米率82.1%，精米率75.5%，整精米率67.2%，精米长6.3mm，长宽比2.6，垩白粒率66%，垩白度9.9%，透明度3级，碱消值5.8级，胶稠度48mm，直链淀粉含量20.7%，蛋白质含量10.5%。

抗性：叶瘟6级，穗瘟7级，感稻瘟病。白叶枯病7级，感白叶枯病。抗寒能力一般。

产量及适宜地区：2004—2005年湖南省两年区试平均单产7 411.4kg/hm²，比对照威优46增产1.4%。日产量61.2kg/hm²，比对照威优46高1.1kg/hm²。适宜在湖南省稻瘟病轻发区作双季晚稻种植。

栽培技术要点：在湖南省作双季晚稻种植，6月15日前后播种。大田用种量22.5kg/hm²，秧龄35d以内，7月20日前移栽。适当密植，种植密度16.7cm×20.0cm。每穴栽插2粒谷秧，插足基本苗120万苗/hm²。适宜中等肥力水平栽培，以有机底肥为主，速效追肥为辅。及时晒田控蘖，后期实行湿润灌溉。注意病虫害防治。

新香优63（Xinxiangyou 63）

品种来源：湖南杂交水稻研究中心和湖南农业大学以新香A为母本，明恢63（IR30/圭630）为父本配组育成。分别通过湖南省（2001）、广西壮族自治区（2001）和贵州省（2002）农作物品种审定委员会审定或认定。

形态特征和生物学特性：属籼型三系杂交迟熟中稻。在湖南省作中稻栽培，全生育期135.0d。株高105.0cm，株型适中，茎秆弹性好，分蘖力强，成穗率高，主茎17片叶，叶色淡绿，叶片挺立，属叶下禾，谷粒长形。有效穗300.0万穗/hm²，穗长22.0cm，每穗总粒数125.0粒，结实率75.0%，千粒重29.0g。

品质特性：糙米率80.2%，精米率71.5%，整精米率56.5%，精米长7.1mm，长宽比3.0，垩白粒率56%，垩白度18.2%，胶稠度58mm，直链淀粉含量22.8%，蛋白质含量9.4%，部分米粒具有清香味。

抗性：苗瘟6级，穗瘟5级，感稻瘟病。白叶枯病5级，感白叶枯病。

产量及适宜地区：1995—1996年全国两年中稻区试平均单产8 103.0kg/hm²，比对照汕优63增产1.0%。适宜在湖南省作中稻种植，适宜在广西中部作晚稻、北部作中稻种植，适宜在贵州省中晚熟籼稻区种植。

栽培技术要点：在湖南省作中稻种植，4月下旬播种。秧田播种225.0kg/hm²，大田用种量22.5kg/hm²。5月底前移栽，秧龄控制在35d以内。分蘖力强，宜适当稀植，种植密度16.6cm×26.6cm或20.0cm×26.6cm。每穴栽插2粒谷秧，插足基本苗150万苗/hm²。施肥以基肥为主，追肥为辅，后期看苗施肥。深水活蔸，有水壮苞，抽穗后干湿交替灌溉。注意及时防治病虫害。

新香优640 (Xinxiangyou 640)

品种来源：湖南杂交水稻研究中心以新香A为母本，R640（M3/竹青）为父本配组育成。2005年通过湖南省农作物品种审定委员会审定。2010年获国家植物新品种权授权。

形态特征和生物学特性：属籼型三系杂交中熟偏迟中稻。在湖南省山丘区作中稻栽培，全生育期135d。株高107cm，株叶形态好，茎秆粗壮，坚韧抗倒伏，叶色较深，叶鞘、叶舌、叶耳均为紫色，叶片夹角较小，属叶下禾。成熟落色好。有效穗271.5万穗/hm²，每穗总粒数148.0粒，结实率81.6%，千粒重28.8g。

品质特性：糙米率81.9%，精米率72.6%，整精米率60.9%，精米长6.8mm，长宽比3.0，垩白粒率56%，垩白度11.6%，透明度2级，碱消值5.0级，胶稠度77mm，直链淀粉含量21.9%，蛋白质含量9.7%。

抗性：叶瘟4级，穗颈瘟9级，感稻瘟病。耐寒性中等偏弱，耐高温性好。

产量及适宜地区：2003—2004年湖南省两年区试平均单产8 232.0kg/hm²，比对照金优207增产14.2%。日产量60.9kg/hm²，比对照金优207高4.4kg/hm²。适宜在湖南省海拔300～600m稻瘟病轻发的山丘区作中稻种植。

栽培技术要点：在湖南省山丘区作中稻种植，4月中旬播种。秧田播种量112.5～150.0kg/hm²，大田用种量22.5～30.0kg/hm²。秧龄35d以内，5月20日以前移栽。种植密度16.7cm×23.3cm，每穴栽插2粒谷秧，基本苗105万苗/hm²。施足基肥，早施追肥。及时晒田控蘖，后期湿润灌溉，抽穗扬花后不要脱水过早。注意防治稻瘟病等病虫害。

新香优77（Xinxiangyou 77）

品种来源：湖南杂交水稻研究中心以新香A为母本，明恢77为父本配组育成。1997年通过湖南省农作物品种审定委员会认定。

形态特征和生物学特性：属籼型三系杂交中熟晚稻。在湖南省作双季晚稻栽培，全生育期114d。株高97.9cm，株型适中，分蘖力中等，分蘖穗较整齐，茎秆较细，抗倒伏性稍差，叶色淡绿。有效穗345.0万穗/hm²，每穗总粒数107.1粒，结实率73.5%，千粒重27.9g。

品质特性：糙米率81.0%，精米率72.2%，整精米率58.5%，垩白粒率59.5%，垩白大小26.0%，精米长7.2mm，长宽比3.0，部分米粒具有香味。

抗性：叶瘟6级，穗瘟8级。白叶枯病8级。

产量及适宜地区：1995—1996年湖南省两年区试平均单产6 825.3kg/hm²，比对照威优64增产4.0%。适宜在湖南省无白叶枯病的地区作双季晚稻种植。

栽培技术要点：在湖南省作双季晚稻种植，6月下旬播种。大田用种量22.5kg/hm²，秧田播种量187.5kg/hm²以内。秧龄25d左右，插植密度16.7cm×20.0cm或16.7cm×23.3cm，插基本苗150万～180万苗/hm²。茎秆较细，抗倒伏性稍差，中等肥力水平为佳。大田施足底肥，早施分蘖肥，后期看苗施肥。施肥应以有机肥为主、氮肥为辅，同时兼顾磷、钾肥。

新香优80 （Xinxiangyou 80）

品种来源：湖南农业大学水稻研究所以新香A为母本，R80（明恢63/松南8号）为父本配组育成。分别通过湖南省（1997）、福建省（2001）和湖北省（2004）农作物品种审定委员会审定。

形态特征和生物学特性：属籼型三系杂交中熟晚稻。在湖南省作双季晚稻栽培，全生育期115.0d。株高91cm，茎秆较坚韧，根系发达，叶片中长直立，叶色较浓绿，稃尖紫色，半叶下禾，株叶形态好。分蘖力强，成穗率高，抗寒性较强，后期落色好。有效穗345.0万穗/hm^2，每穗总粒数108.2粒，结实率78.8%，千粒重27.2g。

品质特性：糙米率82.4%，精米率70.0%，整精米率50.2%，垩白粒率30%，垩白大小6.5%，碱消值6.4级，胶稠度87mm，直链淀粉含量20.9%，蛋白质含量9.8%。1995年在湖南省第三届优质米品种评选中被评为三等优质稻。

抗性：叶瘟5级，穗瘟5级。白叶枯病7级。耐肥，抗倒伏。

产量及适宜地区：1996年参加湖南省区试平均单产7 236.5kg/hm^2，比对照威优64增产11.2%，比对照威优46增产3.5%。日产量62.6kg//hm^2。适宜在湖南省无白叶枯病的地区、湖北省稻瘟病无病区或轻发区作双季晚稻种植，适宜在福建省稻瘟病轻发区作早稻种植。

栽培技术要点：在湖南省作双季晚稻种植，6月下旬播种。大田用种量22.5kg/hm^2，秧田播种量150.0kg/hm^2。浸种前用清水洗去秕粒，用三氯异氰尿酸浸种12h，充分洗净后采用少浸多露的方法催芽。秧龄不超过30d，种植密度16.7cm×23.3cm或13.0cm×27.0cm。每穴栽插2粒谷秧，插基本苗150万～180万苗/hm^2。基肥足，追肥速，中、后期酌情补，适当多施肥，加大磷、钾肥的施用比例。深水活蔸，浅水分蘖，够苗晒田，有水抽穗扬花，干湿壮籽，切忌脱水过早。

新香优9113 (Xinxiangyou 9113)

品种来源：岳阳市农业科学研究所和湖南洞庭种业有限公司以新香A为母本，岳恢9113为父本配组育成。2008年通过湖南省农作物品种审定委员会审定。

形态特征和生物学特性：属籼型三系杂交迟熟晚稻。在湖南省作双季晚稻栽培，全生育期123d。株高99cm，株型松紧适中，剑叶较长且直立。叶鞘、稃尖均为浅紫色，落色好。有效穗348.0万穗/hm²，每穗总粒数110.1粒，结实率73.8%，千粒重27.2g。

品质特性：糙米率82.2%，精米率73.3%，整精米率64.4%，精米长6.7mm，长宽比3.1，垩白粒率21.8%，垩白度1.5%，透明度1级，碱消值5.4级，胶稠度52mm，直链淀粉含量24.0%，蛋白质含量10.4%。

抗性：叶瘟7级，穗瘟9级，高感穗瘟。白叶枯病7级，感白叶枯病。

产量及适宜地区：2004—2005年湖南省两年区试平均单产7 525.2kg/hm²，比对照威优46增产4.1%。日产量61.2kg/hm²，比对照威优46高1.7kg/hm²。适宜于湖南省稻瘟病轻发区作双季晚稻种植。

栽培技术要点：在湖南省作双季晚稻栽培，湘北6月16日前播种，湘中、湘南6月18日前播种。秧田播种量120.0 ～ 150.0kg/hm²，大田用种量18.8kg/hm²。秧龄35d以内，种植密度21.0cm×21.0cm，每穴栽插2粒谷秧，基本苗105万苗/hm²。基肥足，追肥速，中期补。氮、磷、钾肥与有机肥配合施用，适当增加磷、钾肥用量。深水活蔸，浅水分蘗，及时晒田，有水孕穗抽穗，后期干干湿湿，不宜脱水过早。注意稻瘟病等病虫害的防治。

新优215（Xinyou 215）

品种来源：湖南川农高科种业有限责任公司和四川省绵阳市农业科学研究院以新ⅡA(Ⅱ-32A/蜀丰2B)为母本，R15（To974//R48-2/R64-7）为父本配组育成。分别通过湖南省（2007）和云南省（2011）农作物品种审定委员会审定。

形态特征和生物学特性：属籼型三系杂交迟熟中稻。在湖南省作中稻栽培，全生育期145d。株高118cm，株型松散，叶下禾，植株整齐，茎秆粗壮，分蘖能力较强。叶色深绿，叶鞘紫色，剑叶稍宽、挺直。谷粒中长形，着粒较密，籽粒大，落色好。有效穗246.0万穗/hm²，每穗总粒数148.6粒，结实率87.3%，千粒重29.7g。

品质特性：糙米率80.6%，精米率73.3%，整精米率56.3%，精米长6.7mm，长宽比2.7，垩白粒率61%，垩白度12.1%，透明度2级，碱消值4.6级，胶稠度78mm，直链淀粉含量22.2%，蛋白质含量8.0%。

抗性：叶瘟6级，穗瘟9级，高感稻瘟病。抗高温、低温能力较强。

产量及适宜地区：2005—2006年湖南省两年区试平均单产8 217.0kg/hm²，比对照Ⅱ优58增产3.1%。日产量56.6kg/hm²，比对照Ⅱ优58高1.2kg/hm²。适宜于湖南省稻瘟病轻发的山丘区作中稻种植和云南省海拔1 350m以下籼稻区种植。

栽培技术要点：在湖南省作中稻种植，4月中旬播种。秧田播种量120.0～150.0kg/hm²，大田用种量22.5kg/hm²。秧龄35d以内，5.5～6.0叶移栽，种植密度16.7cm×（23.3～26.7）cm。每穴栽插2粒谷秧，基本苗120万～150万苗/hm²。施足基肥，早施追肥。及时晒田控蘖，后期实行湿润灌溉，抽穗扬花后不要脱水过早，保证充分结实灌浆。注意防治稻纵卷叶螟、稻飞虱、稻瘟病和纹枯病等病虫害。

鑫优9113（Xinyou 9113）

品种来源：湖南洞庭种业高科股份有限公司和岳阳市农业科学研究所以鑫A（金23A/鑫B）为母本，岳恢9113为父本配组育成。分别通过湖南省（2011）和湖北省（2013）农作物品种审定委员会审定。

形态特征和生物学特性：属籼型三系杂交中熟晚稻。在湖南省作双季晚稻栽培，全生育期110.1d。株高90.6cm，株型松紧适中，剑叶较窄且直立，叶鞘绿色，秆尖秆黄色，落色好。有效穗342.0万穗/hm²，每穗总粒数123.8粒，结实率76.1%，千粒重26.1g。

品质特性：糙米率81.7%，精米率73.0%，整精米率59.8%，精米长7.3mm，垩白粒率29%，垩白度6.1%，长宽比3.3，透明度2级，碱消值6.8级，胶稠度54mm，直链淀粉含量22.3%。

抗性：叶瘟4.8级，穗瘟8.3级，稻瘟病综合指数5.6，高感稻瘟病。耐低温能力中等。

产量及适宜地区：2009—2010年湖南省两年区试平均单产7 657.5kg/hm²，比对照金优207增产8.4%。日产量69.6kg/hm²，比对照金优207高4.7kg/hm²。适宜在湖南省稻瘟病轻发区及湖北省江汉平原、鄂东南的稻瘟病无病区或轻发区作双季晚稻种植。

栽培技术要点：在湖南省作双季晚稻种植，湘北6月23日左右播种，湘中、湘南6月25日左右播种。秧田播种量150kg/hm²，大田用种量22.5kg/hm²。秧龄28d以内，种植密度16.5cm×20.0cm或20.0cm×20.0cm，每穴栽插2粒谷秧。基肥足，追肥速，氮、磷、钾肥与有机肥配合施用，适当增加磷、钾肥用量。深水活蔸，浅水分蘖，及时晒田，有水孕穗扬花，后期干干湿湿，不宜脱水过早。秧田要狠抓稻飞虱、稻叶蝉的防治，大田注意防治稻瘟病、纹枯病、稻飞虱等病虫害。

星优1号 （Xingyou 1）

品种来源：湖南省水稻研究所以星城A（金23A/星城B）为母本，先恢207为父本配组育成。2009年通过湖南省农作物品种审定委员会审定。

形态特征和生物学特性：属籼型三系杂交中熟晚稻。在湖南省作双季晚稻栽培，全生育期110d。株高100cm，株型较紧凑，剑叶较短且直立，叶鞘、秅尖紫色，落色好。有效穗282.0万穗/hm²，每穗总粒数143.2粒，结实率84.4%，千粒重27.0g。

品质特性：糙米率82.9%，精米率74.7%，整精米率69.5%，精米长6.6mm，长宽比2.9，垩白粒率28%，垩白度5.6%，透明度2级，碱消值4.4级，胶稠度78mm，直链淀粉含量13.4%，蛋白质含量13.4%。在2006年湖南省第六次优质稻品种评选中被评为三等优质稻。

抗性：稻瘟病综合指数6.2。白叶枯病7级，感白叶枯病。耐寒能力较强。

产量及适宜地区：2007—2008年湖南省两年区试平均单产7 057.3kg/hm²，比对照金优207增产1.1%。日产量63.3kg/hm²，比对照金优207高0.3kg/hm²。适宜于湖南省稻瘟病轻发区作双季晚稻种植。

栽培技术要点：在湖南省作双季晚稻种植，湘北6月22～25日播种，湘中、湘南6月25～28日播种。秧田播种量不超过225.0kg/hm²，大田用种量22.5kg/hm²。秧龄不超过25d，种植密度20.0cm×20.0cm或16.5cm×23.0cm。每穴栽插2粒谷秧，基本苗120万苗/hm²以上。施纯氮150.0kg/hm²，重施底肥，早施追肥，氮、磷、钾肥比例为1：0.5：1。湿润灌溉为主，后期不宜脱水过早。注意防治纹枯病等病虫害。

亚华优451 (Yahuayou 451)

品种来源：湖南亚华种业科学研究院以华297A (金23A/华297B) 为母本，华恢451 (明恢63/Lemont//先恢207) 为父本配组育成。2007年通过湖南省农作物品种审定委员会审定。

形态特征和生物学特性：属籼型三系杂交一季晚稻。在湖南省作一季晚稻栽培，全生育期126d。株高119cm，株型较紧凑，茎秆中粗，分蘖力中等，叶鞘、叶耳、叶缘均为无色，剑叶较长，直立，抽穗整齐，叶下禾，后期落色好，不早衰，籽粒饱满，淡黄色，稃尖无色无芒。有效穗223.5万穗/hm²，每穗总粒数168.2粒，结实率81.5%，千粒重28.5g。

品质特性：糙米率81.4%，精米率73.6%，整精米率67.3%，精米长7.2mm，长宽比3.4，垩白粒率39%，垩白度4.8%，透明度1级，碱消值6.1级，胶稠度82mm，直链淀粉含量22.1%，蛋白质含量8.9%。

抗性：叶瘟7级，穗瘟9级，稻瘟病综合指数5.8，高感稻瘟病。白叶枯病7级，感白叶枯病。抗高温能力一般，耐肥，抗倒伏能力较强。

产量及适宜地区：2005—2006年湖南省两年区试平均单产8 061.0kg/hm²，比对照汕优63增产2.7%。日产量63.8kg/hm²，比对照汕优63高0.9kg/hm²。适宜于湖南省稻瘟病轻发区作一季晚稻种植。

栽培技术要点：在湖南省作一季晚稻种植，5月25日左右播种。秧田播种量10.0kg/hm²，大田用种量18.8kg/hm²。水育小苗5.5叶移栽，种植密度20.0cm×26.4cm，每穴栽插2粒谷秧。需肥水平中上，够苗及时晒田。坚持用三氯异氰尿酸浸种，及时施药防治二化螟、稻纵卷叶螟、稻飞虱、纹枯病、稻瘟病等病虫害。

亚华优624 (Yahuayou 624)

品种来源：湖南亚华种业科学研究院以华297A（金23A/华297B）为母本，华恢624（成恢448/明恢86）为父本配组育成。2008年通过湖南省农作物品种审定委员会审定。

形态特征和生物学特性：属籼型三系杂交一季晚稻。在湖南省作一季晚稻栽培，全生育期122.0d。株高120.2cm，株型松紧适中，茎秆粗壮，分蘖力较强，有效穗偏少，穗型较大，剑叶中长、略宽、直立，抽穗整齐，谷粒中长形，着粒较稀，籽粒饱满，颖尖无色、无芒，成熟落色好，不早衰。有效穗217.5万穗/hm²，每穗总粒数160.0粒，结实率82.6%，千粒重29.6g。

品质特性：糙米率81.4%，精米率73.9%，整精米率60.7%，精米长6.8mm，长宽比3.2，垩白粒率29%，垩白度3.8%，透明度2级，碱消值6.4级，胶稠度50mm，直链淀粉含量22.6%，蛋白质含量9.4%。

抗性：叶瘟5级，穗瘟9级，稻瘟病综合指数7，高感穗瘟。白叶枯病9级，高感白叶枯病。抗高温能力较强。

产量及适宜地区：2006—2007年湖南省两年区试平均单产8 167.5kg/hm²，比对照汕优63增产4.3%。日产量66.9kg/hm²，比对照汕优63高4.2kg/hm²。适宜于湖南省稻瘟病轻发区作一季晚稻种植。

栽培技术要点：在湖南省作一季晚稻种植，5月28日左右播种。秧田播种量150.0kg/hm²，大田用种量18.8kg/hm²。播种时种子拌多效唑，水育小苗5.5～6.0叶移栽。插植密度16.7cm×26.4cm，每穴栽插2～3粒谷秧。需肥水平中上，够苗及时晒田。坚持用三氯异氰尿酸浸种，及时施药防治二化螟、稻纵卷叶螟、稻飞虱、纹枯病等病虫害。

杨优1号（Yangyou 1）

品种来源：湖南农大金农种业有限公司以杨明A（金23A/杨明B）为母本，张恢01为父本配组育成。2010年通过湖南省农作物品种审定委员会审定。

形态特征和生物学特性：属籼型三系杂交中熟中稻。在湖南省作中稻种植，全生育期130d。株高108.5cm，株型较紧凑，剑叶较长，叶色深绿，剑叶直立，叶鞘、稃尖紫色，后期落色好。有效穗235.5万穗/hm²，每穗总粒数155.5粒，结实率83.0%，千粒重29.0g。

品质特性：糙米率80.5%，精米率72.9%，整精米率63.2%，精米长7.2mm，长宽比3.0，垩白粒率36%，垩白度6.3%，透明度1级，胶稠度79mm，直链淀粉含量15.3%，蛋白质含量7.7%。

抗性：叶瘟3级，穗瘟9级，稻瘟病综合指数6.2。抗高温、低温能力强。

产量及适宜地区：2008—2009年湖南省两年区试平均单产8 120.0kg/hm²，比对照金优207增产7.5%。日产量63.0kg/hm²，比对照金优207高4.4kg/hm²。适宜于湖南省稻瘟病轻发的山丘区作中稻种植。

栽培技术要点：在湖南省作中稻种植，4月初到5月初播种。大田用种量18.8kg/hm²，秧田播种量150.0～187.5kg/hm²。秧龄30d左右，种植密度20.0cm×24.0cm。每穴栽插2粒谷秧，插基本苗90万苗/hm²。基肥足，追肥速，中期补。适当增施磷、钾肥。深水活蔸，浅水分蘖，及时晒田，有水壮苞抽穗，干干湿湿壮籽，忌脱水过早。注意病虫害防治。

宜香优618（Yixiangyou 618）

品种来源：湖南民生种业科技有限公司以宜香1A（D44A/宜香1B）为母本，R618（R2188/蜀恢527）为父本配组育成。2014年通过湖南省农作物品种审定委员会审定。

形态特征和生物学特性：属籼型三系杂交迟熟晚稻。在湖南省作双季晚稻栽培，全生育期123d。株高119.2cm，株型紧凑，生长势中等，叶鞘、稃尖紫红色，短顶芒，叶下禾，后期落色好。有效穗276.0万穗/hm²，每穗总粒数146.2粒，结实率76.7%，千粒重30.0g。

品质特性：糙米率82.2%，精米率73.4%，整精米率66.9%，精米长7.4mm，长宽比3.2，垩白粒率18%，垩白度2.0%，透明度2级，碱消值4.3级，胶稠度60mm，直链淀粉含量16.4%。

抗性：叶瘟4.7级，穗颈瘟6.3级，稻瘟病综合指数4.3。白叶枯病6级，稻曲病5级。耐低温能力中等。

产量及适宜地区：2012—2013年湖南省两年区试平均单产8 221.4kg/hm²，比对照天优华占增产2.7%。日产量66.9kg/hm²，比对照天优华占高0.5kg/hm²。适宜在湖南省稻瘟病轻发区作双季晚稻种植。

栽培技术要点：在湖南省作双季晚稻种植，湘中6月18日前后播种，湘北提早1～2d播种，湘南推迟2～3d播种。秧田播种量150～180kg/hm²，大田用种量18.0～22.5kg/hm²。稀播匀播培育带蘖壮秧，秧龄控制在28d以内。种植密度16.7cm×20.0cm或20.0cm×20.0cm，每穴栽插2粒谷秧。大田施足基肥，早施追肥，氮、磷、钾肥配合施用，适当增施磷、钾肥。深水返青，浅水分蘖，及时晒田，有水壮苞抽穗，后期干干湿湿，不脱水过早。浸种时坚持用三氯异氰尿酸消毒，注意防治稻瘟病、纹枯病、稻蓟马、稻飞虱和稻纵卷叶螟等病虫害。

益优701（Yiyou 701）

品种来源：湖南阳明种业有限公司以益丰A（中9A/益丰B）为母本，R505（广恢122/R205）为父本配组育成。2011年通过湖南省农作物品种审定委员会审定。

形态特征和生物学特性：属籼型三系杂交迟熟晚稻。在湖南省作双季晚稻栽培，全生育期121.1d。株高102.7cm，株型适中，叶鞘、稃尖紫红色，短顶芒，叶下禾，后期落色好。有效穗303.0万穗/hm²，每穗总粒数155.3粒，结实率79.1%，千粒重26g。

品质特性：糙米率81.9%，精米率74.6%，整精米率70.1%，精米长6.3mm，长宽比2.5，垩白粒率30%，垩白度6.2%，透明度3级，碱消值5.4级，胶稠度54mm，直链淀粉含量20.3%。

抗性：叶瘟3.3级，穗瘟8.0级，稻瘟病综合指数5.1，高感稻瘟病。耐低温能力中等。

产量及适宜地区：2009—2010年湖南省两年区试平均单产8 104.5kg/hm²，比对照威优46增产9.5%。日产量67.1kg/hm²，比对照威优46高5.6kg/hm²。适宜在湖南省稻瘟病轻发区作双季晚稻种植。

栽培技术要点：在湖南省作双季晚稻种植，湘中、湘南6月20日前播种，湘北提早2～4d播种。秧田播种量150kg/hm²，大田用种量22.5kg/hm²，秧龄28d以内，种植密度20cm×20cm，每穴栽插2粒谷秧。基肥足，追肥速，中期补。氮、磷、钾肥配合施用，适当增加钾肥用量。浅水活蔸分蘖，及时晒田，有水壮苞抽穗，后期干干湿湿壮籽，不脱水过早。秧田要狠抓稻飞虱、稻叶蝉的防治，大田注意及时防治稻瘟病、纹枯病、稻飞虱、二化螟等病虫害。

玉香88（Yuxiang 88）

品种来源：湖南隆平高科农平种业有限公司以玉香A（金23A/玉香B）为母本，R88（辐恢838自然变异株）为父本配组育成。2005年分别通过湖南省和国家农作物品种审定委员会审定。2008年获国家植物新品种权授权。

形态特征和生物学特性：属籼型三系杂交迟熟晚稻。在湖南省作双季晚稻栽培，全生育期120d。株高108cm，株型略紧凑，茎秆坚韧，叶色淡绿，叶鞘、稃尖均无色，剑叶直立，属叶下禾，后期落色好。有效穗307.5万穗/hm²，每穗总粒数95.0粒，结实率83.0%，千粒重31.3g。

品质特性：糙米率81.9%，精米率73.5%，整精米率66.6%，精米长6.9mm，长宽比3.1，垩白粒率16%，垩白度1.8%，透明度1级，碱消值7.0级，胶稠度82mm，直链淀粉含量18.9%，蛋白质含量7.9%。

抗性：叶瘟8级，穗瘟5级，感稻瘟病。白叶枯病7级。耐寒性较强，耐肥，抗倒伏能力中等。

产量及适宜地区：2003—2004年湖南省两年区试平均单产7 243.5kg/hm²，比对照威优46减产0.5%。日产量60.9kg/hm²，比对照威优46高0.6kg/hm²。适宜在广西中北部、广东北部、福建中北部、江西中南部、湖南中南部、浙江南部的稻瘟病轻发的双季稻区作晚稻种植。

栽培技术要点：在湖南省作双季晚稻种植，6月18日左右播种。秧田播种量150.0kg/hm²，大田用种量22.5kg/hm²。秧龄30d以内，种植密度为16.7cm×20.0cm或16.7cm×23.3cm。每穴栽插2～3粒谷秧，基本苗150万苗/hm²。施足底肥，早施追肥。后期湿润灌溉，抽穗扬花后不要脱水过早。注意防倒伏和加强对稻瘟病的防治。

玉香优164 （Yuxiangyou 164）

品种来源：湖南隆平高科农平种业有限公司以玉香A为母本，R164（岳恢44变异株）为父本配组育成。2005年分别通过湖南省和江西省农作物品种审定委员会审定。2009年获国家植物新品种权授权。

形态特征和生物学特性：属籼型三系杂交迟熟晚稻。在湖南省作双季晚稻栽培，全生育期119d。株高107cm，株型紧凑，茎秆粗壮，叶色淡绿，剑叶直立，叶鞘无色，稃尖无色、无芒。有效穗304.5万穗/hm²，每穗总粒数103.3粒，结实率81.6%，千粒重31.4g。

品质特性：糙米率81.5%，精米率73.9%，整精米率61.2%，精米长7.5mm，长宽比3.4，垩白粒率15%，垩白大小1.0%，透明度1级，碱消值4.6级，胶稠度79mm，直链淀粉含量18.0%，蛋白质含量7.8%。

抗性：叶瘟7级，穗瘟7级，感稻瘟病。白叶枯病7级。耐寒性中等偏强。

产量及适宜地区：2003—2004年湖南省两年区试平均单产7 344.0kg/hm²，比对照威优46减产1.7%。日产量61.7kg/hm²，比对照威优46高0.2kg/hm²。适宜在湖南省、江西省稻瘟病轻发区作双季晚稻种植。

栽培技术要点：在湖南省作双季晚稻种植，6月18日左右播种。秧田播种量150.0kg/hm²，大田用种量22.5kg/hm²。秧龄30d以内，4.5～5.0叶移栽，种植密度16.7cm×20.0cm或16.7cm×23.3cm。每穴栽插2粒谷秧，基本苗120万～150万苗/hm²。施足底肥，早施追肥，促早生快发。后期湿润灌溉，抽穗扬花后不要脱水过早。注意纹枯病等病虫害的防治。

岳优2115 (Yueyou 2115)

品种来源：湖南桃花源种业有限责任公司和岳阳市农业科学研究所以岳4A为母本，R2115（先恢207/R9113）为父本配组育成。2014年通过湖南省农作物品种审定委员会审定。

形态特征和生物学特性：属籼型三系杂交中熟晚稻。在湖南省作双季晚稻栽培，全生育期113.5d。株高98.0cm，株型适中，叶鞘、叶耳、叶枕无色，后期落色好。有效穗321.0万穗/hm^2，每穗总粒数130.4粒，结实率82.4%，千粒重25.2g。

品质特性：糙米率80.6%，精米率70.9%，整精米率65.2%，精米长7.2mm，长宽比3.5，垩白粒率22%，垩白度3.5%，透明度2级，碱消值3.4级，胶稠度87.5mm，直链淀粉含量13.3%。

抗性：叶瘟5.5级，穗瘟7.3级，稻瘟病综合指数5.2。白叶枯病3级，稻曲病3级。耐低温能力较弱。

产量及适宜地区：2012—2013年湖南省两年区试平均单产7 898.0kg/hm^2，比对照岳优9113增产3.9%。日产量69.6kg/hm^2，比对照岳优9113高3.3kg/hm^2。适宜在湖南省稻瘟病轻发区作双季晚稻种植。

栽培技术要点：在湖南省作双季晚稻种植，湘中6月22日播种，湘北提早1～2d播种，湘南推迟1～2d播种。秧田播种量180kg/hm^2，大田用种量22.5kg/hm^2。秧龄控制在25d以内，种植密度16.7cm×20.0cm，每穴栽插2粒谷秧。基肥足，追肥速，氮、磷、钾肥配合施用，适当增加磷、钾肥用量。深水活蔸，浅水分蘖，及时晒田，有水壮苞抽穗，后期干干湿湿，不宜脱水过早。浸种时坚持用三氯异氰尿酸消毒，注意防治稻瘟病、纹枯病、稻蓟马和稻飞虱等病虫害。

岳优27 (Yueyou 27)

品种来源：湘潭市农业科学研究所和岳阳市农业科学研究所以岳4A (85质汕A/岳4B) 为母本，测27（桂99/R4294）为父本配组育成。分别通过湖南省（2006）和江西省（2010）农作物品种审定委员会审定。

形态特征和生物学特性：属籼型三系杂交迟熟偏早晚稻。在湖南省作双季晚稻栽培，全生育期117d。株高96.9 ~ 98.0cm，株型松紧适中，茎秆中粗，分蘖力较强，抽穗整齐，成熟落色较好。叶色淡绿，叶鞘、叶耳无色，剑叶直立。有效穗339.0万 ~ 361.5万穗/hm²，每穗总粒数105.0粒，结实率73.7% ~ 85.1%，千粒重25.9 ~ 26.6g。

品质特性：糙米率82.1%，精米率75.5%，整精米率70.1%，精米长6.8mm，长宽比3.2，垩白粒率18%，垩白度1.9%，透明度2级，碱消值4.5级，胶稠度72mm，直链淀粉含量12.7%，蛋白质含量11.2%。

抗性：叶瘟8级，穗瘟9级，高感稻瘟病。白叶枯病7级，感白叶枯病。抗寒能力一般。

产量及适宜地区：2004—2005年湖南省两年区试平均单产7 216.5kg/hm²，比对照威优46增产0.1%。日产量61.5kg/hm²，比对照威优46高2.3kg/hm²。适宜在湖南省非稻瘟病区、江西省稻瘟病轻发区作双季晚稻种植。

栽培技术要点：在湖南省作双季晚稻栽培，湘中6月20日左右播种，湘东、湘南可适当推迟，湘西、湘北需适当提早。秧田播种量225.0kg/hm²，大田用种量22.5kg/hm²。

秧龄28d以内，种植密度16.7cm×20.0cm。每穴栽插2 ~ 3粒谷秧，基本苗120万苗/hm²以上。适量施用基肥，早施、重施分蘖肥。及时晒田控蘖，后期湿润灌溉，成熟期不要脱水过早，保证充分结实灌浆。及时防治稻飞虱、螟虫、纹枯病、稻瘟病等病虫害。

岳优518（Yueyou 518）

品种来源：湖南金健种业有限责任公司以岳4A为母本，R518（9113/明恢63//蜀恢527）为父本配组育成。2013年通过湖南省农作物品种审定委员会审定。

形态特征和生物学特性：属籼型三系杂交中熟晚稻。在湖南省作双季晚稻栽培，全生育期114d。株型适中，株高97.4cm，植株生长整齐，叶姿平展，叶鞘绿色，秆尖秆黄色，无芒，叶下禾，后期落色好。有效穗数342.5万穗/hm²，每穗总粒数132.2粒，结实率78.2%，千粒重25.8g。

品质特性：糙米率77.0%，精米率68.7%，整精米率61.0%，长宽比3.4，垩白粒率41%，垩白度4.5%，透明度2级，碱消值4.5级，胶稠度50mm，直链淀粉含量21.0%。

抗性：叶瘟4.8级，穗瘟7.0级，稻瘟病综合指数4.9。白叶枯病8级，稻曲病3级。耐低温能力较弱。

产量及适宜地区：2011—2012年湖南省两年区试平均单产7 948.1kg/hm²，比对照岳优9113增产7.0%。日产量69.2kg/hm²，比对照岳优9113高4.7kg/hm²。适宜在湖南省稻瘟病轻发区作双季晚稻种植。

栽培技术要点：在湖南省作双季晚稻种植，湘中6月25日播种，湘南推迟2d播种，湘北提早2d播种。秧田播种量150.0 ~ 187.5kg/hm²，大田用种量22.5kg/hm²。适宜秧龄25d，种植密度16cm×26cm或20cm×26cm。每穴栽插2粒谷秧，基本苗120万苗/hm²。施肥做到基肥足、追肥速、中后期酌情补，适当增加磷、钾肥用量。深水活蔸，浅水分蘖，及时晒田，有水壮苞抽穗，后期干干湿湿，不脱水过早。注意病虫害防治。

岳优6135 (Yueyou 6135)

品种来源：湖南隆平高科农平种业有限公司以岳4A为母本，R6135（先恢207变异株）为父本配组育成。2005年通过湖南省农作物品种审定委员会审定。2008年获国家植物新品种权授权。

形态特征和生物学特性：属籼型三系杂交迟熟晚稻。在湖南省作双季晚稻栽培，全生育期119d。株高97cm，株型松紧适中，茎秆坚韧，叶色淡绿，剑叶直立，叶鞘无色，后期落色好。有效穗330.0万穗/hm²，每穗总粒数109.0粒，结实率78.0%，千粒重25.8g。

品质特性：糙米率82.5%，精米率75.4%，整精米率70.3%，精米长6.8mm，长宽比3.2，垩白粒率9%，垩白度1.1%，透明度1级，碱消值4.3级，胶稠度86mm，直链淀粉含量14.3%，蛋白质含量8.2%。

抗性：叶瘟8级，穗瘟9级，感稻瘟病。白叶枯病7级。耐寒性好，耐肥，抗倒伏。

产量及适宜地区：2003—2004年湖南省两年区试平均单产7 319.1kg/hm²，比对照威优46增产0.2%。日产量61.5kg/hm²，比对照威优46高1.2kg/hm²。适宜在湖南省稻瘟病轻发区作双季晚稻种植。

栽培技术要点：在湖南省作双季晚稻种植，6月17日左右播种。秧田播种量150.0 ~ 180.0kg/hm²，大田用种量18.8kg/hm²。秧龄控制在30d以内，6.0 ~ 7.0叶移栽，种植密度20.0cm×20.0cm。每穴栽插2粒谷秧，基本苗135万~ 150万苗/hm²。施足底肥，早施追肥。及时晒田控蘖，后期湿润灌溉，抽穗扬花后不要脱水过早。注意对稻瘟病等病虫害的防治。

岳优63（Yueyou 63）

品种来源：岳阳市农业科学研究所以岳4A为母本，明恢63为父本配组育成。2000年通过湖南省农作物品种审定委员会审定。

形态特征和生物学特性：属籼型三系杂交迟熟晚稻。在湖北省作双季晚稻栽培，全生育期122.4d。株高95cm，株型适中，叶色深绿，稃尖无色，分蘖力强，成穗率高，穗粒较大，熟色较好，易落粒。穗长23.5cm，有效穗373.4万穗/hm²，每穗总粒数102.0粒，实粒数78.0粒，结实率76.4%，千粒重27.7g。

品质特性：糙米率80.2%，整精米率56.7%，长宽比3.3，垩白粒率25%，垩白度2.3%，胶稠度71mm，直链淀粉含量17.0%。

抗性：易感叶瘟、叶鞘腐败病，中感白叶枯病。耐寒性较差，抗倒伏性较强。

产量及适宜地区：2000年在湖北省晚籼区试中，平均单产6 830.0kg/hm²，比对照汕优64增产1.3%。生产示范中平均单产6 780.0kg/hm²，比对照汕优64增产2.8%。适宜在湖南省、湖北省作双季晚稻种植。

栽培技术要点：在湖北省作双季晚稻种植，6月20～22日播种。大田用种量22.5kg/hm²，秧田播种量150kg/hm²。用三氯异氰尿酸浸种消毒，稀播匀播，秧龄30～35d。合理密植，在插足一定基本苗的基础上保证大穗。种植密度13.3cm×22.5cm，插足33.4万穴/hm²，每穴栽插2～3粒谷秧。施肥以有机肥为主，施足基肥，尽量减少后期施肥比例，并注意磷、钾、硅肥的配合施用。前期有水结合露田，分蘖期不宜重晒，孕穗期田间保持浅水层，灌浆结实期间歇灌溉。在抽穗期间用15g/hm²赤霉素喷施，可提高产量。重点防治螟虫和叶鞘腐败病。

岳优9113（Yueyou 9113）

品种来源：岳阳市农业科学研究所以岳4A为母本，岳恢9113为父本配组育成。分别通过湖南省（2004）、湖北省（2004）、国家（2004）、江西省（2005）、广东省韶关市（2007）和福建省（2007）农作物品种审定委员会审定或认定。

形态特征和生物学特性：属籼型三系杂交中熟晚稻。在湖南省作双季晚稻种植，全生育期113.0d。株高92.5cm，株型紧凑，剑叶窄直，株叶型好，叶鞘、叶耳无色，分蘖力强，有效穗多，谷粒细长饱满，后期落色好。有效穗345.0万穗/hm²，每穗总粒数110.0粒，结实率80.0%，千粒重26.5g。

品质特性：糙米率81.7%，精米率72.5%，整精米率54.8%，精米长7.1mm，长宽比3.5，垩白粒率14%，垩白度1.5%，透明度1级，碱消值6.3级，胶稠度48mm，直链淀粉含量22.7%，蛋白质含量9.4%。

抗性：叶瘟7级，穗瘟7级。白叶枯病5级。耐寒性中等，较耐肥，抗倒伏。

产量及适宜地区：2001—2002年湖南省两年区试平均单产7 505.4kg/hm²，比对照威优77增产5.1%。日产量67.1kg/hm²。适宜在广西中北部、福建中北部、江西中南部、湖南中南部以及浙江南部稻瘟病轻发区作双季晚稻种植。

栽培技术要点：在湖南省作双季晚稻种植，湘北6月20～22日播种，湘中、湘南6月25日前播种。大田用种量22.5kg/hm²，秧龄期不超过28d。插足基本苗，适当密植。插植密度18.0cm×20.0cm，每穴栽插2粒谷秧。中高肥力水平栽培。足苗及时晒田，轻晒多露，后期保持田间湿润。及时防治螟虫、稻飞虱、纹枯病、稻瘟病等病虫害。

岳优9264 (Yueyou 9264)

品种来源：岳阳市农业科学研究所以岳4A为母本，W264（R207//527/岳恢9113）为父本配组育成。2009年通过湖南省农作物品种审定委员会审定。

形态特征和生物学特性：属籼型三系杂交中熟晚稻。在湖南省作双季晚稻栽培，全生育期112d。株高105cm，株型松紧适中，穗型中大，剑叶直立，叶鞘、秆尖无色，落色好。有效穗280.5万穗/hm²，每穗总粒数136.3粒，结实率80.0%，千粒重27.5g。

品质特性：糙米率84.1%，精米率76.1%，整精米率67.9%，精米长7.0mm，长宽比3.0，垩白粒率28%，垩白度3.6%，透明度2级，碱消值4.5级，胶稠度72mm，直链淀粉含量15.3%，蛋白质含量12.4%。

抗性：稻瘟病综合指数6.1。白叶枯病7级，感白叶枯病。抗寒能力中等。

产量及适宜地区：2007—2008年湖南省两年区试平均单产7 339.6kg/hm²，比对照金优207增产5.3%。日产量65.7kg/hm²，比对照金优207高2.7kg/hm²。适宜在湖南省稻瘟病轻发区作双季晚稻种植。

栽培技术要点：在湖南省作双季晚稻种植，湘北6月23日左右播种，湘中、湘南6月28日前播种。秧田播种量150.0kg/hm²，大田用种量22.5kg/hm²。秧龄28d以内，中等肥力田种植密度20.0cm×20.0cm。每穴栽插2粒谷秧，基本苗120万苗/hm²。基肥足，追肥速，氮、磷、钾肥及有机肥配合施用，适当增加磷、钾肥用量。深水活蔸，浅水分蘖，及时晒田，有水孕穗抽穗，后期干干湿湿，不宜脱水过早。注意稻瘟病等病虫害的防治。

岳优华占 (Yueyouhuazhan)

品种来源：中国水稻研究所、岳阳市农业科学研究所和北京金色农华种业科技有限公司以岳4A为母本，华占为父本配组育成。分别通过湖南省（2012）、江西省（2012）和国家（2013）农作物品种审定委员会审定。

形态特征和生物学特性：属籼型三系杂交中熟晚稻。在湖南省作双季晚稻栽培，全生育期111.8d。株高99.0cm，株型适中，生长势较强。叶鞘绿色，稃尖秆无色，无芒，叶下禾，后期落色好。有效穗354.0万穗/hm²，每穗总粒数138.2粒，结实率72.9%，千粒重24.4g。

品质特性：糙米率81.5%，精米率72.1%，整精米率66.6%，精米长7.1mm，长宽比3.6，垩白粒率30%，垩白度3.3%，透明度1级，碱消值3.0级，胶稠度87mm，直链淀粉含量13.2%。

抗性：叶瘟3.5级，穗瘟6.0级，稻瘟病综合指数4.2。耐低温能力中等。

产量及适宜地区：2010—2011年湖南省两年区试平均单产7 272.0kg/hm²，比对照岳优9113增产5.1%。日产量65.0kg/hm²，比对照岳优9113高3.3kg/hm²。适宜在江西、湖南、湖北、浙江、安徽的双季稻区作晚稻种植，稻瘟病重发区不宜种植。

栽培技术要点：在湖南省作双季晚稻种植，6月20～25日播种。秧田播种量187.5kg/hm²，大田用种量22.5kg/hm²。秧龄控制在28d以内，种植密度16.5cm×20.0cm或16.5cm×23.0cm，每穴栽插2粒谷秧。基肥足，追肥速，中期补。氮、磷、钾肥配合施用，适当增加磷、钾肥用量。深水返青，浅水分蘖，及时晒田，有水壮苞抽穗，后期干干湿湿，不脱水过早。秧田要狠抓稻飞虱、稻叶蝉的防治，大田注意防治稻瘟病、纹枯病、稻飞虱等病虫害。

粤丰优85 （Yuefengyou 85）

品种来源：海南神农大丰种业科技股份有限公司以粤丰A（珍汕97A/粤丰B）为母本，G85为父本配组育成。2006年通过湖南省农作物品种审定委员会审定。2010年获国家植物新品种权授权。

形态特征和生物学特性：属籼型三系杂交迟熟晚稻。在湖南省作双季晚稻栽培，全生育期122d。株高97cm，株型紧凑，茎秆粗壮，分蘖能力强，剑叶挺直，属半叶下禾。叶色深绿，茎秆角度直立，剑叶直立，稃尖秆黄色部分有芒。谷壳黄色，谷粒长形，米饭有香味。有效穗307.5万～316.5万穗/hm²，每穗总粒数122.0粒，结实率74.1%～80.4%，千粒重25.5g。

品质特性：糙米率81.7%，精米率75.6%，整精米率62.7%，精米长6.6mm，长宽比3.1，垩白粒率12%，垩白度1.2%，透明度1级，碱消值5.7级，胶稠度68mm，直链淀粉含量13.3%，蛋白质含量11.3%。

抗性：叶瘟6级，穗瘟9级，高感稻瘟病。白叶枯病7级，感白叶枯病。抗寒能力一般。

产量及适宜地区：2004—2005年湖南省两年区试平均单产6 848.5kg/hm²，比对照湘晚籼11增产6.5%。日产量56.1kg/hm²，比对照湘晚籼11高2.1kg/hm²。适宜在湖南省稻瘟病轻发区作双季晚稻种植。

栽培技术要点：在湖南省作双季晚稻种植，湘中地区6月15日左右播种，湘北地区适当提早播种，湘南地区适当推迟播种。大田用种量22.5kg/hm²，秧田下足底肥，1叶1心期施好断奶肥，移栽前7d施好送嫁肥，注意防治稻蓟马等虫害和病害。秧龄30d以内，种植密度16.5cm×23.1cm，每穴栽插2～3粒谷秧。底肥以农家肥和三元复合肥为主，插后7d内追施氮肥和钾肥，抽穗前5d看苗补肥，中等肥力田块施纯氮180.0kg/hm²。前期以浅水灌溉为主，适时晒田，后期干干湿湿。注意防治病虫害。

粤优524（Yueyou 524）

品种来源：湖南隆平高科农平种业有限公司以粤泰A（丛广41A/粤泰B）为母本，R524（R228/蜀恢527）为父本配组育成。2007年分别通过湖南省和广西壮族自治区农作物品种审定委员会审定。

形态特征和生物学特性：属籼型三系杂交中熟中稻。在湖南省作中稻栽培，全生育期129.0d。株高106.0～108.0cm，株型松紧适中，矮秆，叶下禾，分蘖力一般，抽穗整齐，叶色浓绿，叶片略披，剑叶短小，落色好。有效穗253.5万～264.0万穗/hm²，每穗总粒数149.2～159.5粒，结实率75.0%～81.3%，千粒重26.5～27.4g。

品质特性：糙米率82.6%，精米率74.5%，整精米率61.1%，精米长7.0mm，长宽比3.3，垩白粒率24%，垩白度3.8%，透明度1级，碱消值5级，胶稠度84mm，直链淀粉含量22.1%，蛋白质含量8.4%。

抗性：叶瘟6级，穗瘟9级，高感稻瘟病。抗高温能力较强，抗寒能力一般。

产量及适宜地区：2005—2006年湖南省两年区试平均单产7 896.0kg/hm²，比对照金优207增产9.3%。日产量61.2kg/hm²，比对照金优207高4.2kg/hm²。适宜在湖南省海拔600m以下稻瘟病轻发的山丘区作中稻种植，适宜在广西南部稻作区作早稻种植。

栽培技术要点：在湖南省作中稻栽培，4月下旬播种。秧田播种量150.0～180.0kg/hm²，大田用种量22.5kg/hm²。适时移栽，秧龄控制在30d以内。合理密植，种植密度19.8cm×23.1cm或19.8cm×26.4cm。施足基肥，早施追肥。及时晒田控蘖，后期实行湿润灌溉，抽穗扬花后不要脱水过早，保证充分结实灌浆。注意病虫害特别是纹枯病的防治。

早丰优华占（Zaofengyouhuazhan）

品种来源：中国水稻研究所、广东省农业科学院水稻研究所和江西先农种业有限公司以早丰A（台中65A/早丰）为母本，华占为父本配组育成。2014年分别通过湖南省和江西省农作物品种审定委员会审定。

形态特征和生物学特性：属籼型三系杂交中熟晚稻。在湖南省作双季晚稻栽培，全生育期111d。株高101.3cm，株型适中，叶鞘绿色，稃尖秆黄色，无芒，叶下禾，后期落色好。有效穗339.0万穗/hm²，每穗总粒数149粒，结实率81.2%，千粒重24g。

品质特性：糙米率83.3%，精米率72.9%，整精米率65.8%，精米长6.8mm，长宽比3.2，垩白粒率17%，垩白度1.7%，透明度2级，碱消值3.7级，胶稠度75mm，直链淀粉含量16.2%。

抗性：叶瘟3.8级，穗颈瘟5.0级，稻瘟病综合指数3.4。白叶枯病5级，稻曲病2.8级。耐低温能力中等。

产量及适宜地区：2012—2013年湖南省两年区试平均单产8 094.0kg/hm²，比对照岳优9113增产6.5%。日产量71.1kg/hm²，比对照岳优9113高5.0kg/hm²。适宜在湖南省和江西省稻瘟病轻发区作双季晚稻种植。

栽培技术要点：在湖南省作双季晚稻种植，湘北6月23日左右播种，湘中、湘南6月25日左右播种。秧田播种量180kg/hm²，大田用种量22.5kg/hm²。秧龄控制在25d以内，种植密度16.7cm×20.0cm或20.0cm×20.0cm，每穴栽插2粒谷秧。基肥足，追肥速，中期补。氮、磷、钾肥配合施用，适当增施磷、钾肥。深水返青，浅水分蘖，及时晒田，有水壮苞抽穗，后期干干湿湿，不要脱水过早。浸种时坚持用三氯异氰尿酸消毒，注意防治稻瘟病、纹枯病、稻蓟马、稻飞虱和稻纵卷叶螟等病虫害。

圳优7号 （Zhenyou 7）

品种来源：湖南杂交水稻研究中心以圳A（金23A/圳B）为母本，α-7（R588//Y11-1/R106）为父本配组育成。2011年通过湖南省农作物品种审定委员会审定。

形态特征和生物学特性：属籼型三系杂交中熟晚稻。在湖南省作双季晚稻栽培，全生育期113d。株高98.2cm，株型紧凑，生长势强，叶鞘绿色，稃尖秆黄色，短顶芒，叶下禾，后期落色好。每穗总粒数141.7粒，结实率79.5%，千粒重26.2g。

品质特性：糙米率82.3%，精米率75.0%，整精米率66.9%，精米长6.9mm，长宽比3.0，垩白粒率34%，垩白度5.6%，胶稠度86mm，碱消值6.8级，直链淀粉含量21.7%。

抗性：叶瘟3.8级，穗颈瘟7.0级，稻瘟病综合指数4.7，高感稻瘟病。耐低温能力中等。

产量及适宜地区：2009—2010年湖南省两年区试平均单产7 587.0kg/hm²，比对照金优207增产7.3%。日产量67.7kg/hm²，比对照金优207高2.4kg/hm²。适宜在湖南省稻瘟病轻发区作双季晚稻种植。

栽培技术要点：在湖南省作双季晚稻种植，湘南6月22日播种，湘中、湘北提前2～3d播种。秧田播种量150.0～187.5kg/hm²，大田用种量22.5kg/hm²。秧龄控制在28d以内，种植密度20cm×20cm或16cm×26cm，每穴栽插2粒谷秧。基肥足，追肥速，中期补。氮、磷、钾肥配合施用，适当增加磷、钾肥用量。深水活蔸，浅水分蘖，及时晒田，有水壮苞抽穗，后期干干湿湿，不脱水过早。秧田要狠抓稻飞虱、稻叶蝉的防治，大田注意防治稻瘟病、纹枯病、稻飞虱等病虫害。

中3优286（Zhong 3 you 286）

品种来源：中国水稻研究所以中3A（中9A/中3B）为母本，中恢286（R974/中选181）为父本配组育成。2010年通过湖南省农作物品种审定委员会审定。

形态特征和生物学特性：属籼型三系杂交迟熟早稻。在湖南省作双季早稻栽培，全生育期111d。株高87.7cm，株型适中，分蘖力中等，叶片挺直，谷粒长形，稃尖紫色。有效穗292.5万穗/hm^2，每穗总粒数149.5粒，结实率73.0%，千粒重26.9g。

品质特性：糙米率76.7%，精米率68.4%，整精米率56.2%，精米长6.8mm，长宽比3.1，垩白粒率21%，垩白度5.6%，透明度1级，碱消值5.8级，胶稠度78mm，直链淀粉含量24.0%。

抗性：叶瘟4.5级，穗瘟6.0级，稻瘟病综合指数3.9。白叶枯病5级。

产量及适宜地区：2008—2009年湖南省两年区试平均单产7 864.5kg/hm^2，比对照株两优819增产4.0%。日产量70.5kg/hm^2，比对照株两优819高0.8kg/hm^2。适宜湖南省稻瘟病轻发区作双季早稻种植。

栽培技术要点：在湖南省作双季早稻种植，3月下旬播种。大田用种量22.5～30.0kg/hm^2，秧田播种量225.0kg/hm^2。浸种时进行种子消毒，秧龄30d以内，种植密度16.7cm×20.0cm。每穴栽插2粒谷秧，基本苗120万～180万苗/hm^2。加强田间管理，注意稻瘟病等病虫害的防治。

中南优8号（Zhongnanyou 8）

　　品种来源：江苏中南种业科技有限公司以中莲1A为母本，中莲恢8号为父本配组育成。2011年通过湖南省农作物品种审定委员会审定。

　　形态特征和生物学特性：属籼型三系杂交中熟中稻。在湖南省作中稻栽培，全生育期132d。株高114cm，株型适中，生长势强，叶色深绿直立，剑叶宽长，叶下禾，穗着粒密，谷粒长形，有中长芒，落色好。有效穗217.5万穗/hm²，每穗总粒数184.1粒，结实率84.6%，千粒重26.7g。

　　品质特性：糙米率81.1%，精米率70.2%，整精米率61.1%，精米长6.9mm，长宽比3.3，垩白粒率56%，垩白度7.8%，透明度1级，碱消值3.5级，胶稠度40mm，直链淀粉含量24.1%。

　　抗性：叶瘟4.0级，穗瘟8.6级，稻瘟病综合指数6.0，高感稻瘟病。耐高温能力强，耐低温能力一般。

　　产量及适宜地区：2009—2010年湖南省两年区试平均单产8 272.5kg/hm²，比对照金优207增产14.5%。日产量62.6kg/hm²，比对照金优207高6.3kg/hm²。适宜在湖南省海拔500m以下稻瘟病轻发的山丘区作中稻种植。

　　栽培技术要点：在湖南省作中稻种植，4月20日前后播种。大田用种量22.5kg/hm²，秧田用种量180kg/hm²，秧龄控制在35d以内。种植密度16.5cm×26.4cm或19.8cm×26.4cm，每穴栽插1～2粒谷秧。总氮肥量比其他杂交稻品种少用10%～20%，施纯氮150～180kg/hm²，并采用"一炮轰"的施肥方法。一般不使用穗肥，注重磷、钾肥与氮肥配合使用。晒田宜早不宜迟，宜重不宜轻。及时防治稻瘟病、纹枯病、稻曲病、螟虫、稻飞虱等病虫害。

中青优2号 （Zhongqingyou 2）

品种来源：长沙市三华农业科技有限公司以中青A（东B11A/中青B）为母本，CNR2为父本配组育成。2011年通过湖南省农作物品种审定委员会审定。

形态特征和生物学特性：属籼型三系杂交中熟晚稻。在湖南省作双季晚稻栽培，全生育期110d。株高106cm，株型紧凑，长势繁茂，茎秆粗壮，分蘖能力强，剑叶直立，叶鞘绿色，颖尖、柱头无色，后期落色好。有效穗285万穗/hm^2，每穗总粒数145粒，结实率85%，千粒重25.5g。

品质特性：糙米率81.0%，精米率73.2%，整精米率66.3%，精米长6.7mm，长宽比3.0，垩白粒率6%，垩白度0.8%，透明度2级，碱消值4.0级，胶稠度82mm，直链淀粉含量13.8%。

抗性：叶瘟6.4级，穗瘟8.6级，稻瘟病综合指数6.3，高感稻瘟病。抗低温能力强。

产量及适宜地区：2008—2009年湖南省两年区试平均单产7 782.3kg/hm^2，比对照金优207增产5.4%。日产量71.0kg/hm^2，比对照金优207高2.1kg/hm^2。适宜在湖南省稻瘟病轻发区作双季晚稻种植。

栽培技术要点：在湖南省作双季晚稻种植，湘中地区6月22日左右播种，湘北提早2～3d，湘南推迟1～2d。大田用种量22.5kg/hm^2，秧田播种量12.5kg/hm^2。秧龄控制在25d以内，种植密度20cm×20cm或16cm×23cm，每穴栽插2粒谷秧。重施基肥，早施分蘖肥，底肥以农家肥和三元复合肥为主，注意氮、磷、钾肥配合使用。浅水分蘖，苗足及时晒田，有水壮苞抽穗，后期干湿交替，不要脱水太早。秧田期狠抓稻飞虱、稻叶蝉的防治，大田注意防治稻瘟病、纹枯病、稻飞虱等病虫害。

中优117（Zhongyou 117）

品种来源：湖南金健种业有限责任公司和常德市农业科学研究所以中9A（优ⅠA/中9B）为母本，常恢117（R80074/R120//多系1号）为父本配组育成。分别通过湖南省（2006）、贵州省（2007）、陕西省（2008）、重庆市（2008）、广东省（2009）、云南省文山壮族苗族自治州（2009）、云南省红河哈尼族彝族自治州（2010）和海南省（2012）农作物品种审定委员会审定或引种。2009年获国家植物新品种权授权。

形态特征和生物学特性：属籼型三系杂交迟熟晚稻。在湖南省作双季晚稻栽培，全生育期122d。株高108cm，株型松紧适中，叶片较大，剑叶长挺，落色好，不落粒。有效穗285.0万～274.5万穗/hm²，每穗总粒数123.0粒，结实率78.9%～77.8%，千粒重29.6g。

品质特性：糙米率81.2%，精米率73.2%，整精米率55.1%，精米长7.3mm，长宽比3.2，垩白粒率56%，垩白度7.4%，透明级1级，碱消值5.7级，胶稠度69mm，直链淀粉含量20.5%，蛋白质含量9.3%。

抗性：叶瘟6级，穗瘟7级，感稻瘟病。白叶枯病7级，感白叶枯病。抗寒能力差。

产量及适宜地区：2004—2005年湖南省两年区试平均单产7 733.6kg/hm²，比对照威优46增产4.4%。日产量63.2kg/hm²，比对照威优46高2.3kg/hm²。适宜在湖南省稻瘟病轻发区作双季晚稻种植，重庆市海拔800m以下地区作一季中稻种植，陕西省南部海拔650m以下地区种植，广东省中南稻作区和西南稻作区的平原地区作早、晚稻种植，云南省文山壮族苗族自治州海拔1 400m以下和红河哈尼族彝族自治州南部边疆县海拔1 350m、内地县海拔1 400m以下的籼稻区种植，贵州省中迟熟籼稻区种植。稻瘟病重发区慎用。

栽培技术要点：在湖南省作双季晚稻栽培，可参照当地威优46的播期。秧田播种量105.0kg/hm²，大田用种量18.0～22.5kg/hm²。秧龄32d以内，种植密度20.0cm×26.7cm。每穴栽插2～3粒谷秧，基本苗120万苗/hm²。施足基肥，早施追肥。及时晒田控蘖，后期湿润灌溉，抽穗扬花后不要脱水过早，保证充分灌浆结实。注意稻瘟病和纹枯病等病虫害的防治。

中优281 （Zhongyou 281）

品种来源：怀化职业技术学院以中9A为母本，R281（粳3/明恢63//多系1号）为父本配组育成。2007年通过湖南省农作物品种审定委员会审定。

形态特征和生物学特性：属籼型三系杂交迟熟晚稻。在湖南省作双季晚稻栽培，全生育期120d。株高107cm，株型松紧适中，剑叶较长且直立。叶鞘、稃尖为紫色，落色好。有效穗300.0万～330.0万穗/hm²，每穗总粒数120.3粒，结实率85.0%，千粒重26.2g。

品质特性：糙米率80.6%，精米率72.9%，整精米率67.1%，精米长6.5mm，长宽比3.0，垩白粒率51%，垩白度7.2%，透明度1级，碱消值5.5级，胶稠度65mm，直链淀粉含量22.4%，蛋白质含量7.6%。

抗性：叶瘟6级，穗瘟9级，高感稻瘟病。白叶枯病7级，感白叶枯病。抗低温能力一般。

产量及适宜地区：2004—2005年湖南省两年区试平均单产7 231.8kg/hm²，比对照威优46减产1.1%。日产量60.0kg/hm²，比对照威优46低0.2kg/hm²。适宜在湖南省稻瘟病轻发区作双季晚稻种植。

栽培技术要点：在湖南省作双季晚稻种植，6月18～20日播种。大田用种量15.0kg/hm²，用三氯异氰尿酸浸种消毒，催芽破胸露白即可播种。稀播匀播培育壮秧，秧龄控制在28d以内，6.0～6.5叶期移栽。种植密度16.7cm×23.3cm，每穴栽插2粒谷秧，插足基本苗150万苗/hm²。中等肥力水平，底肥注重有机肥与复混肥的搭配，早施追肥，适当增施磷、钾肥，中后期控制氮肥用量，防止肥水过旺及断水过早。注意防治稻瘟病和白叶枯病。

中优3号 (Zhongyou 3)

品种来源：湖南广阔天地科技有限公司以中9A为母本，仙恢3号为父本配组育成。2007年通过湖南省农作物品种审定委员会审定。

形态特征和生物学特性：属籼型三系杂交迟熟晚稻。在湖南省作双季晚稻栽培，全生育期117d。株高109cm，株型较紧凑，剑叶较长且直立，叶鞘、稃尖均无色，落色好。有效穗283.5万穗/hm²，每穗总粒数145.1粒，结实率83.1%，千粒重24.4g。

品质特性：糙米率82.9%，精米率74.0%，整精米率67.5%，精米长6.7mm，长宽比3.2，垩白粒率13%，垩白度2.5%，透明度2级，碱消值6.4级，胶稠度80mm，直链淀粉含量21.8%，蛋白质含量10.6%。

抗性：叶瘟8级，穗瘟9级，稻瘟病综合指数7.5，高感稻瘟病。白叶枯病9级，高感白叶枯病。抗低温能力较强。

产量及适宜地区：2005—2006年湖南省两年区试平均单产7 367.7kg/hm²，比对照威优46增产0.7%。日产量62.7kg/hm²，比对照威优46高2.4kg/hm²。适宜在湖南省稻瘟病轻发区作双季晚稻种植。

栽培技术要点：在湖南省作双季晚稻种植，湘南6月20日播种，湘中、湘北提早2～4d播种。秧田播种量150.0～187.5kg/hm²，大田用种量18.8kg/hm²。秧龄32d以内，种植密度20.0cm×20.0cm或13.0cm×26.0cm或16.0cm×26.0cm。每穴栽插2粒谷秧，基本苗90万苗/hm²。

基肥足，追肥速，中期补。氮、磷、钾肥配合施用，适当增加磷、钾肥用量。深水活蔸，浅水分蘖，及时晒田，有水壮苞抽穗，后期干干湿湿，不脱水过早。注意防治稻瘟病和白叶枯病。

中优4202 (Zhongyou 4202)

品种来源：德农正成种业长沙水稻所以中9A为母本，R4202（先恢207/成恢210）为父本配组育成。2009年通过湖南省农作物品种审定委员会审定。

形态特征和生物学特性：属籼型三系杂交中熟晚稻。在湖南省作双季晚稻栽培，全生育期114d。株高110cm，株型较紧凑，剑叶较长且直立。叶鞘、秆尖无色，落色好。有效穗274.5万穗/hm²，每穗总粒数150.0粒，结实率73.6%，千粒重26.0g。

品质特性：糙米率81.0%，精米率72.4%，整精米率65.6%，精米长7.1mm，长宽比3.2，垩白粒率23%，垩白度2.1%，透明度1级，碱消值5.4级，胶稠度62mm，直链淀粉含量23.2%，蛋白质含量11.0%。

抗性：稻瘟病综合指数6.5。白叶枯病7级，感白叶枯病。

产量及适宜地区：2007—2008年湖南省两年区试平均单产7 136.7kg/hm²，比对照金优207增产6.2%。日产量62.4kg/hm²，比对照金优207高1.2kg/hm²。适宜在湖南省稻瘟病轻发区作双季晚稻种植。

栽培技术要点：在湖南省作双季晚稻种植，湘南6月20日播种，湘中、湘北提早2～4d播种。秧田播种量150.0～187.5kg/hm²，大田用种量18.8kg/hm²。秧龄25d以内，种植密度20.0cm×20.0cm或13.0cm×26.5cm。每穴栽插2粒谷秧，基本苗90万苗/hm²。基肥足，追肥速，中期补。氮、磷、钾肥配合施用，适当增加磷、钾肥用量。深水活苑，浅水分蘖，及时晒田，有水壮苞抽穗，后期干干湿湿，不宜脱水过早。注意病虫害的防治。

中优668（Zhongyou 668）

品种来源：湖南湘东种业有限责任公司以中9A为母本，R668（R647/晚3）为父本配组育成。2009年通过湖南省农作物品种审定委员会审定。

形态特征和生物学特性：属籼型三系杂交中熟晚稻。在湖南省作双季晚稻栽培，全生育期113d。株高103cm，株型紧凑，剑叶较长且直立，叶鞘、稃尖无色，落色好。有效穗273.0万穗/hm^2，每穗总粒数144.6粒，结实率80.7%，千粒重26.4g。

品质特性：糙米率81.8%，精米率72.9%，整精米率66.7%，精米长6.8mm，长宽比2.9，垩白粒率22%，垩白度2.5%，透明度2级，碱消值5.2级，胶稠度50mm，直链淀粉含量22.9%，蛋白质含量10.9%。

抗性：稻瘟病综合指数6.8。白叶枯病7级，感白叶枯病。耐寒能力较强。

产量及适宜地区：2007—2008年湖南省两年区试平均单产7 084.5kg/hm^2，比对照金优207增产3.8%。日产量62.7kg/hm^2，比对照金优207高0.6kg/hm^2。适宜在湖南省稻瘟病轻发区作双季晚稻种植。

栽培技术要点：在湖南省作双季晚稻种植，湘南6月25日播种，湘中、湘北提早2～4d播种。秧田播种量150.0～187.5kg/hm^2，大田用种量18.8kg/hm^2。秧龄25d以内，种植密度20.0cm×20.0cm或16.5cm×26.5cm。每穴栽插2粒谷秧，基本苗90万苗/hm^2。基肥足，追肥速，中期补。氮、磷、钾肥配合施用，适当增加磷、钾肥用量。深水活蔸，浅水分蘖，及时晒田，有水壮苞抽穗，后期干干湿湿，不宜脱水过早。注意病虫害的防治。

中优901 (Zhongyou 901)

品种来源：湘西土家族苗族自治州农业科学研究所以中9A为母本，州恢901（恩恢58/明恢63）为父本配组育成。2007年通过湖南省农作物品种审定委员会审定。

形态特征和生物学特性：属籼型三系杂交迟熟中稻。在湖南省作中稻栽培，全生育期141d。株高120cm，株型松紧适中，剑叶较长，中度披叶，叶鞘、稃尖无色，落色好。抗倒伏能力一般。有效穗255.0万穗/hm²，每穗总粒数172.6粒，结实率81.6%，千粒重28.3g。

品质特性：糙米率80.9%，精米率72.4，整精米率52.6%，精米长7.3mm，长宽比3.3，垩白粒率32%，垩白度6.8%，透明度1级，碱消值5级，胶稠度88mm，直链淀粉含量22.0%，蛋白质含量8.2%。

抗性：叶瘟5级，穗瘟9级，高感稻瘟病。抗高温、低温能力较强。

产量及适宜地区：2005—2006年湖南省两年平均单产8 661.0kg/hm²，比对照Ⅱ优58增产11.2%。日产量61.4kg/hm²，比对照Ⅱ优58高7.5kg/hm²。适宜在湖南省稻瘟病轻发的山丘区作中稻种植。

栽培技术要点：在湖南省作中稻种植，4月上中旬播种。秧田播种量120.0～150.0kg/hm²，大田用种量15.0～18.8kg/hm²。秧龄35d以内，种植密度采用16.0cm×26.0cm或18.0cm×30.0cm等宽行窄株插植方式，插18.0万～22.5万穴/hm²。每穴栽插2粒谷秧，基本苗90万～120万苗/hm²。基肥足，追肥速，中期补。氮、磷、钾肥配合施用，适当增加磷、钾肥用量，后期施肥不宜过重，以防倒伏。深水活蔸，浅水分蘖，有水壮苞抽穗，后期干干湿湿，不脱水过早。注意防治稻瘟病等病虫害。

中优978（Zhongyou 978）

品种来源：湖南省良种引进公司以中9A为母本，良恢1号为父本配组育成。2008年通过湖南省农作物品种审定委员会审定。

形态特征和生物学特性：属籼型三系杂交中熟晚稻。在湖南省作双季晚稻栽培，全生育期112d。株高109cm，株型较紧凑，茎秆较粗壮，叶宽适中，叶色深绿，叶鞘、稃尖均无色，分蘖力较强，抽穗整齐，成熟落色好。有效穗267.0万穗/hm²，每穗总粒数127.0粒，结实率81.5%，千粒重26.5g。

品质特性：糙米率82.4%，精米率74.5%，整精米率66.0%，精米长6.8mm，长宽比3.2，垩白粒率12%，垩白度1.0%，透明度1级，碱消值5.6级，胶稠度71mm，直链淀粉含量21.8%，蛋白质含量11.0%。

抗性：叶瘟6级，穗瘟9级，稻瘟病综合指数7.5，高感穗瘟。白叶枯病7级，感白叶枯病。抗低温能力较强。

产量及适宜地区：2006年高产迟熟组区试平均单产7 247.7kg/hm²，比对照威优46减产3.4%；2007年转晚稻中熟组续试平均单产6 682.7kg/hm²，比对照金优207增产5.2%。两年区试平均单产6 965.2kg/hm²，比对照金优207增产0.9%。适宜在湖南省稻瘟病轻发区作双季晚稻种植。

栽培技术要点：在湖南省作双季晚稻种植，6月16～20日播种。秧田播种量150.0kg/hm²，大田用种量22.5kg/hm²。秧龄控制在30d左右，移栽密度16.7cm×20.0cm，插足基本苗150万苗/hm²。施纯氮165.0～180.0kg/hm²、五氧化二磷90.0kg/hm²和氧化钾135.0kg/hm²，磷、钾肥全部作底肥，氮肥70%作底肥、30%作追肥。移栽返青后浅水管理，及时晒田，后期干干湿湿，切忌断水过早。注意对稻纵卷叶螟、钻心虫、稻飞虱等虫害的防治，在分蘖高峰和孕穗末期各防治纹枯病一次，防治好稻瘟病。

中优9806（Zhongyou 9806）

品种来源：湖南东方红种业有限公司和浙江国稻高科技种业有限公司以中9A为母本，R9806（明恢63/辐恢838）为父本配组育成。2008年通过湖南省农作物品种审定委员会审定。

形态特征和生物学特性：属籼型三系杂交迟熟晚稻。在湖南省作双季晚稻栽培，全生育期120d。株高108cm，株型适中，茎秆粗壮，分蘖力中等，成穗率高，抽穗整齐，剑叶较窄、长、直立，叶下禾。穗型较大，谷粒长形，籽粒饱满，颖尖无色、有短芒，后期落色好。有效穗273.0万穗/hm²，每穗总粒数135.7粒，结实率76.7%，千粒重29.0g。

品质特性：糙米率82.6%，精米率74.4%，整精米率65.8%，长宽比3.1，垩白粒率16%，垩白度1.8%，蛋白质含量10.8%，胶稠度59mm，直链淀粉含量22%。

抗性：叶瘟8级，穗瘟9级，稻瘟病综合指数7.3，高感稻瘟病。白叶枯病7级，感白叶枯病。抗低温能力一般。

产量及适宜地区：2006—2007年湖南省两年区试平均单产7 571.4kg/hm²，比对照威优46增产4.5%。日产量62.4kg/hm²，比对照威优46高2.6kg/hm²。适宜在湖南省稻瘟病轻发区作双季晚稻种植。

栽培技术要点：在湖南省作双季晚稻种植，湘东、湘南6月16～18日播种，湘西、湘北提早2～4d播种。秧田播种量150.0～187.5kg/hm²，大田用种量18.8kg/hm²。秧龄30d，种植密度20.0cm×20.0cm或16.7cm×20.0cm。每穴栽插2粒谷秧，基本苗120万苗/hm²。重施基肥，早施追肥，增施磷、钾肥，后期忌重施和偏施氮肥。深水活蔸，浅水分蘖，及时晒田，有水壮苞抽穗，后期干干湿湿，忌脱水过早。注意病虫害防治。

中优9918 (Zhongyou 9918)

品种来源：长沙市农业科学研究所和湖南利邦种业有限责任公司以中9A为母本，R9918（先恢207///先恢207//N9606/明恢63）为父本配组育成。2008年通过湖南省农作物品种审定委员会审定。

形态特征和生物学特性：属籼型三系杂交中熟晚稻。在湖南省作双季晚稻栽培，全生育期115d。株高110.0cm，株型松紧适中，剑叶直立，稃尖无色，着粒较密，后期落色好。有效穗243.0万穗/hm²，每穗总粒数155.8粒，结实率79.1%，千粒重27.9g。

品质特性：糙米率82.9%，精米率75.3%，整精米率69.5%，精米长7.0mm，长宽比3.2，垩白粒率12%，垩白度1.0%，透明度1级，碱消值6.5级，胶稠度70mm，直链淀粉含量21.5%，蛋白质含量11.1%。

抗性：叶瘟7级，穗瘟9级，稻瘟病综合指数7.0，高感穗瘟。白叶枯病7级，感白叶枯病。抗低温能力较强。

产量及适宜地区：2006—2007年湖南省两年区试平均单产7 205.6kg/hm²，比对照金优207增产4.9%。日产量62.9kg/hm²，比对照金优207高1.2kg/hm²。适宜在湖南省稻瘟病轻发区作双季晚稻种植。

栽培技术要点：在湖南省作双季晚稻种植，湘南6月23日播种，湘中、湘北提早2～3d播种。秧田播种量105.0～150.0kg/hm²，大田用种量22.5kg/hm²。秧龄28d以内，种植密度20.0cm×20.0cm。每穴栽插2粒谷秧，基本苗120万～150万苗/hm²。施足基肥，早施追肥。深水活蔸，浅水分蘖，及时晒田，有水壮苞抽穗，后期干干湿湿，不宜脱水过早。注意病虫害防治。

中种优448（Zhongzhongyou 448）

品种来源：株洲市唐氏种业水稻科学研究所和中种集团绵阳水稻种业有限公司以中种1A（V20A//新香B/9801）为母本，成恢448（绵恢502/Lemont）为父本配组育成。2008年通过湖南省农作物品种审定委员会审定。

形态特征和生物学特性：属籼型三系杂交中熟晚稻。在湖南省作双季晚稻栽培，全生育期110d。株高100cm。株型紧凑，茎秆中粗，分蘖力中等，叶片深绿、挺直，谷粒细长，稃尖紫色，落色好。有效穗286.5万穗/hm^2，每穗总粒数126.1粒，结实率78.6%，千粒重28.3g。

品质特性：糙米率82.6%，精米率74.4%，整精米率66%，精米长7.2mm，长宽比3.3，垩白粒率24%，垩白度2.6%，透明度1级，碱消值6.2级，胶稠度50mm，直链淀粉含量22.1%，蛋白质含量10.3%。

抗性：叶瘟5级，穗瘟9级，稻瘟病综合指数6.0，高感穗瘟。白叶枯病7级，感白叶枯病。抗低温能力一般。

产量及适宜地区：2006—2007年湖南省两年区试平均单产6 953.8kg/hm^2，比对照金优207增产2.2%。日产量63.0kg/hm^2，比对照金优207高1.8kg/hm^2。适宜在湖南省稻瘟病轻发区作双季晚稻种植。

栽培技术要点：在湖南省作双季晚稻种植，6月25日左右播种。大田用种量22.5kg/hm^2，秧龄25d左右。种植密度16.6cm×20.0cm，每穴栽插2粒谷秧。底肥以农家肥和三元复合肥为主，插后7d追施氮肥和钾肥。前期以浅水为主，后期干干湿湿。注意稻瘟病等病虫害的防治。

资优072 (Ziyou 072)

品种来源：湖南农业大学和湖南杂交水稻研究中心以资100A (V20A/资100B)为母本，R072为父本配组育成。2010年通过湖南省农作物品种审定委员会审定。

形态特征和生物学特性：属籼型三系杂交中熟晚稻。在湖南省作双季晚稻种植，全生育期110d。株高100.0cm，分蘖力强，生长势旺，叶片较长、直立，叶鞘绿色，后期落色好，较易脱粒。有效穗295.5万穗/hm²，每穗总粒数113.7粒，结实率75.8%，千粒重30.0g。

品质特性：糙米率80.5%，精米率72.6%，整精米率56.9%，精米长7.0mm，长宽比2.9，垩白粒率23%，垩白度5.1%，透明度2级，碱消值5.2级，胶稠度81mm，直链淀粉含量12.4%，蛋白质含量11.2%。

抗性：叶瘟4.3级，穗瘟6.7级，稻瘟病综合指数4.3。抗低温、高温能力强。

产量及适宜地区：2007年、2009年湖南省两年区试平均单产7 104.4kg/hm²，比对照金优207增产4.3%。日产量65.4kg/hm²，比对照金优207高3.3%。适宜在湖南省稻瘟病轻发区作双季晚稻种植。

栽培技术要点：在湖南省作双季晚稻种植，6月25日左右播种。大田用种量22.5kg/hm²，播种时种子拌多效唑，稀播匀播。秧龄控制在25d以内，种植密度16.5cm×23.0cm。每穴栽插2粒谷秧，插基本苗120万苗/hm²。重施基肥，早施分蘖肥，促早生快发。中等肥力水平田块施碳酸氢铵600.0kg/hm²、五氧化二磷600.0kg/hm²作基肥，栽后5d追施尿素150.0kg/hm²、氧化钾150.0kg/hm²。足苗及时晒田，轻晒多露，有水孕穗抽穗，后期保持湿润，忌脱水过早。依据病虫测报，加强稻瘟病、纹枯病、螟虫、稻飞虱等病虫害的防治。

资优1007（Ziyou 1007）

品种来源：湖南杂交水稻研究中心以资100A为母本，RB207-1（先恢207的稗草基因组DNA导入系）为父本配组育成。2007年通过湖南省农作物品种审定委员会审定。

形态特征和生物学特性：属籼型三系杂交中熟中稻。在湖南省作中稻栽培，全生育期132d。株高103.0cm，株型松紧适中，剑叶较长、较宽。叶鞘、稃尖均无色，落色好。有效穗237.0万穗/hm²，每穗总粒数178.0粒，结实率75.2%，千粒重26.6g。

品质特性：糙米率80.7%，精米率73.2%，整精米率41.3%，精米长7.1mm，长宽比3.4，垩白粒率49%，垩白度12.8%，透明度2级，碱消值4.1级，胶稠度76mm，直链淀粉含量15.0%，蛋白质含量8.1%。

抗性：叶瘟3级，穗瘟9级，高感稻瘟病。抗高温能力一般，抗寒能力较强。

产量及适宜地区：2005年湖南省区试平均单产8 877.0kg/hm²，比对照两优培九减产0.8%；2006年续试平均单产7 777.5kg/hm²，比对照金优207增产8.5%。两年区试平均单产8 327.3kg/hm²，日产量64.1kg/hm²。适宜在湖南省海拔200m以上稻瘟病轻发的山丘区作中稻种植。

栽培技术要点：在湖南省作中稻种植，4月底播种。秧田播种量90.0 ～ 120.0kg/hm²，大田用种量15.0 ～ 22.5kg/hm²。秧龄30d内为宜，种植密度19.8cm×26.7cm，每穴栽插2粒谷秧。施肥以农家肥作底肥为主、追肥为辅，早施分蘖肥，后期看苗施肥，忌偏施氮肥。浅水活蔸，及时晒田控苗，浅水孕穗抽穗，后期干干湿湿灌溉，不要脱水过早。根据病虫测报及田间发生情况，采用对口农药防治各种病虫害，重点防治纹枯病与稻飞虱。

资优299（Ziyou 299）

品种来源：湖南杂交水稻研究中心以资100A为母本，湘恢299为父本配组育成。2008年通过湖南省农作物品种审定委员会审定。

形态特征和生物学特性：属籼型三系杂交中熟晚稻。在湖南省作双季晚稻栽培，全生育期114d。株高105cm，株型松紧适中，叶色浓绿，叶鞘、稃尖均无色，落色好。有效穗271.5万穗/hm^2，每穗总粒数145.3粒，结实率73.6%，千粒重27.4g。

品质特性：糙米率82.7%，精米率74.9%，整精米率68.3%，精米长7.0mm，长宽比3.2，垩白粒率22%，垩白度1.8%，透明度2级，碱消值4.7级，胶稠度78mm，直链淀粉含量13.2%，蛋白质含量9.5%。

抗性：叶瘟5级，穗瘟9级，稻瘟病综合指数6.0，高感穗瘟。白叶枯病7级，感白叶枯病。抗低温能力较强。

产量及适宜地区：2006—2007年湖南省两年区试平均单产7 242.1kg/hm^2，比对照金优207增产6.4%。日产量63.3kg/hm^2，比对照金优207高2.0kg/hm^2。适宜在湖南省稻瘟病轻发区作双季晚稻种植。

栽培技术要点：在湖南省作双季晚稻种植，6月22～25日播种。秧田播种量180.0kg/hm^2，大田播种量22.5kg/hm^2。秧龄25d左右移栽，插植密度16.7cm×23.3cm，每穴栽插2粒谷秧。大田以农家肥为主，不要偏施氮肥，以重底轻追、重磷钾轻氮为原则。全生育期以干湿管理为主，孕穗期、开花期适当增加灌水深度。重点防治稻瘟病、纹枯病、二化螟、纵卷叶螟及稻飞虱等病虫害。

第三节　两系杂交稻

C两优018（C liangyou 018）

品种来源：湖南洞庭高科种业股份有限公司、岳阳市农业科学研究所和湖南农业大学以C815S为母本，R018为父本配组育成。2014年通过湖南省农作物品种审定委员会审定。

形态特征和生物学特性：属籼型两系杂交一季晚稻。在湖南省作一季晚稻栽培，全生育期125.2d。株高114.0cm，株型适中，叶姿直立，生长势较强。叶鞘、稃尖紫色，有顶芒，叶下禾，后期落色好。有效穗315万穗/hm²，每穗总粒数176粒，结实率76.9%，千粒重24.1g。

品质特性：糙米率81.6%，精米率71.4%，整精米率67.3%，精米长6.8mm，长宽比3.4，垩白粒率30%，垩白度3.0%，透明度1级，碱消值3.0级，胶稠度92mm，直链淀粉含量13.8%。

抗性：叶瘟3.5级，穗颈瘟5.3级，稻瘟病综合指数3.4。白叶枯病5级，稻曲病5级。耐高温、低温能力强。

产量及适宜地区：2012—2013年湖南省两年区试平均单产9 241.7kg/hm²，比对照C两优343增产5.5%。日产量73.8kg/hm²，比对照C两优343高4.1kg/hm²。适宜在湖南省稻瘟病轻发区作一季晚稻种植。

栽培技术要点：在湖南省作一季晚稻种植，湘中5月25日左右播种，湘北提早2～3d播种，湘南推迟2～3d播种。秧田播种量120kg/hm²，大田用种量18.8kg/hm²。秧龄25d左右移栽，种植密度20cm×26cm，每穴栽插2粒谷秧。基肥足，追肥速，中后期酌情补，氮、磷、钾肥配合施用。深水活蔸，浅水分蘖，及时晒田，有水壮苞抽穗，后期干干湿湿，不脱水过早。浸种时坚持用三氯异氰尿酸消毒，注意防治稻瘟病、纹枯病、稻曲病、稻蓟马、稻飞虱和螟虫等病虫害。

C两优1102 (C liangyou 1102)

品种来源：湖南隆平种业有限公司和湖南农业大学以C815S为母本，1102为父本配组育成。2008年通过湖南省农作物品种审定委员会审定。

形态特征和生物学特性：属籼型两系杂交一季晚稻。在湖南省作一季晚稻栽培，全生育期125d。株高120cm，株型松紧适中，生长整齐，穗大粒多，后期落色好。有效穗255.0万穗/hm²，每穗总粒数156.5粒，结实率77.5%，千粒重28.3g。

品质特性：糙米率81.9%，精米率74.4%，整精米率53.7%，精米长6.6mm，长宽比3.0，垩白粒率40%，垩白度5.0%，透明度2级，碱消值5.2级，胶稠度68mm，直链淀粉含量12.4%，蛋白质含量9.1%。

抗性：叶瘟7级，穗瘟9级，稻瘟病综合指数5.8，高感穗瘟。白叶枯病7级，感白叶枯病。抗高温能力中等。

产量及适宜地区：2006—2007年湖南省两年区试平均单产8 430.0kg/hm²，比对照汕优63增产8.1%。日产量67.7kg/hm²，比对照汕优63高5.4kg/hm²。适宜于湖南省稻瘟病轻发区作一季晚稻种植。

栽培技术要点：在湖南省作一季晚稻种植，5月下旬6月初播种。秧田播种量180.0 ～ 225.0kg/hm²，大田用种量22.5kg/hm²。插16.5万 ～ 19.5万穴/hm²，基本苗90万～ 105万苗/hm²。适宜在中等肥力水平下栽培，施肥以基肥和有机肥为主。前期重施，早施追肥，后期看苗施肥。在水浆管理上，前期浅水，中期轻搁，后期干干湿湿灌溉，切忌脱水过早。注意及时防治稻瘟病、白叶枯病等病虫害。

C两优248（C liangyou 248）

品种来源：湖南亚华种业科学研究院和湖南农业大学以C815S为母本，TR248（华恢4号/常恢117）为父本配组育成。2013年通过湖南省农作物品种审定委员会审定。

形态特征和生物学特性：属籼型两系杂交一季晚稻。在湖南省作一季晚稻栽培，生育期126.2d。株高115.0cm，株型适中，生长势强，植株整齐，前期叶姿平展，剑叶直立，叶下禾，叶鞘、稃尖均为紫色，稃尖有中长芒，后期落色好。有效穗255万～270万穗/hm²，每穗总粒数162.6粒，结实率80.8%，千粒重27.7g。

品质特性：糙米率81.1%，精米率71.7%，整精米率67.5%，精米长7.0mm，长宽比3.2，垩白粒率35%，垩白度2.8%，透明度1级，碱消值3.0级，胶稠度88.5mm，直链淀粉含量12.1%。

抗性：叶瘟4.0级，穗瘟4.4级，稻瘟病综合指数3.5。白叶枯病7级，稻曲病3级。耐高温能力中等，耐低温能力较强。

产量及适宜地区：2011—2012年湖南省两年区试平均单产8 857.4kg/hm²，比对照C两优343增产3.5%。日产量70.2kg/hm²，比对照C两优343高1.8kg/hm²。适宜在湖南省稻瘟病轻发区作一季晚稻种植、在江西省稻瘟病轻发区作中稻种植。

栽培技术要点：在湖南省作一季晚稻栽培，5月25日左右播种。秧田播种量150kg/hm²，大田用种量15.0kg/hm²。稀播匀播，秧苗叶龄5.5叶左右移栽，秧龄不超过30d。种植密度20cm×（23～26)cm，每穴栽插2粒谷秧。需肥水平中等，重施底肥，早施追肥。后期看苗补施穗肥，加强中后期管理，提高结实率。做好水分管理，保持根系活力，以防早衰。坚持用三氯异氰尿酸浸种，注意病虫害防治。

C两优255 （C liangyou 255）

品种来源：湖南怀化奥谱隆作物育种工程研究所和湖南农业大学以C815S为母本，H255为父本配组育成。2010年通过湖南省农作物品种审定委员会审定。

形态特征和生物学特性：属籼型两系杂交迟熟中稻。在湖南省作中稻栽培，全生育期139d。株高116.6cm，株型适中，分蘖力强，繁茂性好，剑叶细长，略披，叶鞘、稃尖紫色，成熟落色一般。有效穗255.0万～270.0万穗/hm²，每穗总粒数173.6粒，结实率80.8%，千粒重28.5g。

品质特性：糙米率79.9%，精米率71.7%，整精米率56.0%，精米长7.0mm，长宽比2.9，垩白粒率61%，垩白度12.5%，透明度2级，碱消值4.4级，胶稠度83mm，直链淀粉含量14.6%，蛋白质含量7.0%。

抗性：叶瘟4级，穗瘟9级，稻瘟病综合指数6.6。中感纹枯病。抗高温、低温能力强。

产量及适宜地区：2008年湖南省区试平均单产9 295.5kg/hm²，比对照两优培九增产0.4%；2009年续试平均单产9 106.5kg/hm²，比对照Ⅱ优58增产10.5%。两年区试平均单产9 201.0kg/hm²，比对照增产5.5%。适宜于湖南省稻瘟病轻发的山丘区作中稻种植。

栽培技术要点：在湖南省作中稻种植，4月上中旬播种。大田用种量10.5～12.0kg/hm²，秧田播种量90～105kg/hm²。稀播匀播，2.0叶期厢面无水时喷施多效唑促秧苗矮壮、低位分蘖，加强秧田肥水管理和注意防治病虫害。5.5～6.0叶期移栽，每穴栽插2粒谷秧，种植密度20.0cm×26.0cm。需肥水平较高，注意重施底肥，早施追肥，看苗补施穗粒肥，抽穗后灌浆期叶面喷施壮籽肥。移栽后寸水返青活蔸，薄水与湿润相间灌溉促分蘖，够苗及时晒田，有水孕穗抽穗，干干湿湿灌浆壮籽，收割前6～7d断水。注意稻瘟病、纹枯病等病虫害的防治。

C两优266 (C liangyou 266)

品种来源：湖南省核农学与航天育种研究所和湖南农业大学以C815S为母本，R07266为父本配组育成。2013年通过湖南省农作物品种审定委员会审定。

形态特征和生物学特性：属籼型两系杂交迟熟晚稻。在湖南省作双季晚稻栽培，全生育期121.2d。株高107.7cm，株型松紧适中，叶鞘、秆尖紫红色，短顶芒，叶下禾，后期落色好。有效穗285万穗/hm^2，每穗总粒数155.1粒，结实率78.3%，千粒重26.5g。

品质特性：糙米率82.5%，精米率73.8%，整精米率69.8%，精米长6.9mm，长宽比3.0，垩白粒率36%，垩白度4.7%，透明度2级，碱消值3.5级，胶稠度65mm，直链淀粉含量16.5%。

抗性：叶瘟4.7级，穗瘟6级，稻瘟病综合指数4.5。白叶枯病5级，稻曲病4级。耐低温能力中等。

产量及适宜地区：2011—2012年湖南省两年区试平均单产8 007.8kg/hm^2，比对照天优华占增产2.3%。日产量66.2kg/hm^2，比对照天优华占高1.7kg/hm^2。适宜在湖南省稻瘟病轻发区作双季晚稻种植。

栽培技术要点：在湖南省作双季晚稻种植，6月15～18日播种。秧田播种量150.0～187.5kg/hm^2，大田用种量22.5kg/hm^2。秧龄28d以内，种植密度16.5cm×20cm或20cm×20cm，每穴栽插2粒谷秧。施足底肥，早施追肥，巧施穗粒肥。及时晒田，有水壮苞抽穗，后期干干湿湿，不要脱水过早。注意防治稻瘟病、纹枯病、稻飞虱、二化螟等病虫害。

C两优277 (C liangyou 277)

品种来源：湖南杂交水稻研究中心和湖南农业大学以C815S为母本，N恢277（R640/明恢63）为父本配组育成。2011年通过湖南省农作物品种审定委员会审定。

形态特征和生物学特性：属籼型两系杂交一季晚稻。在湖南省作一季晚稻栽培，全生育期124d。株高115cm，株型松紧适中。剑叶较长且直立，叶鞘、稃尖紫红色，成熟落色好。有效穗264.0万穗/hm²，每穗总粒数178.7粒，结实率78.2%，千粒重25.7g。

品质特性：糙米率81.6%，精米率72.2%，整精米率60.8%，精米长6.5mm，长宽比2.8，垩白粒率34%，垩白度5.3%，透明度3级，碱消值3.4级，胶稠度78mm，直链淀粉含量12.6%。

抗性：叶瘟5.5级，穗瘟8.0级，稻瘟病综合指数6.2，高感稻瘟病。耐低温能力中等，耐高温能力强，耐肥，抗倒伏能力中等。

产量及适宜地区：2009—2010年湖南省两年区试平均单产8 353.5kg/hm²，比对照汕优63增产3.9%。日产量67.7kg/hm²，比对照汕优63高2.3kg/hm²。适宜在湖南省稻瘟病轻发区作一季晚稻种植。

栽培技术要点：在湖南省作一季晚稻种植，湘中5月25日播种，湘南推迟2～3d播种，湘北提早3～4d播种。秧田播种量120～150kg/hm²，大田用种量15.0～22.5kg/hm²。秧龄30d以内，种植密度采用20.0cm×20.0cm或16.5cm×26.0cm，每穴栽插2粒谷秧。采取基肥足、追肥速、中后期看苗适当补肥的施肥方法，氮、磷、钾肥配合施用，适当增加磷、钾肥用量，中后期严控氮素用量，以防倒伏。深水活蔸，浅水分蘖，及时晒田，有水壮苞抽穗，后期干干湿湿，忌脱水过早。秧田期狠抓稻飞虱、稻叶蝉的防治，大田注意防治稻瘟病、纹枯病、稻飞虱等病虫害。

C两优34156 (C liangyou 34156)

品种来源：湖南农业大学以C815S为母本，34156为父本配组育成。2011年通过湖南省农作物品种审定委员会审定。

形态特征和生物学特性：属籼型两系杂交一季晚稻。在湖南省作一季晚稻栽培，全生育期123d。株高113cm，株型偏松。剑叶较长且直立，叶鞘、稃尖均紫色，成熟落色好。有效穗255万～270万穗/hm^2，每穗总粒数172.3粒，结实率78.8%，千粒重23.1g。

品质特性：糙米率81.6%，精米率73.4%，整精米率69.4%，精米长6.6mm，长宽比3.0，垩白粒率8%，垩白度1.3%，透明度2级，碱消值4.6级，胶稠度83mm，直链淀粉含量12.5%。

抗性：叶瘟4.8级，穗瘟7.0级，稻瘟病综合指数4.8，高感稻瘟病。耐高温、低温能力一般，耐肥，抗倒伏能力较强。

产量及适宜地区：2009—2010年湖南省两年区试平均单产8 363.6kg/hm^2，比对照汕优63增产4.1%。日产量67.1kg/hm^2，比对照汕优63高1.8 kg/hm^2。适宜在湖南省稻瘟病轻发区作一季晚稻种植。

栽培技术要点：在湖南省作一季晚稻种植，湘中5月25日播种，湘南推迟2～3d播种，湘北提早3～4d播种。秧田播种量135～150kg/hm^2，大田用种量15.0～22.5kg/hm^2。秧龄25d左右，种植密度16cm×26cm或20cm×26cm，每穴栽插2粒谷秧。基肥足，追肥速，中后期酌情补，氮、磷、钾肥配合施用，适当增加磷、钾肥用量。深水活蔸，浅水分蘖，及时晒田，有水壮苞抽穗，后期干干湿湿，忌脱水过早。秧田期狠抓稻飞虱、稻叶蝉的防治，大田注意防治稻瘟病、纹枯病、稻飞虱等病虫害。

C两优343 (C liangyou 343)

品种来源：湖南农业大学和岳阳市农业科学研究所以C815S为母本，岳恢9113（CY85-41//DT713/IR26///农垦58/IR30）为父本配组育成。分别通过湖南省（2008）和国家（2010）农作物品种审定委员会审定。2010年获国家植物新品种权授权。

形态特征和生物学特性：属籼型两系杂交一季晚稻。在湖南省作一季晚稻种植，全生育期124d。株高113cm，株型较紧凑，剑叶较长且直立。叶鞘、稃尖紫色，落色好。有效穗285.0万穗/hm²，每穗总粒数162.0粒，结实率77.6%，千粒重25.0g。

品质特性：糙米率82.4%，精米率74.8%，整精米率64.3%，精米长6.8mm，长宽比3.2，垩白粒率14%，垩白度2.3%，透明度2级，碱消值6.0级，胶稠度54mm，直链淀粉含量22.4%，蛋白质含量9.5%。

抗性：叶瘟8级，穗瘟9级，稻瘟病综合指数7.3，高感稻瘟病。白叶枯病7级，感白叶枯病。抗高温能力中等。

产量及适宜地区：2006—2007年湖南省两年区试平均单产8 538.7kg/hm²，比对照汕优63增产6.7%。日产量68.7kg/hm²，比对照汕优63高4.4kg/hm²。适宜于湖南省稻瘟病轻发区作一季晚稻种植。

栽培技术要点：在湖南省作一季晚稻种植，湘中5月25日左右播种，湘北提早2～3d播种，湘南推迟2～3d播种。秧田播种量150.0～180.0kg/hm²，大田用种量15.0kg/hm²。秧龄25～30d，种植密度16.0cm×26.0cm或20.0cm×26.0cm。每穴栽插2粒谷秧，基本苗90万苗/hm²。基肥足，追肥速，中后期酌情补，氮、磷、钾肥配合施用，适当增加磷、钾肥用量。深水活蔸，浅水分蘖，及时晒田，有水壮苞抽穗，后期干干湿湿，切忌脱水过早。注意病虫害防治。

C两优386 （C liangyou 386）

品种来源：湖南农业大学和湖南神农大丰种业科技有限责任公司以C815S为母本，R386（岳恢9113/蜀恢527）为父本配组育成。2014年通过湖南省农作物品种审定委员会审定。

形态特征和生物学特性：属籼型两系杂交迟熟中稻。在湖南省作中稻栽培，全生育期139d。株高113cm，株型适中，生长势强，叶鞘绿色，稃尖紫红色，中长芒，叶下禾，后期落色好。有效穗241.5万穗/hm²，每穗总粒数180.6粒，结实率81.9%，千粒重26.3g。

品质特性：糙米率77.9%，精米率65.1%，整精米率46.8%，精米长6.8mm，长宽比3.2，垩白粒率60%，垩白度7.8%，透明度3级，碱消值3.0级，胶稠度90mm，直链淀粉含量12.4%。

抗性：叶瘟4.5级，穗颈瘟5.7级，稻瘟病综合指数4.0。白叶枯病5级，稻曲病2.3级。耐高温、低温能力较强。

产量及适宜地区：2012—2013年湖南省两年区试平均单产9 269.9kg/hm²，比对照Y两优1号增产3.5%。日产量66.9kg/hm²，比对照Y两优1号高2.9kg/hm²。适宜在湖南省稻瘟病轻发的山丘区作中稻种植。

栽培技术要点：在湖南省作中稻种植，4月中下旬播种。秧田播种量120～150kg/hm²，大田用种量15kg/hm²。种植密度20cm×26cm，插基本苗90万～105万苗/hm²。适宜在中等肥力水平下种植，施肥以基肥和有机肥为主。早施追肥，后期看苗施肥。前期浅水，中期轻搁，后期采用干干湿湿灌溉，断水不宜过早。浸种时坚持用三氯异氰尿酸消毒，注意防治稻瘟病、纹枯病、稻蓟马、稻飞虱和螟虫等病虫害。

C两优396 (C liangyou 396)

品种来源：湖南农业大学水稻科学研究所以C815S为母本，R396（蜀恢527/恩恢58）为父本，采用两系法配组育成。分别通过湖南省（2007）、湖北省（2009）和国家（2009、2010）农作物品种审定委员会审定。2011年获国家植物新品种权授权。

形态特征和生物学特性：属籼型两系杂交迟熟中稻。在湖南省作中稻栽培，全生育期132.0d。株高118cm，株型松紧适中，叶下禾，抽穗整齐，茎秆粗壮，生长繁茂，分蘖力强。剑叶较宽、略披，叶色浓绿。稃尖紫色，穗顶部部分籽粒有顶芒，成熟期落色好。有效穗249.0万穗/hm²，每穗总粒数167粒，结实率80%，千粒重29.3g。

品质特性：糙米率80.4%，精米率72.4%，整精米率54.2%，精米长7.0mm，长宽比3.0，垩白粒率41%，垩白度9.0%，透明度2级，碱消值4.2级，胶稠度76mm，直链淀粉含量13.0%，蛋白质含量8.4%。

抗性：叶瘟5级，穗瘟9级，高感稻瘟病。抗高温能力一般，抗寒能力较强。

产量及适宜地区：2005—2006年湖南省两年区试平均单产9 750.0kg/hm²，比对照两优培九增产9.6%。日产量73.4kg/hm²，比对照两优培九高8.3kg/hm²。适宜在湖南省海拔200m以上稻瘟病轻发的山丘区作中稻种植。

栽培技术要点：在湖南省作中稻栽培，4月底播种。秧田播种量90.0 ~ 120.0kg/hm²，大田用种量15.0 ~ 22.5kg/hm²。秧龄30d内为宜，种植密度19.8cm×26.7cm，每穴栽插2粒谷秧。施肥以农家肥作底肥为主、追肥为辅，早施分蘖肥，后期看苗施肥，忌偏施氮肥。浅水活蔸，及时晒田控苗，浅水孕穗抽穗，后期采用干干湿湿灌溉，不要脱水过早。根据病虫测报及田间发生情况，采用对口农药防治各种病虫害，重点防治稻瘟病、纹枯病与稻飞虱。

C两优4418 (C liangyou 4418)

品种来源：湖南农业大学和中国水稻研究所以C815S为母本，R218为父本配组育成。2008年通过湖南省农作物品种审定委员会审定。

形态特征和生物学特性：属籼型两系杂交中熟中稻。在湖南省作中稻栽培，全生育期133d。株高103cm，株型较紧凑，剑叶较长且直立。叶鞘、稃尖均紫色，落色好。有效穗231.0万穗/hm²，每穗总粒数148.3粒，结实率84.1%，千粒重29.1g。

品质特性：糙米率81.3%，精米率73%，整精米率65.6%，精米长6.8mm，长宽比2.8，垩白粒率63%，垩白度12.5%，透明度2级，碱消值5.2级，胶稠度89mm，直链淀粉含量13.2%，蛋白质含量7%。

抗性：叶瘟4级，穗瘟9级，稻瘟病综合指数6.5，高感穗瘟。易感纹枯病。抗寒能力一般，抗高温能力较好。

产量及适宜地区：2006年中稻高产组区试平均单产8 583.0kg/hm²，比对照两优培九减产3.0%；2007年转中稻中熟组续试平均单产7 978.5kg/hm²，比对照金优207增产19.8%。两年区试平均单产8 280.8kg/hm²，日产量62.3kg/hm²。适宜于湖南省海拔600m以下稻瘟病轻发的山丘区作中稻种植。

栽培技术要点：在湖南省山丘区作中稻种植，4月中旬播种。秧田播种量150.0～180.0kg/hm²，大田用种量15.0kg/hm²。秧龄25～30d，种植密度16.0cm×26.0cm或20.0cm×26.0cm。每穴栽插2粒谷秧，基本苗90万苗/hm²。基肥足，追肥速，中后期酌情补，氮、磷、钾肥配合施用，适当增加磷、钾肥用量。深水活蔸，浅水分蘖，及时晒田，有水壮苞抽穗，后期干干湿湿，不要脱水过早。注意病虫害防治。

C两优4488 (C liangyou 4488)

品种来源：湖南农业大学以C815S为母本，4488为父本配组育成。2008年通过湖南省农作物品种审定委员会审定。

形态特征和生物学特性：属籼型两系杂交迟熟晚稻。在湖南省作双季晚稻栽培，全生育期123d。株高118cm，株型偏松，剑叶较长且直立，叶鞘、稃尖均紫色，落色好。有效穗247.5万穗/hm²，每穗总粒数168.0粒，结实率80.0%，千粒重28.0g。

品质特性：糙米率82.3%，精米率74.2%，整精米率62.0%，精米长7.2mm，长宽比3.4，垩白粒率28%，垩白度5.8%，透明度2级，碱消值4.4级，胶稠度71mm，直链淀粉含量14.3%，蛋白质含量9.6%。

抗性：叶瘟7级，穗瘟9级，稻瘟病综合指数7.5，高感穗瘟。白叶枯病5级，中感白叶枯病。

产量及适宜地区：2006年湖南省晚稻迟熟组区试平均单产7 880.7kg/hm²，比对照威优46增产4.9%；2007年转入一季晚稻组续试平均单产7 951.4kg/hm²，比对照汕优63减产0.5%。两年区试平均单产7 916.1kg/hm²，日产量64.7kg/hm²。适宜于湖南省稻瘟病轻发区作双季晚稻种植。

栽培技术要点：在湖南省作双季晚稻种植，湘中6月12日左右播种，湘南推迟2～3d播种，湘北提早2～3d播种。秧田播种量150.0～187.5kg/hm²，大田用种量20.3kg/hm²。秧龄25d左右，种植密度16.0cm×26.0cm或20.0cm×26.0cm。每穴栽插2粒谷秧，基本苗90万苗/hm²。基肥足，追肥速，中后期酌情补，氮、磷、钾肥配合施用，适当增加磷、钾肥用量。深水活蔸，浅水分蘖，及时晒田，有水壮苞抽穗，后期干干湿湿，不宜脱水过早。注意病虫害防治。

C两优501 (C liangyou 501)

品种来源：湖南金健种业有限责任公司、湖南农业大学和常德市农业科学研究所以C815S为母本，制501（常恢117/R170）为父本配组育成。2009年通过湖南省农作物品种审定委员会审定。

形态特征和生物学特性：属籼型两系杂交一季晚稻。在湖南省作一季晚稻栽培，全生育期124d。株高115.6cm，叶片较窄，剑叶挺直，株型松紧适中，落色好，不易落粒。有效穗249.0万穗/hm²，每穗总粒数193.6粒，结实率77.7%，千粒重24.9g。

品质特性：糙米率81.5%，精米率74.2%，整精米率67.7%，精米长6.2 mm，长宽比2.6，垩白粒率68%，垩白度6.9%，透明度2级，碱消值4.3级，胶稠度76mm，直链淀粉含量13.1%，蛋白质含量10.3%。

抗性：稻瘟病综合指数6.8。白叶枯病7级，感白叶枯病。

产量及适宜地区：2007—2008年湖南省两年区试平均单产8 501.3kg/hm²，比对照汕优63增产5.3%。日产量68.4kg/hm²，比对照汕优63高3.5kg/hm²。适宜于湖南省稻瘟病轻发区作一季晚稻种植。

栽培技术要点：在湖南省作一季晚稻种植，可参照当地汕优63的播种期同期播种。秧田播种量105.0kg/hm²，大田用种量18.0～22.5kg/hm²。秧龄30d以内，种植密度20.0cm×26.5cm。每穴栽插2～3粒谷秧，基本苗120万苗/hm²。施足基肥，早施追肥。及时晒田控蘖，后期实行湿润灌溉，抽穗扬花后不要脱水过早，保证充分灌浆结实。注意稻瘟病、纹枯病、稻曲病和螟虫、稻飞虱等病虫害的防治。

C两优608 (C liangyou 608)

品种来源：湖南隆平种业有限公司和湖南农业大学以C815S为母本，R608（R2188/蜀恢527）为父本配组育成。分别通过湖南省（2009）和国家（2010）农作物品种审定委员会审定。

形态特征和生物学特性：属籼型两系杂交一季晚稻。在湖南省作一季晚稻栽培，全生育期124d。株高113cm，株型松紧适中，繁茂性好，生长整齐，穗大粒多，后期落色好。有效穗250.5万～259.5万穗/hm²，每穗总粒数174粒，结实率73.0%～76.1%，千粒重27.4g。

品质特性：糙米率82.9%，精米率74.7%，整精米率59.8%，精米长6.8mm，长宽比2.8，垩白粒率32%，垩白度2.9%，透明度2级，碱消值4.3级，胶稠度76mm，直链淀粉含量13.8%，蛋白质含量11.2%。

抗性：稻瘟病综合指数6.5。白叶枯病7级，感白叶枯病。耐高温能力强。

产量及适宜地区：2007—2008年湖南省两年区试平均单产8 445.0kg/hm²，比对照汕优63增产4.0%。日产量68.1kg/hm²，比对照汕优63高3.0kg/hm²。适宜在江西、湖南、湖北、安徽、浙江、江苏的长江流域稻区（武陵山区除外）以及福建北部、河南南部稻区的稻瘟病、白叶枯病轻发区作一季中稻种植，适宜于湖南省稻瘟病轻发区作一季晚稻种植。

栽培技术要点：在湖南省作一季晚稻栽培，5月下旬6月初播种。秧田播种量180.0～225.0kg/hm²，大田用种量22.5kg/hm²。插16.5万～19.5万穴/hm²，基本苗90万～105万苗/hm²。适宜在中等肥力水平下栽培，施肥以基肥和有机肥为主。前期重施，早施追肥，后期看苗施肥。灌水管理上，前期浅水，中期轻搁，后期采用干干湿湿灌溉，断水不宜过早。注意及时防治稻瘟病、白叶枯病等病虫害。

C两优651 (C liangyou 651)

品种来源：湖南丰源种业有限责任公司和湖南农业大学以C815S为母本，湘丰651为父本配组育成。2012年通过湖南省农作物品种审定委员会审定。

形态特征和生物学特性：属籼型两系杂交迟熟中稻。在湖南省作中稻栽培，全生育期141d。株高101.3cm，株型适中，茎秆较粗壮、弹性好，叶片中长、较窄、挺直、色浓绿，叶鞘紫色，叶下禾。有效穗255万～270万穗/hm²，每穗总粒数173.2粒，结实率82.5%，千粒重25.8g。

品质特性：糙米率80.0%，精米率70.6%，整精米率60.4%，精米长6.8mm，长宽比3.2，垩白粒率46%，垩白度3.7%，透明度2级，碱消值3.0级，胶稠度80mm，直链淀粉含量15.0%。

抗性：叶瘟4.1级，穗颈瘟7.7级，稻瘟病综合指数5.4。耐高温能力强，耐低温能力一般。

产量及适宜地区：2009—2010年湖南省两年区试平均单产9 064.8 kg/hm²，比对照Ⅱ优58增产8.5%。日产量64.4kg/hm²，比对照Ⅱ优58高5.6kg/hm²。适宜在湖南省稻瘟病轻发的山丘区作中稻种植。

栽培技术要点：在湖南省作中稻种植，4月中旬播种。秧田播种量180kg/hm²，大田用种量18.0kg/hm²。秧龄25～30d或主茎叶片数达5～6叶移栽，栽植密度16.5cm×26.5cm，每穴栽插2粒谷秧。大田要施足基肥，早施分蘖肥以促进早生快发。中上肥力水平田块施氮、磷、钾比例为15∶15∶15的复合肥600kg/hm²作基肥，栽后5～6d追施尿素150kg/hm²并结合施用水田除草剂，栽后15d追施氧化钾225kg/hm²。浅水插秧，寸水活苗，浅水湿润交替分蘖，苗数达270万苗/hm²时落水晒田，有水孕穗抽穗，干干湿湿壮籽，成熟前5～7d断水。依据病虫测报和田间调查，注意稻蓟马、螟虫、稻飞虱、纹枯病、稻曲病、稻瘟病的防治。

C两优7号（C liangyou 7）

品种来源：湖南农业大学和湖南希望种业科技有限公司以C815S为母本，R777（岳恢9113/先恢207）为父本配组育成。2013年通过湖南省农作物品种审定委员会审定。

形态特征和生物学特性：属籼型两系杂交迟熟晚稻。在湖南省作双季晚稻栽培，全生育期122d。株高105cm，株型适中，生长势强，植株整齐度一般，叶姿直立，叶鞘、稃尖紫红色，短顶芒，叶下禾，后期落色好。有效穗291万穗/hm²，每穗总粒数164.9粒，结实率77.1%，千粒重28.3g。

品质特性：糙米率83.4%，精米率73.9%，整精米率69.3%，精米长6.8mm，长宽比3.1，垩白粒率30%，垩白度2.7%，透明度2级，碱消值4.0级，胶稠度87mm，直链淀粉含量13.8%。

抗性：叶瘟4.3级，穗瘟5.7级，稻瘟病综合指数4.6。白叶枯病4级，稻曲病3级。耐低温能力中等。

产量及适宜地区：2011—2012年湖南省两年区试平均单产8 119.8kg/hm²，比对照天优华占增产3.7%。日产量66.2kg/hm²，比对照天优华占高1.7kg/hm²。适宜在湖南省稻瘟病轻发区作双季晚稻种植。

栽培技术要点：在湖南省作双季晚稻种植，湘中6月15日播种，湘南推迟2～3d播种，湘北提早2～3d播种。秧田播种量120kg/hm²，大田用种量12.0kg/hm²。秧龄30d左右，种植密度16cm×26cm或20cm×26cm。每穴栽插2粒谷秧，基本苗90万～120万苗/hm²。基肥足，追肥速，中后期酌情补，氮、磷、钾肥配合施用，适当增加磷、钾肥用量。深水活蔸，浅水分蘖，及时晒田，有水壮苞抽穗，后期干干湿湿，不脱水过早。注意病虫害防治。

C两优755（C liangyou 755）

品种来源：湖南农业大学以C815S为母本，755为父本配组育成。2009年通过湖南省农作物品种审定委员会审定。

形态特征和生物学特性：属籼型两系杂交一季晚稻。在湖南省作一季晚稻栽培，全生育期125d。株高114cm，株型较紧凑，剑叶中长直立，叶鞘、稃尖紫色，落色好。有效穗285.0万穗/hm²，每穗总粒数162.0粒，结实率77.6%，千粒重28.0g。

品质特性：糙米率83.0%，精米率75.2%，整精米率67.0%，精米长6.7mm，长宽比2.7，垩白粒率55%，垩白度7.7%，透明度2级，碱消值5.3级，胶稠度78mm，直链淀粉含量13.6%，蛋白质含量11.2%。

抗性：稻瘟病综合指数6.9。白叶枯病9级，高感白叶枯病。

产量及适宜地区：2007—2008年湖南省两年区试平均单产8 502.8kg/hm²，比对照汕优63增产5.1%。日产量68.1kg/hm²，比对照汕优63高3.5kg/hm²。适宜于湖南省稻瘟病轻发区作一季晚稻种植。

栽培技术要点：在湖南省作一季晚稻栽培，湘中5月25日左右播种，湘北提早2～3d播种，湘南推迟2～3d播种。秧田播种量105.0～120.0kg/hm²，大田用种量12.0kg/hm²。秧龄25～30d，种植密度16.0cm×26.5cm或20.0cm×26.5cm，每穴栽插2粒谷秧，基本苗90万苗/hm²。基肥足，追肥速，中后期酌情补，氮、磷、钾肥配合施用，适当增加磷、钾肥用量。深水活蔸，浅水分蘖，及时晒田，有水壮苞抽穗，后期干干湿湿，切忌脱水过早。注意病虫害的防治。

C两优87（C liangyou 87）

品种来源：湖南农业大学和四川农业大学以C815S为母本，蜀恢527（1318/88-R3360）为父本配组育成。分别通过湖南省（2007）和浙江省（2009）农作物品种审定委员会审定。2011年获国家植物新品种权授权。

形态特征和生物学特性：属籼型两系杂交一季晚稻。在湖南省作一季晚稻栽培，全生育期124d。株高118cm，株型偏松，剑叶较长且直立，叶鞘、稃尖均紫色，落色好。有效穗225.0万～240.0万穗/hm²，每穗总粒数165.0～170.0粒，结实率80.0%，千粒重29.5g。

品质特性：糙米率81.9%，精米率73.9%，整精米率56.8%，精米长7mm，长宽比3.2，垩白粒率62%，垩白度9.3%，透明度2级，碱消值4.3级，胶稠度78mm，直链淀粉含量13.7%，蛋白质含量8.7%。

抗性：叶瘟6级，穗瘟9级，稻瘟病综合指数3.3，高感稻瘟病。白叶枯病9级，高感白叶枯病。抗高温能力较强。

产量及适宜地区：2005—2006年湖南省两年区试平均单产8 424.0kg/hm²，比对照汕优63增产7.3%。日产量68.0kg/hm²，比对照汕优63高5.1kg/hm²。适宜于湖南省稻瘟病轻发区作一季晚稻种植。

栽培技术要点：在湖南省作一季晚稻种植，湘中5月25日播种，湘南推迟2～3d播种，湘北提早2～3d播种。秧田播种量150.0～187.5kg/hm²，大田用种量20.3kg/hm²。秧龄25d左右，种植密度16.0cm×26.0cm或20.0cm×26.0cm。每穴栽插2粒谷秧，基本苗90万苗/hm²。基肥足，追肥速，中后期酌情补，氮、磷、钾肥配合施用，适当增加磷、钾肥用量。深水活蔸，浅水分蘖，及时晒田，有水壮苞抽穗，后期干干湿湿，不脱水过早。注意病虫害防治。

C两优9号（C liangyou 9）

品种来源：湖南农业大学以C815S为母本，70124为父本配组育成。分别通过湖南省（2012）和国家（2013）农作物品种审定委员会审定。

形态特征和生物学特性：属籼型两系杂交一季晚稻。在湖南省作一季晚稻栽培，全生育期124.6d。株高114.1cm，株型偏松，剑叶较长且直立。叶鞘、稃尖均紫色，落色好。有效穗270万～285万穗/hm²，每穗总粒数195.5粒，结实率76.5%，千粒重23.8g。

品质特性：糙米率80.7%，精米率72.3%，整精米率70.6%，精米长6.7mm，长宽比3.2，垩白粒率20%，垩白度2.0%，透明度1级，碱消值3.3级，胶稠度87mm，直链淀粉含量12.5%。

抗性：叶瘟3.3级，穗颈瘟6.4级，稻瘟病综合指数4.1。耐高温能力强，耐低温能力中等。

产量及适宜地区：2010—2011年湖南省两年区试平均单产8 513.7kg/hm²，比对照汕优63增产4.1%。日产量68.4kg/hm²，比对照汕优63高2.0kg/hm²。适宜在湖南省稻瘟病轻发区作一季晚稻种植。

栽培技术要点：在湖南省作一季晚稻栽培，湘中5月25日播种，湘南推迟2～3d播种，湘北提早2～3d播种。秧田播种量120kg/hm²，大田用种量12.0kg/hm²。秧龄25d左右，种植密度16cm×26cm或20cm×26cm，每穴栽插2粒谷秧。施肥做到基肥足、追肥速、中后期酌情补，氮、磷、钾肥配合施用，适当增加磷、钾肥用量。灌水采用深水活蔸，浅水分蘖，及时晒田，有水壮苞抽穗，后期干干湿湿，不脱水过早。注意稻瘟病、稻曲病等病虫害的防治。

N两优1号 （N liangyou 1）

品种来源：湖南杂交水稻研究中心以N111S（培矮64S/安农S-1）为母本，9311（扬稻4号/盐3021）为父本配组育成。2007年通过湖南省农作物品种审定委员会审定。

形态特征和生物学特性：属籼型两系杂交迟熟中稻。在湖南省作中稻栽培，全生育期136d。株高120cm，株叶形态好，株叶型较紧凑，分蘖力较强，前期叶片窄、短、直，后期落色好。有效穗240.0万穗/hm²，每穗总粒数210.0粒，结实率78.0%，千粒重27.0g。

品质特性：糙米率80.5%，精米率72.7%，整精米率67.5%，精米长6.8mm，长宽比3.1，垩白粒率39%，垩白度5.8%，透明度1级，碱消值5.2级，胶稠度76mm，直链淀粉含量14.4%，蛋白质含量8.4%。

抗性：叶瘟6级，穗瘟9级，高感稻瘟病。抗高温能力差，抗寒能力较强。

产量及适宜地区：2005—2006年湖南省两年区试平均单产8 833.5kg/hm²，比对照两优培九减产0.8%。日产量64.2kg/hm²，比对照两优培九低0.8kg/hm²。适宜在湖南省海拔200m以上稻瘟病轻发的山丘区作中稻种植，适宜在安徽省作一季稻种植。

栽培技术要点：在湖南省作中稻种植，4月下旬播种。秧田播种量150.0kg/hm²，大田用种15.0kg/hm²。秧龄控制在35d之内，种植密度20.0cm×23.0cm，并做到浅插、直插。重施基肥，早施分蘖肥，注意增施磷、钾肥。薄水勤灌，移栽至拔节期田间干湿交替管理，抽穗扬花期以后，干干湿湿，时露时灌。前期重点防治稻纵卷叶螟兼防螟虫、稻飞虱及纹枯病，后期重点防治稻瘟病、稻纵卷叶螟、稻飞虱以及螟虫。

N两优2号 （N liangyou 2）

品种来源：长沙年丰种业有限公司和湖南杂交水稻研究中心以N118S（P88S/Y58S）为母本，R302（R163/蜀恢527）为父本配组育成。2013年通过湖南省农作物品种审定委员会审定。

形态特征和生物学特性：属籼型两系杂交迟熟中稻。在湖南省作中稻栽培，全生育期141.8d。株高118.9cm，株型紧凑，生长势强，叶姿直立，叶鞘绿色，稃尖秆黄色，短顶芒，叶下禾，后期落色好。有效穗232.7万穗/hm^2，每穗总粒数185.2粒，结实率85.0%，千粒重27.0g。

品质特性：糙米率80.2%，精米率70.6%，整精米率66.0%，精米长6.6mm，长宽比3.0，垩白粒率18%，垩白度1.4%，透明度2级，碱消值4级，胶稠度90mm，直链淀粉含量15.0%。

抗性：叶瘟5.5级，穗颈瘟7.0级，稻瘟病综合指数5.3。白叶枯病5级，稻曲病5级。耐高温、低温能力中等。

产量及适宜地区：2011—2012年湖南省两年区试平均单产9 537.8kg/hm^2，比对照Y两优1号增产3.2%。日产量68.4kg/hm^2，比对照Y两优1号高3.3kg/hm^2。适宜在湖南省稻瘟病轻发的山丘区作中稻种植。

栽培技术要点：在湖南省作中稻栽培，4月20日左右播种。秧田播种量105.0kg/hm^2，大田用种量15.0kg/hm^2。稀播匀播，秧苗叶龄5～6叶移栽，秧龄控制在30d以内。种植密度18cm×24cm，每穴栽插2粒谷秧，基本苗105万～150万苗/hm^2。宜采用中等氮肥、高磷钾肥的施肥原则。早施分蘖肥，促早生快发。早施穗肥，主攻大穗，提高成穗率和千粒重。浅水移栽，深水返青，浅水分蘖，够苗晒田，田不过白，干湿交替。深水孕穗，有水灌浆，湿润壮籽，健根壮秆，不能过早脱肥脱水。注意防治稻瘟病、稻曲病、稻飞虱、螟虫等病虫害。

Y两优096（Y liangyou 096）

品种来源：湖南旺农生物科技研究所和湖南杂交水稻研究中心以Y58S为母本，R096为父本配组育成。2011年通过湖南省农作物品种审定委员会审定。

形态特征和生物学特性：属籼型两系杂交一季晚稻。在湖南省作一季晚稻栽培，全生育期120.6d。株高114.5cm，株型适中，生长整齐，叶姿直立，生长势强。叶鞘绿色，稃尖秆黄色，无芒，叶下禾，后期落色好。有效穗243万穗/hm²，每穗总粒数174.9粒，结实率84.3%，千粒重27.4g。

品质特性：糙米率82.4%，精米率73.0%，整精米率62.5%，精米长7.2mm，长宽比3.2，垩白粒率38%，垩白度6.9%，透明度2级，碱消值4.6级，胶稠度78mm，直链淀粉含量13.1%。

抗性：叶瘟4.8级，穗瘟7.6级，稻瘟病综合指数5.6，高感稻瘟病。耐高温能力强，耐低温能力一般，耐肥，抗倒伏能力中等。

产量及适宜地区：2009—2010年湖南省两年区试平均单产8 652.9kg/hm²，比对照汕优63增产6.5%。日产量69.9kg/hm²，比对照汕优63高6.0kg/hm²。适宜在湖南省稻瘟病轻发区作一季晚稻种植。

栽培技术要点：在湖南省作一季晚稻种植，湘中5月25日播种，湘南推迟1～2d播种，湘北提早3～4d播种。秧田播种量120～150kg/hm²，大田用种量15.0～22.5kg/hm²。秧龄25d左右，种植密度20.0cm×20.0cm或20.0cm×23.3cm，每穴栽插2粒谷秧。需肥水平中等，采取基肥足、追肥速、中后期看苗适当补肥的施肥方法，氮、磷、钾肥配合施用，适当增加磷、钾肥用量，中后期严控氮素用量，以防倒伏。深水活蔸，浅水分蘖，够苗及时晒田，有水壮苞抽穗，后期干干湿湿，忌脱水过早。秧田期狠抓稻飞虱、稻叶蝉的防治，大田注意防治稻瘟病、纹枯病、稻飞虱等病虫害。

Y两优1号 （Y liangyou 1）

品种来源：湖南杂交水稻研究中心以Y58S为母本，9311为父本配组育成。分别通过湖南省（2006）、重庆市（2008）和国家（2008、2013）农作物品种审定委员会审定。2008年获国家植物新品种权授权。

形态特征和生物学特性：属籼型两系杂交迟熟中稻。在湖南省作中稻种植，全生育期143d。株高112.2cm，株型松紧适中，分蘖力强，成穗率高，大穗型，谷粒长形，谷壳黄色稃尖无色。有效穗232.5万穗/hm^2，每穗总粒数210.3粒，结实率77.6%，千粒重26.6g。

品质特性：糙米率80.7%，精米率73.7%，整精米率68.7%，精米长6.8mm，长宽比3.1，垩白粒率30%，垩白度3.8%，透明度2级，碱消值6.6级，胶稠度62mm，直链淀粉含量13.4%，蛋白质含量7.9%。

抗性：叶瘟7级，穗瘟9级，高感稻瘟病。抗高温能力较强，抗寒能力一般。

产量及适宜地区：2004—2005年湖南省两年区试平均单产9 523.5kg/hm^2，比对照两优培九增产8.8%。日产量68.4kg/hm^2，比对照两优培九高5.9kg/hm^2。适宜在海南、广西南部、广东中南及西南部、福建南部的稻瘟病轻发的双季稻区作早稻种植，以及在江西、湖南、湖北、安徽、浙江、江苏的长江流域稻区（武陵山区除外）和福建北部、河南南部稻区的稻瘟病、白叶枯病轻发区作一季中稻种植。

栽培技术要点：在湖南省作中稻种植，4月中上旬播种。秧田播种量150.0kg/hm^2，大田用种量15.0～18.8kg/hm^2。秧龄30～35d、5.0～6.0叶移栽，种植密度20.0cm×26.7cm。每穴栽插2粒谷分蘖壮秧，基本苗45万～75万苗/hm^2。施足底肥，早施追肥，在幼穗分化4期看苗追施尿素30.0～60.0kg/hm^2、氧化钾45.0～60.0kg/hm^{2}作穗肥。及时晒田控蘖，抽穗扬花后间歇灌溉，保持田间湿润，不要脱水过早，以利灌浆结实。注意防治病虫害。

Y两优150（Y liangyou 150）

品种来源：袁隆平农业高科技股份有限公司和湖南杂交水稻研究中心以Y58S为母本，华恢150（蜀恢527//成恢448/蜀恢838）为父本配组育成。2011年通过湖南省农作物品种审定委员会审定。

形态特征和生物学特性：属籼型两系杂交迟熟中稻。在湖南省作中稻栽培，全生育期138.5d。株高119.1cm，茎秆中粗，分蘖力较强，株型适中，生长势较强，叶色浓绿，剑叶叶缘内卷、直立，叶下禾，叶鞘绿色，谷粒长形，稃尖无色、有短顶芒，后期落色好。有效穗237.0万穗/hm²，每穗总粒数155.9粒，结实率83.2%，千粒重30.1g。

品质特性：糙米率81.2%，精米率70.6%，整精米率61.6%，精米长7.0mm，长宽比3.0，垩白粒率38%，垩白度3.8%，透明度1级，碱消值3.0级，胶稠度80mm，直链淀粉含量12.8%。

抗性：叶瘟5.0级，穗瘟8.3级，稻瘟病综合指数5.7，高感稻瘟病。耐高温、低温能力强，耐肥，抗倒伏能力较强。

产量及适宜地区：2009—2010年湖南省两年区试平均单产8 853.0kg/hm²，比对照Ⅱ优58增产5.8%。日产量63.9kg/hm²，比对照Ⅱ优58高5.3kg/hm²。适宜在湖南省稻瘟病轻发的山丘区作中稻种植。

栽培技术要点：在湖南省作中稻种植，4月25日左右播种。秧田播种量150kg/hm²，大田用种量15.0kg/hm²。浸种时进行种子消毒，秧苗叶龄5.5叶左右移栽，秧龄控制在30d以内。种植密度20cm×26cm，每穴栽插2粒谷秧。需肥水平中等，采取重施底肥、早施追肥、后期看苗补施穗肥的施肥方法。加强田间管理，注意防治稻飞虱、螟虫和稻瘟病等病虫害。

Y两优19 (Y liangyou 19)

品种来源：湖南隆平种业有限公司和湖南杂交水稻研究中心以Y58S为母本，19为父本配组育成。2008年通过湖南省农作物品种审定委员会审定。

形态特征和生物学特性：属籼型两系杂交一季晚稻。在湖南省作一季晚稻栽培，全生育期126d。株高120cm，株型松紧适中，剑叶挺直、凹形，穗大粒多，后期落色好。有效穗240.0万穗/hm²，每穗总粒数163.5粒，结实率83%，千粒重27.2g。

品质特性：糙米率81.5%，精米率73.6%，整精米率66.4%，精米长6.7mm，长宽比3.2，垩白粒率20%，垩白度3.0%，透明度2级，碱消值6.9级，胶稠度58mm，直链淀粉含量12.9%，蛋白质含量10.6%。

抗性：叶瘟5级，穗瘟9级，稻瘟病综合指数5.8，高感穗瘟。白叶枯病5级，中感白叶枯病。抗高温能力较强。

产量及适宜地区：2006—2007年湖南省两年区试平均单产8 189.5kg/hm²，比对照汕优63增产5.6%。日产量64.8kg/hm²，比对照汕优63高3.0kg/hm²。适宜在湖南省稻瘟病轻发区作一季晚稻种植。

栽培技术要点：在湖南省作一季晚稻种植，5月下旬6月初播种。秧田播种量300.0kg/hm²，大田用种量22.5kg/hm²。秧龄30d内、叶龄6.5叶内移栽，种植密度20.0cm×(20.0～23.3) cm。每穴栽插2粒谷秧，基本苗105万苗/hm²。施足底肥，早施追肥。及时晒田控蘖，后期湿润灌溉，抽穗扬花后不要脱水过早。注意病虫害特别是稻瘟病的防治。

Y两优1928 (Y liangyou 1928)

品种来源：湖南天盛生物科技有限公司和湖南杂交水稻研究中心以Y58S为母本，R1928为父本配组育成。分别通过湖南省（2010）和国家（2014）农作物品种审定委员会审定。

形态特征和生物学特性：属籼型两系杂交迟熟中稻。在湖南省作中稻种植，全生育期138d。株高125cm，植株高大，株型紧凑，生长繁茂，茎秆粗壮，叶色深绿，分蘖力强，剑叶上卷、直立，穗型大，着粒较密，谷粒长形，稃尖无色，成熟落色好。有效穗240.0万穗/hm²，每穗总粒数193.5粒，结实率82%，千粒重26.6g。

品质特性：糙米率81.0%，精米率73.4%，整精米率69.3%，精米长6.9mm，长宽比3.1，垩白粒率18%，垩白度3.5%，透明度1级，碱消值6.6级，胶稠度74mm，直链淀粉含量14.0%，蛋白质含量8.2%。

抗性：叶瘟3～4级，穗瘟7～9级，稻瘟病综合指数4.7。易感稻曲病。耐高温、低温能力强。

产量及适宜地区：2008—2009年湖南省两年区试平均单产9 651.0kg/hm²，比对照两优培九增产6.6%。日产量70.1kg/hm²，比对照两优培九高5.1kg/hm²。适宜在湖南稻瘟病轻发的山丘区作中稻种植。

栽培技术要点：在湖南省作中稻种植，4月上旬播种。大田用种量15.0kg/hm²，发芽种子用多效唑对水浸泡15min，沥干后播种。秧龄不超过30d，种植密度20.0cm×26.0cm，每穴栽插2粒谷秧。氮、磷、钾肥施用比例以1.0∶0.6∶1.0为宜，丘陵山区、平原湖区分别施45%复合肥750.0kg/hm²和525.0kg/hm²作基肥，移栽后5d施尿素150.0kg/hm²促分蘖，幼穗分化前追施氧化钾150.0kg/hm²。切忌后期断水过早，以免影响结实和籽粒充实。特别注意防治稻曲病等病虫害。

Y两优1998 (Y liangyou 1998)

品种来源：湖南希望种业科技股份有限公司以Y58S为母本，新恢1998为父本配组育成。2014年通过湖南省农作物品种审定委员会审定。

形态特征和生物学特性：属籼型两系杂交迟熟中稻。在湖南省作中稻栽培，全生育期140.4d。株高120.1cm，株型紧凑，生长势中等，叶姿直立，叶鞘绿色，稃尖秆黄色，短顶芒，叶下禾，后期落色好。有效穗216.0万穗/hm^2，每穗总粒数211粒，结实率81.6%，千粒重25.2g。

品质特性：糙米率80.0%，精米率70.1%，整精米率64.0%，精米长6.6mm，长宽比3.0，垩白粒率29%，垩白度2.3%，透明度2级，碱消值4.2级，胶稠度87mm，直链淀粉含量14.0%。

抗性：叶瘟4.2级，穗颈瘟5.7级，稻瘟病综合指数4.0级。白叶枯病3级，稻曲病4级。耐高温能力较强，耐低温能力中等。

产量及适宜地区：2012—2013年湖南省两年区试平均单产9 365.4kg/hm^2，比对照Y两优1号增产3.2%。日产量66.8kg/hm^2，比对照Y两优1号高2.3kg/hm^2。适宜在湖南省稻瘟病轻发的山丘区作中稻种植。

栽培技术要点：在湖南省作中稻种植，4月中下旬播种。秧田播种量120 ~ 150kg/hm^2，大田用种量15.0kg/hm^2。培育多蘖壮秧，移栽秧龄控制在28d以内。种植密度20cm×26cm，插足基本苗120万~ 150万苗/hm^2。施肥宜采用中等氮肥、高磷钾肥的施肥原则。浸种时坚持用三氯异氰尿酸消毒，注意防治稻瘟病、稻曲病、稻蓟马、稻飞虱和螟虫等病虫害。

Y两优2号 （Y liangyou 2）

品种来源：湖南杂交水稻研究中心以Y58S为母本，远恢2号（R163/蜀恢527）为父本配组育成。分别通过湖南省（2011）、云南省红河哈尼族彝族自治州（2012）、国家（2013）和安徽省（2014）农作物品种审定委员会审定。

形态特征和生物学特性：属籼型两系杂交迟熟中稻。在湖南省作中稻栽培，全生育期143.8d。株高115.9cm，株型适中，生长整齐，叶姿直立，生长势较强，叶鞘绿色，稃尖秆黄色，无芒，叶下禾，后期落色好。有效穗231.8万穗/hm²，每穗总粒数176.4粒，结实率82.0%，千粒重25.7g。

品质特性：糙米率80.8%，精米率71.3%，整精米率67.2%，垩白粒率30.0%，垩白度2.1%，透明度1级，碱消值3.3级，胶稠度90mm，直链淀粉含量15%。

抗性：叶瘟4.4级，穗瘟7.3级，稻瘟病综合指数5.6，高感稻瘟病。耐高温、低温能力强。

产量及适宜地区：2009—2010年湖南省两年区试平均单产8 418.0kg/hm²，比对照Ⅱ优58增产2.9%。日产量56.9kg/hm²，比对照Ⅱ优58高0.9kg/hm²。适宜在湖南省稻瘟病轻发的山丘区作中稻种植。

栽培技术要点：在湖南省作中稻种植，4月20日左右播种。秧田播种量150kg/hm²，大田用种量15.0～18.8kg/hm²。秧龄30～35d、5～6叶移栽，种植密度20.0cm×26.7cm，每穴栽插2粒谷秧。施足底肥，早施追肥。及时晒田控蘗，抽穗扬花后实行间歇灌溉，保持田间湿润，不要脱水过早，以利灌浆结实。及时防治稻飞虱、二化螟、稻纵卷叶螟、稻瘟病、纹枯病等病虫害。

Y两优2108（Y liangyou 2108）

品种来源：怀化市农业科学研究所、湖南永益农业科技发展有限公司和湖南杂交水稻研中心以Y58S为母本，怀恢210-8（多系1号/蜀恢527）为父本配组育成。2013年通过湖南省农作物品种审定委员会审定。

形态特征和生物学特性：属籼型两系杂交迟熟中稻。在湖南省作中稻栽培，全生育期141.2d。株高115.6cm，株型适中，生长势较强，叶鞘绿色，秤尖秆无色，无芒，叶下禾，后期落色好。有效穗243.0万穗/hm²，每穗总粒数169.4粒，结实率83.5%，千粒重28.0g。

品质特性：糙米率80.3%，精米率70.7%，整精米率63.2%，精米长7.1mm，长宽比3.4，垩白粒率60%，垩白度4.8%，透明度2级，碱消值4.2级，胶稠度90mm，直链淀粉含量13.0%。

抗性：叶瘟5.3级，穗瘟6.0级，稻瘟病综合指数4.8。白叶枯病5级，稻曲病4级。耐高温、低温能力中等。

产量及适宜地区：2011—2012年湖南省两年区试平均单产9 646.2kg/hm²，比对照Y两优1号增产5.1%。日产量68.4kg/hm²，比对照Y两优1号高3.6kg/hm²。适宜在湖南省稻瘟病轻发的山丘区作中稻种植。

栽培技术要点：在湖南省作中稻种植，4月中下旬播种。秧田播种量150kg/hm²，大田用种量15.0kg/hm²。秧龄30d以内，种苗叶龄5.0 ~ 5.5叶移栽，种植密度20.0cm×26.6cm或16.5cm×30.0cm，每穴栽插2粒谷秧。基肥足，追肥早，中期补，氮、磷、钾肥配合施用，适当增加磷、钾肥用量。深水活蔸，浅水分蘖，及时晒田，有水壮苞抽穗，后期干干湿湿，不要脱水过早。注意防治稻瘟病、稻曲病、稻飞虱、螟虫等病虫害。

Y两优25 (Y liangyou 25)

品种来源：湖南希望种业科技有限公司以Y58S为母本，望恢025（扬稻6号/蜀恢527）为父本配组育成。分别通过湖南省（2010）和安徽省（2013）农作物品种审定委员会审定。

形态特征和生物学特性：属籼型两系杂交迟熟中稻。在湖南省作中稻种植，全生育期139.6d。株高118.0cm，株型适中，分蘖力强，茎秆粗壮，属叶下禾，叶舌、叶耳、稃尖均为无色，熟期落色一般。有效穗243.0万穗/hm²，穗长23.5cm，每穗总粒数187.2粒，结实率80.9%，千粒重27.1g。

品质特性：糙米率79.6%，精米率71.0%，整精米率62.2%，精米长6.8mm，长宽比3.1，垩白粒率26%，垩白度4.6%，透明度2级，碱消值5.1级，胶稠度82mm，直链淀粉含量13.4%，蛋白质含量7.8%。

抗性：叶瘟3级，穗瘟9级，稻瘟病综合指数4.9。白叶枯病6级。

产量及适宜地区：2008年湖南省区试平均单产9 238.5kg/hm²，比对照两优培九减产0.2%；2009年续试平均单产9 144.0kg/hm²，比对照Ⅱ优58增产10.9%。两年区试平均单产9 191.3kg/hm²，比对照增产5.4%。日产量65.9kg/hm²，比对照高4.2kg/hm²。适宜在湖南省海拔500m以下稻瘟病轻发的山丘区作中稻种植。

栽培技术要点：在湖南省作中稻种植，4月上中旬播种。大田用种量11.3kg/hm²，秧田播种量120.0～150.0kg/hm²。秧龄30d内，种植密度23.0cm×26.0cm，插足基本苗120万苗/hm²。需肥水平中等偏上，重施底肥，多施有机肥，早施追肥，重施磷、钾肥，后期看苗补肥。科学管水，浅水栽秧，湿润灌溉，适时晒田。注意稻瘟病、纹枯病、稻曲病等病虫害的防治。

Y两优263 （Y liangyou 263）

品种来源：怀化职业技术学院、湖南永益农业科技发展有限公司和湖南杂交水稻研究中心以Y58S为母本，湘恢263（蜀恢527/455）为父本配组育成。2013年通过湖南省农作物品种审定委员会审定。

形态特征和生物学特性：属籼型两系杂交迟熟中稻。在湖南省作中稻栽培，全生育期141.3d。株高117.2cm，株型适中，生长势强，植株整齐，叶姿直立，叶鞘绿色，稃尖秆黄色，短顶芒，叶下禾，后期落色好。有效穗234.9万穗/hm²，每穗总粒数183.4粒，结实率85.0%，千粒重26.9g。

品质特性：糙米率79.7%，精米率70.5%，整精米率66.2%，精米长6.7mm，长宽比3.0，垩白粒率24%，垩白度2.6%，透明度1级，碱消值5.0级，胶稠度90mm，直链淀粉含量14.2%。

抗性：叶瘟4.8级，穗瘟6.4级，稻瘟病综合指数4.8。白叶枯病5级，稻曲病5级。耐高温、低温能力中等。

产量及适宜地区：2011—2012年湖南省两年区试平均单产9 804.6kg/hm²，比对照Y两优1号增产7.5%。日产量69.0kg/hm²，比对照Y两优1号高4.8kg/hm²。适宜在湖南省稻瘟病轻发的山丘区作中稻种植。

栽培技术要点：在湖南省作中稻种植，4月中下旬播种。秧田播种量120kg/hm²，大田用种量18.0kg/hm²。秧龄控制在30d以内，种苗叶龄5.0～5.5叶移栽。种植密度20cm×26.6cm或20cm×30cm，每穴栽插2粒谷秧。基肥足，追肥速，中期补。氮、磷、钾肥配合施用，适当增加磷、钾肥用量。深水活蔸，浅水分蘖，及时晒田，有水壮苞抽穗，后期干干湿湿，不要脱水过早。注意防治稻瘟病、稻曲病、稻飞虱、螟虫等病虫害。

Y两优302（Y liangyou 302）

品种来源：长沙年丰种业有限公司和湖南杂交水稻研究中心以Y58S为母本，F302（扬稻6号／东乡野生稻∥扬稻6号∥∥扬稻6号）为父本配组育成。分别通过湖南省（2008）和国家（2010）农作物品种审定委员会审定。

形态特征和生物学特性：属籼型两系杂交迟熟中稻。在湖南省作中稻种植，全生育期145d。株高115.0cm，株型适中，分蘖力中等，叶色浓绿，叶片细长、直立，叶鞘、稃尖无色，叶缘内卷。剑叶较短，挺直，叶下禾，后期落色一般。谷粒中长形，有短顶芒。有效穗255.0万穗/hm²，每穗总粒数182.5粒，结实率84.0%，千粒重26g。

品质特性：糙米率80.6%，精米率72.7%，整精米率66.8%，精米长6.7mm，长宽比3.0，垩白粒率26%，垩白度2.3%，透明度1级，碱消值6.2级，胶稠度72mm，直链淀粉含量15.6%，蛋白质含量7.5%。

抗性：叶瘟4级，穗瘟9级，稻瘟病综合指数5.8，高感穗瘟。易感纹枯病。抗高温、低温能力较强。

产量及适宜地区：2006—2007年湖南省两年区试平均单产8 607.0kg/hm²，比对照Ⅱ优58增产7.3%。日产量59.4kg/hm²，比对照Ⅱ优58高4.2kg/hm²。适宜在江西、湖南、湖北、安徽、浙江、江苏的长江流域稻区（武陵山区除外）以及福建北部、河南南部稻区的稻瘟病、白叶枯病轻发区作一季中稻种植。

栽培技术要点：在湖南省山丘区作中稻种植，4月20日左右播种。秧田播种量105.0kg/hm²，大田用种量15.0kg/hm²。稀播匀播，秧苗叶龄5～6叶移栽，秧龄控制在30d以内。种植密度16.7cm×26.7cm，每穴栽插2粒谷秧，基本苗105万～150万苗/hm²。需肥水平中等，采用中等氮肥、高磷钾的施肥模式，氮、磷、钾肥的比例为1∶0.5∶1.2。前期浅水移栽，深水返青，浅水分蘖，够苗晒田，田不过白，干湿交替。后期深水孕穗，有水灌浆，湿润壮籽，健根壮秆，注意不能过早脱肥脱水。注意做好稻瘟病和其他病虫害的防治。

Y两优3218 （Y liangyou 3218）

品种来源：湖南科裕隆种业有限公司以Y58S为母本，湘恢3218（C418/E32//扬稻6号///贵州粳/明恢63//蜀恢527）为父本配组育成。分别通过湖南省（2009）和国家（2014）农作物品种审定委员会审定。

形态特征和生物学特性：属籼型两系杂交一季晚稻。在湖南省作一季晚稻栽培，全生育期127d。株高124cm，株型松紧适中，剑叶直立，叶鞘、稃尖无色，落色好。有效穗255.0万穗/hm²，每穗总粒数165.2粒，结实率80.0%，千粒重27.2g。

品质特性：糙米率80.6%，精米率72.0%，整精米率63.6%，精米长6.9mm，长宽比2.9，垩白粒率44%，垩白度6.2%，透明度2级，碱消值6.8级，胶稠度76mm，直链淀粉含量15.4%，蛋白质含量10.2%。

抗性：稻瘟病综合指数5.5。白叶枯病5级，中感白叶枯病。抗高温能力强。

产量及适宜地区：2007—2008年湖南省两年区试平均产量8 337.0kg/hm²，比对照汕优63增产3.9%。日产量65.4kg/hm²，比对照汕优63高1.7kg/hm²。适宜在湖南省稻瘟病轻发区作一季晚稻种植。

栽培技术要点：在湖南省作一季晚稻种植，5月下旬播种。秧田播种量150.0kg/hm²，大田用种量15.0kg/hm²。秧龄30d或主茎叶片数达5～6叶移栽，种植密度20.0cm×26.5cm。每穴栽插1～2粒谷秧，基本苗75万～90万苗/hm²。施复合肥600.0～750.0kg/hm²作底肥，插秧后5～7d追施尿素75.0～120.0kg/hm²，幼穗分化的3～4期再施尿素30.0～75.0kg/hm²、氧化钾375.0kg/hm²。注意防治稻瘟病等病虫害。

Y两优3399（Y liangyou 3399）

品种来源：湖南科裕隆种业有限公司以Y58S为母本，湘恢3399（C418/E321//扬稻6号////贵州粳/明恢63//蜀恢527///蜀恢527）为父本配组育成。分别通过湖南省（2009）和国家（2013）农作物品种审定委员会审定。

形态特征和生物学特性：属籼型两系杂交迟熟中稻。在湖南省作中稻栽培，全生育期136d。株高125cm，株型适中，植株整齐，分蘖力较强，繁茂性好，茎秆粗壮，叶色浓绿，剑叶窄长，挺直，叶缘内卷，叶鞘、稃尖无色，叶下禾，穗大，谷粒长形，有长芒，易落粒，着粒一般，落色好。有效穗252.0万穗/hm²，每穗总粒数161.7粒，结实率80.0%，千粒重26.1g。

品质特性：糙米率81.4%，精米率73.2%，整精米率67.8%，精米长7.0mm，长宽比3.0，垩白粒率29%，垩白度3.9%，透明度2级，碱消值7.0级，胶稠度78mm，直链淀粉含量14.2%，蛋白质含量9.4%。

抗性：稻瘟病综合指数4.5，轻感纹枯病。抗低温能力一般，抗高温能力中等。

产量及适宜地区：2007—2008年湖南省两年区试平均产量9 438.0kg/hm²，比对照两优培九增产3.0%。日产量69.2kg/hm²，比对照两优培九高3.0kg/hm²。适宜在湖南海拔600m以下稻瘟病轻发的山丘区作中稻种植。

栽培技术要点：在湖南省作中稻种植，4月上中旬播种。秧田播种量150.0kg/hm²，大田用种量15.0kg/hm²。秧龄30d或主茎叶片数达5～6叶移栽，种植密度25.0cm×30.0cm。每穴栽插1～2粒谷秧，插16.5万穴/hm²，基本苗60万苗/hm²。施复合肥750.0kg/hm²作底肥，插秧后5～7d追施尿素75.0～120.0kg/hm²，在幼穗分化3～4期时再施尿素30.0～75.0kg/hm²、氧化钾375.0kg/hm²。如果幼穗分化时，禾苗叶色深绿，不褪色，则仅施钾肥，不施氮肥。注意防治稻瘟病等病虫害。

Y两优372（Y liangyou 372）

品种来源：长沙金垦科技发展有限公司以Y58S为母本，R372（扬稻6号/蜀恢527）为父本配组育成。2007年通过湖南省农作物品种审定委员会审定。2011年获国家植物新品种权授权。

形态特征和生物学特性：属籼型两系杂交迟熟晚稻。在湖南省作双季晚稻栽培，全生育期123d。株高104cm，株型松紧适中，剑叶内卷直立。叶鞘、稃尖均无色，落色好。有效穗285.0万穗/hm²，每穗总粒数126.8粒，结实率80.0%，千粒重27.8g。

品质特性：糙米率82.6%，精米率75.0%，整精米率67.6%，精米长7.2mm，长宽比3.3，垩白粒率21%，垩白度1.7%，透明度1级，碱消值5.4级，胶稠度72mm，直链淀粉含量15.2%，蛋白质含量8.6%。

抗性：叶瘟4级，穗瘟3级，稻瘟病综合指数4.3，中感稻瘟病。白叶枯病5级，中感白叶枯病。抗低温能力较强。

产量及适宜地区：2005—2006年湖南省两年区试平均单产7 905.0kg/hm²，比对照威优46增产7.3%。日产量64.1kg/hm²，比对照威优46高3.3kg/hm²。适宜在湖南省稻瘟病轻发区作双季晚稻种植。

栽培技术要点：在湖南省作双季晚稻种植，湘南6月18日播种，湘中、湘北提早3～5d播种。秧田播种量105.0～150.0kg/hm²，大田用种量15.0kg/hm²。秧龄30d以内，种植密度20.0cm×20.0cm或20.0cm×23.3cm。每穴栽插2粒谷秧，基本苗120万～150万苗/hm²。施足基肥，早施追肥，始穗前根据苗情适当追施促花肥，高产栽培宜采用中等氮肥、高磷钾肥的施肥模式。深水活蔸，浅水分蘖，及时晒田，有水壮苞抽穗，后期干干湿湿，不脱水过早。注意病虫害防治。

Y两优488（Y liangyou 488）

品种来源：湖南奥谱隆科技股份有限公司和湖南杂交水稻研究中心以Y58S为母本，奥R488为父本配组育成。2013年通过湖南省农作物品种审定委员会审定。

形态特征和生物学特性：属籼型两系迟熟杂交中稻。在湖南省作中稻栽培，全生育期141.3d。株高113.3cm，株型适中，生长整齐，叶姿直立，生长势强，叶鞘绿色，稃尖秆黄色，短顶芒，叶下禾，后期落色好。有效穗259.8万穗/hm²，每穗总粒数164.2粒，结实率84.5%，千粒重27.7g。

品质特性：糙米率79.7%，精米率70.2%，整精米率64.0%，精米长7.0mm，长宽比3.2，垩白粒率29%，垩白度2.3%，透明度2级，碱消值3.5级，胶稠度85mm，直链淀粉含量13.0%。

抗性：叶瘟5.0级，穗颈瘟6.7级，稻瘟病综合指数4.1。白叶枯病3级，稻曲病3级。耐低温能力较强，耐高温能中等。

产量及适宜地区：2011—2012年湖南省两年区试平均单产9 633.3kg/hm²，比对照Y两优1号增产4.1%。日产量68.3kg/hm²，比对照Y两优1号高2.9kg/hm²。适宜在湖南省稻瘟病轻发的山丘区作中稻种植。

栽培技术要点：在湖南省作中稻种植，4月中下旬播种。秧田播种量90～105kg/hm²，大田用种量15.0kg/hm²。稀播匀播，培育壮秧。水育秧5～6叶期移栽，秧龄25～30d；旱育秧3.5～4.0叶期移栽，秧龄15～18d。栽插密度23.3cm×26.7cm，每穴栽插2～3粒谷秧。早施重施基肥，基肥足，追肥速，中期补。氮、磷、钾肥配合施用，适当增施磷、钾肥，酌情补施穗肥。采取全生育期湿润好气灌溉，根据病虫预测预报，防治好二化螟、稻飞虱、稻纵卷叶螟和纹枯病等。

Y两优51 （Y liangyou 51）

品种来源：长沙金垦科技发展有限公司以Y58S为母本，J5511为父本配组育成。2008年通过湖南省农作物品种审定委员会审定。

形态特征和生物学特性：属籼型两系杂交迟熟晚稻。在湖南省作双季晚稻栽培，全生育期118d。株高100cm，株型松紧适中，抽穗整齐，分蘖力较强，茎秆粗壮、坚韧，叶片窄而直立、内卷，叶鞘、稃尖均无色，叶青籽黄，谷粒细长，稃尖无色，后期落色好。有效穗333.0万穗/hm²，每穗总粒数155.9粒，结实率80.4%，千粒重24.1g。

品质特性：糙米率81.2%，精米率73.7%，整精米率68.2%，精米长6.8mm，长宽比3.1，垩白粒率11%，垩白度1.1%，透明度1级，碱消值6.1级，胶稠度72mm，直链淀粉含量15.4%，蛋白质含量10.9%。

抗性：叶瘟8级，穗瘟9级，稻瘟病综合指数8.8，高感稻瘟病。白叶枯病7级，感白叶枯病。抗低温能力较强。

产量及适宜地区：2006—2007年湖南省两年区试平均单产7 234.5kg/hm²，比对照威优46增产0.6%。日产量60.9kg/hm²，比对照威优46高1.7kg/hm²。适宜在湖南省稻瘟病轻发区作双季晚稻种植。

栽培技术要点：在湖南省作双季晚稻种植，6月18日左右播种。秧田播种量105.0～150.0kg/hm²，大田用种量15.0kg/hm²。稀播匀播育多蘖壮秧，秧龄25d左右移栽。种植密度20.0cm×20.0cm或20.0cm×23.3cm，每穴栽插2粒谷秧，基本苗120万～150万苗/hm²。该组合需肥水平较高，宜采用较高肥力的高产栽培模式。氮、磷、钾施肥比例为1：0.5：1.1，施足基肥，早施追肥。前期主攻分蘖促多穗，后期适当追施孕穗肥、壮籽肥。深水活蔸，浅水分蘖，及时晒田，有水壮苞抽穗，后期湿润灌溉，不宜脱水过早。注意加强病虫害防治。

Y两优527（Y liangyou 527）

品种来源：长沙长龙生物科技有限公司以Y58S为母本，蜀恢527（1318/88-R3360）为父本配组育成。分别通过湖南省（2009）和重庆市（2011）农作物品种审定委员会审定或认定。2009年获国家植物新品种权授权。

形态特征和生物学特性：属籼型两系杂交迟熟中稻。在湖南省作中稻栽培，全生育期140d。株高113cm，株型适中，植株整齐，茎秆略矮，繁茂性一般，分蘖力强。叶色深绿，剑叶中长，挺直，叶缘略内卷，叶鞘、稃尖无色。叶下禾，穗小，谷粒长形，有短顶芒，着粒密，落色一般。有效穗258.0万穗/hm²，每穗总粒数146.5粒，结实率83.7%，千粒重27.7g。

品质特性：糙米率82.4%，精米率74.8%，整精米率68.3%，精米长7.1mm，长宽比3.0，垩白粒率28%，垩白度4.5%，透明度2级，碱消值4.1级，胶稠度80mm，直链淀粉含量12.8%，蛋白质含量9.3%。

抗性：稻瘟病综合指数5，易感纹枯病。抗低温能力较强，抗高温能力中等。

产量及适宜地区：2007—2008年湖南省两年区试平均单产8 343.0kg/hm²，比对照Ⅱ优58增产3.5%。日产量59.3kg/hm²，比对照Ⅱ优58高3.8kg/hm²。适宜在湖南省海拔600m以下稻瘟病轻发的山丘区、重庆市海拔800m以下地区作中稻种植。

栽培技术要点：在湖南省作中稻种植，4月20日左右播种。秧田播种量105.0kg/hm²，大田用种量15.0kg/hm²。稀播匀播，秧苗叶龄5～6叶移栽，秧龄控制在30d以内。种植密度18.0cm×24.0cm，每穴栽插2粒谷秧，基本苗105万～150万苗/hm²。需肥水平中等偏高，采用中等氮肥、高磷钾肥的施肥模式，氮、磷、钾肥的比例为1∶0.5∶1.2。施足基肥，分蘖肥宜早施，促分蘖早发，倒3.5叶施穗肥，穗粒并重夺高产。前期浅水移栽，深水返青，浅水分蘖，够苗晒田，田不过白，干湿交替；后期深水孕穗，有水灌浆，湿润壮籽，健根壮秆，注意不能过早脱肥脱水。注意稻瘟病等病虫害的防治。

Y两优599（Y liangyou 599）

品种来源：湖南农业大学和湖南杂交水稻研究中心以Y58S为母本，以R599（康201S/农香16）为父本配组育成。2008年通过湖南省农作物品种审定委员会审定。2010年获国家植物新品种权授权。

形态特征和生物学特性：属籼型两系杂交迟熟晚稻。在湖南省作双季晚稻栽培，全生育期121d。株高110cm，叶片宽度中等、较长、直立，叶色浓绿，叶鞘绿色，稃尖无色。分蘖力强，抽穗整齐，后期落色好。有效穗300.0万穗/hm²，每穗总粒数127粒，结实率85.0%以上，千粒重26.0g。

品质特性：糙米率81.2%，精米率73.8%，整精米率69.6%，精米长6.7mm，长宽比3.0，垩白粒率14%，垩白度1.7%，透明度1级，碱消值7.0级，胶稠度61mm，直链淀粉含量14.4%，蛋白质含量10.8%。

抗性：叶瘟8级，穗瘟9级，稻瘟病综合指数6.3，高感稻瘟病。白叶枯病7级，感白叶枯病。抗低温能力一般。

产量及适宜地区：2006—2007年湖南省两年区试平均单产7 497.0kg/hm²，比对照威优46增产4.2%。日产量62.0kg/hm²，比对照威优46高2.6kg/hm²。适宜在湖南省作双季晚稻种植。

栽培技术要点：在湖南省作双季晚稻栽培，湘北地区6月15日左右播种，湘南、湘中地区6月20日左右播种。秧田播种量150.0kg/hm²，大田用种量22.5kg/hm²。稀播匀播，播种时种子拌多效唑。秧龄25～30d栽插，栽插密度17.0cm×20.0cm或宽窄行18.0cm×18.0cm、18.0cm×25.0cm。每穴栽插2粒谷秧，或抛栽30穴/m²，插（抛）基本苗120万～150万苗/hm²。施足基肥，早施追肥。及时晒田控蘖，后期湿润灌溉，不要脱水过早。注意病虫害防治。

Y两优624（Y liangyou 624）

品种来源：湖南亚华种业科学研究院和湖南杂交水稻研究中心以Y58S为母本，华恢624（成恢448/明恢86）为父本配组育成。2010年通过湖南省农作物品种审定委员会审定。

形态特征和生物学特性：属籼型两系杂交迟熟晚稻。在湖南省作双季晚稻种植，全生育期118d。株高112.0cm，株叶型好，分蘖力强，剑叶长、窄、挺，抽穗整齐，穗大粒多，叶下禾，叶鞘、稃尖均无色，后期落色好。有效穗282.0万穗/hm²，每穗总粒数149.6粒，结实率79.8%，千粒重27.2g。

品质特性：糙米率82.0%，精米率74.1%，整精米率64.1%，精米长7.0mm，长宽比3.0，垩白粒率26%，垩白度6.0%，透明度2级，碱消值7.0级，胶稠度70mm，直链淀粉含量13.1%。

抗性：叶瘟4.4级，穗瘟7.0级，稻瘟病综合指数5.1。白叶枯病5.0级。耐低温能力强。

产量及适宜地区：2008—2009年湖南省两年平均单产7 699.5kg/hm²，比对照威优46增产1.9%。日产量65.1kg/hm²，比对照威优46高2.6%。适宜在湖南省稻瘟病轻发区作双季晚稻种植。

栽培技术要点：在湖南省作双季晚稻种植，6月18日左右播种。大田用种量18.8kg/hm²，秧田播种量150.0kg/hm²。浸种时进行种子消毒，稀播培育壮秧。秧苗叶龄5.5叶左右移栽，秧龄控制在30d以内。种植密度16.5cm×23.0cm，每穴栽插2粒谷秧。需肥水平中上，施纯氮165.0kg/hm²、五氧化二磷90.0kg/hm²、氧化钾97.5kg/hm²，采取重施底肥、早施追肥、后期看苗补施穗肥的施肥方法。加强田间管理，注意防治稻瘟病等病虫害。

Y两优646（Y liangyou 646）

品种来源：福建超大现代种业有限公司、长沙金垦科技发展有限公司和湖南杂交水稻研究中心以Y58S为母本，F646为父本配组育成。分别通过湖南省（2011）和国家（2013）农作物品种审定委员会审定。

形态特征和生物学特性：属籼型两系杂交迟熟中稻。在湖南省作中稻栽培，全生育期142d。株高113cm，株型适中，分蘖力强，繁茂性好，叶色浓绿，叶片短直，叶鞘无色，叶缘内卷，剑叶短而挺直，叶下禾，后期落色好。中长粒型，稃尖无色，有短顶芒。有效穗249.0万穗/hm²，每穗总粒数172.1粒，结实率85.2%，千粒重25.5g。

品质特性：糙米率80.6%，精米率69.6%，整精米率65.2%，精米长6.7mm，长宽比3.2，垩白粒率24%，垩白度1.4%，透明度1级，碱消值3.0级，胶稠度80mm，直链淀粉含量15.0%。

抗性：叶瘟4.1级，穗瘟8.3级，稻瘟病综合指数4.9，高感稻瘟病。耐高温、低温能力强。

产量及适宜地区：2009—2010年湖南省两年区试平均单产8 963.0kg/hm²，比对照Ⅱ优58增产6.9%。日产量63.0kg/hm²，比对照Ⅱ优58高4.1kg/hm²。适宜在湖南省稻瘟病轻发的山丘区作中稻种植。

栽培技术要点：在湖南省作中稻种植，4月20日左右播种。秧田播种量150kg/hm²，大田用种量15.0kg/hm²。稀播匀播，秧苗叶龄5～6叶移栽，秧龄控制在30d以内。种植密度20cm×26cm，每穴栽插2粒谷秧。需肥水平中等偏高，采用中等氮肥、高磷钾肥的施肥模式，氮、磷、钾肥的比例为1∶0.5∶1。整田时施足基肥，分蘖肥宜早施，孕穗期适当追施穗肥。浅水移栽，深水返青，浅水分蘖，够苗晒田，田不过白，干湿交替。深水孕穗，有水灌浆，湿润壮籽，健根壮秆，注意不能过早脱肥脱水。及时防治稻瘟病、纹枯病、二化螟、稻飞虱等病虫害。

Y两优696（Y liangyou 696）

品种来源：湖南怀化奥谱隆作物育种工程研究所和湖南杂交水稻研究中心以Y58S为母本，H696为父本配组育成。2010年通过湖南省农作物品种审定委员会审定。

形态特征和生物学特性：属籼型两系杂交迟熟中稻。在湖南省作中稻种植，全生育期143d。株高110.4cm，株型适中，繁茂性好，分蘖力较强，茎秆中粗，叶下禾，叶鞘、稃尖无色。有效穗255.0万～270.0万穗/hm²，每穗总粒数163.4粒，结实率87.8%，千粒重27.5g。

品质特性：糙米率80.4%，精米率72.6%，整精米率58.3%，精米长6.9mm，长宽比3.3，垩白粒率24%，垩白度4.6%，透明度1级，碱消值6.4级，胶稠度81mm，直链淀粉含量13.1%，蛋白质含量8.6%。

抗性：叶瘟1级，穗瘟9级，稻瘟病综合指数5.2。抗高温、低温能力强。

产量及适宜地区：2008—2009年湖南省两年区试平均单产8 674.5kg/hm²，比对照Ⅱ优58增产6.2%。日产量60.8kg/hm²，比对照Ⅱ优58高4.5kg/hm²。适宜在湖南省稻瘟病轻发的山丘区作中稻种植。

栽培技术要点：在湖南省作中稻种植，4月上中旬播种。大田用种量15.0kg/hm²，秧田播种量150.0kg/hm²。2.0叶期喷施多效唑促秧苗矮壮和低位分蘖，5.5～6.0叶期及时移栽。每穴栽插2粒谷秧，插足基本苗105万～120万苗/hm²。需肥水平较高，注意重施底肥，及时追肥，看苗补施穗粒肥和壮籽肥。移栽后寸水返青活蔸，薄水与湿润相间灌溉促蘖，够苗及时晒田，有水孕穗抽穗，干干湿湿灌浆壮籽，收割前6～7d断水。根据田间病虫发生规律，加强对二化螟、三化螟、稻纵卷叶螟、稻飞虱、纹枯病等的及时防治。

Y两优7号（Y liangyou 7）

品种来源：湖南杂交水稻研究中心以Y58S为母本，R163（9311/马来西亚普通野生稻与9311的BC₆）为父本配组育成。分别通过湖南省（2008）、广东省韶关市（2012）和广东省（2014）农作物品种审定委员会审定。

形态特征和生物学特性：属籼型两系杂交迟熟中稻。在湖南省作中稻种植，全生育期138d。株高120cm，株型松紧适中，叶茎夹角小，上三叶挺直、微凹。叶鞘、稃尖无色，落色好。有效穗247.5万穗/hm²，每穗总粒数159.0粒，结实率88%，千粒重27.7g。

品质特性：糙米率80.6%，精米率72.0%，整精米率67.8%，精米长6.8mm，长宽比3.1，垩白粒率44%，垩白度7.6%，透明度2级，碱消值6.3级，胶稠度86mm，直链淀粉含量15.1%，蛋白质含量7.1%。

抗性：叶瘟3级，穗瘟9级，稻瘟病综合指数4，高感穗瘟。易感纹枯病。感稻曲病。抗高温、低温能力较强。

产量及适宜地区：2006年中稻高产组区试平均单产9 031.5kg/hm²，比对照两优培九增产2.1%；2007年转中稻迟熟组续试平均单产8 581.5kg/hm²，比对照Ⅱ优58增产3.8%。两年区试平均单产8 806.5kg/hm²，日产量63.8kg/hm²。适宜在湖南省海拔600m以下、稻瘟病轻发的山丘区作中稻种植，适宜在广东省北部稻作区作单季稻种植、在北部以外稻作区作早稻种植、在中南和西南稻作区作晚稻种植，适宜在海南省各市县作早稻种植。

栽培技术要点：在湖南省山丘区作中稻种植，4月上中旬播种。秧田播种量150.0～180.0kg/hm²，大田用种量15.0～18.8kg/hm²。秧龄25～35d、5.0～6.0叶移栽，种植密度20.0cm×26.7cm。每穴栽插2粒谷秧，基本苗60万～75万苗/hm²。施足底肥，早施追肥，在幼穗分化第4期看苗追施尿素30.0～60.0kg/hm²、氧化钾45.0～60.0kg/hm²作穗肥，施肥总量以纯氮不超过225.0kg/hm²为宜。及时晒田控蘖，抽穗扬花后实行间歇灌溉，保持田间湿润，不要脱水过早。注意防治病虫害。

Y两优792（Y liangyou 792）

品种来源：湖南亚华种业科学研究院和湖南杂交水稻研究中心以Y58S为母本，华恢792为父本配组育成。2010年通过湖南省农作物品种审定委员会审定。

形态特征和生物学特性：属籼型两系杂交迟熟中稻。在湖南省作中稻种植，全生育期139.0d。株高112.0cm，株型适中，繁茂性一般，叶色浓绿，剑叶长宽中等，挺直，叶缘内卷，叶鞘绿色，分蘖力较强，抽穗整齐，叶下禾，后期落色好，不早衰。有效穗234.0万穗/hm²，每穗总粒数153.7粒，结实率85.4%，千粒重29.3g。

品质特性：糙米率81.5%，精米率73.3%，整精米率54.8%，精米长7.2mm，长宽比3.1，垩白粒率39%，垩白度8.4%，透明度1级，碱消值6.7级，胶稠度82mm，直链淀粉含量13.8%，蛋白质含量9.6%。

抗性：叶瘟1.5级，穗瘟9级，稻瘟病综合指数4.7。耐高温、低温能力较强。

产量及适宜地区：2008年湖南省区试平均单产8 818.5kg/hm²，比对照金优207增产13.6%；2009年区试平均单产8 596.5kg/hm²，比对照Ⅱ优58增产3.9%。两年区试平均单产8 707.5kg/hm²，比对照增产5.2%。日产量62.9kg/hm²，比对照高5.3kg/hm²。适宜在湖南省稻瘟病轻发的山丘区作中稻种植。

栽培技术要点：在湖南省作中稻种植，4月20日左右播种。大田用种量18.8kg/hm²，秧田播种量150.0kg/hm²。浸种时进行种子消毒，秧苗叶龄5.5叶左右移栽，秧龄控制在30d以内。种植密度20.0cm×26.0cm，每穴栽插2粒谷秧。需肥水平中上，并采取重施底肥、早施追肥、后期看苗补施穗肥的施肥方法。加强田间管理，注意防治稻螟虫、稻纵卷叶螟、稻瘟病和稻曲病等病虫害。

Y两优8号（Y liangyou 8）

品种来源：湖南杂交水稻研究中心以Y58S为母本，明恢63（IR30/圭630）为父本配组育成。2008年通过湖南省农作物品种审定委员会审定。2014年获国家植物新品种权授权。

形态特征和生物学特性：属籼型两系杂交一季晚稻。在湖南省作一季晚稻栽培，生育期121d。株高116cm，株型松紧适中，生长势较强，生长整齐，结实好，后期落色好。有效穗274.5万穗/hm²，每穗总粒数145.7粒，结实率83.4%，千粒重26.2g。

品质特性：糙米率81.7%，精米率74.2%，整精米率65.3%，精米长6.9mm，长宽比3.1，垩白粒率14%，垩白度2.4%，透明度2级，碱消值5.5级，胶稠度65mm，直链淀粉含量14.7%，蛋白质含量10.1%。

抗性：叶瘟7级，穗瘟9级，稻瘟病综合指数8.5，高感稻瘟病。白叶枯病7级，感白叶枯病。抗高温能力较强。

产量及适宜地区：2006—2007年湖南省两年区试平均单产8 179.5kg/hm²，比对照汕优63增产2.3%。日产量67.2kg/hm²，比对照汕优63高2.9kg/hm²。适宜在湖南省稻瘟病轻发区作一季晚稻种植。

栽培技术要点：在湖南省作一季晚稻种植，5月下旬至6月上旬播种。秧田播种量150.0kg/hm²，大田用种量15.0 ~ 18.8kg/hm²。秧龄25 ~ 30d、5.0 ~ 6.0叶移栽，种植密度20.0cm×26.7cm。每穴栽插2粒谷秧，基本苗90万 ~ 120万苗/hm²。施足底肥，缓苗后结合打除草剂追施尿素75.0 ~ 120.0kg/hm²、氧化钾120.0 ~ 150.0kg/hm²，施肥总量以纯氮不超过180.0kg/hm²为宜。抽穗扬花后间歇灌溉，保持田间湿润，不要脱水过早。注意防治病虫害。

Y两优828 (Y liangyou 828)

品种来源：湖南大农种业科技有限公司和国家杂交水稻工程技术研究中心以Y58S为母本，R828（镇恢084/D208）为父本配组育成。2014年通过湖南省农作物品种审定委员会审定。

形态特征和生物学特性：属籼型两系杂交迟熟中稻。在湖南省作中稻栽培，全生育期142d。株高109cm，株型适中，叶姿直立，生长势较强，叶鞘绿色，稃尖秆黄色，短芒，叶下禾，后期落色好。有效穗229.5万穗/hm²，每穗总粒数176.6粒，结实率84.4%，千粒重28.1g。

品质特性：糙米率80.7%，精米率73.0%，整精米率61.5%，精米长6.8mm，长宽比3.2，垩白粒率22%，垩白度1.7%，透明度2级，碱消值6.7级，胶稠度68mm，直链淀粉含量16.0%。

抗性：叶瘟4.3级，穗颈瘟5.7级，稻瘟病综合指数4.0。白叶枯病4级，稻曲病4级。耐高温能力强，耐低温能力中等。

产量及适宜地区：2012—2013年湖南省两年区试平均单产9 244.5kg/hm²，比对照Y两优1号增产5.7%。日产量65.1kg/hm²，比对照Y两优1号高2.6kg/hm²。适宜在湖南省稻瘟病轻发的山丘区作中稻种植。

栽培技术要点：在湖南省作中稻种植，4月中下旬播种。秧田播种量150kg/hm²，大田用种量15.0kg/hm²。种植密度20cm×26.5cm，每穴栽插2粒谷秧。适宜在中等肥力水平下种植，并采取重施基肥、早施追肥、后期看苗补施穗粒肥的施肥方法。前期浅水，中期轻搁，后期干干湿湿灌溉，断水不宜过早。浸种时坚持用三氯异氰尿酸消毒，注意及时防治稻瘟病、纹枯病和稻飞虱等病虫害。

Y两优86（Y liangyou 86）

品种来源：湖南杂交水稻研究中心以Y58S为母本，明恢86（P18/gk148）为父本配组育成。2009年通过湖南省农作物品种审定委员会审定。

形态特征和生物学特性：属籼型两系杂交迟熟晚稻。在湖南省作双季晚稻栽培，全生育期120d。株高113cm，株型松紧适中，分蘖力强，成穗率高，穗大粒多，谷粒中长形，稃尖无色。茎秆粗壮，剑叶挺直，前期生长稳健，后期株叶形态好。有效穗303.0万穗/hm^2，每穗总粒数135.2粒，结实率76.5%，千粒重27.3g。

品质特性：糙米率82.7%，精米率75.2%，整精米率70.3%，精米长6.7mm，长宽比2.8，垩白粒率19%，垩白度2.1%，透明度2级，碱消值6.6级，胶稠度75mm，直链淀粉含量13.3%，蛋白质含量11.1%。

抗性：稻瘟病综合指数5.4。白叶枯病7级，感白叶枯病。

产量及适宜地区：2007—2008年湖南省两年区试平均单产7 399.5kg/hm^2，比对照威优46增产3.6%。日产量60.3kg/hm^2，比对照威优46高0.9kg/hm^2。适宜在湖南省稻瘟病轻发区作双季晚稻种植。

栽培技术要点：在湖南省作双季晚稻栽培，6月18日左右播种。大田用种量15.0～18.8kg/hm^2，秧龄25～35d。种植密度20.0cm×26.5cm，基本苗60万～75万苗/hm^2。施足底肥，早施追肥，在幼穗分化4期看苗追施尿素30.0～60.0kg/hm^2、氧化钾45.0～60.0kg/hm^{2}作穗肥，施肥总量以纯氮不超过180.0kg/hm^{2}为宜。及时晒田控蘖，抽穗扬花后间歇灌溉，保持田间湿润，不宜脱水过早，以利灌浆结实。注意防治病虫害。

Y两优9918 （Y liangyou 9918）

品种来源：湖南天盛生物科技有限公司以Y58S为母本，R928（蜀恢527/扬稻6号//辐恢838）为父本配组育成。分别通过湖南省（2009）和国家（2011）农作物品种审定委员会审定。

形态特征和生物学特性：属籼型两系杂交一季晚稻。在湖南省作一季晚稻栽培，全生育期124d。株高117cm，株型松紧适中，叶色淡绿，剑叶挺、直、凹，茎秆坚韧，分蘖力中等，抽穗整齐，熟期落色好。有效穗247.5万穗/hm²，每穗总粒数175.5粒，结实率79.7%，千粒重26.8g。

品质特性：糙米率82.9%，精米率75.4%，整精米率61.2%，精米长6.9mm，长宽比2.8，垩白粒率50%，垩白度5.0%，透明度3级，碱消值5.6级，胶稠度72mm，直链淀粉含量13.7%，蛋白质含量10.1%。

抗性：稻瘟病综合指数6.8。白叶枯病9级，高感白叶枯病。耐高温能力强，耐低温能力较强。

产量及适宜地区：2007—2008年湖南省两年区试平均单产8 746.5kg/hm²，比对照汕优63增产8.0%。日产量70.4kg/hm²，比对照汕优63高6.0kg/hm²。适宜在湖南省稻瘟病轻发区作一季晚稻种植，适宜在江西、湖南（武陵山区除外）、湖北（武陵山区除外）、安徽、浙江、江苏的长江流域稻区以及福建北部、河南南部稻区的稻瘟病、白叶枯病轻发区作一季中稻种植。

栽培技术要点：在湖南省作一季晚稻种植，5月中下旬播种。大田用种量11.3～15.0kg/hm²，播种时种子拌多效唑，秧龄不超过25d。种植密度26.5cm×26.5cm，每穴栽插2粒谷秧。氮、磷、钾肥平衡施用，比例以1.0∶0.6∶1.0为宜。丘陵、山区基肥施复合肥750.0kg/hm²，平原、湖区施525.0kg/hm²。移栽后3d施尿素150.0kg/hm²促分蘖，幼穗分化前追施氧化钾150.0kg/hm²、尿素60.0kg/hm²。切忌后期断水过早影响结实和充实。注意病虫害的防治。

Y两优香2号（Y liangyouxiang 2）

品种来源：湖南中江种业有限公司和国家杂交水稻工程技术研究中心以Y58S为母本，江恢6292（MUT109/扬稻6号）为父本配组育成。2009年通过湖南省农作物品种审定委员会审定。

形态特征和生物学特性：属籼型两系杂交一季晚稻。在湖南省作一季晚稻栽培，全生育期127d。株高108cm，株型紧凑，茎秆粗壮，分蘖力强，剑叶挺、直、凹，稃尖无色，抽穗整齐，叶下禾，穗大粒多，熟期落色好。有效穗255.0万穗/hm^2，每穗总粒数172.2粒，结实率78.2%，千粒重25.8g。

品质特性：糙米率81.1%，精米率73.2%，整精米率66.7%，精米长6.7mm，长宽比2.9，垩白粒率19%，垩白度2.9%，透明度1级，碱消值6.9级，胶稠度70mm，直链淀粉含量16.2%，蛋白质含量8.6%。

抗性：稻瘟病综合指数3.9，白叶枯病3级，耐高温能力强。

产量及适宜地区：2007—2008年湖南省两年区试平均单产8 325.0kg/hm^2，比对照汕优63增产0.9%。日产量65.3kg/hm^2，比对照汕优63低0.6kg/hm^2。适宜在湖南省稻瘟病轻发区作一季晚稻种植。

栽培技术要点：在湖南省作一季晚稻种植，5月中下旬至6月初播种。秧田播种量150.0kg/hm^2，大田用种量18.8kg/hm^2。播种时种子拌多效唑，秧龄不超过30d、叶龄6.0叶内移栽。种植密度20.0cm×26.5cm，每穴栽插2粒谷秧，基本苗90万～105万苗/hm^2。适宜在中等以上肥力水平下栽培，以有机肥为主。氮、磷、钾肥平衡施用，比例以1.0：0.6：1.0为宜。切忌后期过早脱水，注意病虫害的防治。

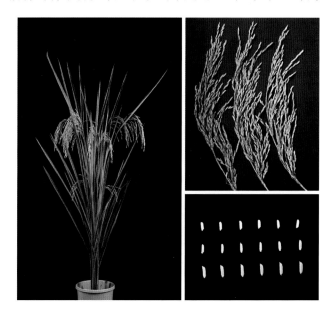

Z两优68 (Z liangyou 68)

品种来源：郴州市农业科学研究所以Z9S（香125S杂株系选）为母本，D68（91-81系选）为父本配组育成。2007年通过湖南省农作物品种审定委员会审定。

形态特征和生物学特性：属籼型两系杂交迟熟早稻。在湖南省作双季早稻栽培，全生育期110d。株高88.0～93.0cm，剑叶较直，株型前期较紧，后期较松散，落色好，易脱粒。有效穗345.0万～435.0万穗/hm²，每穗总粒数96粒，结实率80.7%～93.0%，千粒重25.0～26.0g。

品质特性：糙米率80.0%，精米率73.5%，整精米率68.0%，精米长6.8mm，长宽比为3.1，垩白粒率20%，垩白度4.3%，透明度2级，碱消值4.8级，胶稠度65mm，直链淀粉含量11.6%，蛋白质含量10.4%。

抗性：叶瘟4级，穗瘟9级，稻瘟病综合指数7.8，高感稻瘟病。白叶枯病5级，中感白叶枯病。

产量及适宜地区：2005—2006年湖南省两年区试平均单产7 428.0kg/hm²，比对照金优402增产0.6%。日产量68.0kg/hm²，比对照金优402高1.4kg/hm²。适宜在湖南省稻瘟病轻发区作双季早稻种植。

栽培技术要点：在湖南省作双季早稻种植，3月底4月初播种。秧田播种量300.0kg/hm²，大田用种量30.0kg/hm²。秧龄30d以内、4.5～5.0叶移栽，种植密度20.0cm×16.6cm，每穴栽插2粒谷秧。施足基肥，早施追肥。及时晒田控蘖，后期湿润灌溉，不要脱水过早。特别注意防治稻瘟病。

奥两优200（Aoliangyou 200）

品种来源：湖南怀化奥谱隆作物育种工程研究所以奥龙1S（农垦58S/R302// R236）为母本，奥R200（H15-12-28/R750）为父本配组育成。2011年通过湖南省农作物品种审定委员会审定。

形态特征和生物学特性：属籼型两系杂交迟熟晚稻。在湖南省作双季晚稻栽培，全生育期120.9d。株高112.0cm，株型适中，茎秆粗壮，叶鞘绿色，稃尖秆黄色，无芒，生长势强，分蘖力较强，成熟落色好。有效穗295.5万穗/hm^2，每穗总粒数146.0粒，结实率77.9%，千粒重29.2g。

品质特性：糙米率82.1%，精米率72.6%，整精米率53.4%，精米长7.3mm，长宽比3.1，垩白粒率52%，垩白度9.5%，透明度2级，碱消值6.2级，胶稠度77mm，直链淀粉含量25.4%。

抗性：叶瘟3.8级，穗瘟6.3级，稻瘟病综合指数5.1，高感稻瘟病。耐低温能力中等。

产量及适宜地区：2009—2010年湖南省两年区试平均单产7 818.0kg/hm^2，比对照威优46增产6.6%。日产量64.7kg/hm^2，比对照威优46高3.3kg/hm^2。适宜在湖南省稻瘟病轻发区作双季晚稻种植。

栽培技术要点：在湖南省作双季晚稻种植，湘中6月18日播种，湘北提早2～3d，湘南推迟2～3d。秧田播种量150kg/hm^2，大田用种量15.0～22.5kg/hm^2。2叶期放干秧田水后喷施多效唑促秧苗矮壮和低位分蘖，5.5～6.0叶期移栽，秧龄期22～25d。种植密度16.5cm×23.3cm或20.0cm×20.0cm，每穴栽插2粒谷秧。需肥水平中等，重施底肥，早施追肥，中后期忌施氮肥，增施磷、钾肥。插秧后深水返青，薄水与湿润相间促蘖，够苗及时晒田，孕穗抽穗期保持浅水，后期干湿交替养根保叶壮籽，收割前5～7d放水。秧田要狠抓稻飞虱、稻叶蝉的防治，大田及时防治二化螟、稻纵卷叶螟、稻飞虱、稻瘟病等病虫害。

奥两优69 (Aoliangyou 69)

品种来源：湖南怀化奥谱隆作物育种工程研究所以奥龙1S（农垦58S/R302//R236）为母本，R69（蜀恢527//明恢63/R647）为父本配组育成。2008年通过湖南省农作物品种审定委员会审定。

形态特征和生物学特性：属籼型两系杂交迟熟中稻。在湖南省作中稻栽培，全生育期139.0～141.0d。株高111.2cm，株型适中，分蘖力中等，茎秆粗壮，下部叶片细长，剑叶窄长，叶姿挺直，叶鞘、稃尖无色，成熟落色好。有效穗261.0万穗/hm²，每穗总粒数139.1粒，结实率87.8%，千粒重30.7g。

品质特性：糙米率81.3%，精米率72.6%，整精米率44.7%，碱消值4.6级，胶稠度90mm，蛋白质含量8.2%，透明度2级，垩白粒率58%，垩白度10.2%，精米长7.4mm，长宽比3.2，直链淀粉含量25.5%。

抗性：叶瘟2级，穗瘟9级，稻瘟病综合指数5，高感穗瘟。易感纹枯病。抗高温、低温能力较强。

产量及适宜地区：2006—2007年湖南省两年区试平均单产8 430.0kg/hm²，比对照Ⅱ优58增产5.3%。日产量59.9kg/hm²，比对照Ⅱ优58高4.7kg/hm²。适宜在湖南省海拔600m以下稻瘟病轻发的山丘区作中稻种植。

栽培技术要点：在湖南省山丘区作中稻种植，4月中旬播种。秧田播种量105.0～120.0kg/hm²，大田用种量15.0kg/hm²。加强秧苗期肥水管理，培育多蘖壮秧。5.5～6.0叶期移栽，秧龄期25～30d。栽插密度20.0cm×26.7cm，每穴栽插2粒谷秧，插足基本苗120万～135万苗/hm²。需肥水平中等偏上，重施底肥，早施追肥，看苗补施穗粒肥，施纯氮120.0～150.0kg/hm²、五氧化二磷90.0～105.0kg/hm²、氧化钾135.0～165.0kg/hm²。插后寸水返青，浅水与湿润相间，旺根促蘖，够苗及时晒田，孕穗抽穗期保持浅水，灌浆成熟期干湿交替，养根保叶壮籽，收割前5～7d放水。注意加强对二化螟、稻纵卷叶螟、稻飞虱、纹枯病等的药剂防治。

奥两优76（Aoliangyou 76）

品种来源：湖南怀化奥谱隆作物育种工程研究所以奥龙1S为母本，奥R76为父本配组育成。2010年通过湖南省农作物品种审定委员会审定。

形态特征和生物学特性：属籼型两系杂交中熟中稻。在湖南省作中稻种植，全生育期132.9d。株高111.5cm，株型适中，叶下禾，茎秆粗壮，繁茂性一般，分蘖力中等。叶色深绿，叶鞘、稃尖无色。灌浆结实快，成熟落色好，较难脱粒。有效穗226.5万穗/hm²，每穗总粒数164.8粒，结实率85.2%，千粒重28.0g。

品质特性：糙米率81.0%，精米率73.0%，整精米率55.6%，精米长7.2cm，长宽比3.2，垩白粒率35%，垩白度4.8%，透明度1级，碱消值4.7级，胶稠度77mm，直链淀粉含量22.2%，蛋白质含量8.0%。

抗性：叶瘟4级，穗瘟9级，稻瘟病综合指数6.1。感纹枯病。抗寒能力强，抗高温能力中等。

产量及适宜地区：2008—2009年湖南省两年区试平均单产8 310.0kg/hm²，比对照金优207增产10.0%。日产量62.7kg/hm²，比对照金优207高3.9kg/hm²。适宜在湖南省海拔200m以上稻瘟病轻发区作中稻种植。

栽培技术要点：在湖南省作中稻种植，4月中下旬播种。大田用种量15.0～18.0kg/hm²，秧田播种量105.0～120.0kg/hm²。2.0叶期秧田喷施多效唑促秧苗矮壮、低位分蘖，秧龄期22～25d、5.5～6.0叶期移栽。种植密度20.0cm×23.0cm，每穴栽插2粒谷秧，插足基本苗120万苗/hm²。需肥水平中等，重施底肥，早施追肥，中后期忌施氮肥，增施磷、钾肥。注意加强对二化螟、稻纵卷叶螟、稻飞虱、纹枯病、稻瘟病等病虫害的防治。

奥龙优282 （Aolongyou 282）

品种来源：湖南怀化奥谱隆作物育种工程研究所以奥龙1S为母本，H282为父本配组育成。分别通过国家（2009）和云南省（2014）农作物品种审定委员会审定。

形态特征和生物学特性：属籼型两系杂交迟熟晚稻。在长江中下游作双季晚稻种植，全生育期120.5d。株高113.3cm，株型紧凑，茎秆粗壮，叶色浓绿，长势繁茂，熟期转色好，稃尖无色，穗顶部籽粒罕有短芒。有效穗261.0万穗/hm²，穗长25.2cm，每穗总粒数136.5粒，结实率76.3%，千粒重30.6g。

品质特性：整精米率60.7%，长宽比3.2，垩白粒率13%，垩白度2.2%，胶稠度89mm，直链淀粉含量22.3%，达到国家优质稻二级标准。

抗性：稻瘟病综合指数6.2，穗瘟损失率最高9级。白叶枯病7级，褐飞虱9级。

产量及适宜地区：2007—2008年长江中下游中迟熟晚籼组两年区试平均单产7 572.0kg/hm²，比对照汕优46增产4.6%。2008年生产试验平均单产7 741.5kg/hm²，比对照汕优46增产6.7%。适宜在广西中北部、福建中北部、江西中南部、湖南中南部、浙江南部的稻瘟病、白叶枯病轻发的双季稻区作晚稻种植。适宜在云南省海拔1 480m以下籼稻区种植，稻瘟病重发区慎用。

栽培技术要点：在长江中下游作双季晚稻种植，适时播种。大田用种量18.0 ~ 22.5kg/hm²，稀播匀播，培育多蘖壮秧。秧龄22 ~ 27d、5.5 ~ 6.0叶期移栽，栽插密度为

20.0cm×23.3cm，每穴栽插2粒谷秧。大田需肥水平中等，重施底肥，底肥以有机肥为主，配合施用总养分含量≥45%的复合肥300.0 ~ 375.0kg/hm²，栽插返青后追施尿素105.0 ~ 120.0kg/hm²、氧化钾90.0 ~ 105.0kg/hm²，孕穗中后期看苗情补施磷、钾等穗粒肥，抽穗灌浆期忌施氮肥。栽插后寸水返青，薄水与湿润间歇式灌溉促发低位分蘖，够苗及时晒田，灌浆结实期干湿交替，收割前6 ~ 8d断水。注意及时防治螟虫、稻飞虱、纹枯病、稻瘟病、白叶枯病等病虫害。抽穗期注意防冷害。

八两优100（Baliangyou 100）

品种来源：湖南省安江农校以810S为母本，D100（P48）为父本配组育成。分别通过湖南省（1998）和浙江省（2001）农作物品种审定委员会审定。

形态特征和生物学特性：属籼型两系杂交中熟早稻。在湖南省作双季早稻种植，全生育期111.0d。光温特性为弱感光，中感温，短日高温生育期长。株高83.0cm，株型较紧凑，剑叶窄挺，叶片较厚，叶色深绿，叶鞘绿色，穗型中等，谷粒椭圆形。每穗总粒数100粒，结实率80%以上，千粒重26.0g。

品质特性：精米率69.5%，整精米率42.0%，垩白粒率80%，垩白大小16.0%，精米长宽比2.7。

抗性：苗叶瘟5级，穗颈瘟5级，中抗稻瘟病。不抗白叶枯病。

产量及适宜地区：1996年湖南省区试平均单产6 897.0kg/hm²，比对照威优48增产4.2%；1997年续试平均单产7 545.0kg/hm²。两年区试平均单产7 221.0kg/hm²。适宜在湖南省白叶枯病轻发区和浙江省中部、南部稻区作早稻种植。

栽培技术要点：在湖南省作双季早稻种植，旱育秧3月20～25日播种，水育秧3月底4月初播种。大田用种量37.5kg/hm²，秧田播种量150.0～187.5kg/hm²。水育秧龄28d左右，移栽密度13.3cm×（16.7～20.0）cm，栽基本苗180万苗/hm²。注意抓好纹枯病、稻飞虱和稻纵卷叶螟的防治工作。

八两优18（Baliangyou 18）

品种来源：湖南怀化奥谱隆作物育种工程研究所以标810S（810S自然变异株）为母本，R18（怀96-1/常规916）为父本配组育成。2007年通过湖南省农作物品种审定委员会审定。

形态特征和生物学特性：属籼型两系杂交迟熟早稻。在湖南省作双季早稻种植，全生育期106.0～112.0d。株高89.0cm，株型较紧凑，茎秆韧性好，叶片窄短挺直，受光态势好，叶鞘、稃尖均无色。分蘖力较强，成穗率高，群体抽穗整齐，籽粒灌浆充实快，成熟落色好。有效穗388.5万穗/hm²，每穗总粒数102.3粒，结实率87.9%，千粒重24.1g。

品质特性：糙米率81.0%，精米率74.0%，整精米率69.8%，精米长6.2mm，长宽比2.8，垩白粒率68%，垩白度12.6%，透明度3级，碱消值6.2级，胶稠度58mm，直链淀粉含量21.4%，蛋白质含量10.4%。

抗性：叶瘟5级，穗瘟9级，稻瘟病综合指数8，高感稻瘟病。白叶枯病3级，中抗白叶枯病。耐肥，抗倒伏。

产量及适宜地区：2005年湖南省区试平均单产7 231.5kg/hm²，比对照湘早籼13增产6.6%；2006年续试平均单产7 872.0kg/hm²，较对照金优402增产5.4%。两年区试平均单产7 551.8kg/hm²，比对照增产6.0%。日产量69.2kg/hm²，比对照高3.6kg/hm²。适宜在湖南省稻瘟病轻发区作双季早稻种植。

栽培技术要点：在湖南省作双季早稻种植，大田直播4月上旬播种，旱育秧3月20～25日播种，水育秧3月底播种。大田用种量30.0～37.5kg/hm²，稀播匀播培育壮秧。旱育秧3.5～4.0叶移（抛）栽，水育秧5.0～5.5叶移栽。种植密度16.7cm×20.0cm，每穴栽插2～3粒谷秧。大田需肥水平中等偏上，遵循氮、磷、钾比例协调的原则。基肥为主，早施追肥，后期看苗补施穗粒肥。浅水与湿润间歇式灌溉促早发分蘖，够苗及时晒田，孕穗抽穗期保持浅水，干湿交替壮籽，湿润养根，收割前6～7d断水。及时防治稻秆潜叶蝇、稻纵卷叶螟、稻飞虱、纹枯病和稻瘟病等。

八两优63 (Baliangyou 63)

品种来源：湖南省安江农业学校以810S为母本，明恢63为父本配组育成。分别通过湖南省（2000）和广西壮族自治区（2001）农作物品种审定委员会审定。

形态特征和生物学特性：属籼型两系杂交中熟晚稻。在湖南省作双季晚稻种植，全生育期109.0d。株高106cm，株型松紧适中，分蘖力较强。剑叶窄小挺直，半叶下禾。穗型较大，谷粒椭圆形，熟期落色好。穗长24.0cm，每穗总粒数110.0粒，结实率85.0%，千粒重26.0g。

品质特性：糙米率79.5%，精米率69.5%，整精米率61.1%，精米长6.4mm，长宽比2.8，垩白粒率20%，垩白大小20.0%，透明度2级，碱消值6.3级，胶稠度100mm，直链淀粉含量23.0%，蛋白质含量11.4%。

抗性：叶瘟7级，穗瘟7级，感稻瘟病。白叶枯病7级，感白叶枯病。耐寒性强，耐肥，抗倒伏性强。

产量及适宜地区：1997—1998年湖南省两年区试平均单产6 750.0kg/hm²，与对照威优64相当。适宜在湖南省稻瘟病和白叶枯病轻发区作双季晚稻种植，适宜在广西北部作早、晚稻种植。

栽培技术要点：在湖南省作双季晚稻种植，6月底播种。秧田播种量225.0kg/hm²，大田用种量27.0kg/hm²。秧龄控制在22d以内，插30.0万 ~ 37.5万穴/hm²，基本苗120万 ~ 150万苗/hm²。施纯氮150 ~ 165kg/hm²、五氧化二磷105 ~ 120kg/hm²、氧化钾120kg/hm²，以基肥和有机肥为主，基肥占总施肥量的75%。追肥分两次施用，第一次插秧后7d内施总施肥量的20%；第二次孕穗期，施总施肥量的5%。适时适度晒田，干湿壮籽。注意防治纹枯病、稻飞虱、稻纵卷叶螟。

八两优96 (Baliangyou 96)

品种来源：怀化市农业科学研究所以810S为母本，怀96-1（87-249/湘早籼7号//4342-1/02428）为父本配组育成。分别通过湖南省（2000）、广西壮族自治区（2001）和国家（2003）农作物品种审定委员会审定。

形态特征和生物学特性：属籼型两系杂交中熟早稻。在湖南省作双季早稻种植，全生育期108.0d。株高89cm，株型松紧适中，叶片直立，分蘖力较强，谷粒长形，熟期落色好。穗长20cm，每穗总粒数102粒，结实率80%，千粒重24.0g。

品质特性：糙米率80.9%，精米率69.3%，整精米率47.0%，垩白粒率83.5%，垩白大小12.5%。

抗性：苗叶瘟5～7级，穗瘟7～9级，感稻瘟病。白叶枯病5级，中感白叶枯病。较耐肥，抗倒伏。

产量及适宜地区：1998—1999年湖南省两年早稻区试平均单产6 855.0kg/hm²，比对照威优402增产0.6%。适宜在江西、湖南、湖北、安徽、浙江双季稻稻瘟病轻发区作早稻种植，适宜在广西北部作早稻种植。

栽培技术要点：在湖南省作双季早稻种植，3月底4月初播种。秧田播种225.0～300.0kg/hm²，大田用种量30.0.0～37.5kg/hm²。4.5～5.0叶移栽，插37.5万穴/hm²，基本苗75万苗/hm²以上。在中等肥力的稻田种植，施纯氮120.0～150.0kg/hm²、五氧化二磷75.0kg/hm²、氧化钾75.0kg/hm²。以基肥为主，早追肥。前期浅水灌溉促分蘖，中期适时晒田促大穗，后期干干湿湿壮籽，切忌脱水过早。及时防治病虫害。

长两优173（Changliangyou 173）

品种来源：湖南亚华种业科学研究院以长早S为母本，嘉早173为父本配组育成。2012年通过湖南省农作物品种审定委员会审定。

形态特征和生物学特性：属籼型两系杂交中熟早稻。在湖南省作双季早稻栽培，全生育期112d。株高81.5cm，株型松紧适中，剑叶中长直立。叶鞘、稃尖为无色，分蘖力强，成穗率高，熟期落色较好。有效穗348万穗/hm²，每穗总粒数121.3粒，结实率79.5%，千粒重25.8g。

品质特性：糙米率79.8%，精米率69.7%，整精米率55.4%，精米长6.6mm，长宽比3.0，垩白粒率45%，垩白度5.0%，透明度1级，碱消值4.0级，胶稠度60mm，直链淀粉含量16.2%。

抗性：平均叶瘟4级，穗瘟6级，稻瘟病综合指数3.9。白叶枯病6级。抗寒能力较强。

产量及适宜地区：2010—2011年湖南省两年区试平均单产7 044.2kg/hm²，比对照株两优819增产4.2%。日产量63.0kg/hm²，比对照株两优819高2.0kg/hm²。适宜于湖南省稻瘟病轻发区作双季早稻种植。

栽培技术要点：在湖南省作双季早稻种植，3月下旬播种。秧田播种量225kg/hm²，大田用种量30.0～33.8kg/hm²。4.5叶左右移栽，种植密度16.7cm×20.0cm。每穴栽插2粒谷秧，基本苗120万苗/hm²。重施底肥，早施追肥，氮、磷、钾肥配合施用。控施氮肥，适当增加磷、钾肥用量。深水活蔸，浅水分蘖，及时晒田，有水壮苞抽穗，后期干干湿湿，不脱水过早。注意病虫害防治。

德两优1103（Deliangyou 1103）

品种来源：北京德农种业有限公司以德1S（株1S/R402//Lemont）为母本，德恢1103为父本配组育成。2013年通过湖南省农作物品种审定委员会审定。

形态特征和生物学特性：属籼型两系杂交迟熟晚稻。在湖南省作双季晚稻栽培，全生育期120d。株高104.7cm，株型适中，长势好，剑叶长直，分蘖力强。有效穗297.0万穗/hm^2，每穗总粒数147.8粒，结实率84.6%，千粒重24.9g。

品质特性：糙米率83%，精米率73.8%，整精米率70%，精米长6.6mm，长宽比3.1，垩白粒率29%，垩白度3.8%，透明度2级，碱消值5.0级，胶稠度50mm，直链淀粉含量20.0%。

抗性：叶瘟3.9级，穗颈瘟6.0级，稻瘟病综合指数3.9。白叶枯病6级，稻曲病3级。耐低温能力较弱。

产量及适宜地区：2011—2012年湖南省两年区试平均单产8 204.0kg/hm^2，比对照天优华占增产4.6%。日产量68.4kg/hm^2，比对照天优华占高3.8kg/hm^2。适宜于湖南省稻瘟病轻发区作双季晚稻种植。

栽培技术要点：在湖南省作双季晚稻种植，6月15日左右播种，湘北适当早播。秧田播种量150kg/hm^2，大田用种量22.5kg/hm^2。稀播匀播培育多蘖壮秧，5.5叶左右移栽。种植密度20cm×20cm，每穴栽插2粒谷秧，抛栽密度23穴/m^2，基本苗105万～120万苗/hm^2。施足基肥，早施追肥，中等肥力土壤施纯氮180kg/hm^2，五氧化二磷150kg/hm^2，氧化钾120kg/hm^2。分蘖期干湿相间促分蘖，总苗数达到420万苗/hm^2时落水晒田。孕穗期以湿为主，抽穗期保持田面浅水，灌浆期干干湿湿壮籽，切忌落水过早。注意根据病虫情报及时防治纹枯病和螟虫、稻飞虱等病虫害。

德两优早895 (Deliangyouzao 895)

品种来源：北京德农种业有限公司以德1S为母本，德恢895为父本配组育成。2013年通过湖南省农作物品种审定委员会审定。

形态特征和生物学特性：属籼型两系杂交中熟早稻。在湖南省作双季早稻栽培，全生育期108d。株高78.6cm，株型适中，长势较好，剑叶中长直，分蘖力较强。有效穗357.0万穗/hm²，每穗总粒数113粒，结实率82%，千粒重24.2g。

品质特性：糙米率81.3%，精米率71.6%，整精米率64.3%，精米长7.0mm，长宽比3.2，垩白粒率55%，垩白度4.4%，透明度2级，碱消值4.2级，胶稠度68mm，直链淀粉含量22.2%。

抗性：叶瘟3.5级，穗颈瘟5.7级，稻瘟病综合指数3.8。白叶枯病6级。

产量及适宜地区：2011—2012年湖南省两年区试平均单产7 401.9kg/hm²，比对照株两优819增产6.3%。日产量68.3kg/hm²，比对照株两优819高4.4kg/hm²。适宜于湖南省稻瘟病轻发区作双季早稻种植。

栽培技术要点：在湖南省作双季早稻种植，3月底至4月初播种，旱育秧宜适当早播。秧田播种量225kg/hm²，大田用种量30kg/hm²。稀播匀播培育多蘖壮秧，旱育小苗3.0～4.0叶抛栽，水育秧4.5～5.0叶移栽。种植密度16.5cm×20.0cm，每穴栽插2粒谷秧，抛栽密度26穴/m²，基本苗105万～120万苗/hm²。施足基肥，早施追肥，中等肥力土壤施纯氮150kg/hm²，五氧化二磷75kg/hm²，氧化钾90kg/hm²。分蘖期干湿相间促分蘖，当总苗数达到25万苗/hm²时落水晒田。孕穗期以湿为主，抽穗期保持田面浅水，灌浆期干干湿湿壮籽，切忌落水过早。注意根据病虫情报及时防治稻瘟病、纹枯病和螟虫、稻飞虱等病虫害。

广两优1128（Guangliangyou 1128）

品种来源：湖南杂交水稻研究中心以广占63S为母本，HR1128（R855/1033///明恢63/R353//大穗稻/蜀恢527）为父本配组育成。分别通过湖南省（2013）、江西省（2014）、湖北省（2014）农作物品种审定委员会审定。

形态特征和生物学特性：属籼型两系杂交迟熟中稻。在湖南省作中稻栽培，全生育期137.5d。株高117.9cm，株型适中，生长势强，植株整齐度较整齐，叶姿直立，叶鞘绿色，稃尖黄色，短顶芒，半叶下禾，后期落色好。每穗总粒数191.1粒，结实率81.7%，千粒重28.6g。

品质特性：糙米率80.8%，精米率71.0%，整精米率60.4%，精米长7.2mm，长宽比3.1，垩白粒率40%，垩白度3.2%，透明度1级，碱消值5级，胶稠度88mm，直链淀粉含量15%。

抗性：叶瘟5.0级，穗颈瘟6.7级，稻瘟病综合指数4.8。白叶枯病4级，稻曲病6级。耐高温能力中等，耐低温能力中等。

产量及适宜地区：2011—2012年湖南省两年区试平均单产9 749.1kg/hm²，比对照Y两优1号增产4.6%。日产量71.1kg/hm²，比对照Y两优1号高4.5kg/hm²。适宜于湖南省稻瘟病轻发的山丘区作中稻种植。

栽培技术要点：在湖南省作中稻种植，4月下旬播种。秧田播种量120～180kg/hm²，大田用种量15kg/hm²。插16.5万～19.5万穴/hm²，基本苗90万～105万苗/hm²。适宜在中等偏上肥力水平下种植，在高肥水平下更能表现出较强的增产优势。施肥以基肥和有机肥为主，前期重施，早施追肥，后期看苗施肥。在水浆管理上，前期浅水，中期轻搁，后期采用干干湿湿灌溉，断水不宜过早。注意及时防治稻瘟病、白叶枯病等病虫害。

广两优2010 (Guangliangyou 2010)

品种来源：袁隆平农业高科技股份有限公司以广占63-4S为母本，R2010（R344/R1102）为父本配组育成。2012年通过湖南省农作物品种审定委员会审定。

形态特征和生物学特性：属籼型两系杂交迟熟中稻。在湖南省作中稻栽培，全生育期135.6d。株高108.7cm，株型松散适中，生长整齐，叶姿平展，生长势较强，叶鞘绿色，稃尖无色，无芒，叶下禾，后期落色好。有效穗216.0万穗/hm²，每穗总粒数168.5粒，结实率81.2%，千粒重30.6g。

品质特性：糙米率81.3%，精米率71.6%，整精米率34.3%，精米长7.2mm，长宽比3.1，垩白粒率49%，垩白度5.4%，透明度3级，碱消值6.0级，胶稠度74mm，直链淀粉含量14.2%。

抗性：叶瘟4.7级，穗颈瘟7级，稻瘟病综合指数4.9。耐高温能力强，耐低温能力一般。

产量及适宜地区：2010—2011年湖南省两年区试平均单产9 103.8kg/hm²，比对照Ⅱ优58增产6.1%。日产量67.2kg/hm²，比对照Ⅱ优58高6.0kg/hm²。适宜于湖南省稻瘟病轻发的山丘区作中稻种植。

栽培技术要点：在湖南省作中稻种植，4月下旬播种。秧田播种量180～225kg/hm²，大田用种量15.0～22.5kg/hm²。插16.5万～19.5万穴/hm²，基本苗90万～105万苗/hm²。适宜在中等肥力水平下种植，施肥以基肥和有机肥为主。前期重施，早施追肥，后期看苗施肥。在水浆管理上，前期浅水，中期轻搁，后期采用干干湿湿灌溉，断水不宜过早。注意及时防治稻瘟病、白叶枯病等病虫害。

广两优210（Guangliangyou 210）

品种来源：怀化市农业科学研究所和湖南永益农业科技发展有限公司以广占63-4S为母本，怀恢210为父本配组育成。2014年通过湖南省农作物品种审定委员会审定。

形态特征和生物学特性：属籼型两系杂交迟熟中稻。在湖南省作中稻栽培，全生育期135.3d。株高112.9cm，株型适中，生长势较强，叶鞘绿色，稃尖无色，偶有短芒，半叶下禾，后期落色好。有效穗237.0万穗/hm^2，每穗总粒数166.4粒，结实率86.8%，千粒重28.4g。

品质特性：糙米率80.5%，精米率71.0%，整精米率64.4%，精米长6.9mm，长宽比3.1，垩白粒率34%，垩白度3.4%，透明度1级，碱消值4.0级，胶稠度90mm，直链淀粉含量14.0%。

抗性：叶瘟5.0级，穗颈瘟6.7级，稻瘟病综合指数4.6。白叶枯病6级，稻曲病2.8级。耐高温、低温能力均强。

产量及适宜地区：2012—2013年湖南省两年区试平均单产9 305.6kg/hm^2，比对照Y两优1号增产4.2%。日产量68.7kg/hm^2，比对照Y两优1号高2.9kg/hm^2。适宜于湖南省稻瘟病轻发的山丘区作中稻种植。

栽培技术要点：在湖南省作中稻种植，4月中下旬播种。秧田播种量150kg/hm^2，大田用种量15.0kg/hm^2。稀播匀播，培育多蘖壮秧。种植密度20cm×26cm，插基本苗75万～90万苗/hm^2。适宜在中等肥力水平下种植，重施基肥，早施追肥，后期看苗补施穗粒肥。深水活蔸，浅水分蘖，及时晒田，有水壮苞抽穗，后期干干湿湿，不要脱水过早。浸种时坚持用三氯异氰尿酸消毒，注意防治稻瘟病、纹枯病和稻蓟马、稻飞虱、螟虫等病虫害。

广两优8号 (Guangliangyou 8)

品种来源：湖南大唐种业有限公司以广8S（广占63S/P88S）为母本，R8为父本配组育成。2009年通过湖南省农作物品种审定委员会审定。

形态特征和生物学特性：属籼型两系杂交一季晚稻。在湖南省作一季晚稻栽培，全生育期126d。株高124cm，叶片较窄，剑叶长挺，株型松紧适中，落色好。有效穗253.5万穗/hm²，每穗总粒数163.5粒，结实率76.0%，千粒重27.7g。

品质特性：糙米率82.4%，精米率74.5%，整精米率63.1%，垩白粒率52%，垩白度12.1%，精米长6.8mm，长宽比2.9，透明度1级，碱消值7.0级，胶稠度58mm，直链淀粉含量21.7%，蛋白质含量12.2%。

抗性：稻瘟病综合指数7.2。白叶枯病9级，高感白叶枯病。

产量及适宜地区：2007—2008年湖南省两年区试平均单产8 422.5kg/hm²，比对照汕优63增产3.6%。日产量66.5kg/hm²，比对照汕优63高1.4kg/hm²。适宜于湖南省稻瘟病轻发区作一季晚稻种植。

栽培技术要点：在湖南省作一季晚稻栽培，可参照当地汕优63的播种期同期播种。秧田播种量105kg/hm²，大田用种量18.0～22.5kg/hm²。秧龄32d以内，种植密度20.0cm×26.5cm。每穴栽插2～3粒谷秧，基本苗120万苗/hm²。施足基肥，早施追肥。及时晒田控蘖，后期实行湿润灌溉，抽穗扬花后不要脱水过早，保证充分灌浆结实。注意防治稻瘟病、稻曲病和纹枯病等病虫害。

海丰优66 (Haifengyou 66)

品种来源：海南神农大丰种业科技股份有限公司以海丰1S（农垦58S/紫圭）为母本，G66（中鉴101天然杂株）为父本配组育成。2007年通过湖南省农作物品种审定委员会审定。

形态特征和生物学特性：属籼型两系杂交中熟早稻。在湖南省作双季早稻栽培，全生育期107d。株高80cm，株型较紧凑，长势较旺，分蘖力较强，剑叶短挺，叶鞘紫色，叶片深绿色。有效穗370.5万穗/hm²，每穗总粒数99.9粒，结实率85.2%，千粒重25.7g。

品质特性：糙米率80.5%，精米率73.3%，整精米率62.9%，精米长6.7mm，长宽比3.0，垩白粒率20%，垩白度2.6%，透明度3级，碱消值5.2级，胶稠度64mm，直链淀粉含量20.6%，蛋白质含量11.5%。

抗性：叶瘟5级，穗瘟7级，稻瘟病综合指数6.5，感稻瘟病。白叶枯病7级，感白叶枯病。

产量及适宜地区：2005年湖南省区试平均单产7 099.5kg/hm²，比对照湘早籼13增产4.7%；2006年续试平均单产7 383.0kg/hm²，比对照株两优819减产0.5%。两年区试平均单产7 241.3kg/hm²，比对照增产2.1%。日产量68.1kg/hm²，比对照高0.6kg/hm²。适宜于湖南省稻瘟病轻发区作双季早稻种植。

栽培技术要点：在湖南省作双季早稻种植，3月底4月初播种。稀播壮秧，秧田播种量150.0 ~ 180.0kg/hm²，大田用种量45.0kg/hm²，如采用抛秧栽培大田用种量要增加到60kg/hm²。

秧龄25 ~ 30d、叶龄5.0叶移栽，种植密度13.2cm×16.5cm或13.2cm×19.8cm。每穴栽插2 ~ 3粒谷秧，插37.5万 ~ 45万穴/hm²。重施基肥，早施分蘖肥。底肥重施农家肥，增施磷、钾及锌肥。科学管水，插后坚持"深水返青、浅水分蘖、干湿壮籽"的原则，够苗晒田，孕穗时复水，后期不可断水过早，以防早衰。根据当地农技部门意见及时做好病虫草害的防治工作，注意防治纹枯病、稻瘟病和稻螟虫、稻飞虱。

海两优85 (Hailiangyou 85)

品种来源：海南神农大丰种业科技股份有限公司以海丰1S为母本，G85（金23A/先恢207）为父本配组育成。2006年通过湖南省农作物品种审定委员会审定。2010年获国家植物新品种权授权。

形态特征和生物学特性：属籼型两系杂交中熟偏迟晚稻。在湖南省作双季晚稻栽培，全生育期119d。株高95.0cm，株型紧凑，长势繁茂，茎秆粗壮，分蘖能力强，茎秆角度直立，剑叶挺直，属半叶下禾。叶鞘、叶环、颖尖、柱头紫色，叶片深绿色，穗顶部谷粒有芒。有效穗300.0万～315.0万穗/hm²，每穗总粒数119粒，结实率81.5%～83.0%，千粒重27.0～28.4g。

品质特性：糙米率82.6%，精米率75.5%，整精米率61.1%，精米长6.9mm，长宽比3.0，垩白粒率26%，垩白度3.4%，透明度2级，碱消值5.0，胶稠度88mm，直链淀粉含量21.9%，蛋白质含量11.6%。

抗性：叶瘟7级，穗瘟7级，感稻瘟病。白叶枯病7级，感白叶枯病。抗寒能力较强。

产量及适宜地区：2004—2005年湖南省两年区试平均单产7 183.5kg/hm²，比对照威优46减产1.7%。日产量60.5kg/hm²，比对照威优46高0.2kg/hm²。适宜于湖南省稻瘟病轻发区作双季晚稻种植。

栽培技术要点：在湖南省作双季晚稻种植，湘中地区6月17日左右播种，湘北地区适当提早，湘南地区适当推迟。大田用种量30.0kg/hm²，秧田下足底肥，1叶1心期施好断奶肥，移栽前7d施好送嫁肥。秧龄25d左右，种植密度16.5cm×23.1cm。每穴插足6～7根基本苗，插足基本苗120万～150万穴/hm²。底肥以农家肥和三元复合肥为主，插后7d内追施氮肥和钾肥，抽穗前5d看苗补肥。以浅水为主，苗够晒田，后期干干湿湿。注意防治稻蓟马等各种病虫害。

华两优164 (Hualiangyou 164)

品种来源：湖南亚华种业科学研究院以H155S（株1S/培矮64S）为母本，华164为父本配组育成。2007年通过湖南省农作物品种审定委员会审定。

形态特征和生物学特性：属籼型两系杂交迟熟晚稻。在湖南省作双季晚稻栽培，全生育期120d。株高99.0cm，株型较紧凑，茎秆较粗，分蘖力强，穗粒结构均衡，生长势旺，叶鞘、叶耳、叶缘均无色，抽穗整齐，剑叶长直，叶下禾，后期落色好，不早衰，谷粒细长形，谷壳薄，籽粒饱满，稃尖无色，无芒。有效穗297.8万穗/hm²，每穗总粒数129.0粒，结实率79.6%，千粒重26.6g。

品质特性：糙米率83.2%，精米率75.1%，整精米率64.6%，精米长7.3mm，长宽比3.3，垩白粒率5%，垩白度0.4%，透明度1级，碱消值6.8级，胶稠度70mm，直链淀粉含量21.5%，蛋白质含量9.3%。

抗性：叶瘟4级，穗瘟7级，稻瘟病综合指数5.3，感稻瘟病。白叶枯病7级，感白叶枯病。抗低温能力较强，耐肥，抗倒伏力较强。

产量及适宜地区：2005—2006年湖南省两年区试平均单产7 534.5kg/hm²，比对照威优46增产2.9%。日产量62.4kg/hm²，比对照威优46高1.8kg/hm²。适宜于湖南省稻瘟病轻发区作双季晚稻种植。

栽培技术要点：在湖南省作双季晚稻种植，6月18日左右播种。秧田播种量150kg/hm²，大田用种量15.0～22.5kg/hm²。稀播匀播，秧苗叶龄5.0～6.0叶移栽，秧龄控制在30d以内。种植密度16.7cm×23.1cm，每穴栽插2粒谷秧。需肥水平中等，施纯氮172.5kg/hm²，五氧化二磷90.0kg/hm²，氧化钾97.5kg/hm²。采取重施底肥、早施追肥、后期看苗补施穗肥的施肥方法，主攻前期分蘖，增加有效穗，加强中后期管理，提高结实率。搞好水分管理，保持根系活力，以防早衰。用三氯异氰尿酸浸种，大田期根据病虫预报，及时施药防治二化螟、三化螟、稻纵卷叶螟、稻飞虱和纹枯病、稻瘟病等病虫害。

华两优285 (Hualiangyou 285)

品种来源：湖南亚华种业科学研究院以H155S为母本，华284选为父本配组育成。2007年通过湖南省农作物品种审定委员会审定。

形态特征和生物学特性：属籼型两系杂交迟熟晚稻。在湖南省作双季晚稻栽培，全生育期118d。株高102.0cm，株叶型好，茎秆粗壮，分蘖力强，生长势旺，叶鞘、叶耳、叶缘均无色，抽穗整齐，剑叶长直，叶下禾，后期落色好，不早衰，细长粒形，谷壳薄，籽粒饱满，稃尖无色，无芒。有效穗310.5万穗/hm²，每穗总粒数133.6粒，结实率80.4%，千粒重25.6g。

品质特性：糙米率83.3%，精米率75.1%，整精米率61.0%，精米长7.0mm，长宽比3.3，垩白粒率2%，垩白度0.4%，透明度1级，碱消值6.1级，胶稠度82mm，直链淀粉含量21.8%，蛋白质含量9.0%。

抗性：叶瘟6级，穗瘟9级，稻瘟病综合指数8.3，高感稻瘟病。白叶枯病5级，中感白叶枯病。抗低温能力较强，耐肥，抗倒伏力较强。

产量及适宜地区：2005—2006年湖南省两年区试平均单产7 374.0kg/hm²，比对照威优46增产1.3%。日产量62.6kg/hm²，比对照威优46低0.3kg/hm²。适宜于湖南省稻瘟病轻发区作双季晚稻种植。

栽培技术要点：在湖南省作双季晚稻种植，6月20日左右播种。秧田播种量150kg/hm²，大田用种量15.0～22.5kg/hm²。稀播匀播，秧苗5.5叶左右移栽，秧龄控制在30d以内。种植密度16.7cm×23.1cm，每穴栽插2粒谷秧。需肥水平中等，施纯氮（N）172.5kg/hm²，五氧化二磷90.0kg/hm²，氧化钾97.5kg/hm²。采取重施底肥、早施追肥、后期看苗补施穗肥的施肥方法，主攻前期分蘖，增加有效穗，加强中后期管理，提高结实率。搞好水分管理，保持根系活力，以防早衰。用三氯异氰尿酸浸种，大田期根据病虫预报，及时施药防治二化螟、三化螟、稻纵卷叶螟、稻飞虱和纹枯病、稻瘟病等病虫害。

华两优7号 （Hualiangyou 7）

品种来源：湖南亚华种业科学研究院以H155S为母本，华恢7号（测58/蜀恢527）为父本配组育成。2007年通过湖南省农作物品种审定委员会审定。

形态特征和生物学特性：属籼型两系杂交迟熟中稻。在湖南省作中稻栽培，全生育期139d。株高110.0cm，株型紧凑，茎秆较粗，分蘖力较强，成穗率中等，生长势旺，叶鞘、叶耳、叶缘均无色，剑叶直立，抽穗整齐，叶下禾，后期落色好，不早衰。谷粒细长形，谷壳薄，籽粒饱满，稃尖无色，偶有顶芒。有效穗250.5万穗/hm²，每穗总粒数150.9粒，结实率78.9%，千粒重27.7g。

品质特性：糙米率81.3%，精米率73.3%，整精米率46.3%，精米长7.1mm，长宽比3.4，垩白粒率31%，垩白度6.0%，透明度1级，碱消值4.9级，胶稠度82mm，直链淀粉含量22.1%，蛋白质含量9.4%。

抗性：叶瘟4级，穗瘟9级，高感稻瘟病。抗寒和抗高温能力较强，耐肥，抗倒伏力较强。

产量及适宜地区：2005—2006年湖南省两年区试平均单产7 896.0kg/hm²，比对照Ⅱ优58增产1.5%。日产量56.6kg/hm²，比对照Ⅱ优58高2.6kg/hm²。适宜于湖南省稻瘟病轻发的山丘区作中稻种植。

栽培技术要点：在湖南省作中稻种植，4月20日左右播种。秧田播种量150kg/hm²，大田用种量15.0kg/hm²。稀播匀播，秧苗叶龄5.0～6.0叶移栽，秧龄控制在30d左右。种植密度20.0cm×23.0cm，每穴栽插2粒谷秧。需肥水平中等，施纯氮165.0kg/hm²，五氧化二磷90.0kg/hm²，氧化钾97.5kg/hm²。采取重施底肥、早施追肥、后期看苗补施穗肥的施肥方法，主攻前期分蘖，增加有效穗，加强中后期管理，提高结实率。搞好水分管理，保持根系活力，以防早衰。用三氯异氰尿酸浸种，大田期根据病虫预报，及时施药防治二化螟、稻纵卷叶螟、稻飞虱和纹枯病、稻瘟病等病虫害。

华两优89（Hualiangyou 89）

品种来源：湖南亚华种业科学研究院以H155S为母本，华89为父本配组育成。2005年通过湖南省农作物品种审定委员会审定。

形态特征和生物学特性：属籼型两系杂交中熟偏迟中稻。在湖南省山丘区作中稻栽培，全生育期133d。株高105cm，株型较松散，后三叶较厚，长而挺直，叶鞘、叶缘、叶舌、叶耳、颖尖均无色。生长势强，抽穗整齐，成熟落色好，籽粒饱满，有顶芒。有效穗258.0万穗/hm^2，每穗总粒数153.2粒，结实率77.7%，千粒重27.5g。

品质特性：糙米率82.7%，精米率74.3%，垩白度8.8%，透明度1级，碱消值5.8级，胶稠度71mm，直链淀粉含量23.6%，蛋白质含量9.4%。

抗性：叶瘟5级，穗瘟9级，感稻瘟病。耐寒性中等偏弱，耐高温性好。

产量及适宜地区：2003—2004年湖南省两年区试平均单产7 650.0kg/hm^2，比对照金优207增产6.2%。日产量57.6kg/hm^2，比对照金优207高0.5kg/hm^2。适宜于湖南省海拔300～600m稻瘟病轻发的山丘区作中稻种植。

栽培技术要点：在湖南省山丘区作中稻种植，4月20日左右播种。秧田播种量150kg/hm^2，大田用种量22.5kg/hm^2。须用三氯异氰尿酸浸种，播种时种子拌多效唑。水育小苗，5.0叶移栽。种植密度20.0cm×26.0cm，每穴栽插2～3粒谷秧。需肥水平中上，够苗及时晒田。注意防治稻瘟病等病虫害。

金两优838（Jinliangyou 838）

品种来源：北京金色农华种业科技有限公司以Y22S（N422S/CDR22）为母本，辐恢838（226/γ552）为父本配组育成。2006年通过湖南省品种审定委员会审定。

形态特征和生物学特性：属籼型两系杂交迟熟晚稻。在湖南省作双季晚稻栽培，全生育期122d。株高93.4～127.0cm，叶片挺直而厚，剑叶较短，株型前期较散，后期紧凑，落色好，不落粒。有效穗271.5万～334.5万穗/hm²，每穗总粒数112.0粒，结实率80.5%，千粒重28.8～33.0g。

品质特性：糙米率80.7%，精米率74.1%，整精米率44.0%，精米长7.3mm，长宽比3.0，垩白粒率52%，垩白度4.9%，透明度1级，碱消值为6.0级，胶稠度为64mm，直链淀粉含量为15.9%，蛋白质含量9.2%。

抗性：叶瘟5级，穗瘟5级，中感稻瘟病。白叶枯病5级，中感白叶枯病。抗寒能力较强。

产量及适宜地区：2004年湖南省区试平均单产6 994.5kg/hm²，比对照湘晚籼11增产5.3%；2005年转组续试平均单产7 414.5kg/hm²，比对照威优46增产3.8%。两年区试平均单产7 204.5kg/hm²，比对照增产4.6%。日产量58.8kg/hm²，比对照高1.4kg/hm²。适宜于湖南省作双季晚稻种植。

栽培技术要点：在湖南省作双季晚稻种植，湘中6月中旬播种，湘西、北可适当提早，湘南可适当推迟。秧田播种量150kg/hm²，大田用种量15.0～22.5kg/hm²。秧龄28d以内，4.5～5.0叶移栽。种植密度13.3～16.5cm×20.0cm，每穴栽插2粒谷秧，基本苗120万～150万苗/hm²。施足基肥，早施追肥。及时晒田控蘖，后期湿润灌溉，抽穗扬花后不要脱水过早，保证充分结实灌浆。注意病虫害防治。

科两优529 (Keliangyou 529)

品种来源：湖南科裕隆种业有限公司以科S（Y58S/C815S）为母本，湘恢529（扬稻6号/R647//蜀恢527）为父本配组育成。2014年通过湖南省农作物品种审定委员会审定。

形态特征和生物学特性：属籼型两系杂交迟熟中稻。在湖南省作中稻栽培，全生育期136.6d。株高114.6cm，叶鞘、稃尖紫红色，长芒，叶下禾，后期落色好。有效穗226.5万穗/hm²，每穗总粒数183.3粒，结实率85.1%，千粒重26.4g。

品质特性：糙米率79.7%，精米率70.4%，整精米率64.5%，精米长6.8mm，长宽比3.1，垩白粒率22%，垩白度1.8%，透明度2级，碱消值3.0级，胶稠度92mm，直链淀粉含量12.0%。

抗性：叶瘟4.0级，穗颈瘟5.7级，稻瘟病综合指数4.0。白叶枯病6级，稻曲病3级。耐高温能力强，耐低温能力中。

产量及适宜地区：2012—2013年湖南省两年区试平均单产9 428.0kg/hm²，比对照Y两优1号增产5.3%。日产量69.0kg/hm²，比对照Y两优1号高5.4kg/hm²。适宜于湖南省稻瘟病轻发的山丘区作中稻种植。

栽培技术要点：在湖南省作中稻种植，4月下旬播种。秧田播种量180～225kg/hm²，大田用种量15.0～22.5kg/hm²。种植密度20cm×26cm，插基本苗90万～105万苗/hm²。适宜在中等肥力水平下种植，采取重施基肥、早施追肥、后期看苗补施穗粒肥的施肥方法。前期浅水，中期轻搁，后期采用干干湿湿灌溉，断水不宜过早。浸种时用三氯异氰尿酸消毒，注意防治稻瘟病、纹枯病和稻蓟马、稻飞虱和螟虫等病虫害。

两优036（Liangyou 036）

品种来源：安徽荃银农业高科技研究所以03S（广占63-4S/多系1号）为母本，安选6号（9311变异株）为父本配组育成。分别通过湖南省（2006）、江西省（2006）、安徽省（2008）、湖北省（2008）和重庆市（2010）农作物品种审定委员会审定或引种。

形态特征和生物学特性：属籼型两系杂交中熟中稻。在湖南省作中稻栽培，全生育期135d。株高112.3cm，叶片直立，叶色浓绿，株型松紧适中，中秆，叶下禾。有效穗240.0万穗/hm²，每穗总粒数159.6粒，结实率84.2%，千粒重27.9g。

品质特性：糙米率79.4%，精米率72.4%，整精米率69.0%，精米长6.7mm，长宽比3.0，垩白粒率24%，垩白度2.7%，透明度1级，碱消值6.4级，胶稠度66mm，直链淀粉含量14.3%，蛋白质含量9.0%。

抗性：叶瘟6级，穗瘟9级，高感稻瘟病。抗高温、抗寒能力较强。

产量及适宜地区：2004—2005年湖南省两年区试平均单产8 415.0kg/hm²，比对照Ⅱ优58和对照汕优63分别增产5.0%和7.0%。日产量61.8kg/hm²。适宜于湖南省海拔800m以下稻瘟病轻发区、江西省平原地区稻瘟病轻发区、安徽省大别山区和皖南山区以外区域、湖北省鄂西南以外的稻瘟病无病区或轻病区和重庆市海拔800m以下地区作中稻种植。

栽培技术要点：在湖南省作中稻种植，4月中下旬播种。秧田播种量150～225kg/hm²，大田用种量18.8kg/hm²左右。秧龄30d以内、5.5叶左右移栽，种植密度16.7cm×23.3cm。每穴栽插2粒谷秧，基本苗102.0万～127.5万苗/hm²。施足基肥，早施追肥。及时晒田控蘖，后期湿润灌溉，抽穗扬花后不要脱水过早，保证充分结实灌浆。注意病虫害防治。

两优1128 (Liangyou 1128)

品种来源：湖南杂交水稻研究中心以P88S为母本，R1128为父本配组育成。2011年通过湖南省农作物品种审定委员会审定。

形态特征和生物学特性：属籼型两系杂交一季晚稻。在湖南省作一季晚稻栽培，全生育期127d。株高120cm，茎秆粗壮，株型适中，生长势较强，叶鞘、稃尖紫红色，中长芒，叶下禾，后期落色好。有效穗210万穗/hm²，每穗总粒数195.8粒，结实率76.6%，千粒重29.6g。

品质特性：糙米率82.3%，精米率73.8%，整精米率51.1%，精米长7.3mm，长宽比3.1，垩白粒率39%，垩白度5.9%，透明度2级，碱消值4.2级，胶稠度80mm，直链淀粉含量14.6%。

抗性：叶瘟4.3级，穗瘟7.7级，稻瘟病综合指数5.2，高感稻瘟病。耐高温能力强，耐低温能力中等，耐肥，抗倒伏能力强。

产量及适宜地区：2009—2010年湖南省两年区试平均单产8 524.5kg/hm²，比对照汕优63增产6.2%。日产量67.2kg/hm²，比对照汕优63高1.8kg/hm²。仅适宜于湖南省稻瘟病轻发区作一季晚稻种植。

栽培技术要点：在湖南省作一季晚稻种植，5月上中旬播种。适当提早播种，谨防孕穗期、抽穗期的低温天气影响。秧田播种量150kg/hm²，大田用种量22.5kg/hm²。秧龄30d以内，种植密度20cm×26cm。每穴栽插2粒谷秧，基本苗75万～105万苗/hm²。基肥足，追肥速，中后期酌情补。抽穗扬花后间歇灌溉，保持田间湿润，不要过早脱水。注意防治稻飞虱、稻瘟病等病虫害。

两优168 (Liangyou 168)

品种来源: 合肥丰乐种业股份有限公司以丰39S（广占63S诱变）为母本，R168（326/0378）为父本配组育成。2009年通过湖南省农作物品种审定委员会审定。

形态特征和生物学特性: 属籼型两系杂交一季晚稻。在湖南省作一季晚稻栽培，生育期121d。株高124cm，株型适中，剑叶较长且直立。叶鞘、稃尖无色，落色好。有效穗232.5万穗/hm²，每穗总粒数187.0粒，结实率77.4%，千粒重27.9g。

品质特性: 糙米率80.8%，精米率73.2%，整精米率60.7%，精米长7.0mm，长宽比3.0，垩白粒率36%，垩白度3.4%，透明度2级，碱消值6.6级，胶稠度69mm，直链淀粉含量15.3%，蛋白质含量10.6%。

抗性: 稻瘟病综合指数6.6。白叶枯病5级，中感白叶枯病。耐高温能力强。

产量及适宜地区: 2007—2008年湖南省两年区试平均单产8 451.5kg/hm²，比对照汕优63增产4.7%。日产量69.6kg/hm²，比对照汕优63高5.4kg/hm²。适宜于湖南省稻瘟病轻发区作一季晚稻种植。

栽培技术要点: 在湖南省作一季晚稻栽培，5月下旬至6月上旬播种。秧田播种量150～187kg/hm²，大田用种量15.0kg/hm²。秧龄30d以内，种植密度20.0cm×20.0cm或16.5cm×26.5cm，每穴栽插2粒谷秧，基本苗90万苗/hm²。基肥足，追肥速，中期补。氮、磷、钾肥配合施用，适当增加磷、钾肥用量。深水活蔸，浅水分蘖，及时晒田，有水壮苞抽穗，后期干干湿湿，不宜过早脱水。注意病虫害防治。

两优2388（Liangyou 2388）

品种来源：长沙利诚种业有限公司和杨振玉以广占63-4S为母本，R2388为父本配组育成。2012年通过湖南省农作物品种审定委员会审定。

形态特征和生物学特性：属籼型两系杂交一季晚稻。在湖南省作一季晚稻栽培，全生育期124.4d。株高126.2cm，株型松紧适中，生长整齐，分蘖力中等，剑叶直立，叶下禾，后期落色好。有效穗210万穗/hm^2，每穗总粒数202.3粒，结实率79.0%，千粒重29.5g。

品质特性：糙米率80.4%，精米率70.2%，整精米率67.2%，精米长7.2mm，长宽比3.4，垩白粒率18%，垩白度1.4%，透明度1级，碱消值6.0级，胶稠度72mm，直链淀粉含量15.6%。

抗性：叶瘟4.9级，穗颈瘟7级，稻瘟病综合指数4.5。耐高温能力强，耐低温能力中。

产量及适宜地区：2010—2011年湖南省两年区试平均单产8 637.2kg/hm^2，比对照汕优63增产5.6%。日产量69.6kg/hm^2，比对照汕优63高3.2kg/hm^2。适宜于湖南省稻瘟病轻发区作一季晚稻种植。

栽培技术要点：在湖南省作一季晚稻种植，5月中下旬播种。秧田播种量150kg/hm^2，大田用种量15kg/hm^2。秧龄25d左右，种植密度20cm×30cm，每穴栽插2粒谷秧。注意重施底肥，早施追肥，看苗补施穗粒肥，抽穗后灌浆期叶面喷施壮籽肥。移栽后寸水返青活蔸，薄水与湿润相间灌溉促蘖，够苗及时晒田，有水孕穗抽穗，干干湿湿灌浆壮籽，收割前6～7d断水。注意防治稻瘟病、稻曲病、纹枯病等病虫害。

两优2469 (Liangyou 2469)

品种来源：湖南隆平种业有限公司以广占63S（N422S/广占63）为母本，R2469为父本配组育成。2009年通过湖南省农作物品种审定委员会审定。

形态特征和生物学特性：属籼型两系杂交一季晚稻。在湖南省作一季晚稻栽培，全生育期121d。株高122cm，株型松紧适中，繁茂性好，生长整齐，穗大粒多，后期落色好。有效穗238.5万～258.0万穗/hm²，每穗总粒数169.7～174.4粒，结实率78.5%～82.5%，千粒重27.6～28.2g。

品质特性：糙米率81.7%，精米率73.0%，整精米率61.6%，精米长6.8mm，长宽比2.9，垩白粒率25%，垩白度3.0%，透明度2级，碱消值5.3级，胶稠度65mm，直链淀粉含量16.3%，蛋白质含量11.1%。

抗性：稻瘟病综合指数6.2。白叶枯病5级，感白叶枯病。耐高温能力强。

产量及适宜地区：2007—2008年湖南省两年区试平均单产8 612.6kg/hm²，比对照汕优63增产6.0%。日产量71.1kg/hm²，比对照汕优63高6.0kg/hm²。适宜于湖南省稻瘟病轻发区作一季晚稻种植。

栽培技术要点：在湖南省作一季晚稻种植，5月下旬至6月初播种。秧田播种量180～225kg/hm²，大田用种量22.5kg/hm²。每穴栽插2粒谷秧，基本苗90万～105万苗/hm²。适宜在中等肥力水平下栽培，施肥以基肥和有机肥为主。前期重施基肥，早施追肥，后期看苗施肥。在灌水管理上，前期浅水，中期轻搁，后期采用干干湿湿灌溉，断水不宜过早。及时防治稻瘟病、白叶枯病等病虫害。

两优293 (Liangyou 293)

品种来源：湖南杂交水稻研究中心以P88S（株173S/培矮64S）为母本，0293（9311/茂3）为父本配组育成。2006年分别通过湖南省和国家农作物品种审定委员会审定。2010年获国家植物新品种权授权。

形态特征和生物学特性：属籼型两系杂交迟熟中稻。在湖南省作中稻栽培，全生育期140d。株高122.0cm，前期株型松散，后期叶片直立而略内卷，茎秆粗壮，根系发达，耐肥抗倒，分蘖能力强，但成穗率不高，穗着粒密度大，抽穗整齐，落色好。有效穗241.5万穗/hm²，每穗总粒数191.0粒，结实率77.0%，千粒重27.2g。

品质特性：糙米率81.8%，精米率74.7%，整精米率66.7%，精米长6.5mm，长宽比3.0，垩白粒率26%，垩白度5.3%，透明度2级，碱消值5.4级，胶稠度74mm，直链淀粉含量14.5%，蛋白质含量9.8%。

抗性：叶瘟7级，穗瘟9级，高感稻瘟病。白叶枯病5级，中感白叶枯病。

产量及适宜地区：2003年湖南省区试平均单产8 166.0kg/hm²，比对照Ⅱ优58减产3.2%；2004年续试平均单产9 139.5kg/hm²，比对照两优培九和汕优63分别增产6.7%和5.5%。两年区试平均单产8 652.8kg/hm²，日产量61.8kg/hm²。适宜于福建、江西、湖南、湖北、安徽、浙江、江苏等长江流域稻区（武陵山区除外）以及河南南部稻区的稻瘟病轻发区作一季中稻种植。

栽培技术要点：在湖南省作中稻种植，4月15日左右播种。秧田播种量120～180kg/hm²，大田用种量15.0kg/hm²。秧龄25d以内，种植密度23.1cm×26.4cm或20.0cm×26.4cm。每穴栽插1～2粒谷秧，插基本苗120万苗/hm²左右。施足基肥，早施追肥。及时晒田控蘖，后期湿润灌溉，抽穗扬花后不要脱水过早。注意防治稻穗瘟、纹枯病、白叶枯病等病虫害。

两优389 (Liangyou 389)

品种来源：湖南杂交水稻研究中心以P88S为母本，0389（茂3/9311）为父本配组育成。2006年分别通过湖南省和海南省农作物品种审定委员会审定。

形态特征和生物学特性：属籼型两系杂交迟熟中稻。在湖南省作中稻栽培，全生育期137d。株高119cm，主茎叶数16～18片，株型松紧适中，中秆，茎秆粗壮，叶片挺直，叶色浓绿，剑叶宽长，略披，抽穗较整齐，后期落色较好，长粒型，稃尖紫色，部分粒子有短芒，穗子大，着粒密。有效穗249.0万穗/hm²，每穗总粒数199.4粒，结实率77.2%，千粒重23.2g。

品质特性：糙米率81.3%，精米率74.8%，整精米率67.5%，精米长6.3mm，长宽比2.8，垩白粒率42%，垩白度7.1%，透明度2级，碱消值5.4级，胶稠度54mm，直链淀粉含量20.8%，蛋白质含量7.8%。

抗性：叶瘟6级，穗瘟9级，高感稻瘟病。白叶枯病5级，中感白叶枯病。稻曲病较重，感黑粉病。抗高温能力一般，抗寒能力一般。

产量及适宜地区：2004—2005年湖南省两年区试平均单产9 130.5kg/hm²，比对照两优培九增产4.3%。日产量66.6kg/hm²，比对照两优培九高4.1kg/hm²。适宜于湖南省海拔200～600m稻瘟病轻发区作中稻和海南省作早稻种植。

栽培技术要点：在湖南省作中稻种植，4月15日左右播种。秧田播种量120～180kg/hm²，大田用种量13.0～18.8kg/hm²。秧龄25d以内，种植密度23.1cm×26.4cm或20.0cm×26.4cm。每穴栽插1～2粒谷秧，插基本苗120万苗/hm²。施足基肥，早施追肥。及时晒田控蘖，后期湿润灌溉，抽穗扬花后不要脱水过早。注意防治稻穗瘟、纹枯病、白叶枯病等病虫害。

两优培特 （Liangyoupeite）

品种来源：湖南杂交水稻研究中心以培矮64S为母本，特青（特矮/叶青伦）为父本配组育成。分别通过湖南省（1994）和广西壮族自治区（2001）农作物品种审定委员会审定。

形态特征和生物学特性：属籼型两系杂交迟熟中稻。在湖南省作中稻栽培，全生育期135d。株高90～110cm，茎秆坚韧，叶片较厚，叶色浓绿，群体受光姿态好。源、库、流协调，后期落色好，不早衰。有效穗270.0万～345.0万穗/hm^2，每穗总粒数135.0～155.0粒，实粒数110.0～130.0粒，结实率80.0%以上，千粒重23.0～24.0g。

品质特性：糙米率83.8%，精米率75.9%，整精米率60.0%，精米长5.3mm，长宽比2.3，垩白粒率80%，垩白度5.3%，胶稠度30mm，直链淀粉含量22.4%，蛋白质含量10.3%。

抗性：中抗稻瘟病与白叶枯病，易感稻曲病。耐肥，抗倒伏。

产量及适宜地区：1992—1993年湖南省两年区试平均单产8 607.0kg/hm^2，比对照汕优63增产5.3%。适宜于湖南省作中稻种植和广西壮族自治区桂林市土壤肥力中等以上的稻田作晚稻推广种植。

栽培技术要点：在湖南省作中稻种植，4月中下旬播种。秧田播种量120kg/hm^2，大田用种量15.0kg/hm^2。适宜秧龄30～35d，秧龄超过40d应采用两段育秧。施肥以基肥与有机肥为主，增施磷、钾肥，加强穗肥与粒肥的施用。深水活蔸，浅水分蘖，有水壮苞，中期多露轻晒，后期干湿交替，以湿为主，收割前1周断水，不能断水过早。注意防治病虫害。

两优早17（Liangyouzao 17）

品种来源：湖南金健种业科技有限公司以9771S（安农810S//安农S-1/献党///香125S//香125S/培矮64S）为母本，中嘉早17（中选181/嘉育253）为父本配组育成。2014年通过湖南省农作物品种审定委员会审定。

形态特征和生物学特性：属籼型两系杂交中熟早稻。在湖南省作双季早稻栽培，全生育期107.7d。株高78.7cm，株型松紧适中，剑叶中长直立。叶鞘、稃尖无色，分蘖力强，成穗率高，后期落色较好。有效穗348万穗/hm²，每穗总粒数117.5粒，结实率84.1%，千粒重26.0g。

品质特性：糙米率79.8%，精米率71.7%，整精米率60.8%，精米长6.1mm，长宽比2.5，垩白粒率89%，垩白度9.8%，透明度3级，碱消值3.0级，胶稠度45mm，直链淀粉含量20.2%。

抗性：叶瘟4级，穗瘟6级，稻瘟病综合指数4.2。白叶枯病5级。

产量及适宜地区：2012—2013年湖南省两年区试平均单产7 951.7kg/hm²，比对照株两优819增产6.4%。日产量73.8kg/hm²，比对照两优819高4.8kg/hm²。适宜于湖南省稻瘟病轻发区作双季早稻种植。

栽培技术要点：在湖南省作双季早稻种植，3月下旬播种。秧田播种量225kg/hm²，大田用种量30.0～37.5kg/hm²。4.5叶左右移栽，种植密度16.7cm×20.0cm。每穴栽插2粒谷秧，基本苗120万苗/hm²。重施底肥，早施追肥，氮、磷、钾肥配合施用。控施氮肥，适当增施磷、钾肥。深水活蔸，浅水分蘖，及时晒田，有水壮苞抽穗，后期干干湿湿，不宜过早脱水。浸种时用三氯异氰尿酸消毒，注意防治稻瘟病、纹枯病和螟虫等病虫害。

陵两优102 (Lingliangyou 102)

品种来源：株洲市农业科学研究所和湖南亚华种业科学研究院以湘陵628S为母本，04E02为父本配组育成。2011年通过湖南省农作物品种审定委员会审定。

形态特征和生物学特性：属籼型两系杂交迟熟早稻。在湖南省作双季早稻栽培，全生育期115d。株高87.4cm，株型适中，植株较矮，茎秆粗壮，抗倒伏能力强，分蘖力中等，成穗率高，剑叶较短且直立，叶下禾。谷长粒型，颖尖无色，偶有顶芒，成熟落色好。有效穗331.5万穗/hm²，每穗总粒数123粒，每穗实粒数97粒，结实率79%，千粒重27.5g。

品质特性：糙米率80.4%，精米率70.2%，整精米率62.3%，精米长6.6mm，长宽比2.9，垩白粒率95%，垩白度19%，透明度2级，碱消值3.4级，胶稠度55mm，直链淀粉含量21.4%。

抗性：叶瘟4.5级，穗瘟8.3级，稻瘟病综合指数5.1，高感稻瘟病。苗期抗寒能力较强。

产量及适宜地区：2009—2010年湖南省两年区试平均单产7 468.5kg/hm²，比对照金优402增产3.9%。日产量64.8kg/hm²，比对照金优402高2.7kg/hm²。适宜于湖南省稻瘟病轻发区作双季早稻种植。

栽培技术要点：在湖南省作双季早稻种植，旱育秧3月22日左右播种，水育秧3月28日左右播种。秧田播种量180kg/hm²，大田用种量30.0kg/hm²。软盘抛秧3.1～3.5叶抛栽，水育秧苗4.5叶移栽。种植密度16.5cm×20.0cm，每穴栽插2～3粒谷秧。需肥水平中上。分蘖期干湿相间，够苗及时晒田。后期以润为主，干干湿湿，保持根系活力。用三氯异氰尿酸浸种，及时施药防治稻瘟病、纹枯病和二化螟、稻飞虱等病虫害。

陵两优104 (Lingliangyou 104)

品种来源：袁隆平农业高科技股份有限公司和湖南亚华种业科学研究院以湘陵750S（SV14S/ZR02）为母本，华104（湘早籼31/嘉早948）为父本配组育成。2011年分别通过湖南省和国家农作物品种审定委员会审定。

形态特征和生物学特性：属籼型两系杂交迟熟早稻。在湖南省作双季早稻栽培，全生育期116d。株高88.6cm，株型适中，生长势较强，茎秆中粗，叶姿直立，叶下禾，叶鞘绿色，稃尖黄色，无芒，后期落色好，不早衰，籽粒饱满，颖尖无色无芒。有效穗342万穗/hm²，每穗总粒数116.4粒，结实率82.6%，千粒重27.3g。

品质特性：糙米率76.4%，精米率65.6%，整精米率57.4%，精米长6.8mm，长宽比3.1，垩白粒率70%，垩白度8.4%，透明度2级，碱消值3.4级，胶稠度90mm，直链淀粉含量13.8%。

抗性：叶瘟5.1级，穗瘟8.6级，稻瘟病综合指数6.3，高感稻瘟病。苗期耐寒力较强，耐肥，抗倒伏能力强。

产量及适宜地区：2009—2010年湖南省两年区试平均单产7 644.0kg/hm²，比对照金优402增产6.5%。日产量66.0kg/hm²，比对照金优402高3.9kg/hm²。适宜于江西、湖南、广西北部、福建北部、浙江中南部稻瘟病轻发的双季稻区作早稻种植。

栽培技术要点：在湖南省作双季早稻种植，旱育秧3月22日左右播种，水育秧3月28日左右播种。秧田播种量180kg/hm²，大田用种量30.0kg/hm²。软盘抛秧3.1～3.5叶抛栽，水育秧苗4.5叶左右移栽。种植密度16.5cm×20.0cm，每穴栽插2～3粒谷秧。需肥水平中上。分蘖期干湿相间，够苗及时晒田。后期以润为主，干干湿湿，保持根系活力。用三氯异氰尿酸浸种，及时施药防治稻瘟病、纹枯病和二化螟、稻飞虱等病虫害。

陵两优21 (Lingliangyou 21)

品种来源：湖南师范大学生命科学研究院和湖南亚华种业科学研究院以湘陵628S（SV14S/ZR02）为母本，师大21为父本配组育成。2010年通过湖南省农作物品种审定委员会审定。

形态特征和生物学特性：属籼型两系杂交中熟早稻。在湖南省作双季早稻栽培，全生育期110d。株高82.4cm，株型较紧凑，茎秆粗壮，繁茂性好，剑叶中长、直立，颖尖无色，无芒，成熟落色好。有效穗334.5万穗/hm²，每穗总粒数115.4粒，结实率77.4%，千粒重26.7g。

品质特性：糙米率72.6%，精米率64.4%，整精米率54.2%，精米长6.6mm，长宽比2.8，垩白粒率48%，垩白度15.0%，透明度2级，碱消值5.8级，胶稠度69mm，直链淀粉含量15.4%。

抗性：叶瘟6.0级，穗瘟7.5级，稻瘟病综合指数6.1。白叶枯病7级。耐肥，抗倒伏。

产量及适宜地区：2007—2008年湖南省两年区试平均单产7 850.0kg/hm²，比对照株两优819增产5.3%。日产量71.4kg/hm²，比对照株两优819高2.3kg/hm²。适宜于湖南省稻瘟病轻发区作双季早稻种植。

栽培技术要点：在湖南省作双季早稻种植，3月下旬播种。秧田播种量225kg/hm²，大田用种量30.0kg/hm²，浸种时进行种子消毒。软盘抛秧3.1～3.5叶抛栽，旱育小苗3.5～4.0叶移栽，水育小苗4.5叶左右移栽。种植密度16.5cm×20.0cm，每穴栽插2～3粒谷秧。加强田间管理，注意防治稻瘟病等病虫害。

陵两优211（Lingliangyou 211）

品种来源：袁隆平农业高科技股份有限公司以湘陵628S为母本，华211为父本配组育成。2010年通过国家农作物品种审定委员会审定。

形态特征和生物学特性：属籼型两系杂交中熟早稻。在长江中下游作双季早稻种植，全生育期109.8d。株高79.8cm，株型适中，叶色浓绿，熟期转色好，稃尖无色，无芒。有效穗数351.0万穗/hm²，穗长18.7cm，每穗总粒数105.8粒，结实率82.9%，千粒重26.3g。

品质特性：整精米率67.0%，长宽比3.0，垩白粒率26%，垩白度4.2%，胶稠度77mm，直链淀粉含量13.2%。

抗性：稻瘟病综合指数5.8，穗瘟损失率最高9级。白叶枯病5级。褐飞虱9级，白背飞虱9级。

产量及适宜地区：2008—2009年长江中下游早籼早中熟组两年区试平均单产7 710.0kg/hm²，比对照浙733增产9.9%。2009年生产试验，平均单产7 261.5kg/hm²，比对照浙733增产10.5%。适宜于江西、湖南、湖北、安徽、浙江的稻瘟病轻发的双季稻区作双季早稻种植。

栽培技术要点：在长江中下游作双季早稻种植，适时播种。大田用种量30.0～37.5kg/hm²，做好种子消毒处理，培育多蘖壮秧。适宜软盘抛秧和小苗带土移栽，3.1～3.5叶软盘抛栽28～30穴/m²，旱育小苗3.5～4.0叶移栽，水育小苗5.0叶左右移栽。种植密度16.5cm×20.0cm，每穴栽插1～2粒谷秧。需肥水平较高，采用施足底肥、早施追肥、后期严控氮肥的施肥方法。在中等肥力土壤，施25%水稻专用复混肥600.0kg/hm²作底肥，移栽后5～7d结合施用除草剂追施尿素112.5kg/hm²，幼穗分化初期施氧化钾112.5～150.0kg/hm²，后期看苗适当补施穗肥。分蘖期干湿相间促分蘖，当总苗数达到450万苗/hm²时落水晒田，孕穗期以湿为主，抽穗期保持田间有浅水，灌浆期以湿润为主，切忌落水过早。注意及时防治稻瘟病、纹枯病和二化螟、稻纵卷叶螟、稻飞虱等病虫害。

陵两优22 （Lingliangyou 22）

品种来源：湖南亚华种业科学研究院和中国水稻研究所以湘陵628S为母本，中早22（嘉早935/中选11）为父本配组育成。分别通过湖南省（2012）和国家（2014）农作物品种审定委员会审定。

形态特征和生物学特性：属籼型两系杂交迟熟早稻。在湖南省作双季早稻栽培，全生育期116.2d。株高85.0cm，茎秆中粗，韧性好，株型适中，后三叶直立，生长整齐，生长势中等，叶鞘绿色，稃尖无色，无芒，叶下禾，后期落色较好。有效穗339万穗/hm²，每穗总粒数119.5粒，结实率80.6%，千粒重27.0g。

品质特性：糙米率82.3%，精米率72.6%，整精米率60.0%，精米长6.5mm，长宽比2.8，垩白粒率57%，垩白度8.6%，透明度2级，碱消值3.3级，胶稠度70mm，直链淀粉含量21.0%。

抗性：叶瘟3.5级，穗颈瘟7.4级，稻瘟病综合指数4.4。白叶枯病3级。苗期耐寒性强，耐肥，抗倒伏能力强。

产量及适宜地区：2010—2011年湖南省两年区试平均单产7 623.0kg/hm²，比对照金优402增产5.9%。日产量65.7kg/hm²，比对照金优402高3.5kg/hm²。适宜于江西、湖南、广西北部稻作区、福建北部、浙江中南部的双季稻区作早稻种植，稻瘟病重发区不宜种植。

栽培技术要点：在湖南省作双季早稻种植，旱育秧3月22日左右播种，水育秧3月28日左右播种。秧田播种量180kg/hm²，大田用种量30.0～37.5kg/hm²。软盘抛秧3.1～3.5叶抛栽，旱育小苗3.5～4.0叶移栽，水育小苗4.5叶左右移栽。种植密度16.5cm×20cm，每穴栽插2～3粒谷秧。需肥水平中上，采取前重、中控、后补的施肥方法。分蘖期干湿相间，够苗及时晒田，后期以润为主，干干湿湿，保持根系活力。用三氯异氰尿酸浸种，及时施药防治二化螟、稻纵卷叶螟、稻飞虱和纹枯病、稻瘟病等病虫害。

陵两优229 (Lingliangyou 229)

品种来源：袁隆平农业高科技股份有限公司和湖南亚华种业科学研究院以湘陵628S为母本，华229（嘉早935/早优143//浙986）为父本配组育成。2011年通过湖南省农作物品种审定委员会审定。

形态特征和生物学特性：属籼型两系杂交迟熟早稻。在湖南省作双季早稻栽培，全生育期115d。株高87.8cm，茎秆粗壮，株型适中，生长势较强，叶姿直立，叶鞘绿色，叶下禾，后期落色较好，籽粒饱满，稃尖无色，无芒。有效穗351万穗/hm²，每穗总粒数118.1粒，结实率75.9%，千粒重27.3g。

品质特性：糙米率81.6%，精米率70.5%，整精米率62.2%，精米长6.8mm，长宽比3.1，垩白粒率72%，垩白度9.4%，透明度2级，碱消值3.6级，胶稠度38mm，直链淀粉含量22.9%。

抗性：叶瘟4.6级，穗瘟7.3级，稻瘟病综合指数4.5，高感稻瘟病。耐肥，抗倒伏能力强。

产量及适宜地区：2009—2010年湖南省两年区试平均单产7 507.5kg/hm²，比对照金优402增产4.5%。日产量65.4kg/hm²，比对照金优402高3.3kg/hm²。适宜于湖南省稻瘟病轻发区作双季早稻种植。

栽培技术要点：在湖南省作双季早稻种植，旱育秧3月22日左右播种，水育秧3月28日左右播种。秧田播种量180kg/hm²，大田用种量30.0kg/hm²。软盘抛秧3.1～3.5叶抛栽，水育秧苗4.5叶左右移栽。种植密度16.5cm×20.0cm，每穴栽插2～3粒谷秧。施肥水平中上。分蘖期干湿相间，够苗及时晒田。后期以润为主，干干湿湿，保持根系活力。用三氯异氰尿酸浸种，及时施药防治稻瘟病、二化螟、稻飞虱和纹枯病等病虫害。

陵两优268 (Lingliangyou 268)

品种来源：湖南亚华种业科学研究院以湘陵628S为母本，华268为父本配组育成。2008年通过国家农作物品种审定委员会审定。2014年获国家植物新品种权授权。

形态特征和生物学特性：属籼型两系杂交迟熟早稻。在长江中下游作双季早稻种植，全生育期112.2d。株高87.7cm，株型适中，茎秆粗壮，剑叶短挺，有效穗数342.0万穗/hm²，穗长19.0cm，每穗总粒数104.7粒，结实率87.1%，千粒重26.5g。

品质特性：整精米率66.5%，长宽比3.2，垩白粒率39%，垩白度4.4%，胶稠度79mm，直链淀粉含量12.3%。

抗性：稻瘟病综合指数5.3，穗瘟损失率最高7级，抗性频率90.0%。白叶枯病6级，最高7级。褐飞虱3级，白背飞虱3级。

产量及适宜地区：2006—2007年长江中下游迟熟早籼组两年区试平均单产7 795.5kg/hm²，比对照金优402增产5.6%。2007年生产试验平均单产7 711.5kg/hm²，比对照金优402增产8.6%。适宜于江西、湖南以及福建北部、浙江中南部的稻瘟病、白叶枯病轻发的双季稻区作早稻种植。

栽培技术要点：在长江中下游作双季早稻种植，适时播种。秧田播种量225kg/hm²，大田用种量30.0 ~ 37.5kg/hm²。采用药剂浸种消毒，培育多蘖壮秧。适宜软盘抛秧和小苗带土移栽，软盘抛秧3.1 ~ 3.5叶抛栽，旱育小苗3.5 ~ 4.0叶移栽，水育小苗5.0叶左右移栽。种植密度16.5cm×20.0cm，每穴栽插2 ~ 3粒谷秧，或抛栽28 ~ 30苗/m²。需肥水平较高，应施足底肥，早施追肥，后期严格控制氮肥。在中等肥力土壤，施25%水稻专用复混肥600.0kg/hm²底肥，移栽后5 ~ 7d结合施用除草剂追施尿素112.5kg/hm²，幼穗分化初期施氯化钾112.5 ~ 150.0kg/hm²，后期看苗适当补施穗肥。科学管水，分蘖期干湿相间促分蘖，总苗数达到450万苗/hm²时落水晒田，孕穗期以湿为主，灌浆期以润为主，后期切忌断水过早。注意及时防治恶苗病、稻瘟病、白叶枯病、纹枯病和螟虫等病虫害。

陵两优396 (Lingliangyou 396)

品种来源：湖南亚华种业科学研究院以湘陵628S为母本，华396（湘早143/97368）为父本配组育成。2011年通过湖南省农作物品种审定委员会审定。

形态特征和生物学特性：属籼型两系杂交迟熟早稻。在湖南省作双季早稻栽培，全生育期115d。株高88.8cm，株型适中，叶姿直立，生长势强，茎秆中粗，分蘖力强，叶下禾，叶鞘绿色，稃尖黄色，无芒，后期落色好，籽粒饱满。有效穗327万穗/hm²，每穗总粒数124.1粒，结实率82.1%，千粒重27.1g。

品质特性：糙米率72%，精米率65.5%，整精米率52%，精米长7.2mm，长宽比3.3、垩白粒率34%，垩白度3.4%，透明度1级，碱消值5级，胶稠度86mm，直链淀粉含量13.2%。

抗性：叶瘟5.0级，穗瘟8.6级，稻瘟病综合指数6.0，高感稻瘟病。苗期耐寒力较强，耐肥，抗倒伏能力强。

产量及适宜地区：2009—2010年湖南省两年区试平均单产7 368.0kg/hm²，比对照金优402增产2.7%。日产量64.2kg/hm²，比对照金优402高2.1kg/hm²。适宜于湖南省稻瘟病轻发区作双季早稻种植。

栽培技术要点：在湖南省作双季早稻种植，旱育秧3月22日左右播种，水育秧3月28日左右播种。秧田播种量180kg/hm²，大田用种量30.0kg/hm²。软盘抛秧3.1～3.5叶抛栽，水育秧4.5叶左右移栽。种植密度16.5cm×20.0cm，每穴栽插2～3粒谷秧。需肥水平中上，采取基肥足、追肥早、氮磷钾配合的施肥方法。分蘖期干湿相间，够苗及时晒田。后期以润为主，干干湿湿壮籽，保持根系活力，以防根系早衰和影响品质。用三氯异氰尿酸浸种，及时施药防治稻瘟病、纹枯病和二化螟、稻飞虱等病虫害。

陵两优4024 （Lingliangyou 4024）

品种来源：湖南农业大学和袁隆平农业高科技股份有限公司以湘陵628S为母本，4024（99-81/湘早籼7号//优丰28/808）为父本配组育成。2012年通过湖南省农作物品种审定委员会审定。

形态特征和生物学特性：属籼型两系杂交迟熟早稻。在湖南省作双季早稻栽培，全生育期117.2d。株高91cm，株型松紧适中，剑叶中长、较宽、直立。叶鞘、稃尖无色，熟期落色好。有效穗330万穗/hm²，每穗总粒数112.5粒，结实率79.8%，千粒重28.0g。

品质特性：糙米率82.0%，精米率72.5%，整精米率58.5%，精米长6.7mm，长宽比2.9，垩白粒率75%，垩白度5.4%，透明度2级，碱消值3.0级，胶稠度60mm，直链淀粉含量19.8%。

抗性：叶瘟3.7级，穗颈瘟6.4级，稻瘟病综合指数3.8。白叶枯病5级。抗寒能力较强。

产量及适宜地区：2010—2011年湖南省两年区试平均单产7 618.7kg/hm²，比对照金优402增产5.8%。日产量65.1kg/hm²，比对照金优402高2.9kg/hm²。适宜于湖南省稻瘟病轻发区作双季早稻种植。

栽培技术要点：在湖南省作双季早稻种植，湘南3月20日播种，湘中、湘北推迟2～4d播种。秧田播种量225kg/hm²，大田用种量30.0～37.5kg/hm²。水育秧4.5叶左右移栽，种植密度13cm×20cm或16cm×20cm。每穴栽插3粒谷秧，基本苗120万苗/hm²。基肥足，追肥速，中期酌情补，氮、磷、钾肥配合施用，适当增加磷、钾肥用量。深水活蔸，浅水分蘖，及时晒田，有水壮苞抽穗，后期干干湿湿，不宜过早脱水。注意防治螟虫、纹枯病、稻瘟病等病虫害。

陵两优472 (Lingliangyou 472)

品种来源：湖南亚华种业科学研究院以湘陵628S为母本，华恢472（成恢448/明恢86//蜀恢527）为父本配组育成。2010年通过国家农作物品种审定委员会审定。2014年获国家植物新品种权授权。

形态特征和生物学特性：属籼型两系杂交迟熟晚稻。在华南作双季晚稻种植，全生育期113.6d。株高115.3cm，株型适中，茎秆粗壮，长势繁茂，熟期转色好，稃尖无色，偶有短顶芒。有效穗数246.0万穗/hm^2，穗长24.5cm，每穗总粒数143.8粒，结实率83.5%，千粒重29.0g。

品质特性：整精米率67.7%，长宽比3.2，垩白粒率15%，垩白度2.9%，胶稠度75mm，直链淀粉含量13.2%。

抗性：稻瘟病综合指数5.1，穗瘟损失率最高级9级。白叶枯病9级，褐飞虱9级。

产量及适宜地区：2007—2008年华南感光晚籼组两年区试平均单产7 503.0kg/hm^2，比对照博优998增产3.1%。2009年生产试验平均单产7 339.5kg/hm^2，比对照博优998增产5.6%。适宜于海南、广西南部稻作区、广东中南及西南稻作区的平原地区、福建南部的稻瘟病、白叶枯病轻发的双季稻区作晚稻种植。

栽培技术要点：在华南作双季晚稻种植，适时播种。做好种子消毒处理，培育多蘖壮秧。适龄移栽，适当密植。适宜软盘抛秧和小苗带土移栽，软盘抛秧3.1～3.5叶抛栽，抛栽28～30穴/m^2；水育小苗5.0叶左右移栽，每穴栽插1～2粒谷秧。需肥水平较高，采用

施足底肥、早施追肥、后期严控氮素的施肥方法。在中等肥力土壤，施25%水稻专用复合肥600.0kg/hm^{2}作底肥，移栽后5～7d结合施用除草剂追施尿素112.5kg/hm^2，幼穗分化初期施氧化钾112.5～150.0kg/hm^2，后期看苗适当补施穗肥。分蘖期干湿相间促分蘖，总苗数达到375万苗/hm^{2}时落水晒田，孕穗期以湿为主，抽穗期保持浅水层，灌浆期以润为主，切忌落水过早。注意及时防治稻瘟病、白叶枯病、纹枯病和二化螟、稻纵卷叶螟、稻飞虱等病虫害。

陵两优564 (Lingliangyou 564)

品种来源：湖南亚华种业科学研究院以湘陵628S为母本，华恢564（成恢448/明恢86）为父本配组育成。2009年通过湖南省农作物品种审定委员会审定。

形态特征和生物学特性：属籼型两系杂交迟熟晚稻。在湖南省作双季晚稻栽培，全生育期121d。株高110cm，株型较紧凑，剑叶挺直，茎秆较粗。分蘖力较强，生长势旺，穗粒结构均衡，叶鞘、叶耳、叶缘、柱头、稃尖均无色，抽穗整齐，叶下禾，后期落色好。有效穗265.5万穗/hm²，每穗总粒数135.3粒，结实率82.6%，千粒重30.6g。

品质特性：糙米率80.4%，精米率72.5%，整精米率70.3%，精米长7.1mm，长宽比3.0，垩白粒率22%，垩白度1.9%，透明度1级，碱消值5.1级，胶稠度82mm，直链淀粉含量13.5%，蛋白质含量10.5%。在2009年湖南省第七次优质稻品种评选中被评为三等优质稻品种。

抗性：稻瘟病综合指数7.3。白叶枯病7级，感白叶枯病。耐寒性强。

产量及适宜地区：2007—2008年湖南省两年区试平均单产7 640.0kg/hm²，比对照威优46增产6.8%。日产量63.0kg/hm²，比对照威优46高3.8kg/hm²。适宜于湖南省稻瘟病轻发区作双季晚稻种植。

栽培技术要点：在湖南省作双季晚稻种植，6月18日左右播种。大田用种量22.5kg/hm²，水育秧5.5叶左右移栽，秧龄30d以内。种植密度20.0cm×20.0cm，每穴栽插2粒谷秧。需肥水平中等，施纯氮180.0kg/hm²，五氧化二磷90.0kg/hm²，氧化钾97.5kg/hm²，采取重施底肥、早施追肥、后期看苗补施穗肥的施肥方法。深水活蔸，浅水分蘖，苗够晒田，有水孕穗，干湿壮籽。根据病虫预报，及时防治病虫害。

陵两优674 (Lingliangyou 674)

品种来源：袁隆平农业高科技股份有限公司和湖南亚华种业科学研究院以湘陵628S为母本，华674(华916/南1)为父本配组育成。2011年通过湖南省农作物品种审定委员会审定。

形态特征和生物学特性：属籼型两系杂交中熟早稻。在湖南省作双季早稻栽培，全生育期112.5d。株高83.1cm，株型适中，分蘖力强，生长势较强，茎秆较粗，叶姿直立，叶鞘绿色，叶下禾，后期落色好，籽粒饱满，颖尖无色，无芒。有效穗348万穗/hm²，成穗率74.6%，每穗总粒数121.5粒，结实率76.4%，千粒重27.7g。

品质特性：糙米率80.8%，精米率69.9%，整精米率62.0%，精米长6.8mm，长宽比3.1，垩白粒率84%，垩白度10.1%，透明度3级，碱消值3.2级，胶稠度82mm，直链淀粉含量11.6%。

抗性：叶瘟4.3级，穗瘟8.3级，稻瘟病综合指数4.9，高感稻瘟病。耐肥，抗倒伏能力强。

产量及适宜地区：2009—2010年湖南省两年区试平均单产7 381.5kg/hm²，比对照株两优819增产6.0%。日产量66.2kg/hm²，比对照株两优819高3.0kg/hm²。适宜于湖南省稻瘟病轻发区作双季早稻种植。

栽培技术要点：在湖南省作双季早稻种植，软盘旱育秧3月25日左右播种，水育秧3月底播种。秧田播种量180kg/hm²，大田用种量30kg/hm²。软盘抛秧3.1～3.5叶抛栽，水育小苗4.5叶左右移栽。种植密度16.5cm×20.0cm，每穴栽插2～3粒谷秧，抛秧密度28穴/m²。需肥水平中上，适当增加磷钾肥。前期干湿相间促分蘖，够苗及时晒田。后期以润为主，干干湿湿，保持根系活力。用三氯异氰尿酸浸种，及时施药防治稻瘟病、纹枯病和二化螟、稻纵卷叶螟、稻飞虱等病虫害。

陵两优741（Lingliangyou 741）

品种来源：袁隆平农业高科技股份有限公司和湖南亚华种业科学研究院以湘陵750S为母本，HY41为父本配组育成。2013年通过湖南省农作物品种审定委员会审定。

形态特征和生物学特性：属籼型两系杂交中熟早稻。在湖南省作双季早稻栽培，全生育期109.4d。株高80.7cm，株型松紧适中，茎秆中粗，韧性好，生长势强，叶鞘绿色，稃尖黄色，无芒，叶下禾，后期落色好。有效穗340.5万穗/hm²，每穗总粒数110.8粒，结实率86.3%，千粒重27.2g。

品质特性：糙米率77.3%，精米率67.2%，整精米率54.3%，精米长7.0mm，长宽比3.0，垩白粒率67%，垩白度6.7%，透明度3级，碱消值3.8级，胶稠度57mm，直链淀粉含量23.4%。

抗性：叶瘟4.3级，穗颈瘟7.0级，稻瘟病综合指数4.5。白叶枯病3级。

产量及适宜地区：2011—2012年湖南省两年区试平均单产7 406.3kg/hm²，比对照株两优819增产5.4%。日产量67.8kg/hm²，比对照株两优819高3.0kg/hm²。适宜于湖南省稻瘟病轻发区作双季早稻种植。

栽培技术要点：在湖南省作双季早稻种植，旱育秧3月22日左右播种，水育秧3月底播种。秧田播种量180kg/hm²，大田用种量30.0～37.5kg/hm²。软盘抛秧3.1～3.5叶抛栽，旱育小苗3.5～4.0叶移栽，水育小苗4.5叶左右移栽。种植密度以16.5cm×20.0cm为佳，每穴栽插2～3粒谷秧。需肥水平中上，采取前重、中控、后补的施肥方法。分蘖期干湿相间，总苗数达到375万苗/hm²时晒田。后期以润为主，干干湿湿，保持根系活力。用三氯异氰尿酸浸种，及时施药防治二化螟、稻纵卷叶螟、稻飞虱和纹枯病、稻瘟病等病虫害。

陵两优916 (Lingliangyou 916)

品种来源：湖南亚华种业科学研究院以湘陵628S为母本，华916为父本配组育成。2010年通过湖南省农作物品种审定委员会审定。

形态特征和生物学特性：属籼型两系杂交中熟偏迟早稻。在湖南省作双季早稻栽培，全生育期111d。株高88.7cm，株型较紧凑，茎秆中粗，分蘖力强，稃尖无色，无芒，后期落色好。有效穗348.0万穗/hm²，每穗总粒数103.7粒，结实率83.3%，千粒重27.0g。

品质特性：糙米率79.2%，精米率70.8%，整精米率66.1%，精米长6.6mm，长宽比3.0，垩白粒率29%，垩白度4.9%，透明度2级，碱消值4.1级，胶稠度82mm，直链淀粉含量12.0%。

抗性：叶瘟6.5级，穗瘟6级，稻瘟病综合指数5.3。白叶枯病5级。耐肥，抗倒伏力强。

产量及适宜地区：2007—2008年湖南省两年区试平均单产7 915.5kg/hm²，比对照株两优819增产5.5%。日产量71.7kg/hm²，比对照株两优819高1.2kg/hm²。适宜于湖南省稻瘟病轻发区作双季早稻种植。

栽培技术要点：在湖南省作双季早稻种植，3月下旬播种。秧田播种量150kg/hm²，大田用种量30.0kg/hm²。浸种时进行种子消毒。软盘抛秧3.1～3.5叶抛栽，旱育小苗3.5～4.0叶移栽，水育小苗4.5叶左右移栽。种植密度16.5cm×20.0cm，每穴栽插2粒谷秧。加强田间管理，注意稻瘟病等病虫害的防治。

陵两优942 (Lingliangyou 942)

品种来源：怀化市农业科学研究所和湖南亚华种业科学研究院以湘陵628S为母本，怀94-2（6227-1/中99-19）为父本配组育成。2010年通过湖南省农作物品种审定委员会审定。

形态特征和生物学特性：属籼型两系杂交中熟早稻。在湖南省作双季早稻栽培，全生育期109d。株高94.0cm，株型较紧凑，后期落色好。有效穗342.0万穗/hm²，每穗总粒数119.0粒，结实率81.4%，千粒重27.1g。

品质特性：糙米率80.5%，精米率72.3%，整精米率64.9%，长宽比为3.0，垩白粒率44%，垩白度8.4%，透明度2级，碱消值4.2级，胶稠度65mm，直链淀粉含量21.2%。

抗性：叶瘟6.3级，穗瘟6.5级，稻瘟病综合指数4.7。白叶枯病5级。较耐肥，抗倒伏。

产量及适宜地区：2007—2008年湖南省两年区试平均单产7 947.2kg/hm²，比对照株两优819增产5.5%。日产量72.8kg/hm²，比对照株两优819高2.0kg/hm²。适宜于湖南省稻瘟病轻发区作双季早稻种植。

栽培技术要点：在湖南省作双季早稻种植，3月底4月初播种。秧田播种量225.0kg/hm²，大田用种量30.0kg/hm²。浸种时进行种子消毒，秧龄25～30d、叶龄4.5～5.0叶移栽。种植密度16.5cm×20.0cm，每穴栽插2粒谷秧。需肥水平中上，加强田间管理，注意稻瘟病等病虫害的防治。

龙两优981 （Longliangyou 981）

品种来源：湖南省水稻研究所和湖南农业大学以龙S为母本，R981（谷梅2号/浦江矮）为父本配组育成。2012年通过湖南省农作物品种审定委员会审定。

形态特征和生物学特性：属籼型两系杂交迟熟中稻。在湖南省作中稻栽培，全生育期138.7d。株高113.7cm，株型适中，茎秆中粗，叶色浓绿，剑叶叶缘内卷、直立，叶下禾，稃尖无色，无芒，后期落色好。有效穗235.5万/穗hm^2，每穗总粒数182.5粒，结实率86.6%，千粒重25.9g。

品质特性：糙米率80.3%，精米率70.9%，整精米率59.7%，精米长6.1mm，长宽比2.6，垩白粒率93%，垩白度20.5%，透明度3级，碱消值7.0级，胶稠度40mm，直链淀粉含量23.3%。

抗性：叶瘟4.6级，穗瘟7.0级，稻瘟病综合指数4.7。白叶枯病7级。耐高温能力强，耐低温能力强，耐肥，抗倒伏力较强。

产量及适宜地区：2010—2011年湖南省两年区试平均单产9 254.4kg/hm^2，比对照Ⅱ优58增产8.0%。日产量66.8kg/hm^2，比对照Ⅱ优58高5.6kg/hm^2。适宜于湖南省稻瘟病轻发的山丘区作中稻种植。

栽培技术要点：在湖南省作中稻种植，4月底至5月初播种。秧田播种量150kg/hm^2，大田用种量15.0～18.8kg/hm^2。浸种时用三氯异氰尿酸消毒，秧龄不超过25d，种植密度20cm×（26～30）cm，每穴栽插2～3粒谷秧。施肥以基肥和有机肥为主，中等肥力稻田施纯氮105～135kg/hm^2，五氧化二磷90～105kg/hm^2，氧化钾105～120kg/hm^2。前期重施，早施追肥，后期看苗施肥。在水浆管理上，前期浅水，中期轻搁，后期采用干干湿湿灌溉，切忌后期断水过早。注意及时防治稻瘟病、纹枯病、稻曲病等病虫害。

陆两优105 (Luliangyou 105)

品种来源：湖南亚华种业科学研究院以陆18S（抗罗早///科辐红2号/湘早籼3号//02428）为母本，华105（中优早2号/早干106）为父本配组育成。2005年通过湖南省农作物品种审定委员会审定。

形态特征和生物学特性：属籼型两系杂交迟熟早稻。在湖南省作双季早稻栽培，全生育期110d。株高88cm，株型松紧适中，叶鞘、叶耳、叶缘均为紫色，生长势旺，抽穗整齐，成熟落色好，籽粒饱满，稃尖紫色、无芒或偶有顶芒。有效穗349.5万穗/hm²，每穗总粒数108.6粒，结实率80.2%，千粒重27.0g。

品质特性：糙米率80.4%，精米率72.1%，整精米率56.9%，精米长6.7mm，长宽比3.0，垩白粒率44%，垩白度9.0%，透明度3级，碱消值5.6级，胶稠度65mm，直链淀粉含量22.9%，蛋白质含量9.9%。

抗性：叶瘟5级，穗瘟7级，感稻瘟病。白叶枯病7级。耐肥，抗倒性中等。

产量及适宜地区：2003—2004年湖南省两年区试平均单产7 393.5kg/hm²，比对照金优402增产3.1%。日产量66.8kg/hm²，比对照金优402高3.3kg/hm²。适宜于湖南省稻瘟病轻发区作双季早稻种植。

栽培技术要点：在湖南省作双季早稻种植，旱育秧3月22日播种，水育秧3月28日播种。秧田播种量225kg/hm²，大田用种量30.0～37.5kg/hm²。一般软盘旱育秧3.5～4.0叶抛栽，水育小苗4.1～5.0叶移栽。种植密度16.5cm×20.0cm或抛栽28穴/m²，每穴栽插2粒谷秧。需肥水平中等，够苗及时晒田。用三氯异氰尿酸浸种，播种时种子拌多效唑，及时施药防治二化螟、稻纵卷叶螟、稻飞虱和稻瘟病、纹枯病等病虫害。

陆两优1537 (Luliangyou 1537)

品种来源：株洲市农业科学研究所以陆18S为母本，R1537为父本配组育成。2009年通过湖南省农作物品种审定委员会审定。

形态特征和生物学特性：属籼型两系杂交迟熟晚稻。在湖南省作双季晚稻栽培，全生育期122d。株高114cm，株型适中，剑叶较长且直立。叶鞘、稃尖紫色，落色好。有效穗270.0万穗/hm²，每穗总粒数150.0粒，结实率75.0%，千粒重28.0g。

品质特性：糙米率82.8%，精米率75.3%，整精米率68.0%，精米长6.8mm，长宽比2.9，垩白粒率66%，垩白度9.1%，透明度2级，碱消值5.1级，胶稠度75mm，直链淀粉含量23.9%，蛋白质含量9.7%。

抗性：稻瘟病综合指数6.2。白叶枯病7级，感白叶枯病。耐寒能力较强。

产量及适宜地区：2007—2008年湖南省两年区试平均单产7 474.1kg/hm²，比对照威优46增产2.8%。日产量60.3kg/hm²，比对照威优46高0.9kg/hm²。适宜于湖南省稻瘟病轻发区作双季晚稻种植。

栽培技术要点：在湖南省作双季晚稻栽培，湘中6月15日播种，湘南推迟2～4d、湘北提早2～4d播种。秧田播种量150～187kg/hm²，大田用种量18.8kg/hm²。秧龄32d以内，种植密度采用20.0cm×20.0cm、13.0cm×26.5cm或16.5cm×26.5cm。每穴栽插2粒谷秧，基本苗90万苗/hm²。基肥足，追肥速，中期补。氮、磷、钾肥配合施用，适当增加磷、钾肥用量。深水活蔸，浅水分蘖，及时晒田，有水壮苞抽穗，后期干干湿湿，不宜过早脱水。注意防治病虫害，注意防倒伏。

陆两优1733 (Luliangyou 1733)

品种来源：中国水稻研究所、湖南亚华种业科学研究院和湖南金健种业有限责任公司以陆18S为母本，R1733（G99-59/中佳早3号）为父本配组育成。分别通过湖南省（2011）、浙江省（2013）和国家（2014）农作物品种审定委员会审定。

形态特征和生物学特性：属籼型两系杂交中熟早稻。在湖南省作双季早稻栽培，全生育期107d。株高86.2cm，株型适中，生长势较强，剑叶中长，直立，分蘖力中等，穗大粒多，结实好，椭圆粒型，籽粒饱满，稃尖紫色，无芒。有效穗340.5万穗/hm²，每穗总粒数117.9粒，结实率78.2%，千粒重27.9g。

品质特性：糙米率82.1%，精米率70.4%，整精米率55.7%，垩白粒率95%，垩白度10.4%，精米长6.9mm，长宽比3.1，透明度2级，碱消值3.0级，胶稠度48mm，直链淀粉含量21.7%。

抗性：叶瘟4.1级，穗瘟7.3级，稻瘟病综合指数4.5，高感稻瘟病。抗倒伏性较强。

产量及适宜地区：2009—2010年湖南省两年区试平均单产7 366.5kg/hm²，比对照株两优819增产5.9%。日产量67.1kg/hm²，比对照株两优819高3.8kg/hm²。适宜于湖南省稻瘟病轻发区作双季早稻种植。

栽培技术要点：在湖南省作双季早稻种植，3月底4月初播种，旱育秧宜适当早播。秧田播种量225kg/hm²，大田用种量37.5kg/hm²。稀播匀播，培育多蘖壮秧。旱育小苗3.0～4.0叶抛栽，水育秧秧龄25～30d、4.5～5.0叶移栽。种植密度16.5cm×20.0cm，每穴栽插2～3粒谷秧，抛栽密度28穴/m²。施足基肥，早施追肥。分蘖期干湿相间促分蘖，够苗时及时落水晒田，孕穗期以湿为主，抽穗期保持田面浅水，灌浆期干干湿湿壮籽，切忌落水过早。及时防治稻瘟病、纹枯病和螟虫、稻飞虱等病虫害。

陆两优28 （Luliangyou 28）

品种来源：湖南亚华种业科学研究院以陆18S为母本，华28（湘早籼7号/浙852///4333/86-70//86-19）为父本配组育成。分别通过湖南省（2003）、江西省（2003）、广西壮族自治区（2004）和国家（2005）农作物品种审定委员会审定。

形态特征和生物学特性：属籼型两系杂交迟熟早稻。在湖南省作双季早稻栽培，全生育期113d。株高95.0cm，茎秆较粗，抗倒力较强，主茎叶片数12～13片，叶片深绿色，叶鞘紫色，分蘖力较强，成穗率较高，后期落色好。穗长22.5cm，每穗总粒数103.0粒，结实率85.0%，千粒重26.0g。

品质特性：糙米率81.3%，精米率70.2%，整精米率41.4%，垩白粒率83%，垩白度9.3%。谷长粒型，长宽比3.1。

抗性：叶稻瘟6级，穗稻瘟5级。白叶枯病3级。

产量及适宜地区：湖南省区试平均单产7 246.5kg/hm²，与对照湘早籼19相当。适宜于福建北部、江西、湖南、浙江中南部的双季稻区作早稻种植，广西可在种植金优402、金优463的地区种植。

栽培技术要点：在湖南省作双季早稻种植，旱育秧3月20日播种，水育秧3月底播种。秧田播种量150kg/hm²，大田用种量30.0～37.5kg/hm²。旱育小苗3.5～4.0叶抛栽，水育小苗4.1～5.0叶移栽，种植密度16.5cm×19.8cm或抛栽27.0万穴/hm²。施水稻专用复混肥750.0kg/hm²做基肥，移栽后5～7d结合施除草剂追施尿素150.0kg/hm²。注意及时防治二化螟、稻纵卷叶螟、稻飞虱和纹枯病等病虫害。

陆两优4026（Luliangyou 4026）

品种来源：湖南农业大学和袁隆平农业高科技股份有限公司以陆18S为母本，4026为父本配组育成。2011年通过湖南省农作物品种审定委员会审定。

形态特征和生物学特性：属籼型两系杂交中熟早稻。在湖南省作双季早稻栽培，全生育期110d。株高85cm，株型适中，剑叶中长、较宽、直立。叶鞘、稃尖紫色，熟期落色好。有效穗315万穗/hm^2，每穗总粒数117.4粒，结实率76.4%，千粒重28.3g。

品质特性：糙米率81.4%，精米率69.9%，整精米率56.3%，精米长7.0mm，长宽比3.2，垩白粒率91%，垩白度12.7%，透明度2级，碱消值3.0级，胶稠度40mm，直链淀粉含量21.4%。

抗性：叶瘟4.0级，穗瘟6.5级，稻瘟病综合指数4.1，高感稻瘟病。

产量及适宜地区：2009—2010年湖南省两年区试平均单产7 213.5kg/hm^2，比对照株两优819增产3.5%。日产量64.5kg/hm^2，比对照株两优819高1.4kg/hm^2。适宜于湖南省稻瘟病轻发区作双季早稻种植。

栽培技术要点：在湖南省作双季早稻种植，湘南3月20日播种，湘中、湘北推迟2～4d播种。秧田播种量225kg/hm^2，大田用种量37.5kg/hm^2。秧龄控制在30d以内，种植密度采用13.0cm×20.0cm或16.5cm×20.0cm，每穴栽插2～3粒谷秧。基肥足，追肥速，中期酌情补，氮、磷、钾肥配合施用，适当增加磷、钾肥用量。深水活蔸，浅水分蘖，及时晒田，有水壮苞抽穗，后期干干湿湿，不要脱水过早。注意防治螟虫和纹枯病、稻瘟病等病虫害。

陆两优611 (Luliangyou 611)

品种来源：湖南亚华种业科学研究院以陆18S为母本，华611（浙9521/中优早5号）为父本配组育成。2006年通过湖南省农作物品种审定委员会审定。

形态特征和生物学特性：属籼型两系杂交迟熟早稻。在湖南省作双季早稻栽培，全生育期107d。株高85cm，株型较紧凑，叶鞘、叶耳、叶缘、稃尖均紫色，剑叶直立，长宽适中。分蘖力较强，成穗率高，抽穗整齐，叶下禾，后期落色好，不早衰。籽粒饱满，无芒。有效穗327.8万穗/hm²，每穗总粒数115.6粒，结实率82.3%，千粒重26.1g。

品质特性：糙米率81.9%，精米率75.4%，整精米率67.2%，精米长6.8mm，长宽比3.1，垩白粒率82%，垩白度10.0%，透明度3级，碱消值4.6级，胶稠度72mm，直链淀粉含量20.2%，蛋白质含量9.9%。

抗性：叶瘟5级，穗瘟9级，高感稻瘟病。白叶枯病5级，中感白叶枯病。耐肥，抗倒伏。

产量及适宜地区：2004—2005年湖南省两年区试平均单产7 639.5kg/hm²，比对照金优402增产4.1%。日产量71.0kg/hm²，比对照金优402高4.5kg/hm²。适宜于湖南省稻瘟病轻发区作双季早稻种植。

栽培技术要点：在湖南省作双季早稻种植，旱育秧3月24日播种，水育秧3月底播种。秧田播种量225kg/hm²，大田用种量30.0 ~ 37.5kg/hm²。一般软盘旱育秧3.5 ~ 4.0叶抛栽，

水育小苗4.1 ~ 5.0叶移栽。种植密度16.5cm×20.0cm或抛栽28穴/m²，每穴栽插2粒谷秧。施肥水平中上，够苗及时晒田，用三氯异氰尿酸浸种，播种时种子拌多效唑2g/kg，及时施药防治二化螟、稻纵卷叶螟、稻飞虱和纹枯病等病虫害。

陆两优63 (Luliangyou 63)

品种来源：株洲市农业科学研究所和湖南亚华种业科学研究院以陆18S为母本，明恢63为父本配组育成。分别通过湖南省（2001）和贵州省（2003）农作物品种审定委员会审定。

形态特征和生物学特性：属籼型两系杂交迟熟中稻。在湖南省作中稻栽培，全生育期135d。株高120cm，茎秆粗壮，繁茂性好，主茎叶片15叶，分蘖力中等，成穗率高。有效穗300.0万穗/hm^2，穗长28.0cm，每穗总粒数130.0粒，结实率81.5%，千粒重29.0g。

品质特性：糙米率81.0%，精米率75.2%，整精米率68.5%，精米长7.2mm，长宽比3.2，垩白粒率32%，垩白度3.9%，透明度1级，碱消值6级，胶稠度58mm，直链淀粉含量22.6%，蛋白质含量8.3%。

抗性：不抗稻瘟病，中抗白叶枯病。

产量及适宜地区：1999—2000年湖南省两年区试平均单产8 793.0kg/hm^2，比对照汕优63增产2.3%。适宜于湖南省稻瘟病轻的地区作中稻种植，贵州省迟熟稻区种植。

栽培技术要点：在湖南省作中稻种植，4月20日前后播种。秧田播种量150kg/hm^2，大田用种量19.5kg/hm^2。多效唑拌种，培育多蘖壮秧。5.0～5.5叶移栽，每穴栽插2粒谷秧。需肥水平中等，施纯氮165.0kg/hm^2，五氧化二磷120.0kg/hm^2，氧化钾120.0kg/hm^2。施足基肥，早施追肥，巧施穗肥。前期浅水多露促分蘖，当总苗数达到375万苗/hm^{2}时落水晒田，抽穗时保持田间有水层，灌浆期干湿交替，以湿为主。用三氯异氰尿酸浸种防止恶苗病发生，根据病虫预报做好病虫防治。

陆两优8号 （Luliangyou 8）

品种来源：湖南省水稻研究所以陆18S为母本，96E08为父本配组育成。2007年通过湖南省农作物品种审定委员会审定。

形态特征和生物学特性：属籼型两系杂交中熟早稻。在湖南省作双季早稻栽培，全生育期105d。株高85cm，株型较散，剑叶较长且偏披。叶鞘、稃尖均紫色，落色好。有效穗330.0万穗/hm²，每穗总粒数108.0粒，结实率86.0%，千粒重25.5g。

品质特性：糙米率79.9%，精米率72.3%，整精米率65.6%，精米长5.9mm，长宽比2.5，垩白粒率98%，垩白度27.0%，透明度3级，碱消值5.4级，胶稠度54mm，直链淀粉含量24.6%，蛋白质含量11.1%。

抗性：叶瘟5级，穗瘟9级，稻瘟病综合指数7.3，高感稻瘟病。白叶枯病5级，中感白叶枯病。

产量及适宜地区：2005年湖南省区试平均单产7 304.3kg/hm²，比对湘早籼13增产7.7%；2006年续试平均单产7 774.2kg/hm²，比对照株两优819增产4.8%。两年区试平均单产7 539.3kg/hm²，比对照增产6.3%。日产量72.2kg/hm²，比对照高4.7kg/hm²。适宜于湖南省稻瘟病轻发区作双季早稻种植。

栽培技术要点：在湖南省作双季早稻种植，湘南3月25日播种，湘中、湘北推迟2～3d播种。秧田播种量225kg/hm²，大田用种量37.5kg/hm²。秧龄30d以内，根据肥力水平采用种植密度16.0cm×20.0cm、13.0cm×26.0cm或16.0cm×26.0cm。每穴栽插3粒谷秧，基本苗150万苗/hm²。基肥足，追肥速，中期补。氮、磷、钾肥配合施用，适当增加磷、钾肥用量。深水活蔸，浅水分蘖，及时晒田，有水壮苞抽穗，后期干干湿湿，不宜过早脱水。注意病虫害防治。

陆两优819 (Luliangyou 819)

品种来源：湖南亚华种业科学研究院以陆18S为母本，华819（ZR02/中94-4）为父本配组育成。2008年通过湖南省和国家农作物品种审定委员会审定。2014年获国家植物新品种权授权。

形态特征和生物学特性：属籼型两系杂交中熟早稻。在湖南省作双季早稻栽培，全生育期106d。株高86.6cm，株型松紧适中，分蘖力强，抽穗整齐，成穗率高，成熟落色好，不早衰，籽粒饱满，稃尖紫色，无芒。有效穗348.0万穗/hm²，每穗总粒数116.8粒，结实率81.5%，千粒重25.1g。

品质特性：糙米率80.4%，精米率72.5%，整精米率68.3%，精米长6.6mm，长宽比3.1，垩白粒率76%，垩白度15.0%，透明度3级，碱消值5.3级，胶稠度58mm，直链淀粉含量21.0%，蛋白质含量11.0%。

抗性：叶瘟9级，穗瘟9级，稻瘟病综合指数6.8，高感穗瘟。白叶枯病5级，中感白叶枯病。

产量及适宜地区：2005年湖南省区试平均单产7 503.0kg/hm²，比对照湘早籼13增产10.6%；2006年续试平均单产7 530.0kg/hm²，比对照株两优819增产1.5%。两年区试平均单产7 516.5kg/hm²，比对照增产6.1%。日产量71.0kg/hm²，比对照高3.5kg/hm²。适宜于湖南省稻瘟病轻发区作双季早稻种植。

栽培技术要点：在湖南省作双季早稻种植，3月25日左右播种。秧田播种量225kg/hm²，大田用种量30.0～37.5kg/hm²。一般软盘抛秧3.1～3.5叶抛栽，旱育小苗3.5～4.0叶移栽，水育小苗4.5叶左右移栽。种植密度16.5cm×20.0cm，每穴栽插2～3粒谷秧。需肥水平中上，够苗及时晒田。用三氯异氰尿酸浸种，播种时种子拌多效唑，及时施药防治二化螟、稻纵卷叶螟、稻飞虱和纹枯病等病虫害。

陆两优996 (Luliangyou 996)

品种来源: 湖南农业大学水稻科学研究所和湖南亚华种业科学研究院以陆18S为母本,R996 (大豆DNA导入264-7系选) 为父本配组育成。分别通过湖南省 (2005) 和国家 (2006) 农作物品种审定委员会审定。2007年获国家植物新品种权授权。

形态特征和生物学特性: 属籼型两系杂交迟熟早稻。在湖南省作双季早稻栽培,全生育期112d。株高95cm,株型松紧适中,茎秆粗壮,叶鞘、稃尖紫色,繁茂性好。根系发达,抽穗整齐,成熟落色好。有效穗315.0万穗/hm², 每穗总粒数113.0粒,结实率85.0%, 千粒重28.0g。

品质特性: 糙米率82.1%, 精米率73.9%, 整精米率46.1%, 精米长6.7mm, 长宽比2.8, 垩白粒率84%, 垩白度15.0%, 透明度3级,碱消值6.0级,胶稠度70mm,直链淀粉含量26.5%, 蛋白质含量11.3%。

抗性: 叶瘟5级,穗瘟7级,感稻瘟病。白叶枯病5级。耐肥,抗倒伏。

产量及适宜地区: 2003—2004年湖南省两年区试平均单产7 612.2kg/hm², 比对照金优402增产7.8%。日产量68.0kg/hm², 比对照金优402高5.6kg/hm²。适宜于福建北部、江西、湖南、浙江中南部的稻瘟病、白叶枯病轻发的双季稻区作早稻种植。

栽培技术要点: 在湖南省作双季早稻种植,湘中3月25日左右播种。大田用种量30.0 ～ 37.5kg/hm², 软盘育秧3.5叶左右移栽,水田育秧4.5叶左右移栽。秧龄控制在30d之内,4月下旬移栽。种植密度16.5cm×20.0cm,每穴栽插2粒谷秧,插(抛)基本苗120万 ～ 150万苗/hm²。施足基肥,早施追肥。及时晒田控蘖,后期实行湿润灌溉,生育后期不要脱水过早。注意及时防治稻瘟病和二化螟、稻纵卷叶螟、稻飞虱等病虫害。

明糯优6号 （Mingnuoyou 6）

品种来源：三明市农业科学研究所以明糯S-1（SE21S/双光S）为母本，荆糯6号（桂朝2号辐射诱变）为父本配组育成。2010年通过湖南省农作物品种审定委员会审定。

形态特征和生物学特性：属籼型两系杂交迟熟糯晚稻。在湖南省作双季晚稻种植，全生育期121d。株高105.0cm，株型松紧适中，剑叶较长，叶鞘、稃尖均为紫色，落色好。有效穗255.0万穗/hm²，每穗总粒数150.0粒，结实率80.0%，千粒重27.5g。

品质特性：糙米率80.8%，精米率73.7%，整精米率67.0%，精米长7.0mm，长宽比3.2，阴糯米率1.0%，透明度1级，碱消值5.2级，胶稠度100mm，直链淀粉含量2.5%，蛋白质含量9.9%。

抗性：叶瘟7级，穗瘟7级。白叶枯病5级。后期抗寒能力较强。

产量及适宜地区：2006年湖南省预试平均单产7 987.5kg/hm²，比对照威优46增产3.7%；2007—2008年湖南省两年多点生产试验平均单产7 459.9kg/hm²，比对照威优46增产1.1%。适宜于湖南省稻瘟病轻发区作双季晚稻种植。

栽培技术要点：在湖南省作双季晚稻种植，湘南6月12～14日播种，湘中、湘北提早2～4d播种。秧田播种量150kg/hm²，大田用种量18.8kg/hm²。秧龄30d以内，种植密度20.0cm×20.0cm或17.0cm×23.0cm。每穴栽插2粒谷秧，基本苗90万苗/hm²。基肥足，追肥速，中期补。氮、磷、钾肥配合施用，适当增加磷、钾肥用量。深水活蔸，浅水分蘖，及时晒田，有水壮苞抽穗，后期干干湿湿，不宜过早脱水。注意防治稻瘟病等病虫害。

培两优210 (Peiliangyou 210)

品种来源：湖南省水稻研究所与湖南杂交水稻研究中心以培矮64S为母本，湘晚籼10号（亲16选/80-66）为父本配组育成。分别通过湖南省（2001）、江西省（2002）和国家（2004）农作物品种审定委员会审定。

形态特征和生物学特性：属籼型两系杂交迟熟晚稻。在湖南省作双季晚稻栽培，全生育期122d。株高100cm，株型偏紧，叶片厚，坚挺，叶色浓绿，分蘖力较强，成穗率较高，谷长粒型。有效穗300.0万穗/hm^2，穗长22.0cm，每穗总粒数140.0粒，结实率70.0%，千粒重26.0g。

品质特性：整精米率57.6%，长宽比3.0，垩白粒率25%，垩白度3.5%，胶稠度87mm，直链淀粉含量21.5%。

抗性：中抗稻瘟病和白叶枯病。

产量及适宜地区：1999—2000年湖南省两年区试平均单产6 532.5kg/hm^2，比对照威优46减产5.5%。适宜于广西中北部、福建中北部、江西中南部、湖南中南部以及浙江南部稻瘟病轻发区作双季晚稻种植。

栽培技术要点：在湖南省作双季晚稻种植，湘中地区6月15～16日播种。大田用种量19.5kg/hm^2。7月中旬移栽，秧龄控制在30d，不超过35d。每穴栽插2～3粒谷秧，插足基本苗150万苗/hm^2。施足基肥，多施有机肥，早施分蘖肥，配施壮苞肥和壮籽肥，一般施纯氮180.0kg/hm^2，五氧化二磷105.0kg/hm^2，氧化钾150.0kg/hm^2。前期浅水促分蘖，中期够苗晒田，后期湿润灌溉，注意不要脱水过早。前期注意防治稻纵卷叶螟和稻飞虱，后期注意防治纹枯病。

培两优288 (Peiliangyou 288)

品种来源：湖南农业大学农学系以培矮64S为母本，R288（松南8号/明恢63）为父本配组育成。分别通过湖南省（1996）、广西壮族自治区（2001）和安徽省（2003）农作物品种审定委员会审定。

形态特征和生物学特性：属籼型两系杂交迟熟晚稻。在湖南省作双季晚稻栽培，全生育期115d。株高95cm，茎秆坚韧，较粗壮，有弹性，株型松紧适中。剑叶长而挺直，叶色较浓，叶鞘秆尖紫色，分蘖力强，成穗率高，叶下禾，后期落色好，部分有顶芒。有效穗360.0万穗/hm²，每穗总粒数110.0粒，结实率85.0%以上，千粒重24.0g。

品质特性：糙米率80.8%，精米率72.7%，整精米率64.6%，精米长6.3mm，长宽比3.1，胶稠度42mm，直链淀粉含量15.0%，蛋白质含量10.4%。1995年在湖南省第三届优质米品种评选中被评为优质米杂交水稻组合。

抗性：叶瘟、穗颈瘟和白叶枯病均为5级。耐冷性强，耐肥，抗倒伏。

产量及适宜地区：1994—1995年湖南省两年区试平均单产6 730.3kg/hm²，比对照威优64增产5.4%，日产量59.9kg/hm²。适宜于湖南省、安徽省作双季晚稻种植，适宜在桂林市非稻瘟病区作早、晚稻推广种植。

栽培技术要点：在湖南省作双季晚稻种植，6月23日左右播种。用三氯异氰尿酸浸种消毒防恶苗病。秧田播种量105～150kg/hm²，大田用种量15.0～19.5kg/hm²。秧龄不超过30d，株行距13.3cm×23.3cm。每穴栽插1～3粒谷秧，插足基本苗150万苗/hm²。基肥足，追肥速，前、中期并重，后期酌情补，氮磷钾合理搭配。深水活蔸，浅水分蘖，多次露田，保水抽穗扬花，后期干湿交替，切忌脱水过早。注意防治病虫害。

培两优500 (Peiliangyou 500)

品种来源：湖南农业大学水稻研究所以培矮64S为母本，R500为父本配组育成。2002年通过湖南省农作物品种审定委员会审定。2007年获国家植物新品种权授权。

形态特征和生物学特性：属籼型两系杂交迟熟中稻。在湖南省作再生稻种植，头季稻生育期131d。株高116cm，茎秆粗壮，叶下禾，分蘖力中等，叶色浓绿，叶鞘稃尖紫色。穗长25.0cm，每穗总粒170.0粒，结实率80.0%；再生稻生育期73.0d，株高87.0cm，再生力强，再生发苗快，叶片直立较短小，半叶下禾。穗长18.0cm左右，每穗总粒72.0粒，结实率80.0%以上。

品质特性：头季糙米率80.5%，精米率73.1%，整精米率61.3%，精米长6.4mm，长宽比3.0，垩白粒率50%，垩白度1.4%，直链淀粉含量19.8%，胶稠度50.5mm，碱消值4.5级，蛋白质含量11.0%；再生稻糙米率81.7%，精米率75.5%，整精米率67.2%，精米长6.4mm，长宽比3.0，垩白粒率31%，垩白度2.6%，透明度2级，碱消值4.9级，胶稠度79mm，直链淀粉含量20.9%，蛋白质含量8.9%。

抗性：叶瘟6级，穗瘟9级。白叶枯病5级。苗期抗寒能力较强，较耐肥，抗倒伏。

产量及适宜地区：一般头季稻单产7 875.0kg/hm²，再生稻单产3 750.0kg/hm²。适宜于湖南省稻瘟病轻的双季稻区作一季加再生稻栽培。

栽培技术要点：在湖南省作再生稻种植，长沙地区3月25日左右播种，塑料软盘抛秧可提早到3月20日播种。大田用种量22.5kg/hm²，用三氯异氰尿酸浸种，稀播匀播育壮秧。4月25日前移栽，采用宽行窄株，宽行33.0cm，窄行20.0cm，株距20.0cm。软盘抛秧抛30万穴/hm²，4月15日左右抛植。施足基肥，早施追肥。齐穗后15～18d施尿素180.0kg/hm²作促芽肥，收割后2～3d施尿素150.0kg/hm²、氧化钾150.0kg/hm²，头季和再生季齐穗时施用谷粒饱。浅水分蘖，够苗晒田，有水壮苞抽穗，后期干干湿湿，成熟时不能脱水过早，不能过分干旱。头季幼穗分化6期和齐穗期各施一次防治纹枯病的药。头季收割后，及时清除杂草、残叶。

培两优559（Peiliangyou 559）

品种来源：湖南杂交水稻研究中心以培矮64S为母本，R559为父本配组育成。2002年通过湖南省农作物品种审定委员会审定。

形态特征和生物学特性：属籼型两系杂交迟熟中稻。在湖南省作中稻种植，全生育期135d。株高110.0～115.0cm，冠层叶片直立，叶色深绿，分蘖力中上。有效穗285.0万穗/hm²，穗长23.0cm，每穗粒数170.0粒，结实率80.0%，千粒重24.0g。

品质特性：糙米率79.4%～81.3%，精米率65.8%～71.4%，整精米率38.9%～54.9%，垩白粒率64%～83%，精米长5.7mm，宽2.3mm，长宽比2.48，直链淀粉含量中，碱消值中，胶稠度软。

抗性：叶瘟5级，穗瘟7级。白叶枯病7级。

产量及适宜地区：2000—2001年湖南省两年区试平均单产9 597.0kg/hm²，比对照汕优63增产5.3%。日产量70.1kg/hm²，比对照汕优63高4.1kg/hm²。适宜于湖南省稻瘟病、白叶枯病轻的地区作中稻种植。

栽培技术要点：在湖南作中稻种植，4月份播种。秧田播种量120～150kg/hm²，大田用种量15.0kg/hm²。秧龄30～35d。种植密度20.0cm×27.0cm或27.0cm×27.0cm，基本苗90万苗/hm²，争取有效穗285万穗/hm²。大田肥力水平中上，施纯氮180.0～225.0kg/hm²，五氧化二磷120.0～150.0kg/hm²，氧化钾105.0～135.0kg/hm²，以基肥、前期追肥为主，重施有机肥。注意防治螟虫（含稻纵卷叶螟）、稻飞虱和纹枯病、稻曲病。

培两优93 (Peiliangyou 93)

品种来源：岳阳市农业科学研究所以培矮64S为母本，岳恢9113为父本配组育成。分别通过湖南省（2002）和广西壮族自治区（2004）农作物品种审定委员会审定或认定。

形态特征和生物学特性：属籼型两系杂交中熟中稻。在湖南省作中稻种植，全生育期132d。株高106.0cm，根系发达，株型前期松散，后期紧凑，分蘖力强，叶色深绿，叶鞘、叶枕浅紫色，剑叶直立、微卷，叶下禾。有效穗307.5万～334.5万穗/hm²，每穗总粒133.0粒，结实率78.0%，千粒重23.3g。

品质特性：糙米率83.7%，精米率76.3%，整精米率65.8%，垩白粒率34%，垩白度5.6%，长宽比3.1，透明度2级，碱消值5.8级，胶稠度66mm，直链淀粉含量22.9%，蛋白质含量12.1%。

抗性：叶瘟2级，穗瘟3级。白叶枯病3级。较耐肥，抗倒伏。

产量及适宜地区：2000—2001年湖南省两年区试平均单产9 190.5kg/hm²，比对照汕优63增产3.1%，日产量69.9kg/hm²。2001年在湖南省超级杂交稻区试中平均单产10 938.0kg/hm²，比对照汕优63增产7.7%。适宜于湖南省作中稻种植。

栽培技术要点：在湖南作中稻种植，5月中下旬播种。秧田播种120kg/hm²，大田用种18.8～22.5kg/hm²。稀播育壮秧，秧龄30d左右，种植密度16.7cm×23.3cm。施纯氮195.0～225.0kg/hm²，配施有机肥及磷、钾肥。以基肥为主，中期补施穗肥，齐穗后喷施叶面肥。中期足苗及时晒田，后期干湿壮籽，收获期保持田间湿润。依据病虫测报防治螟虫、稻飞虱和纹枯病等。

培两优981 (Peiliangyou 981)

品种来源：湖南省水稻研究所以培矮64S为母本，R981（谷梅2号/浦江矮）为父本配组育成。2002年通过湖南省农作物品种审定委员会审定。

形态特征和生物学特性：属籼型两系杂交迟熟晚稻。在湖南省作双季晚稻栽培，全生育期116～122d。株高101.5cm，株型较紧，叶片窄直，分蘖力中等，茎秆坚韧，抗倒伏。有效穗285.0万穗/hm²，每穗总粒数约140.0粒，结实率82.0%以上，千粒重24.0g。

品质特性：糙米率82.5%，精米率73.0%，整精米率65.8%，垩白粒率91%，垩白面积13.0%，碱消值4.4级，胶稠度44mm，直链淀粉含量26.0%，蛋白质含量12.9%。

抗性：叶瘟3～5级，穗颈稻瘟5级。白叶枯病5级。后期耐寒性中等。

产量及适宜地区：2000—2001年湖南省两年区试平均单产7 566.0kg/hm²，比对照威优46增产1.7%。日产量63.9kg/hm²，比对照威优46高2.1kg/hm²。适宜于湖南省双季稻区作晚稻种植。

栽培技术要点：在湖南省作双季晚稻种植，湘中6月15～18日播种，湘北提前1～2d，湘南推迟1～2d。大田用种量18.8kg/hm²，浸种时种子用三氯异氰尿酸消毒，秧龄期30d为宜。种植密度18.0cm×20.0cm，每穴栽插2粒谷秧，确保基本苗120万～150万苗/hm²。以基肥和前期追肥为主，重施有机肥，施纯氮180.0～225.0kg/hm²，五氧化二磷120.0～150.0kg/hm²，氧化钾105.0～135.0kg/hm²。注意防治螟虫、稻纵卷叶螟、稻飞虱及纹枯病。

培两优慈4（Peiliangyouci 4）

品种来源：湖南省慈利县农业局育种组以培矮64S为母本，慈选4号（GER-1变异株）为父本配组育成。分别通过湖南省（2003）和江西省（2005）农作物品种审定委员会审定。2008年获国家植物新品种权授权。

形态特征和生物学特性：属籼型两系杂交迟熟中稻。在湖南省作中稻栽培，全生育期144d。株高110.0cm，分蘖力较强，株型较紧凑，茎秆坚韧，根系发达。叶片直立，剑叶角度10°，叶色较绿，剑叶内凹，叶鞘基部浅紫，叶耳浅绿色。穗长25.0cm，每穗总粒166.0粒，结实率76.1%，千粒重22.6g。

品质特性：糙米率82.3%，精米率75.3%，整精米率69.1%，精米长6.1mm，长宽比2.8，垩白粒率34%，垩白度5.2%，透明度2级，碱消值6.1级，胶稠度64mm，蛋白质含量9.4%。

抗性：叶瘟4级，穗瘟3级。白叶枯病5级。

产量及适宜地区：2001—2002年湖南省两年区试平均单产8 662.5kg/hm²。适宜湘西海拔500m以下地区和江西省平原地区稻瘟病轻发区作中稻种植。

栽培技术要点：在湖南省作中稻种植，4月25日左右播种。秧田播种量105kg/hm²，大田用种量10.5 ~ 15.0kg/hm²。秧龄期40d左右，或两段育秧，种植密度6.6cm×13.2cm，每穴栽插1 ~ 2粒谷秧。种植密度33.3cm×33.3cm或26.4cm×26.4cm，基本苗120万苗/hm²。适宜于高肥栽培，施足有机基肥，不施分蘖肥。本田采用控前、促中、补后的施肥措施，中后期注意干湿壮籽。注意防治病虫害。

培两优余红 （Peiliangyouyuhong）

品种来源：湖南农业大学以培矮64S为母本，余红1号（余金6号/红410）为父本配组育成。1997年通过湖南省农作物品种审定委员会审定。

形态特征和生物学特性：属籼型两系杂交迟熟晚稻。在湖南省作双季晚稻栽培，全生育期124d。株高96.3cm，株型松紧适中，茎秆粗壮、有弹性，株型好，分蘖力强，成穗率高，适宜密植。叶色浓绿，叶鞘、稃尖紫色，无芒，秧龄弹性较大。每穗总粒数106.5粒，结实率78.0%，千粒重24.5g。

品质特性：糙米率82.0%，精米率72.1%，整精米率66.0%，垩白粒率82.5%，垩白度12.0%。

抗性：叶瘟7级，穗瘟7级。白叶枯病6级。耐肥，抗倒伏。

产量及适宜地区：1995—1996年湖南省两年区试平均单产6 874.5kg/hm²，比对照威优46减产2.0%。适宜于湖南省稻瘟病和白叶枯病轻的地区推广。

栽培技术要点：在湖南省作双季晚稻种植，湘北、湘中、湘南分别在6月15日、6月17日和6月20日前播种。秧田播种量150～180kg/hm²，大田用种量15.0～22.5kg/hm²。用三氯异氰尿酸浸种，匀播培育分蘖壮秧，秧龄控制在35d以内。种植密度13.3cm×20.0～23.3cm，每穴栽插2粒谷秧，插足基本苗150万～180万苗/hm²。磷肥作基肥，氮肥以生育前期（分蘖始期）、中期（穗分化期）各施50%为宜，钾肥在移栽后15～20d内施入。适当深灌水返青，浅水分蘖，够苗晒露田，浅水孕穗抽穗，干湿壮籽，落干黄熟，不宜脱水过早。及时防治稻蓟马、螟虫、稻纵卷叶螟、稻飞虱和纹枯病。

深两优1号 (Shenliangyou 1)

品种来源：湖南民生种业科技有限公司以深08S为母本，湘恢012为父本配组育成。2013年通过湖南省农作物品种审定委员会审定。

形态特征和生物学特性：属籼型两系杂交迟熟中稻。在湖南省作中稻栽培，全生育期140.4d。株高109.0cm，株型适中，茎秆较粗壮弹性好，叶片中长、较窄、挺直、色浓绿，叶鞘无色，叶下禾。有效穗240万～255万穗/hm²，每穗总粒数153.6粒，结实率88.1%，千粒重29.0g。

品质特性：糙米率80.0%，精米率71.0%，整精米率65.5%，精米长7.0mm，长宽比3.0，垩白粒率42%，垩白度2.1%，透明度1级，碱消值3.5级，胶稠度90mm，直链淀粉含量13.9%。

抗性：叶瘟4.5级，穗颈瘟6.3级，稻瘟病综合指数4.3。白叶枯病5级，稻曲病3级。耐高温能力中等，耐低温能力中等。

产量及适宜地区：2011—2012年湖南省两年区试平均单产9 641.3kg/hm²，比对照Y两优1号增产4.4%。日产量68.7kg/hm²，比对照Y两优1号高3.3kg/hm²。适宜于湖南省稻瘟病轻发的山丘区作中稻种植，适宜在江西、湖南（武陵山区除外）、湖北（武陵山区除外）、安徽、浙江、江苏的长江流域稻区以及福建北部、河南南部作一季中稻种植。

栽培技术要点：在湖南省作双季晚稻种植，4月中旬播种。秧田播种量180kg/hm²，大田用种量18.0kg/hm²。秧龄25～30d或主茎叶片数达5～6叶移栽，种植密度16.5cm×26.5cm，每穴栽插2粒谷秧。大田要施足基肥，早施分蘖肥以促进早生快发。中上肥力水平田块施氮、磷、钾的比例为15∶15∶15的复合肥600kg/hm²作基肥，栽后5～6d追施尿素150kg/hm²并结合施用水田除草剂，栽后15d追施氧化钾225kg/hm²。浅水插秧，寸水活苗，浅水湿润交替分蘖，苗数达270万苗/hm²时落水晒田，有水孕穗抽穗，干干湿湿壮籽，成熟前5～7d断水。依据病虫测报和田间调查，注意防治稻蓟马、螟虫、稻飞虱和纹枯病、稻曲病、稻瘟病等病虫害。

双两优1号（Shuangliangyou 1）

品种来源：湖南杂交水稻研究中心以双8S（株1S/培矮64S）为母本，0293（9311/茂3）为父本配组育成。2009年通过湖南省农作物品种审定委员会审定。

形态特征和生物学特性：属籼型两系杂交迟熟中稻。在湖南省作中稻种植，全生育期136d。株高112.0～120.0cm，株型松散，植株整齐，分蘖力强，繁茂性好，抽穗整齐。叶色浓绿，叶片中长，叶姿挺直，剑叶较短，夹角小、直立，叶缘内卷，叶鞘、稃尖紫色。叶下禾，穗子大，谷粒中长形，有短顶芒，着粒密，落色好。有效穗229.5万～235.5万穗/hm²，每穗总粒数173.3～209.0粒，结实率76.8%～80.4%，千粒重26.6～27.9g。

品质特性：糙米率82.3%，精米率74.3%，整精米率65.5%，精米长7.0mm，长宽比3.0，垩白粒率48%，垩白度7.3%，透明度1级，碱消值4.8级，胶稠度85mm，直链淀粉含量23.4%，蛋白质含量9.3%。

抗性：稻瘟病综合指数5.1，感纹枯病。抗低温能力强，抗高温能力中等。

产量及适宜地区：2007年湖南省中稻高产组区试平均单产9 766.5kg/hm²，比对照两优培九增产7.6%；2008年转迟熟组续试平均单产8 343.0kg/hm²，比对照Ⅱ优58增产2.8%。两年区试平均单产9 054.8kg/hm²，比对照增产5.2%。日产量64.7kg/hm²，比对照高4.7kg/hm²。适宜于湖南省海拔500m以下稻瘟病轻发的山丘区作中稻种植。

栽培技术要点：在湖南省作中稻栽培，4月中旬播种。秧田播种量120.0～180kg/hm²，大田用种量12.0～15.0kg/hm²。秧龄25d以内，种植密度23.0cm×26.5cm或20.0cm×26.5cm。每穴栽插1～2粒谷秧，基本苗120万苗/hm²。施足基肥，早施追肥。及时晒田控蘖，后期湿润灌溉，抽穗扬花后不要过早脱水。注意病虫害特别是稻瘟病、纹枯病、白叶枯病的防治。

潭两优143 (Tanliangyou 143)

品种来源：湘潭市农业科学研究所和湖南省水稻研究所以潭农 S（株 1S/中鉴 100）为母本，湘早143（龚品6-29/95早鉴109）为父本配组育成。2011年通过湖南省农作物品种审定委员会审定。

形态特征和生物学特性：属籼型两系杂交中熟早稻。在湖南省作双季早稻栽培，全生育期110d。株高75.8cm，株型松紧适中，剑叶较短、直立。叶鞘、叶耳、稃尖均无色，分蘖力较强，茎秆粗壮，抽穗整齐，成熟落色好。有效穗370.5万穗/hm²，每穗总粒数109.8粒，结实率75.2%，千粒重26.7g。

品质特性：糙米率77.8%，精米率69.0%，整精米率52.4%，精米长7.2mm，长宽比3.4，垩白粒率22%，垩白度1.8%，透明度1级，碱消值5.0级，胶稠度82mm，直链淀粉含量15.0%。

抗性：叶瘟4.2级，穗瘟7.0级，稻瘟病综合指数4.4，高感稻瘟病。苗期抗寒能力较强，耐肥，抗倒伏能力强。

产量及适宜地区：2009—2010年湖南省两年区试平均单产7 192.5kg/hm²，比对照株两优819增产1.5%。日产量65.3kg/hm²，比对照株两优819高1.2kg/hm²。适宜于湖南省稻瘟病轻发区作双季早稻种植。

栽培技术要点：在湖南省作双季早稻种植，3月底4月初播种。秧田播种量225kg/hm²，大田用种量30.0～37.5kg/hm²。浸种时进行种子消毒，4叶期前后移栽，秧龄控制在30d以内。种植密度16.7cm×20.0cm，每穴栽插2～3粒谷秧。施足基肥，早施追肥。加强田间管理，注意稻瘟病、纹枯病和二化螟等病虫害的防治。

潭两优215（Tanliangyou 215）

品种来源：湘潭市农业科学研究所以潭农S为母本，潭早215为父本配组育成。2012年通过湖南省农作物品种审定委员会审定。

形态特征和生物学特性：属籼型两系杂交中熟早稻。在湖南省作双季早稻栽培，全生育期111.1d。株高77.9cm，株型松紧适中，剑叶较短、直立。叶鞘、叶耳、稃尖无色，分蘖力较强，茎秆粗壮，抽穗整齐，成熟落色好。有效穗348万穗/hm²，每穗总粒数118.5粒，结实率76.9%，千粒重25.6g。

品质特性：糙米率79.1%，精米率69.5%，整精米率45.8%，精米长6.6mm，长宽比3.1，垩白粒率37%，垩白度3.7%，透明度2级，碱消值4级，胶稠度70mm，直链淀粉含量12.2%。

抗性：叶瘟4.8级，穗瘟7.3级，稻瘟病综合指数5.2。抗寒能力较强，耐肥，抗倒伏能力强。

产量及适宜地区：2010—2011年湖南省两年区试平均单产6 980.4kg/hm²，比对照株两优819增产3.5%。日产量63.0kg/hm²，比对照株两优819高2.0kg/hm²。适宜于湖南省稻瘟病轻发区作双季早稻种植。

栽培技术要点：在湖南省作双季早稻种植，3月底至4月初播种。秧田播种量225kg/hm²，大田用种量30.0～37.5kg/hm²。浸种时进行种子消毒，4叶期前后移栽，秧龄宜控制在30d以内。种植密度16.7cm×20.0cm，每穴栽插2～3粒谷秧，插基本苗120万～150万苗/hm²。施足基肥，早施追肥。加强田间管理，注意稻瘟病、纹枯病等病虫害的防治。

潭两优83（Tanliangyou 83）

品种来源：湘潭市农业科学研究所以潭农S（株1S/中鉴100）为母本，潭早183（中83-49/浙733）为父本配组育成。2010年通过湖南省和国家农作物品种审定委员会审定。

形态特征和生物学特性：属籼型两系杂交中熟早稻。在湖南省作双季早稻栽培，全生育期107d。株高87.0cm，株型松紧适中，剑叶较短、直立。叶鞘、叶耳、稃尖均无色，分蘖力较强，茎秆粗壮，抽穗整齐，成熟落色好。有效穗334.5万穗/hm²，每穗总粒数109.2粒，结实率84.4%，千粒重26.8g。

品质特性：糙米率80.3%，精米率73.1%，整精米率65.0%，精米长6.1mm，长宽比2.4，垩白粒率86%，垩白度15.5%，透明度2级，碱消值4.0级，胶稠度44mm，直链淀粉含量19.4%。

抗性：叶瘟4级，穗瘟8.5级，稻瘟病综合指数5.7。白叶枯病6级。耐肥，抗倒伏能力强。

产量及适宜地区：2007—2008年湖南省两年区试平均单产7 821.0kg/hm²，比对照株两优819增产4.2%。日产量72.9kg/hm²，比对照株两优819高2.0kg/hm²。适宜于江西、湖南、湖北、安徽、浙江等省白叶枯病轻发的双季稻区作双季早稻种植。

栽培技术要点：在湖南省作双季早稻种植，3月底至4月初播种。秧田播种量225kg/hm²，大田用种量30.0kg/hm²。浸种时进行种子消毒，秧龄30d以内。种植密度16.7cm×20.0cm，每穴栽插2粒谷秧，基本苗120万～150万苗/hm²。加强田间管理，注意稻瘟病等病虫害的防治。

潭两优921（Tanliangyou 921）

品种来源：湘潭市农业科学研究所以潭农S为母本，潭早921（嘉早935/湘早籼24）为父本配组育成。2008年通过湖南省农作物品种审定委员会审定。

形态特征和生物学特性：属籼型两系杂交中熟早稻。在湖南省作双季早稻栽培，全生育期108d。株高85cm，株型松紧适中，分蘖力较强，茎秆粗壮，剑叶中长且直立，叶鞘、叶耳、稃尖无色，抽穗整齐，成熟落色好。有效穗339.0万穗/hm²，每穗总粒数104.5粒，结实率86.7%，千粒重25.5g。

品质特性：糙米率81.1%，精米率73.6%，整精米率68.0%，精米长6.8mm，长宽比3.1，垩白粒率30%，垩白度3.6%，透明度2级，碱消值4.2级，胶稠度88mm，直链淀粉含量10.2%，蛋白质含量9.7%。

抗性：叶瘟7级，穗瘟9级，稻瘟病综合指数8.5，高感稻瘟病。白叶枯病5级，中感白叶枯病。

产量及适宜地区：2006—2007年湖南省两年区试平均单产7 584.8kg/hm²，比对照株两优819增产2.4%。日产量70.1kg/hm²，比对照株两优819低0.2kg/hm²。适宜于湖南省稻瘟病轻发区作双季早稻种植。

栽培技术要点：在湖南省作双季早稻种植，3月底至4月初播种。秧田播种量300kg/hm²，大田用种量30kg/hm²。秧龄30d以内，4叶期移栽。种植密度16.7cm×20.0cm，每穴栽插2～3粒谷秧，基本苗120万～150万苗/hm²。基肥足，追肥速，中期补。氮、磷、钾肥配合施用，适当增加磷、钾肥用量。深水活蔸，浅水分蘖，及时晒田，有水壮苞抽穗，后期干干湿湿，不宜脱水过早。注意病虫害防治。

香两优68（Xiangliangyou 68）

品种来源：湖南杂交水稻研究中心以香125S（安农 S-1/6711//湘香2B）为母本，D68（91-81系选）为父本配组育成。分别通过湖南省（1998）、广西壮族自治区（2001）和安徽省（2003）农作物品种审定委员会审定。

形态特征和生物学特性：属籼型三系杂交中熟早稻。在湖南省作双季早稻栽培，全生育期110d。株高92.0cm，株叶型适中，叶色浓绿，剑叶直立，叶鞘紫色，谷长粒型。穗长20.0cm，每穗103.0粒，结实率80.0%以上，千粒重26.0～27.0g。

品质特性：糙米率79.9%，精米率73.4%，整精米率50.0%，垩白粒率12%，垩白度1.7%，精米长6.6mm，长宽比3.0，透明度3级，碱消值3.2级，胶稠度84mm，直链淀粉含量13.4%，蛋白质含量9.3%。

抗性：叶瘟4级，穗瘟7级，不抗稻瘟病。白叶枯病5级，中抗白叶枯病。前期耐低温，后期抗高温。

产量及适宜地区：1996年参加湖南省早稻多点评比，平均产量6 540.0kg/hm^2，比对照湘早籼13增产13.5%；1997年湖南省区试单产7 545.0kg/hm^2，与对照威优402产量相当。日产量65.0kg/hm^2。适宜于湖南省稻瘟病轻发区、安徽省沿江江南和广西中部、北部非稻瘟病区作早稻种植。

栽培技术要点：在湖南省作双季早稻种植，3月底播种。播种前用三氯异氰尿酸消毒，多起多落浸种催芽。秧田播种量150kg/hm^2，大田用种量37.5kg/hm^2。施足基肥，培育多蘖壮秧。移栽密度45万穴/hm^2，每穴栽插2粒谷秧，基本苗120万苗/hm^2。基肥为主，追肥为辅。有机肥为主，化肥为补。总氮不超过150kg/hm^2，氮：磷：钾比例为1：0.7：0.7。齐穗后施尿素30.0kg/hm^{2}做壮籽肥。苗数达350万苗/hm^{2}时开始晒田，后期不宜断水过早，干干湿湿壮籽。5月下旬注意防治螟虫，抽穗前喷施井冈霉素加粉锈宁防治纹枯病和稻曲病，齐穗后注意防治稻飞虱。

雁两优498 （Yanliangyou 498）

品种来源：湖南省水稻研究所以雁农S (3714自然突变不育株)为母本，R498为父本配组育成。2007年通过湖南省农作物品种审定委员会审定。

形态特征和生物学特性：属籼型两系杂交中熟晚稻。在湖南省作双季晚稻栽培，全生育期110d。株高105cm，株型较好，剑叶直立。叶鞘、稃尖均无色，落色好。有效穗282.0万穗/hm²，每穗总粒数163.5粒，结实率78.5%，千粒重23.0g。

品质特性：糙米率81.9%，精米率74.0%，整精米率71.6%，精米长6.6mm，长宽比3.3，垩白粒率32%，垩白度5.5%，透明度2级，碱消值6.4级，胶稠度44mm，直链淀粉含量21.6%，蛋白质含量8.4%。

抗性：叶瘟4级，穗瘟7级，稻瘟病综合指数5.5，感稻瘟病。白叶枯病7级，感白叶枯病。抗低温能力较强。

产量及适宜地区：2005—2006年湖南省两年区试平均单产7 401.9kg/hm²，比对照金优207增产4.3%。日产量66.2kg/hm²，比对照金优207高2.4kg/hm²。适宜于湖南省稻瘟病轻发区作双季晚稻种植。

栽培技术要点：在湖南省作双季晚稻种植，湘南6月23日播种，湘中、湘北提早2～4d播种。秧田播种量150～187kg/hm²，大田用种量18.8kg/hm²。秧龄28d以内，种植密度20.0cm×20.0cm或16.0cm×26.0cm。每穴栽插2粒谷秧，基本苗120万苗/hm²。基肥足，追肥速，中期补。氮、磷、钾肥配合施用，适当增加磷、钾肥用量。深水活苗，浅水分蘖，及时晒田，有水壮苞抽穗，后期干干湿湿，不宜过早脱水。注意病虫害防治。

雁两优921 （Yanliangyou 921）

品种来源：湖南省水稻研究所、衡阳市农业科学研究所和湖南亚华种业科学院衡阳育种中心以雁农S为母本，92-15（90-5/IR29725）为父本配组育成。2001年通过湖南省农作物品种审定委员会审定。

形态特征和生物学特性：属籼型两系杂交中熟晚稻。在湖南省作双季晚稻栽培，全生育期110d。株高102.0cm，主茎12片叶，叶色淡绿，叶片挺立，属叶下禾。分蘖力强，成穗率中等。有效穗345.0万穗/hm²，穗长20.0cm，每穗总粒数127.0粒，结实率82.2%，千粒重24.0g。

品质特性：糙米率84.0%，精米率72.8%，整精米率60.0%，垩白粒率64%，垩白度4.8%，精米长5.8mm，长宽比2.2。

抗性：叶瘟5级，穗瘟9级，易感稻瘟病。白叶枯病5级，中抗白叶枯病。后期耐寒性较强。

产量及适宜地区：1997—2000年湖南省两年区试平均单产7 315.5kg/hm²，比对照威优77增产10.4%。日产量64.4kg/hm²，比对照威优77高5.1kg/hm²。适宜于湖南省稻瘟病轻的地区作双季晚稻种植。

栽培技术要点：在湖南省作双季晚稻种植，湘中地区6月22～25日播种，湘南地区6月25～28日播种，湘北地区6月18～22日播种。秧田播种量300kg/hm²，大田用种量30.0kg/hm²。及时移栽，秧龄控制在25d内。施足基肥，多施有机肥，早施分蘖肥，酌施壮苞肥和壮籽肥，施纯氮180.0kg/hm²，五氧化二磷105.0kg/hm²，氧化钾150.0kg/hm²。前期浅水促分蘖，中期够苗晒田，后期保持湿润，注意不能脱水过早。后期注意防治病虫害。

株两优02 （Zhuliangyou 02）

品种来源：株洲市农业科学研究所和湖南亚华种业科学研究院以株1S为母本，ZR02（浙852/湘早籼7号///4333/86-70//86-19）为父本配组育成。分别通过湖南省（2002）、国家（2004）和安徽省（2005）农作物品种审定委员会审定或认定。

形态特征和生物学特性：属籼型两系杂交迟熟早稻。在湖南省作双季早稻栽培，全生育期111d。株高92.0cm，株型松紧适中，籽粒饱满，稃尖无芒。有效穗345.0万穗/hm²，每穗总粒数100.0粒，结实率87.0%，千粒重26.7g，谷粒长9.5mm，长宽比3.1。

品质特性：糙米率81.9%，精米率74.4%，整精米率55.3%，精米长6.7mm，长宽比3.0，垩白粒率49%，垩白度10.5%，透明度2级，碱消值4.5级，胶稠度48mm，直链淀粉含量21.5%，蛋白质含量10.6%。

抗性：叶瘟2级，穗瘟1级。白叶枯病5级。耐肥，抗倒伏能力强。

产量及适宜地区：2000—2001年湖南省两年区试平均单产7 647.0kg/hm²，比金优402增产2.2%，日产量69.0kg/hm²。适宜于湖南、江西、浙江中南部、福建北部地区以及安徽省双季稻白叶枯病轻发区作早稻种植，适宜于广西壮族自治区种植金优402、金优463的非稻瘟病区种植。

栽培技术要点：在湖南省作双季早稻种植，旱育秧3月20日播种，水育秧3月底播种。秧田播种量150kg/hm²，大田用种量30.0～37.5kg/hm²。旱育小苗3.5～4.0叶抛栽，水育小苗4.1～5.0叶移栽。种植密度16.5cm×20.0cm或抛栽30万穴/hm²，每穴栽插2粒谷秧。耙田时施水稻一次性专用配方肥750.0kg/hm²，移栽后5～7d结合施用除草剂施尿素75.0kg/hm²。前期干湿促分蘖，及时落水晒田，后期湿润灌溉，忌断水过早。用三氯异氰尿酸浸种，播种时种子拌多效唑，及时防治二化螟、稻纵卷叶螟、稻飞虱和纹枯病等病虫害。

株两优06（Zhuliangyou 06）

品种来源： 浙江省农业科学院作物与核技术利用研究所、株洲市农业科学研究所和嘉兴市农业科学研究院以株1S为母本，06EZ11为父本配组育成。2010年通过湖南省农作物品种审定委员会审定。

形态特征和生物学特性： 属籼型两系杂交中熟早稻。在湖南省作双季早稻栽培，全生育期108d。株高85.0cm，植株较矮，株型松紧适中，茎秆较粗，抗倒伏能力强。分蘖力较强，成穗率高，剑叶较短且直立，半叶下禾。穗型中等，着粒较密，谷长粒型，稃尖无色，无芒，成熟落色好。有效穗352.5万穗/hm²，每穗总粒数109.9粒，结实率76.6%，千粒重29.4g。

品质特性： 糙米率75.6%，精米率67.4%，整精米率50.9%，精米长7.0mm，长宽比3.0，垩白粒率84%，垩白度22.0%，透明度2级，碱消值6.4级，胶稠度79mm，直链淀粉含量26.8%。

抗性： 叶瘟5.0级，穗瘟8.0级，稻瘟病综合指数4.8。白叶枯病5级。

产量及适宜地区： 2008—2009年湖南省两年区试平均单产7 833.5kg/hm²，比对照株两优819增产3.2%。日产量72.8kg/hm²，比对照株两优819高2.6kg/hm²。适宜于湖南省稻瘟病轻发区作双季早稻种植。

栽培技术要点： 在湖南省作双季早稻种植，3月25日左右播种。秧田播种量225kg/hm²，大田用种量30.0～37.5kg/hm²。浸种时进行种子消毒，秧龄25～30d。软盘抛秧3.1～3.5叶，旱育秧3.5～4.0叶，水育秧4.5叶左右移栽。种植密度16.5cm×20.0cm，每穴栽插2粒谷秧。加强田间管理，注意稻瘟病等病虫害的防治。

株两优08（Zhuliangyou 08）

品种来源：湘潭市农业科学研究所以株1S、潭早08（浙733/湘早籼19//02428/湘早籼7号）为父本配组育成。分别通过湖南省（2007）和江西省（2011）农作物品种审定委员会审定。2010年获国家植物新品种权授权。

形态特征和生物学特性：属籼型两系杂交中熟早稻。在湖南省作双季早稻栽培，全生育期106d。株高82cm，株型松紧适中，剑叶较长且直立，叶鞘、叶耳、稃尖均无色，落色较好。有效穗343.5万～363.0万穗/hm²，每穗总粒数99.1～100.9粒，结实率82.2%～83.6%，千粒重29.0g。

品质特性：糙米率81.0%，精米率73.9%，整精米率61.7%，精米长6.8mm，长宽比3.1，垩白粒率86%，垩白度16.2%，透明度3级，碱消值5.8级，胶稠度62mm，直链淀粉含量20.9%，蛋白质含量10.1%。

抗性：叶瘟5级，穗瘟9级，稻瘟病综合指数7.0，高感稻瘟病。白叶枯病7级，感白叶枯病。

产量及适宜地区：2005年湖南省区试平均单产7 794.0kg/hm²，比对照湘早籼13增产15.4%；2006年续试平均单产8 098.5kg/hm²，比对照株两优819增产10.0%。两年区试平均单产7 946.3kg/hm²，比对照增产12.7%。日产量74.9kg/hm²，比对照高7.7kg/hm²。适宜于湖南省、江西省稻瘟病轻发区作早稻种植。

栽培技术要点：在湖南省作双季早稻种植，湘南3月底播种，湘中、湘北推迟3～5d播种。秧田播种量300kg/hm²，大田用种量30.0～37.5kg/hm²。秧龄30d以内、3.5～4.0叶期移栽，种植密度16.5cm×20.0cm或16.5cm×16.5cm。每穴栽插2～3粒谷秧，基本苗120万～150万苗/hm²。基肥足，追肥速，中期补。氮、磷、钾肥配合施用，适当增加磷、钾肥用量。深水活蔸，浅水分蘖，及时晒田，有水壮苞抽穗，后期干干湿湿，不脱水过早。注意防治病虫害。

株两优10 (Zhuliangyou 10)

品种来源：株洲市农业科学研究所以株1S为母本，AP（株早籼4号/超丰早1号）为父本配组育成。2011年通过湖南省农作物品种审定委员会审定。

形态特征和生物学特性：属籼型两系杂交中熟早稻。在湖南省作双季早稻栽培，全生育期112d。株高86.1cm，株型适中，茎秆粗壮，分蘖力较强，成穗率高，剑叶直立，叶下禾，穗型中等，谷长粒型，稃尖无色，偶有顶芒，成熟落色好。有效穗341.3万穗/hm²，每穗总粒数120.1粒，结实率73.5%，千粒重28.3g。

品质特性：糙米率82.0%，精米率71.8%，整精米率57.2%，精米长7.0mm，长宽比3.2，垩白粒率98%，垩白度17.6%，透明度3级，碱消值3.0级，胶稠度35mm，直链淀粉含量26.4%。

抗性：叶瘟5.5级，穗瘟8.0级，稻瘟病综合指数5.4，高感稻瘟病。苗期抗寒能力较强，抗倒伏能力强。

产量及适宜地区：2009—2010年湖南省两年区试平均单产7 383.0kg/hm²，比对照株两优819增产6.1%。日产量66.3kg/hm²，比对照株两优819高3.2kg/hm²。适宜于湖南省稻瘟病轻发区作双季早稻种植。

栽培技术要点：在湖南省作双季早稻种植，湘中地区软盘旱育秧3月25日左右播种，水育秧3月下旬播种。水育秧秧田播种量225kg/hm²，大田用种量37.5kg/hm²。软盘抛秧3.1～3.5叶、水育秧4.1～4.5叶移栽，抛栽密度30穴/m²，每穴栽插2～3粒谷秧；种植密度16.7cm×20.0cm，每穴栽插2～3粒谷秧。基肥足，追肥速，中期补。氮、磷、钾肥配合施用，适当增加磷、钾肥用量。深水活蔸，浅水分蘖，及时晒田，有水壮苞抽穗，后期干干湿湿，不宜过早脱水。及时施药防治稻瘟病、纹枯病和稻飞虱、螟虫等病虫害。

株两优100 (Zhuliangyou 100)

品种来源：湘潭市农业科学研究所以株1S为母本，中鉴100（舟优903//红突5号/84-240）为父本，采用两系法配组育成。2005年通过湖南省农作物品种审定委员会审定。2008年获国家植物新品种权授权。

形态特征和生物学特性：属籼型两系杂交中熟早稻。在湖南省作双季早稻栽培，全生育期110d。株高85cm，株型松紧适中，叶色浓绿，叶耳、稃尖无色。有效穗343.5万穗/hm²，每穗总粒数102.8粒，结实率80.9%，千粒重26.2g。

品质特性：糙米率82.9%，精米率75.0%，整精米率53.0%，精米长6.6mm，长宽比3.0，垩白粒率46%，垩白度8.0%，透明度3级，碱消值5.4级，胶稠度48mm，直链淀粉含量23.2%，蛋白质含量10.7%。

抗性：叶瘟8级，穗瘟7级，感稻瘟病。白叶枯病3级。耐肥，抗倒伏力较强。

产量及适宜地区：2002—2003年湖南省两年区试平均单产6 697.5kg/hm²，比对照湘早籼13增产3.4%。日产量61.1kg/hm²，比对照湘早籼13高1.7kg/hm²。适宜于湖南省稻瘟病轻发区作双季早稻种植。

栽培技术要点：在湖南省作双季早稻种植，3月底4月初播种。秧田播种量300kg/hm²，大田用种量37.5kg/hm²。水育秧4叶期移栽，软盘秧3.5叶期抛植。栽插或抛植30万穴/hm²，每穴栽插2～3粒谷秧。施足基肥，及时早施分蘖肥。前期浅水促蘖，中期够苗露田，后期湿润壮籽。及时防治二化螟、纵卷叶螟和纹枯病、稻瘟病等病虫害。

株两优112 (Zhuliangyou 112)

品种来源：株洲市农科所和湖南亚华种业科学研究院以株1S为母本，ZR112（中优早2号/湘早籼7号）为父本配组育成。2001年通过湖南省农作物品种审定委员会审定。

形态特征和生物学特性：属籼型两系杂交迟熟早稻。在湖南省作双季早稻栽培，全生育期110d。株高84.0cm，茎秆较粗，主茎12片叶，繁茂性好，抽穗整齐，后期落色好，不早衰，分蘖力较强，成穗率较高，谷粒长粒型。有效穗375.0万穗/hm²，穗长19.0cm，每穗总粒数100.0粒，结实率81.0%，千粒重26.0g。

品质特性：糙米率80.7%，精米率73.3%，整精米率49.4%，精米长6.7mm，长宽比3.0，垩白粒率50%，垩白度8.6%，透明度2级，碱消值5.8级，胶稠度48mm，直链淀粉含量21.8%，蛋白质含量10.7%。

抗性：不抗稻瘟病，中抗白叶枯病，苗期耐寒能力强，田间纹枯病较轻。

产量及适宜地区：1999—2000年湖南省两年区试平均单产7 158.8kg/hm²，与对照威优402相当。适宜于湖南省稻瘟病轻发区作双季早稻种植。

栽培技术要点：在湖南省作双季早稻种植，水育秧3月底播种，旱育秧3月20日播种。秧田播种量150kg/hm²，大田用种量37.5kg/hm²。播种时种子拌多效唑或烯效唑培育多蘖壮秧，旱育秧3.1～4.1叶移栽，水育秧4.1～5.1叶移栽，每穴栽插2～3粒谷秧。中等肥力田施纯氮135.0～150.0kg/hm²，五氧化二磷90.0kg/hm²，氧化钾105.0kg/hm²，采用一次性施肥方法。耙田时施34.0%水稻专用配方肥750.0kg/hm²，栽后5～7d结合施用除草剂再追施尿素75.0kg/hm²。前期干湿促分蘖，孕穗期以湿为主，抽穗期保持浅水，灌浆期以湿润为主，及时落水晒田，忌断水过早。用三氯异氰尿酸浸种，及时防治病虫害。

株两优120 (Zhuliangyou 120)

品种来源：湖南亚华种业科学研究院以株1S为母本，华120（中优早2号/湘早籼13 // 早干106）为父本配组育成。2005年通过国家农作物品种审定委员会审定。2009年获国家植物新品种权授权。

形态特征和生物学特性：属籼型两系杂交中熟早稻。在长江中下游作早稻种植，全生育期109.5d。株高85.4cm，株型适中，叶片较短，后期转色较好。有效穗349.5万穗/hm²，穗长18.8cm，每穗总粒数105.5粒，结实率75.0%，千粒重26.9g。

品质特性：整精米率51.9%，长宽比3.3，垩白粒率53%，垩白度10.9%，胶稠度49mm，直链淀粉含量22.2%。

抗性：稻瘟病平均1.8级，最高3级。白叶枯病平均6级，最高7级。

产量及适宜地区：2003—2004年长江中下游早籼早中熟组两年区试平均单产7 051.3kg/hm²，比对照浙733增产3.5%。2004年生产试验平均单产5 959.4kg/hm²，比对照浙733增产0.5%。适宜于江西、湖南、湖北、安徽、浙江的白叶枯病轻发的双季稻区作早稻种植。

栽培技术要点：在长江中下游作早稻种植，适时播种。秧田播种量300kg/hm²，大田用种量30.0～37.5kg/hm²。软盘抛秧3.1～4.1叶抛栽，水育小苗4.5叶左右移栽。抛栽密度28苗/m²，种植密度16.5cm×20.0cm，每穴栽插2粒谷秧。需肥水平中等，中等肥力土壤需施纯氮150.0kg/hm²，五氧化二磷75.0kg/hm²，氧化钾90.0kg/hm²。施足基肥，早施追肥。在水浆管理上，分蘖期干湿相间，孕穗期以湿为主，抽穗期保持田间浅水，后期干干湿湿，忌断水过早。注意及时防治白叶枯病、恶苗病、纹枯病和螟虫、稻飞虱等病虫害。

株两优124（Zhuliangyou 124）

品种来源：湖南省原子能农业应用研究所以株1S为母本，R124（湘早籼11/湘香2B）为父本配组育成。2007年通过湖南省农作物品种审定委员会审定。2009年获国家植物新品种权授权。

形态特征和生物学特性：属籼型两系杂交迟熟早稻。在湖南省作双季早稻栽培，全生育期109d。株高93cm，株型较紧凑，剑叶稍长且直立，叶鞘、稃尖均无色，落色好。有效穗340.5万穗/hm²，每穗总粒数97.0粒，结实率85.9%，千粒重27.1g。

品质特性：糙米率80.8%，精米率73.5%，整精米61.7%，精米长6.9mm，长宽比3.1，垩白粒率74%，垩白度8.9%，透明度3级，碱消值4.4级，胶稠度82mm，直链淀粉含量19.7%，蛋白质含量10.0%。

抗性：叶瘟5级，穗瘟7级，稻瘟病综合指数6.5，感稻瘟病。白叶枯病5级，中感白叶枯病。

产量及适宜地区：2005—2006年湖南省两年区试平均单产7 889.6kg/hm²，比对照金优402增产6.4%。日产量72.2kg/hm²，比对照金优402高5.4kg/hm²。适宜于湖南省稻瘟病轻发区作双季早稻种植。

栽培技术要点：在湖南省作双季早稻种植，3月底4月初播种。秧田播种量300kg/hm²，大田用种量30.0kg/hm²。秧龄30d以内，种植密度17.7cm×20.0cm。每穴栽插2～3粒谷秧，基本苗90万苗/hm²。基肥足，追肥速，中期补。氮、磷、钾肥配合施用，适当增加磷、钾肥用量。浅水活蔸、分蘖，及时晒田，有水壮苞抽穗，后期干干湿湿，不宜过早脱水。注意病虫害防治。

株两优15 （Zhuliangyou 15）

品种来源：湖南省贺家山原种场以株1S为母本，H98-15（嘉早935/中鉴26）为父本配组育成。2007年通过湖南省农作物品种审定委员会审定。

形态特征和生物学特性：属籼型两系杂交迟熟早稻。在湖南省作双季早稻栽培，全生育期110d。株高87cm，茎秆较粗，株型适宜，生长势强，剑叶中长且直立，分蘖力中等，成穗率高，谷粒长粒型，籽粒饱满，稃尖无色，无芒，成熟落色好。有效穗255.0万穗/hm²，每穗总粒数121.5粒左右，结实率82.0%，千粒重26.7g。

品质特性：糙米率80.5%，精米率72.2%，整精米率61.0%，精米长6.6mm，长宽比3.0，垩白粒率82%，垩白度11.6%，透明度3级，碱消值6.0级，胶稠度52mm，直链淀粉含量21.3%，蛋白质含量10.0%。

抗性：叶瘟5级，穗瘟9级，稻瘟病综合指数7，高感稻瘟病。白叶枯病7级，感白叶枯病。耐肥，抗倒伏能力强。

产量及适宜地区：2005—2006年湖南省两年区试平均单产7 816.9kg/hm²，比对照金优402增产5.8%。日产量72.3kg/hm²，比对照金优402高5.7kg/hm²。适宜于湖南省稻瘟病轻发区作双季早稻种植。

栽培技术要点：在湖南省作双季早稻种植，湘中、湘南4月初播种，湘北3月底播种，撒播根据气温可适当推迟到4月10日左右。秧田播种量120 ～ 150kg/hm²，大田用种量30.0kg/hm²。秧龄30d以内、4.5 ～ 5.0叶移栽，种植密度16.7cm×20.0cm。每穴栽插2 ～ 3粒谷秧，基本苗60万 ～ 90万苗/hm²。施足基肥，早施追肥。及时晒田控苗，后期定时湿润灌溉，抽穗扬花后不要脱水过早。注意病虫害，特别是纹枯病的防治。

株两优168 (Zhuliangyou 168)

品种来源：湖南湘东种业有限责任公司以株1S为母本，R168为父本配组育成。2008年通过湖南省农作物品种审定委员会审定。

形态特征和生物学特性：属籼型两系杂交迟熟早稻。在湖南省作双季早稻栽培，全生育期108d。株高85cm，株型紧凑适中，剑叶较短，叶下禾，叶色淡绿，叶鞘、稃尖无色。茎秆粗壮，分蘖能力强，成穗率高，抽穗整齐，后期落色好。有效穗352.5万穗/hm²，每穗总粒数111.5粒，结实率83.6%，千粒重26.1g。

品质特性：糙米率81.8%，精米率73.0%，整精米率57.6%，长宽比2.9，垩白粒率76.5%，垩白度9.7，透明度1级，碱消值4.8级，胶稠度88mm，直链淀粉含量22.1%，蛋白质含量9.4%。

抗性：叶瘟7级，穗瘟9级，稻瘟病综合指数7.3，高感穗瘟。白叶枯病5级，中感白叶枯病。

产量及适宜地区：2006—2007年湖南省两年区试平均单产7 772.1kg/hm²，比对照金优402增产3.6%。日产量72.0kg/hm²，比对照金优402高5.1kg/hm²。适宜于湖南省稻瘟病轻发区作双季早稻种植。

栽培技术要点：在湖南省作双季早稻种植，旱育软盘抛秧3月20日左右播种，水育秧3月30日左右播种。秧田播种量225kg/hm²，大田用种量37.5kg/hm²。用三氯异氰尿酸浸种消毒，软盘抛秧于4.0叶、水育秧于5.5叶抢晴好天气进行抛植和移栽。种植密度16.5cm×20.0cm，每穴栽插2粒谷秧，插（抛）基本苗150万～180万苗/hm²。中等肥力土壤，施水稻专用复合肥750.0kg/hm²作基肥，移栽后5～7d结合施用除草剂追施尿素75.0～112.5kg/hm²促进分蘖。孕穗期注意追施钾肥，齐穗后视苗情施肥。分蘖期浅水促进分蘖早发，总苗数达到450万苗/hm²落水晒田。生育后期均以干湿相间，保持田间湿润，切忌断水过早。根据病虫预报，及时施药防治纹枯病、稻瘟病和二化螟、稻纵卷叶螟和稻飞虱等病虫害。

株两优173（Zhuliangyou 173）

品种来源：湖南金健种业有限责任公司、中国水稻研究所和株洲市农业科学研究所以株1S为母本，R173（G99-59/中佳早3号）为父本配组育成。2010年通过湖南省和国家农作物品种审定委员会审定。

形态特征和生物学特性：属籼型两系杂交中熟早稻。在湖南省作双季早稻栽培，全生育期107d。株高87.0cm，株型适中，长势较好，剑叶中长直，分蘖力中等，穗大粒多，结实好，籽粒饱满，稃尖无色，无芒。有效穗346.5万穗/hm²，每穗总粒数112.3粒，结实率80.0%，千粒重28.2g。

品质特性：糙米率73.1%，精米率65.5%，整精米率54.2%，精米长6.9mm，长宽比3.0，垩白粒率62%，垩白度18.6%，透明度2级，碱消值5.3级，胶稠度64mm，直链淀粉含量22.7%。

抗性：叶瘟5.2级，穗瘟6.0级，稻瘟病综合指数4.6。白叶枯病5级。抗倒伏能力较强。

产量及适宜地区：2008—2009年湖南省两年区试平均单产7 867.6kg/hm²，比对照株两优819增产5.9%。日产量73.5kg/hm²，比对照株两优819高4.7kg/hm²。适宜于江西、湖南、安徽、浙江的稻瘟病轻发的双季稻区作早稻种植。

栽培技术要点：在湖南省作双季早稻种植，3月底4月初播种。秧田播种量225kg/hm²，大田用种量30.0～37.5kg/hm²，浸种时进行种子消毒。旱育小苗3.1～4.0叶抛栽，水育秧秧龄25～30d移栽。种植密度16.5cm×20.0cm，每穴栽插2粒谷秧，抛栽密度28穴/m²，基本苗120万～150万苗/hm²。加强田间管理，注意稻瘟病等病虫害的防治。

株两优176（Zhuliangyou 176）

品种来源：怀化市农业科学研究所以株1S为母本，怀176（湘早籼13/中优早81）为父本配组育成。2002年通过湖南省农作物品种审定委员会审定。

形态特征和生物学特性：属籼型两系杂交中熟早稻。在湖南省作双季早稻栽培，全生育期108d。株高95.0cm，主茎12叶，苗期叶片较披，倒3片叶直立，叶色较绿，分蘖力较弱。穗长20.0cm，每穗总粒数100.0粒，结实率88.0%，千粒重27.2g。

品质特性：糙米率82.4%，精米率74.1%，整精米率49.1%，精米长6.4mm，长宽比2.8，垩白粒率97%，垩白度12.6%，透明度2级，碱消值4.2级，胶稠度44mm，直链淀粉含量19.6%，蛋白质含量9.3%。

抗性：叶瘟4级，穗瘟7级。白叶枯病5级。耐肥，抗倒伏力较强。

产量及适宜地区：2000年湖南省区试平均单产7 659.0kg/hm²，比对照金优402增产0.4%；2001年续试平均单产7 270.8kg/hm²，比对照湘早籼19减产0.9%。两年区试平均单产7 464.9kg/hm²，日产量69.5kg/hm²。适宜于湖南省稻瘟病轻发区作双季早稻种植。

栽培技术要点：在湖南省作双季早稻种植，3月底4月初播种。秧田播种量300～450kg/hm²，大田用种量30.0～37.5kg/hm²。4.5～5.0叶龄移栽，每穴栽插双苗，插基本苗75万苗/hm²以上。中等肥力的稻田施纯氮120.0～150.0kg/hm²，五氧化二磷75.0kg/hm²，氧化钾75.0kg/hm²，以基肥为主，追肥为辅。前期浅水灌溉，中期适时晒田，后期干干湿湿，切忌脱水过早。根据当年病虫预报及时防治病虫害。

株两优189 (Zhuliangyou 189)

品种来源：怀化市农业科学研究所以株1S为母本，R189（嘉早324//中98-15/湘早籼11）为父本配组育成。分别通过湖南省（2009）和国家（2012）农作物品种审定委员会审定。

形态特征和生物学特性：属籼型两系杂交中熟早稻。在湖南省作双季早稻栽培，全生育期106d。株高88.0cm，株型较紧凑，剑叶较短且直立，叶鞘、稃尖均无色，落色好。有效穗345.5万穗/hm²，每穗总粒数127.4粒，结实率81.8%，千粒重25.5g。

品质特性：糙米率81.0%，精米率72.7%，整精米率61.4%，精米长7.0mm，长宽比3.0，垩白粒率80%，垩白度15.0%，透明度2级，碱消值5.1级，胶稠度62mm，直链淀粉含量21.2%，蛋白质含量8.8%。

抗性：稻瘟病综合指数4.5。白叶枯病7级，感白叶枯病。

产量及适宜地区：2007—2008年湖南省两年区试平均单产7 816.5kg/hm²，比对照株两优819增产3.8%。日产量73.2kg/hm²，比对照株两优819高2.4kg/hm²。适宜于江西、湖南、浙江、安徽等省的双季稻区作早稻种植。

栽培技术要点：在湖南省作双季早稻栽培，3月底4月初播种。秧田播种量225～300kg/hm²，大田用种量30.0～37.5kg/hm²。秧龄28d左右，种植密度16.5cm×20.0cm。每穴栽插2粒谷秧，基本苗120万～150万苗/hm²。基肥足，追肥速，中期补。氮、磷、钾肥配合施用，适当增加磷、钾肥用量。深水活蔸，浅水分蘖，及时晒田，有水壮苞抽穗，后期干干湿湿，不宜脱水过早。注意病虫害的防治。

株两优19（Zhuliangyou 19）

品种来源：中国水稻研究所和株洲市农业科学研究所以株1S为母本，G19为父本配组育成。2012年通过湖南省农作物品种审定委员会审定。

形态特征和生物学特性：属籼型两系杂交中熟早稻。在湖南省作双季早稻栽培，全生育期111d。株高86.3cm，株型松紧适中，长势较好，剑叶中长直，分蘖力中等。有效穗333万穗/hm²，每穗总粒数124.1粒，结实率80.2%，千粒重26.0g。

品质特性：糙米率79.3%，精米率70.6%，整精米率49.9%，精米长6.1mm，长宽比2.5，垩白粒率97%，垩白度10.7%，透明度3级，碱消值3.2级，胶稠度55mm，直链淀粉含量22.1%。

抗性：叶瘟3.8级，穗颈瘟7.3级，稻瘟病综合指数4.8。

产量及适宜地区：2010—2011年湖南省两年区试平均单产6 948.2kg/hm²，比对照株两优819增产3.1%。日产量62.7kg/hm²，比对照株两优819高1.7kg/hm²。适宜于湖南省稻瘟病轻发区作双季早稻种植。

栽培技术要点：在湖南省作双季早稻种植，3月底4月初播种，旱育秧宜适当早播。秧田播种量225kg/hm²，大田用种量30kg/hm²。稀播匀播培育多蘖壮秧，旱育小苗3.0～4.0叶抛栽，水育秧4.5～5.0叶移栽。种植密度16.5cm×20.0cm，每穴栽插2～3粒谷秧，抛栽密度28穴/m²，基本苗120万～150万苗/hm²。施足基肥，早施追肥，中等肥力土壤施纯氮150kg/hm²，五氧化二磷75kg/hm²，氧化钾90kg/hm²。分蘖期干湿相间促分蘖，当总苗数达到375万苗/hm²时落水晒田，孕穗期以湿为主，抽穗期保持田面浅水，灌浆期干干湿湿壮籽，切忌落水过早。注意根据病虫情报及时防治稻瘟病、纹枯病和螟虫、稻飞虱等病虫害。

株两优2008 (Zhuliangyou 2008)

品种来源：湖南旺农生物科技研究所和株洲市农业科学研究所以株1S为母本，R2008为父本配组育成。2011年通过湖南省农作物品种审定委员会审定。

形态特征和生物学特性：属籼型两系杂交迟熟早稻。在湖南省作双季早稻栽培，生育期113.6d。株高94.6cm，株型适中，叶姿直立，生长势强，叶鞘绿色，稃尖黄色，无芒，叶下禾，后期落色较好。有效穗330.0万穗/hm²，每穗总粒数122.3粒，结实率79.7%，千粒重28.2g。

品质特性：糙米率81.5%，精米率70.9%，整精米率55.0%，精米长7.0mm，长宽比3.2，垩白粒率98%，垩白度11.8%，透明度2级，碱消值3.0级，胶稠度30mm，直链淀粉含量24.3%。

抗性：叶瘟3.9级，穗瘟6.3级，稻瘟病综合指数4.1，高感稻瘟病。

产量及适宜地区：2009—2010年湖南省两年区试平均单产7 815.0kg/hm²，比对照金优402增产8.8%。日产量69.0kg/hm²，比对照金优402高6.8kg/hm²。适宜于湖南省稻瘟病轻发区作双季早稻种植。

栽培技术要点：在湖南省作双季早稻种植，3月底4月初播种。秧田用种量225kg/hm²，大田用种量37.5kg/hm²。秧龄控制30d以内，种植密度13.2cm×20.0cm或16.5cm×20.0cm，每穴栽插2粒谷秧。宜采用基肥足、追肥速、中期补的施肥方法，氮、磷、钾肥配合施用，适当增加磷、钾肥用量。深水活兜，浅水分蘖，及时晒田，有水壮苞抽穗，后期干干湿湿，不脱水过早。注意防治稻瘟病、二化螟、纹枯病等病虫害。

株两优21 （Zhuliangyou 21）

品种来源：湖南师范大学生命科学学院以株1S为母本，师大21（嘉早324//中98-15/湘早籼11）为父本配组育成。2009年通过湖南省农作物品种审定委员会审定。

形态特征和生物学特性：属籼型两系杂交中熟早稻。在湖南省作双季早稻栽培，全生育期107d。株高91.0cm，株型松紧适中，茎秆中粗，茎秆韧性好，生长势强，繁茂性好，抽穗整齐，剑叶中长，穗大粒多，谷粒长形，熟期适宜，成熟落色好，籽粒饱满，稃尖无色，无芒。有效穗334.5万穗/hm^2，每穗总粒数108.7粒，结实率85.0%，千粒重27.8g。

品质特性：糙米率81.6%，精米率72.9%，整精米率65.1%，精米长7.2mm，长宽比3.1，垩白粒率88%，垩白度16.0%，透明度2级，碱消值5.8级，胶稠度44mm，直链淀粉含量24.2%，蛋白质含量9.7%。

抗性：稻瘟病综合指数4.7。白叶枯病5级，中感白叶枯病。

产量及适宜地区：2007—2008年湖南省两年区试平均单产7 785.0kg/hm^2，比对照株两优819增产3.4%。日产量72.6kg/hm^2，比对照株两优819高2.0kg/hm^2。适宜于湖南省稻瘟病轻发区作双季早稻种植。

栽培技术要点：在湖南省作双季早稻种植，3月25日左右播种。秧田播种量225kg/hm^2，大田用种量30.0 ~ 37.5kg/hm^2。软盘抛秧3.1 ~ 3.5叶抛栽，旱育小苗3.5 ~ 4.0叶移栽，水育小苗4.5叶左右移栽。种植密度16.5cm×20.0cm，每穴栽插2 ~ 3粒谷秧。施肥水平中上，够苗及时晒田。用三氯异氰尿酸浸种，播种时种子拌多效唑，及时施药防治二化螟、稻纵卷叶螟、稻飞虱和纹枯病等病虫害。

株两优224 （Zhuliangyou 224）

品种来源：湖南省水稻研究所以株1S为母本，R5-224为父本配组育成。2007年通过湖南省农作物品种审定委员会审定。

形态特征和生物学特性：属籼型两系杂交迟熟早稻。在湖南省作双季早稻栽培，全生育期110d。株高86cm，株型较紧凑，剑叶较长且直立。叶鞘、稃尖均无色，落色好。有效穗363.0万穗/hm²，每穗总粒数98.9粒，结实率86.6%，千粒重26.4g。

品质特性：糙米率81.6%，精米率73.5%，整精米率58.0%，精米长6.9mm，长宽比3.3，垩白粒率51%，垩白度7.8%，透明度3级，碱消值6.0级，胶稠度72mm，直链淀粉含量21.6%，蛋白质含量10.6%。

抗性：叶瘟5级，穗瘟9级，高感稻瘟病。白叶枯病7级，感白叶枯病。

产量及适宜地区：2004—2005年湖南省两年区试平均单产7 362.2kg/hm²，比对照金优402增产1.1%。日产量68.3kg/hm²，比对照金优402高2.4kg/hm²。适宜于湖南省稻瘟病轻发区作双季早稻种植。

栽培技术要点：在湖南省稻瘟病轻发区作双季早稻种植，湘南3月25日播种，湘中、湘北适当推迟2～4d播种。秧田播种量450kg/hm²，大田用种量37.5kg/hm²。秧龄30d以内，种植密度16.7cm×20.0cm。每穴栽插2～3粒谷秧，基本苗150万苗/hm²。基肥足，追肥速，中期补。氮、磷、钾肥配合施用，适当增加磷、钾肥用量。深水活蔸，浅水分蘖，及时晒田，有水壮苞抽穗，后期干干湿湿，不脱水过早。注意病虫害防治。

株两优268 (Zhuliangyou 268)

品种来源：湖南亚华种业科学研究院以株1S为母本，华268为父本配组育成。2008年通过湖南省农作物品种审定委员会审定。

形态特征和生物学特性：属籼型两系杂交迟熟早稻。在湖南省作双季早稻栽培，全生育期110d。株高94.1cm，株型松紧适中，茎秆中粗、韧性好，抽穗整齐，剑叶中长、直立，穗大粒多，谷粒长形，籽粒饱满，稃尖无色，无芒，成熟落色好，不早衰。有效穗343.5万穗/hm²，每穗总粒数101.9粒，结实率89.2%，千粒重27.3g。

品质特性：糙米率81.6%，精米率72.7%，整精米率65.2%，精米长7.0mm，长宽比3.2，垩白粒率84%，垩白度11.1%，透明度1级，碱消值5.5级，胶稠度84mm，直链淀粉含量22.7%，蛋白质含量9.4%。

抗性：叶瘟6级，穗瘟9级，稻瘟病综合指数7，高感穗瘟。白叶枯病5级，中感白叶枯病。

产量及适宜地区：2006—2007年湖南省两年区试平均单产8 041.5kg/hm²，比对照金优402增产6.3%。日产量73.1kg/hm²，比对照金优402高5.6kg/hm²。适宜于湖南省稻瘟病轻发区作双季早稻种植。

栽培技术要点：在湖南省作双季早稻种植，3月25日左右播种。秧田播种量225kg/hm²，大田用种量30.0～37.5kg/hm²。软盘抛秧3.1～3.5叶抛栽，旱育小苗3.5～4.0叶移栽，水育小苗4.5叶左右移栽。种植密度16.5cm×20.0cm，每穴栽插2～3粒谷秧。施肥水平中上，够苗及时晒田。坚持用三氯异氰尿酸浸种，播种时种子拌多效唑，及时施药防治二化螟、稻纵卷叶螟、稻飞虱和纹枯病等病虫害。

株两优30 (Zhuliangyou 30)

品种来源：湘潭市农业科学研究所以株1S为母本，潭早30（潭早183/湘早籼7号）为父本配组育成。分别通过湖南省（2006）和国家（2007）农作物品种审定委员会审定。2009年获国家植物新品种权授权。

形态特征和生物学特性：属籼型两系杂交中熟早稻。在湖南省作双季早稻栽培，全生育期105d。株高81.9～82.0cm，分蘖力中等，茎秆粗壮，剑叶直立，叶色浓绿，叶鞘、叶耳、稃尖无色，抽穗整齐，成熟落色好。有效穗333.0万～361.5万穗/hm²，每穗总粒数104.0粒，结实率78.8%～85.8%，千粒重28.0～28.9g。

品质特性：糙米率81.7%，精米率75.5%，整精米率65.8%，精米长7.1mm，长宽比3.1，垩白粒率85%，垩白度10.6%，透明度2级，碱消值5.5级，胶稠度52mm，直链淀粉含量21.9%，蛋白质含量10.4%。

抗性：叶瘟5级，穗瘟9级，高感稻瘟病。白叶枯病5级，中感白叶枯病。

产量及适宜地区：2004—2005年湖南省两年区试平均单产7 732.4kg/hm²，比对照金优402增产5.4%。日产量73.5kg/hm²，比对照金优402高6.9kg/hm²。适宜于湖南省稻瘟病轻发区作双季早稻种植。

栽培技术要点：在湖南省作双季早稻种植，湘中3月底播种，湘南可适当提早，湘北须适当推迟。秧田播种量300kg/hm²，大田用种量37.5kg/hm²。秧龄30d以内、3.5～4.0叶移栽，种植密度16.5cm×20.0cm。每穴栽插2粒谷秧，基本苗120万～150万苗/hm²。适量施用基肥，早施追肥。及时晒田控蘖，后期实行湿润灌溉，抽穗扬花后不要脱水过早，保证充分结实灌浆。注意病虫害特别是稻瘟病和纹枯病的防治。

株两优389（Zhuliangyou 389）

品种来源：湖南亚华种业科学研究院以株1S为母本，华389为父本配组育成。2010年通过湖南省农作物品种审定委员会审定。

形态特征和生物学特性：属籼型两系杂交中熟早稻。在湖南省作双季早稻栽培，全生育期110d。株高88.6cm，株型适中，茎秆中粗，分蘖力中等，繁茂性好，叶鞘、稃尖无色，半叶下禾，成熟落色好。有效穗325.5万穗/hm²，每穗总粒数114.7粒，结实率80.4%，千粒重29.1g。

品质特性：糙米率73.7%，精米率66.3%，整精米率47.3%，精米长7.1mm，长宽比3.1，垩白粒率40%，垩白度7.0%，透明度1级，碱消值5.9，胶稠度56mm，直链淀粉含量23.6%。

抗性：叶瘟5.5级，穗瘟7.5级，稻瘟病综合指数5.3。白叶枯病5级。耐肥，抗倒伏。

产量及适宜地区：2008—2009年湖南省两年区试平均单产7 897.2kg/hm²，比对照株两优819增产4.4%。日产量71.3kg/hm²，比对照株两优819高1.5kg/hm²。适宜于湖南省稻瘟病轻发区作双季早稻种植。

栽培技术要点：在湖南省作双季早稻种植，3月下旬播种。秧田播种量225.0kg/hm²，大田用种量30.0～37.5kg/hm²。浸种时进行种子消毒。软盘旱育秧3.5～4.0叶抛栽，水育小苗4.1～5.0叶移栽。种植密度16.5cm×20.0cm，每穴栽插2粒谷秧。加强田间管理，注意稻瘟病等病虫害的防治。

株两优4024 （Zhuliangyou 4024）

品种来源：湖南农业大学和株洲市农业科学研究所以株1S为母本，R4024（99-81/湘早籼7号//优丰28/808）为父本配组育成。2009年通过湖南省和国家农作物品种审定委员会审定。

形态特征和生物学特性：属籼型两系杂交迟熟早稻。在湖南省作双季早稻栽培，全生育期108d。株高92cm，株型松紧适中，剑叶中长、较宽、直立。叶鞘、稃尖无色，熟期落色好。有效穗309.0万穗/hm²，每穗总粒数117.7粒，结实率81.3%，千粒重28.9g。

品质特性：糙米率80.2%，精米率71.6%，整精米率54.2%，精米长7.3mm，长宽比3.0，垩白粒率96%，垩白度23.8%，透明度3级，碱消值5.5级，胶稠度52mm，直链淀粉含量27.1%，蛋白质含量9.5%。

抗性：稻瘟病综合指数4.5。白叶枯病7级，感白叶枯病。

产量及适宜地区：2007—2008年湖南省两年区试平均单产8 246.5kg/hm²，比对照金优402增产3.8%。日产量75.5kg/hm²，比对照金优402高4.8kg/hm²。适宜于湖南省稻瘟病轻发区作双季早稻种植。

栽培技术要点：在湖南省作双季早稻种植，湘南3月20日播种，湘中、湘北推迟2～4d播种。秧田播种量270kg/hm²，大田用种量30.0～37.5kg/hm²。秧龄30d以内，种植密度采用13.0cm×20.0cm或16.5cm×20.0cm。每穴栽插3粒谷秧，基本苗120万苗/hm²。基肥足，追肥速，中期补。氮、磷、钾肥配合施用，适当增加磷、钾肥用量。深水活蔸，浅水分蘖，及时晒田，有水壮苞抽穗，后期干干湿湿，不宜脱水过早。注意对螟虫和纹枯病、稻瘟病等病虫害的防治。

株两优4026（Zhuliangyou 4026）

品种来源：湖南农业大学和株洲市农业科学研究所以株1S为母本，R4026为父本配组育成。2010年通过湖南省农作物品种审定委员会审定。

形态特征和生物学特性：属籼型两系杂交中熟早稻。在湖南省作双季早稻栽培，全生育期106d。株高87.0cm，株型松紧适中，剑叶中长、较宽、直立。叶鞘、稃尖无色，熟期落色好。有效穗330.0万穗/hm²，每穗总粒数112.5粒，结实率79.8%，千粒重29.3g。

品质特性：糙米率81.5%，精米率72.8%，整精米率61.8%，精米长7.0mm，长宽比3.0，垩白粒率86%，垩白度16.8%，透明度2级，碱消值6.1级，胶稠度36mm，直链淀粉含量21.4%。

抗性：叶瘟4级，穗瘟5.5级，稻瘟病综合指数3.7。白叶枯病6级。

产量及适宜地区：2007—2008年湖南省两年区试平均单产7 812.3kg/hm²，比对照株两优819增产4.15%。日产量73.5kg/hm²，比对照株两优819高3.0kg/hm²。适宜于湖南省稻瘟病轻发区作双季早稻种植。

栽培技术要点：在湖南省作双季早稻种植，湘南3月下旬播种，湘中、湘北推迟2～4d播种。秧田播种量270.0kg/hm²，大田用种量30.0～37.5kg/hm²。浸种时进行种子消毒，秧龄30d以内。种植密度16.0cm×20.0cm，每穴栽插2粒谷秧，基本苗120万苗/hm²。加强田间管理，注意稻瘟病等病虫害的防治。

株两优4290（Zhuliangyou 4290）

品种来源：德农正成长沙水稻所以株1S为母本，R4290（中丝5号//H50/中丝2号）为父本配组育成。2008年通过湖南省农作物品种审定委员会审定。

形态特征和生物学特性：属籼型两系杂交中熟早稻。在湖南省作双季早稻栽培，全生育期107d。株高85cm，株型较紧凑，剑叶较长且直立，叶鞘、稃尖均无色，落色好。有效穗327.0万穗/hm²，每穗总粒数106.1粒，结实率86.1%，千粒重26.2g。

品质特性：糙米率81.7%，精米率72.8%，整精米率66.2%，精米长6.6mm，长宽比3.0，垩白粒率94%，垩白度14.6%，透明度2级，碱消值7.0级，胶稠度66mm，直链淀粉含量21.0%，蛋白质含量9.9%。

抗性：叶瘟7级，穗瘟9级，稻瘟病综合指数7.5，高感穗瘟。白叶枯病7级，感白叶枯病。

产量及适宜地区：2006—2007年湖南省两年区试平均单产7 631.2kg/hm²，比对照株两优819增产3.0%。日产量71.4kg/hm²，比对照株两优819高1.2kg/hm²。适宜于湖南省稻瘟病轻发区作双季早稻种植。

栽培技术要点：在湖南省作双季早稻种植，旱育软盘抛秧3月15日左右播种，水育秧3月25日左右播种。秧田播种量180kg/hm²，大田用种量30.0kg/hm²。秧龄25～30d，种植密度16.5cm×20.0cm或13.2cm×20.0cm。每穴栽插2粒谷秧，抛（插）基本苗120万～150万苗/hm²。基肥足，追肥速，中期补。氮、磷、钾肥配合施用，适当增加磷、钾肥用量。深水活蔸，浅水分蘖，及时晒田，有水壮苞抽穗，后期干干湿湿，不宜过早脱水。注意病虫害防治。

株两优505 (Zhuliangyou 505)

品种来源：湖南省水稻研究所和湖南亚华种业科学研究院以株1S为母本，R505（95早鉴129/95早鉴109）为父本配组育成。2004年通过湖南省农作物品种审定委员会审定。

形态特征和生物学特性：属籼型两系杂交中熟早稻。在湖南省作双季早稻栽培，全生育期108～110d。株高88cm，株型松紧适中，生长势旺，抽穗整齐，成熟落色好。有效穗325.5万穗/hm^2，每穗总粒数102.1粒，结实率81.0%，千粒重约27.1g。

品质特性：糙米率81.0%，精米率71.2%，整精米率60.5%，长宽比为3.2，垩白粒率73.5%，垩白大小23.8%。

抗性：叶瘟4级，穗瘟3级。白叶枯病5级。耐肥，抗倒伏性中等。

产量及适宜地区：2001—2002年湖南省两年区试平均单产7 139.7kg/hm^2，比对照湘早籼19减产2.3%；2003年转组再试平均单产7 043.7kg/hm^2，比对照湘早籼13增产11.4%，极显著。三年区试平均单产7 107.7kg/hm^2。适宜于湖南省作双季早稻种植。

栽培技术要点：在湖南省作双季早稻种植，水育秧3月底播种，旱育秧3月20～25日播种。秧田播种量225kg/hm^2，大田用种量30.0～37.5kg/hm^2。播种时种子拌多效唑，旱育秧3.5～4.0叶抛秧，水育秧4.1～5.0叶移栽。种植密度16.5cm×20.0cm或抛栽28穴/m^2，每穴栽插2～3粒谷秧。及时防治二化螟、稻纵卷叶螟、稻飞虱和纹枯病等病虫害。

株两优611 (Zhuliangyou 611)

品种来源：湖南亚华种业科学研究院以株1S为母本，华611（浙9521/中优早5号）为父本配组育成。2007年通过湖南省农作物品种审定委员会审定。

形态特征和生物学特性：属籼型两系杂交迟熟早稻。在湖南省作双季早稻栽培，全生育期107d。株高83cm，株型松紧适中，分蘖力强，生长稳健，丰产性好，抽穗整齐，成穗率高，熟期适宜，成熟落色好，不早衰，籽粒饱满，稃尖无色，无芒。有效穗346.5万穗/hm²，每穗总粒数110.0粒，结实率82.7%，千粒重26.1g。

品质特性：糙米率81.1%，精米率73.9%，整精米率61.7%，精米长6.8mm，长宽比3.1，垩白粒率90%，垩白度14.6%，透明度3级，碱消值4.9级，胶稠度62mm，直链淀粉含量20.6%，蛋白质含量10.5%。

抗性：叶瘟6级，穗瘟9级，稻瘟病综合指数6.3，高感稻瘟病。白叶枯病5级，中感白叶枯病。耐肥，抗倒伏能力强。

产量及适宜地区：2005—2006年湖南省两年区试平均单产7 784.3kg/hm²，比对照金优402增产5.4%。日产量72.3kg/hm²，比对照金优402高5.9kg/hm²。适宜于湖南省稻瘟病轻发区作双季早稻种植。

栽培技术要点：在湖南省作双季早稻种植，3月25日左右播种。秧田播种量225kg/hm²，大田用种量30.0～37.5kg/hm²。用三氯异氰尿酸浸种，播种时种子拌多效唑。软盘抛秧3.1～3.5叶抛栽，旱育小苗3.5～4.0叶移栽，水育小苗4.5叶左右移栽。种植密度16.5cm×20.0cm，每穴栽插2～3粒谷秧。需肥水平中上，够苗及时晒田。及时施药防治二化螟、稻纵卷叶螟、稻飞虱和纹枯病等病虫害。

株两优706（Zhuliangyou 706）

品种来源：湖南隆平高科农平种业有限公司以株1S为母本，R706（CPSLO17/R510）为父本配组育成。2006年通过湖南省和江西省农作物品种审定委员会审定。2010年获国家植物新品种权授权。

形态特征和生物学特性：属籼型两系杂交中熟早稻。在湖南省作双季早稻栽培，全生育期103～107d。株高82.9～85.8cm，株型松紧适中，植株整齐，生长势中等，抗倒能力较强，叶色淡绿，剑叶宽大且长，落色好，不落粒。有效穗363.0万～387.0万穗/hm^2，每穗总粒数103.8～106.3粒，结实率75.3%～77.6%，千粒重25.0～25.7g。

品质特性：糙米率82.5%，精米率74.9%，整精米率65.1%，精米长6.9mm，垩白粒率80%，垩白度12.4%，透明级3级，碱消值4.2级，胶稠度40mm，直链淀粉含量20.2%，蛋白质含量10.7%。

抗性：叶瘟5级，穗瘟9级，高感稻瘟病。白叶枯病7级，感白叶枯病。

产量及适宜地区：2004—2005年湖南省两年区试平均单产7 037.1kg/hm^2，比对照湘早籼13增产6.2%。日产量66.8kg/hm^2，比对照湘早籼13高3.5kg/hm^2。适宜于湖南省、江西省稻瘟病轻发区作双季早稻种植。

栽培技术要点：在湖南省作双季早稻种植，3月底至4月初播种。秧田用种量300kg/hm^2，大田用种量37.5kg/hm^2。秧龄控制在30d以内，种植密度13.2cm×19.8cm或16.5cm×19.8cm。施足基肥，早施追肥。及时晒田控蘖，后期湿润灌溉，抽穗扬花后不宜过早脱水，保证充分结实灌浆。注意病虫害特别是稻瘟病、纹枯病的防治。

株两优729 (Zhuliangyou 729)

品种来源：湖南旺农生物科技研究所和株洲市农业科学研究所以株1S为母本，E7299（E599/浙辐802）为父本配组育成。2011年通过湖南省农作物品种审定委员会审定。

形态特征和生物学特性：属籼型两系杂交中熟早稻。在湖南省作双季早稻栽培，全生育期112d。株高90.3cm，株型适中，剑叶宽长，生长旺盛，属叶下禾，后期落色好。有效穗307.5万穗/hm²，每穗总粒数127.0粒，结实率75.9%，千粒重28.5g。

品质特性：糙米率81.8%，精米率68.2%，整精米率57.6%，长宽比2.8，垩白粒率100%，垩白度16.0%。

抗性：叶瘟4.9级，穗瘟8.1级，稻瘟病综合指数5.4，高感稻瘟病。

产量及适宜地区：2009—2010年湖南省两年区试平均单产7 431.0kg/hm²，比对照株两优819增产6.9%。日产量66.5kg/hm²，比对照株两优819高3.3kg/hm²。适宜于湖南省稻瘟病轻发区作双季早稻种植。

栽培技术要点：在湖南省作双季早稻种植，3月底至4月初播种。秧田播种量225kg/hm²，大田用种量37.5kg/hm²。浸种时用三氯异氰尿酸进行消毒，稀播培育壮秧。4.5叶前后移栽，秧龄控制在30d以内。种植密度16.5cm×20.0cm，每穴栽插2～3粒谷秧。基肥足，追肥速，中期补。氮、磷、钾肥配合施用，适当增加磷、钾肥用量。深水活蔸，浅水分蘖，及时晒田。有水壮苞抽穗，后期干干湿湿，不宜过早脱水。注意防治稻瘟病、纹枯病和二化螟等病虫害。及时收获，防止后期落粒。

株两优811 (Zhuliangyou 811)

品种来源：湖南广阔天地科技有限公司和湖南亚华种业科学研究院以株1S为母本，华811为父本配组育成。2008年通过湖南省农作物品种审定委员会审定。

形态特征和生物学特性：属籼型两系杂交中熟早稻。在湖南省作双季早稻栽培，全生育期107d。株高88.3cm，株型松紧适中，分蘖力较强，生长势中等，成穗率高，成熟落色好，不早衰，籽粒饱满，稃尖无色，无芒。有效穗337.5万穗/hm²，每穗总粒数102.8粒，结实率85.2%，千粒重27.9g。

品质特性：糙米率81.9%，精米率74.0%，整精米率63.5%，精米长7.1mm，长宽比3.2，垩白粒率64%，垩白度9.3%，透明度1级，碱消值5.4级，胶稠度74mm，直链淀粉含量22.7%，蛋白质含量9.8%。

抗性：叶瘟7级，穗瘟9级，稻瘟病综合指数7，高感穗瘟。白叶枯病5级，中感白叶枯病。

产量及适宜地区：2006—2007年湖南省两年区试平均单产7 602.1kg/hm²，比对照株两优819增产2.7%。日产量71.1kg/hm²，比对照株两优819高0.8kg/hm²。适宜于湖南省稻瘟病轻发区作双季早稻种植。

栽培技术要点：在湖南省作双季早稻种植，3月25日左右播种。秧田播种量225kg/hm²，大田用种量30.0 ～ 37.5kg/hm²。软盘抛秧3.1 ～ 3.5叶抛栽，旱育小苗3.5 ～ 4.0叶移栽，水育小苗4.5叶左右移栽。种植密度16.5cm×20.0cm，每穴栽插2 ～ 3粒谷秧。需肥水平中上，够苗及时晒田。坚持用三氯异氰尿酸浸种，播种时种子拌多效唑，及时施药防治二化螟、稻纵卷叶螟、稻飞虱和纹枯病等病虫害。

株两优819 (Zhuliangyou 819)

品种来源：湖南亚华种业科学研究院以株1S为母本，华819（ZR02/中94-4）为父本配组育成。分别通过湖南省（2005）和江西省（2006）农作物品种审定委员会审定。2009年获国家植物新品种权授权。

形态特征和生物学特性：属籼型两系杂交中熟早稻。在湖南省作双季早稻栽培，全生育期106d。株高82cm，株型松紧适中，茎秆中粗，长势旺，分蘖力强，成穗率高，抽穗整齐，成熟落色好，籽粒饱满，稃尖无色，无芒。有效穗354.0万穗/hm²，每穗总粒数109.6粒，结实率79.8%，千粒重24.7g。

品质特性：糙米率81.8%，精米率72.2%，整精米率68.0%，精米长6.5mm，长宽比3.0，垩白粒率60%，垩白度9.9%，透明度2级，碱消值4.9级，胶稠度60mm，直链淀粉含量22.1%，蛋白质含量10.8%。

抗性：叶瘟5级，穗瘟5级，感稻瘟病。白叶枯病5级。

产量及适宜地区：2003—2004年湖南省两年区试平均单产7 057.2kg/hm²，比对照湘早籼13增产10.1%。日产量66.3kg/hm²，比对照湘早籼13高6.5kg/hm²。适宜于湖南省稻瘟病轻发区作双季早稻种植。

栽培技术要点：在湖南省作双季早稻栽培，旱育秧3月25日播种，水育秧3月底播种。秧田播种量225kg/hm²，大田用种量30.0 ~ 37.5kg/hm²。软盘旱育秧3.5 ~ 4.0叶抛栽，水育小苗4.1 ~ 5.0叶移栽。种植密度16.5cm×20.0cm或抛栽28穴/m²，每穴栽插2粒谷秧。需肥水平中等，够苗及时晒田，用三氯异氰尿酸浸种，播种时种子拌多效唑2g/kg，及时施药防治二化螟、稻纵卷叶螟、稻飞虱和纹枯病等病虫害。

株两优829 (Zhuliangyou 829)

品种来源：湖南省水稻研究所和株洲市农业科学研究所以株1S为母本，E829为父本配组育成。2013年通过湖南省农作物品种审定委员会审定。

形态特征和生物学特性：属籼型两系杂交中熟早稻。在湖南省作双季早稻栽培，全生育期109.6d。株高88.7cm，株型松紧适中，长势较好，剑叶中长直，分蘖力中等。有效穗315万穗/hm²，每穗总粒数118.0粒，结实率85.5%，千粒重26.6g。

品质特性：糙米率80.2%，精米率71.0%，整精米率52.7%，精米长6.5mm，长宽比2.7，垩白粒率97%，垩白度14.6%，透明度3级，碱消值3.0级，胶稠度67mm，直链淀粉含量25.7%。

抗性：叶瘟4.2级，穗瘟6.4级，稻瘟病综合指数4.3。白叶枯病5级。

产量及适宜地区：2011—2012年湖南省两年区试平均单产7 355.6kg/hm²，比对照株两优819增产4.7%。日产量67.2kg/hm²，比对照株两优819高2.4kg/hm²。适宜于湖南省稻瘟病轻发区作双季早稻种植。

栽培技术要点：在湖南省作双季早稻种植，3月底4月初播种，旱育秧宜适当早播。秧田播种量225kg/hm²，大田用种量30kg/hm²。稀播匀播培育多蘖壮秧，旱育小苗3.0～4.0叶抛栽，水育秧4.5～5.0叶移栽。种植密度16.5cm×20.0cm，每穴栽插2～3粒谷秧，抛栽密度28穴/m²，基本苗120万～150万苗/hm²。施足基肥，早施追肥。分蘖期干湿相间促分蘖，当总苗数达到25万苗/hm²时落水晒田。孕穗期以湿为主，抽穗期保持田面浅水，灌浆期干干湿湿壮籽，切忌落水过早。注意根据病虫情报及时防治稻瘟病、纹枯病和螟虫、稻飞虱等病虫害。

株两优83（Zhuliangyou 83）

品种来源：湘潭市农业科学研究所和湖南亚华种业科学研究院以株1S为母本，潭早籼4号（浙733/02428）为父本配组育成。2002年通过湖南省农作物品种审定委员会审定。2006年获国家植物新品种权授权。

形态特征和生物学特性：属籼型两系杂交中熟早稻。在湖南省作双季早稻栽培，全生育期109d。株高90cm，株型松紧适中，茎秆粗壮，分蘖力中强，主茎12.8叶，剑叶长32.5cm，夹角较小，叶色浓绿，叶鞘、叶耳无色，前期叶片细长，后期叶片宽厚，半叶下禾，谷粒长而圆，饱满度好，成熟落色好，不早衰。穗长19.0cm，每穗着粒100.0粒，结实率80.0%，千粒重27.5～28.2g。

品质特性：糙米率83.0%，精米率69.6%，整精米率44.5%，垩白粒率100%，垩白度9.8%～21.0%。

抗性：叶瘟6级，穗瘟5级。白叶枯病5级。抗寒性强。

产量及适宜地区：2000—2001年湖南省两年区试平均单产7 650.0kg/hm²，比对照金优402增产2.3%。日产量70.4kg/hm²，比对照金优402增产5.9%。适宜于湖南省稻瘟病轻发区作双季早稻种植。

栽培技术要点：在湖南省作双季早稻种植，3月底播种。秧田播种量375.0kg/hm²，大田用种量37.5kg/hm²。4月中下旬插秧或抛植，秧龄以25d左右为宜，抛或插植30万穴/hm²。氮、磷、钾肥全面配套施足施好大田基肥，插后5～7d早施重施促蘖肥，基、追肥比例以6：4为宜。5月20日前后，总苗数达450万苗/hm²时排水露田促根壮秆，生育中后期干湿交替，湿润稳长促大穗促结实。齐穗后视情适量补施壮籽肥，争粒重、夺高产。

株两优90 (Zhuliangyou 90)

品种来源：湖南省水稻研究所以株1S为母本，E3590（湘早籼24/早308//中9819）为父本配组育成。2008年通过湖南省农作物品种审定委员会审定。

形态特征和生物学特性：属籼型两系杂交中熟早稻。在湖南省作双季早稻栽培，全生育期107d。株高90cm，株型松紧适中，茎秆较粗壮，叶片挺直上举，叶鞘、稃尖均无色，叶下禾，熟期落色好。有效穗345.0万穗/hm²，每穗总粒数104.0粒，结实率85.0%，千粒重27.8g。

品质特性：糙米率82.0%，精米率73.7%，整精米率61.2%，精米长6.7mm，长宽比2.9，垩白粒率98%，垩白度18.1%，透明度2级，碱消值5级，胶稠度83mm，直链淀粉含量25.9%，蛋白质含量9.5%。

抗性：叶瘟6级，穗瘟9级，稻瘟病综合指数6.5，高感穗瘟。白叶枯病5级，中感白叶枯病。

产量及适宜地区：2006—2007年湖南省两年区试平均单产7 927.3kg/hm²，比对照株两优819增产6.7%。日产量74.0kg/hm²，比对照株两优819高3.9kg/hm²。适宜于湖南省稻瘟病轻发区作双季早稻种植。

栽培技术要点：在湖南省作双季早稻种植，3月底4月初播种。秧田播种量450kg/hm²，大田用种量45.0～52.5kg/hm²。浸种时应进行种子消毒，秧龄30d左右。种植密度13.2cm×20.0cm或16.5cm×20.0cm，每穴栽插1～2粒谷秧，插基本苗150万苗/hm²。施足基肥，早施、重施追肥。及时晒田控蘖，后期湿润灌溉，抽穗扬花后不要脱水过早。及时防治螟虫、稻纵卷叶螟及稻飞虱。

株两优971 （Zhuliangyou 971）

品种来源：怀化市农科所和湖南亚华种业科学研究院以株1S为母本，怀9710为父本配组育成。分别通过湖南省（2001）和江西省（2006）农作物品种审定委员会审定或引种。

形态特征和生物学特性：属籼型两系杂交中熟早稻。在湖南省作双季早稻栽培，全生育期109d。株高90cm，株型松紧适中，主茎12片叶，叶片直立，长短适中，叶色较绿。分蘖力较强，成穗率较高，抽穗整齐，成熟落色好。有效穗330.0万穗/hm²，穗长20cm，每穗总粒数102.0粒，结实率83.0%，千粒重26.2g。

品质特性：米质一般。

抗性：易感稻瘟病，中抗白叶枯病。耐肥，抗倒伏性较强。

产量及适宜地区：1999—2000年湖南省两年区试平均单产7 138.5kg/hm²，比对照金优402增产0.7%。适宜于湖南省稻瘟病轻发区作双季早稻种植。

栽培技术要点：在湖南省作双季早稻种植，3月底4月初播种。秧田播种量300～450kg/hm²，大田用种量22.5～30.0kg/hm²。4.5～5.0叶移栽，秧龄期25～30d。种植密度13.2cm×18.0cm，每穴栽插双苗，插基本苗60万苗/hm²以上。在中等肥力稻田种植，施纯氮120.0～150.0kg/hm²，五氧化二磷75.0kg/hm²，氧化钾75.0kg/hm²。基肥为主，追肥为辅。前期浅水灌溉，早追肥促分蘖。中期适时晒田，壮秆促大穗。后期干干湿湿，切忌脱水过早。及时防治病虫害。

株两优99 (Zhuliangyou 99)

　　品种来源：湖南省水稻研究所以株1S为母本，E599（早33/超丰早1号）为父本，采用两系法配组育成。分别通过湖南省（2004）和江西省（2005）农作物品种审定委员会审定。2008年获国家植物新品种权授权。

　　形态特征和生物学特性：属籼型两系杂交中熟早稻。在湖南省作双季早稻栽培，全生育期110d。株高90cm，叶片挺直、厚实，株型松紧适度，茎秆较粗壮、坚韧，抗倒性好。有效穗285.6万穗/hm²，穗长21.0cm，每穗总粒数110.0粒，结实率80.0%，千粒重28.0g。

　　品质特性：糙米率82.0%，精米率70.2%，整精米率67.0%，长宽比为3.1，垩白粒率37%，垩白度9.0%。

　　抗性：叶瘟9级，穗瘟9级。白叶枯病3级。

　　产量及适宜地区：2002—2003年湖南省两年区试平均单产6 835.5kg/hm²，较对照湘早籼13增产5.4%。适宜于湖南省稻瘟病轻发区作双季早稻种植。

　　栽培技术要点：在湖南省作双季早稻种植，3月底至4月初播种。秧田播种量450kg/hm²，大田用种量45.0～52.5kg/hm²。浸种时应进行种子消毒，秧龄30d左右。种植密度为13.2cm×19.8cm或16.5cm×19.8cm，每穴栽插2～3粒谷秧，基本苗150万苗/hm²。施足基肥，早施追肥。基肥以有机肥为主，根据大田生长情况适当早施追肥。及时晒田控蘖，后期实行湿润灌溉，抽穗扬花后不要脱水过早，保证充分结实灌浆。大田应及时防治螟虫、稻纵卷叶螟及稻飞虱。

准两优1102（Zhunliangyou 1102）

品种来源：湖南隆平高科农平种业有限公司和国家杂交水稻工程技术研究中心以准S（N8S/怀早4号//湘香2B///早优1号）为母本，R1102（蜀恢527/AG）为父本配组育成。分别通过国家（2007）和湖南省（2008）农作物品种审定委员会审定。

形态特征和生物学特性：属籼型两系杂交迟熟中稻。在湖南省作中稻栽培，全生育期142d。株高115cm，株型紧凑，叶下禾，分蘖力强，茎秆较细，不耐高肥，抗倒性一般，抽穗整齐，叶色淡绿，叶片宽、长、略披，叶鞘、稃尖无色，谷粒长形，有少量短顶芒，落色好。有效穗252.0万穗/hm²，每穗总粒数128.0粒，结实率91.0%，千粒重32.6g。

品质特性：糙米率81.1%，精米率72.3%，整精米率42.2%，精米长7.4mm，长宽比3.4，垩白粒率50%，垩白度8.4%，透明度2级，胶稠度79mm，直链淀粉含量22.6%，蛋白质含量8.5%。

抗性：叶瘟3级，穗瘟7级，损失率6.7%，稻瘟病综合指数3.5，感穗瘟。易感纹枯病。抗寒能力较强，抗高温能力较好。

产量及适宜地区：2006—2007年湖南省两年区试平均单产8 517.0kg/hm²，比对照Ⅱ优58增产5.5%。日产量59.7kg/hm²，比对照Ⅱ优58高3.8kg/hm²。适宜于云南、贵州、重庆的中低海拔籼稻区（武陵山区除外）、湖南山丘区、四川平坝丘陵稻区、陕西南部稻区的稻瘟病轻发区作一季中稻种植。

栽培技术要点：在湖南省山丘区作中稻种植，宜与Ⅱ优58同期播种。秧田播种量225kg/hm²，大田用种量22.5kg/hm²。适时移栽，秧龄控制在30d以内。合理密植，种植密度20.0cm×23.3cm或20.0cm×26.7cm。施足基肥，早施追肥。及时晒田控蘖，后期湿润灌溉，抽穗扬花后不要脱水过早。注意病虫害特别是纹枯病防治。

准两优1141 (Zhunliangyou 1141)

品种来源：湖南隆平种业有限公司和国家杂交水稻工程技术研究中心以准S为母本，R1141（蜀恢527/盐恢559）为父本配组育成。分别通过湖南省（2008）和重庆市（2010）农作物品种审定委员会审定或引种。

形态特征和生物学特性：属籼型两系杂交迟熟中稻。在湖南省作中稻栽培，全生育期145d。株高122cm，株型适中，叶下禾，分蘖力一般，抽穗整齐，叶色淡绿，叶片宽、长，叶略披，叶鞘、稃尖无色。谷粒长形，有短顶芒，落色较好。有效穗229.5万穗/hm²，每穗总粒数150.0粒，结实率88.0%，千粒重32.9g。

品质特性：糙米率79.2%，精米率70.5%，整精米率46.6%，精米长7.3mm，长宽比3.2，垩白粒率50%，垩白度7.9%，透明度2级，碱消值4.5级，胶稠度79mm，直链淀粉含量23.0%，蛋白质含量8.2%。

抗性：叶瘟4级，穗瘟9级，稻瘟病综合指数6，高感穗瘟。抗寒能力较强，抗高温能力较好。

产量及适宜地区：2006—2007年湖南省两年区试平均单产8 695.5kg/hm²，比对照Ⅱ优58增产8.4%。日产量59.7kg/hm²，比对照Ⅱ优58高4.5kg/hm²。适宜于湖南省稻瘟病轻发的山丘区和重庆市海拔800m以下地区作中稻种植。

栽培技术要点：在湖南省山丘区作中稻种植，宜与Ⅱ优58同期播种。秧田播种量225kg/hm²，大田用种量22.5kg/hm²。适时移栽，秧龄控制在30d以内。合理密植，种植密度20.0cm×23.3cm或20.0cm×26.7cm。施足基肥，早施追肥。及时晒田控蘖，后期湿润灌溉，抽穗扬花后不要脱水过早。注意病虫害特别是纹枯病防治。

准两优143（Zhunliangyou 143）

品种来源：湖南杂交水稻研究中心以准S为母本，早优143（龚品6-29/95早鉴109）为父本配组育成。2008年通过湖南省农作物品种审定委员会审定。

形态特征和生物学特性：属籼型两系杂交迟熟早稻。在湖南省作双季早稻栽培，全生育期106d。株高77cm，株型紧凑，茎秆坚韧，叶色较浅，叶耳、叶舌、叶鞘无色。主茎12.5叶，剑叶长38cm、宽1.5cm，夹角较小，成熟落色好，不早衰。分蘖力较强。有效穗354.0万穗/hm²，每穗总粒数90.0粒，结实率85.0%，千粒重28.0g。

品质特性：糙米率80.6%，精米率73.1%，整精米率62.8%，精米长7.0mm，长宽比3.2，垩白粒率60%，垩白度7.1%，透明度2级，胶稠度62mm，直链淀粉含量20.3%，蛋白质含量10.8%。

抗性：叶瘟4级，穗瘟9级，稻瘟病综合指数5.8，高感穗瘟。白叶枯病7级，感白叶枯病。

产量及适宜地区：2005年湖南省早籼中熟组区试平均单产7 569.0kg/hm²，比对照湘早籼13增产12.1%；2006年转早籼迟熟组续试平均单产7 845.2kg/hm²，比对照金优402增产4.3%。两年区试平均单产7 707.1kg/hm²，日产量72.3kg/hm²。适宜于湖南省稻瘟病轻发区作双季早稻种植。

栽培技术要点：在湖南省作双季早稻种植，3月下旬抢晴天播种。4月下旬抛秧或移栽，移栽插30万穴/hm²，抛秧基本苗120万～135万苗/hm²。施纯氮225.0kg/hm²，五氧化二磷135.0kg/hm²，氧化钾165.0kg/hm²，施肥以基肥为主、追肥为辅，后期看苗施肥，有机肥与化肥适量搭配。后期不宜过早脱水。

准两优199（Zhunliangyou 199）

品种来源：湖南隆平种业有限公司、湖南杂交水稻研究中心和湖南隆平超级杂交稻工程研究中心有限公司以准S为母本，R199为父本配组育成。2010年通过湖南省农作物品种审定委员会审定。

形态特征和生物学特性：属籼型两系杂交一季晚稻。在湖南省作一季晚稻种植，全生育期125d。株高114.0cm，株型松紧适中，繁茂性好，生长整齐，穗大粒多，后期落色好。有效穗239.3万穗/hm²，每穗总粒数159.5粒，结实率83.5%，千粒重30.3g。

品质特性：糙米率81.1%，精米率72.7%，整精米率55.9%，精米长7.1mm，长宽比3.0，垩白粒率37%，垩白度7.2%，透明度2级，碱消值4.8级，胶稠度55mm，直链淀粉含量20.1%，蛋白质含量10.6%。

抗性：叶瘟5.9级，穗瘟9.0级，稻瘟病综合指数6.9。白叶枯病5级。耐高温能力强。

产量及适宜地区：2008—2009年湖南省两年区试平均单产8 880.0kg/hm²，比对照汕优63增产6.2%。日产量70.8kg/hm²，比对照汕优63高3.5kg/hm²。适宜于湖南省稻瘟病轻发区作一季晚稻种植。

栽培技术要点：在湖南省作一季晚稻种植，5月下旬播种。秧田播种量180kg/hm²，大田用种量22.5kg/hm²。种植密度20.0cm×26.0cm，每穴栽插2粒谷秧，基本苗90万～105万苗/hm²。适宜在中等肥力水平下种植，施肥以基肥和有机肥为主。前期重施，早施追肥，后期看苗施肥。前期浅水，中期轻搁，后期采用干干湿湿灌溉，断水不宜过早。注意及时防治稻瘟病等病虫害。

准两优312 (Zhunliangyou 312)

品种来源：国家杂交水稻工程技术研究中心清华深圳龙岗研究所以准S为母本，嘉早312（嘉早935/Z95-05//Z96-10）为父本配组育成。2008年通过湖南省农作物品种审定委员会审定。2014年获国家植物新品种权授权。

形态特征和生物学特性：属籼型两系杂交中熟早稻。在湖南省作双季早稻栽培，全生育期108d。株高80cm，株型较紧凑，剑叶较长且直立，叶鞘、稃尖均无色，落色好。有效穗357.0万穗/hm²，每穗总粒数91.0粒，结实率88.6%，千粒重27.5g。

品质特性：糙米率81.7%，精米率72.7%，整精米率65.3%，精米长7.0mm，长宽比3.2，垩白粒率54%，垩白度5.0%，胶稠度84mm，直链淀粉含量21.1%，蛋白质含量9.2%。

抗性：叶瘟9级，穗瘟9级，稻瘟病综合指数8.0，高感稻瘟病。白叶枯病5级，中感白叶枯病。

产量及适宜地区：2006—2007年湖南省两年区试平均单产7 595.6kg/hm²，比对照株两优819增产2.6%。日产量70.7kg/hm²，比对照株两优819高1.7kg/hm²。适宜于湖南省稻瘟病轻发区作双季早稻种植。

栽培技术要点：在湖南省作双季早稻种植，湘南3月22日播种，湘中、湘北推迟2～4d播种。秧田播种量225～450kg/hm²，大田用种量33.8kg/hm²。秧龄45d以内，种植密度20.0cm×20.0cm或13.0cm×26.0cm或16.0cm×26.0cm。每穴栽插3粒谷秧，基本苗112.5万苗/hm²。基肥足，追肥速，中期补。氮、磷、钾肥配合施用，适当增施磷、钾肥。深水活蔸，浅水分蘖，及时晒田，有水壮苞抽穗，后期干干湿湿，不宜脱水过早。注意防治稻瘟病等病虫害。

准两优49 （Zhunliangyou 49）

品种来源：湖南杂交水稻研究中心以准S为母本，中品49为父本配组育成。2008年通过湖南省农作物品种审定委员会审定。

形态特征和生物学特性：属籼型两系杂交中熟早稻。在湖南省作双季早稻栽培，全生育期108d。株高85.0cm，株型适中，茎秆坚韧，分蘖力一般，成熟落色好，不早衰。叶色较浅，叶耳、叶舌、叶鞘无色，主茎13叶左右，剑叶长40cm、宽1.5cm，夹角较小。有效穗300.0万～349.5万穗/hm²，每穗总粒数105.0粒，结实率85.0%，千粒重27.0g。

品质特性：糙米率80.4%，精米率73.2%，整精米率63.9%，精米长7.0mm，长宽比3.3，垩白粒率36%，垩白度4.3%，胶稠度41mm，直链淀粉含量19.4%，蛋白质含量10.4%。

抗性：叶瘟5级，穗瘟9级，稻瘟病综合指数7.3，高感穗瘟。白叶枯病7级，感白叶枯病。

产量及适宜地区：2005年湖南省早籼迟熟组区试平均单产7 635.0kg/hm²，比对照金优402增产5.3%；2006年转早籼中熟组续试平均单产7 829.0kg/hm²，比对照株两优819增产6.3%。两年区试平均单产7 732.0kg/hm²，日产量71.4kg/hm²。适宜于湖南省稻瘟病轻发区作双季早稻种植。

栽培技术要点：在湖南省作双季早稻种植，3月下旬抢晴天播种。4月下旬抛秧或移栽，插30万穴/hm²，抛秧基本苗120万～135万苗/hm²。施纯氮225.0kg/hm²，五氧化二磷135.0kg/hm²，氧化钾165.0kg/hm²，以基肥为主，追肥为辅，后期看苗施肥，有机肥与化肥适量搭配。后期不宜脱水过早。

准两优527（Zhunliangyou 527）

品种来源：湖南杂交水稻研究中心和四川农业大学水稻研究所以准S为母本，蜀恢527为父本配组育成。分别通过湖南省（2003）、重庆市（2005）、贵州省（2005）、国家（2005、2006）和福建省（2006）农作物品种审定委员会审定或引种。2006年获国家植物新品种权授权。

形态特征和生物学特性：属籼型两系杂交迟熟中稻。在湖南省作中稻栽培，全生育期133～142d。株高125.0cm，植株整齐，株型适中，茎秆弹性好。叶色淡绿，主茎16叶，剑叶长40.0cm、宽2.5cm，叶片挺立，属叶下禾。分蘖力中等，后期耐寒性强，熟期落色好，不早衰。有效穗225.0万穗/hm²，穗长24.0cm，每穗总粒数140.0粒，结实率85.5%～90.3%，千粒重30.6g。

品质特性：糙米率80.0%，精米率72.5%，整精米率56.8%，垩白粒率49.5%，垩白度7.6%，胶稠度66mm，碱消值5.0，直链淀粉含量21.1%。

抗性：叶瘟3级，穗瘟5级。白叶枯病5级。

产量及适宜地区：2001年湖南省区试平均单产10 659.0kg/hm²，比对照汕优63增产10.3%；2002年续试比对照Ⅱ优58增产13.5%。两年区试平均单产9 819.0kg/hm²。适宜于海南、广西南部、广东中南部的稻瘟病、白叶枯病轻发的双季稻区作早稻种植，适宜于福建、江西、湖南、湖北、安徽、浙江、江苏的长江流域稻区以及河南南部稻区的白叶枯病轻发区作一季中稻种植和贵州、湖南、湖北、重庆的武陵山区稻区海拔800m以下的稻瘟病轻发区作一季中稻种植。

栽培技术要点：在湖南省作中稻种植，宜在4月15～20日播种。秧田播种量225kg/hm²，大田用种量22.5kg/hm²。秧龄期30d，种植密度以19.8cm×23.1cm或23.1cm×23.1cm为宜，插足基本苗90万苗/hm²。宜在中等肥力水平下栽培，施肥以基肥和有机肥为主。前期重施，早施追肥，后期看苗施肥。后期采用干干湿湿灌溉，不要脱水过早。注意病虫害的防治。

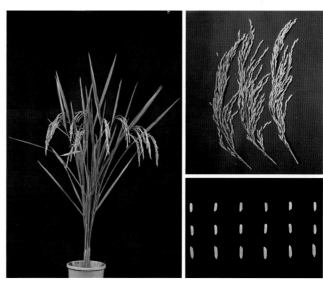

准两优608（Zhunliangyou 608）

品种来源：湖南隆平种业有限公司和江西科源种业有限公司以准S为母本，R608（R2188/蜀恢527）为父本配组育成。分别通过国家（2009）和湖南省（2010）农作物品种审定委员会审定。

形态特征和生物学特性：属籼型两系杂交一季晚稻或迟熟中稻。在湖南省作一季晚稻栽培，全生育期124d；作中稻种植，全生育期141d。株高111.0～125.0cm，株型松紧适中，繁茂性好，生长整齐，穗大粒多，后期落色好。有效穗231.0万～247.5万穗/hm²，每穗总粒数160.0粒，结实率78.4%，千粒重29.3g。

品质特性：一季晚稻糙米率82.2%，精米率74.7%，整精米率64.2%，精米长7.2mm，长宽比3.1，垩白粒率14%，垩白度1.9%，透明度1级，碱消值5.8级，胶稠度61mm，直链淀粉含量20.2%，蛋白质含量10.9%；中稻糙米率80.2%，精米率71.5%，整精米率56.0%，精米长7.0mm，长宽比3.0，垩白粒率28%，垩白度7.3%，透明度2级，碱消值4.6级，胶稠度56mm，直链淀粉含量22.2%，蛋白质含量8.3%。

抗性：一季晚稻叶瘟5.3级，穗瘟8.0级，稻瘟病综合指数6.3。白叶枯病5级，耐高温能力强；中稻叶瘟3级，穗瘟7级，稻瘟病综合指数5.0。抗寒性、抗高温能力强。

产量及适宜地区：2007年湖南省迟熟晚稻区试平均单产7 100.1kg/hm²，比对照威优46增产3.4%。2008年转一季晚稻组续试平均单产8 988.2kg/hm²，比对照汕优63增产4.6%。2008—2009年湖南省迟熟中稻两年区试平均单产8 032.5kg/hm²，比对照Ⅱ优58减产1.7%。适宜于广西中北部、广东北部、福建中北部、江西中南部、湖南中南部、浙江南部的稻瘟病、白叶枯病轻发的双季稻区作晚稻种植，适宜于湖南省稻瘟病轻发区作一季晚稻种植和稻瘟病轻发的山丘区作中稻种植，适宜于湖北省鄂西南以外地区作中稻种植，但稻瘟病常发区、重发区不宜种植。

栽培技术要点：在湖南省作中稻种植，4月下旬播种；作一季晚稻栽培，5月下旬播种。秧田播种量180kg/hm²，大田用种量22.5kg/hm²。种植密度20.0cm×26.0cm，每穴栽插2粒谷秧，基本苗90万～105万苗/hm²。适宜在中等肥力水平下栽培，施肥以基肥和有机肥为主。前期重施，早施追肥，后期看苗施肥。在水浆管理上，前期浅水，中期轻搁，后期采用干干湿湿灌溉，断水不宜过早。注意及时防治稻瘟病、白叶枯病等病虫害。

准两优893 (Zhunliangyou 893)

品种来源：湖南隆平高科农平种业有限公司和张文春以准S为母本，R893（R632/桂99）为父本配组育成。分别通过湖南省（2007）、国家（2008）和江西省（2008）农作物品种审定委员会审定。2010年获国家植物新品种权授权。

形态特征和生物学特性：属籼型两系杂交迟熟晚稻。在湖南省作双季晚稻栽培，全生育期123d。株高107cm，株型松紧适中，茎秆坚韧，叶色淡绿，剑叶直立，叶鞘无色，后期落色好。有效穗285.0万穗/hm²，每穗总粒数138.0粒，结实率80.0%，千粒重27.0g。

品质特性：糙米率81.6%，精米率72.8%，整精米率63.6%，精米长7.2mm，长宽比3.4，垩白粒率11%，垩白度2.1%，透明度1级，碱消值6.1级，胶稠度79mm，直链淀粉含量24.3%，蛋白质含量8.8%。

抗性：叶瘟7级，穗瘟9级，稻瘟病综合指数7.5，高感稻瘟病。白叶枯病7级，感白叶枯病。抗低温能力较强，耐肥，抗倒伏。

产量及适宜地区：2005—2006年湖南省两年区试平均单产7 784.8kg/hm²，比对照威优46增产6.3%。日产量63.2kg/hm²，比对照威优46高2.6kg/hm²。适宜于广西中北部、广东北部、福建中北部、江西中南部、湖南中南部、浙江南部的稻瘟病、白叶枯病轻发的双季稻区作晚稻种植。

栽培技术要点：在湖南省作双季晚稻种植，6月15日左右播种。秧田播种量225kg/hm²，大田用种量22.5kg/hm²。秧龄控制在30d以内，叶龄控制在4.5～5.0叶移栽。种植密度16.7cm×20.0cm或16.7cm×23.3cm，每穴栽插2粒谷秧，基本苗135万～150万苗/hm²。应施足底肥，早施追肥。及时晒田控蘖，后期实行湿润灌溉，抽穗扬花后不要脱水过早，保证充分结实灌浆。注意对病虫害特别是稻瘟病的防治。

参考文献

白德朗，罗孝和，1995.两系杂交水稻新组合两优培特的配套研究与开发应用[J].湖南农业科学(6)：6-8.

白德朗，罗孝和，徐庆国，2002.两系超级杂交稻新组合培两优559的选育[J].湖南农业大学学报(自然科学版),28(3): 183-187.

陈立云，李国泰，刘国华，等，1996.两系杂交水稻新组合培两优288的选育[J].杂交水稻(2)：7-9.

陈立云，李国泰，刘国华，等，1997.三系杂交早稻威优56的选育[J].湖南农业科学(4): 22-23.

陈立云，李国泰，刘国华，等，2004.三系杂交水稻新组合新香优80的选育[J].杂交水稻,19(S1): 34-36.

陈立云，唐文帮，刘国华，等，2005.优质高产一季杂交晚稻新组合三香优516的选育[J].湖南农业大学学报(自然科学版),31(5): 463-464.

陈佩玺，李任华，1998.76优312[J].杂交水稻(3)：25.

陈世建，陈美才，张振华，2007.水稻温敏核不育系810S繁殖技术[J].作物研究(4): 453-454.

邓定辉，1987.威优49栽培技术要点[J].种子世界(4):25.

邓华凤，李必湖，1998.两系杂交早稻八两优100的选育与应用[J].杂交水稻,13(2): 4-6.

邓华凤，李必湖，刘爱民，等，1996.安农810S的选育及初步研究[J].作物研究,10(l): 8 -11.

邓华凤，李必湖，莅红铁，2000.两系杂交稻新组合八两优63[J].杂交水稻,15(4): 44.

邓林峰，邓小林，2010."九二○"施用方法对高异交率三系不育系原种繁殖种子纯度的影响[J].杂交水稻,25(5): 28-29.

邓应德，唐传道，黎家荣，等，1999.籼型三系不育系丰源A的选育[J].杂交水稻,14(2): 6-7.

邓应德，肖层林，张海清，等，2010. II -32A/B花器性状和柱头外露特性初步研究[J].杂交水稻,25(1): 73-75.

辜雪花，林芳仕，何发青，等，2003.早籼恢复系To463的选育及应用[J].杂交水稻,18(3): 11-13.

郭名奇，1995.水稻两用不育系安湘S的选育及其应用初报[J].湖南农业科学(3)：11-12.

韩思怀，刘刚，谭薇，1995.籼型优质不育系"金23A"主要特性及应用研究[J].西南农业学报,8(S1): 52-59.

何菊英，肖为一，曾孝春，等，2008.三系超级杂交稻丰源优299高产优质制种技术[J].杂交水稻,23(3): 39-41.

何顺武，唐传道，1996.汕优晚3的选育与应用[J].杂交水稻(S2): 1-4.

贺远华，呼格·吉乐图，唐平徕，等，2008.两系杂交早稻新组合株两优4290的选育及应用[J].种子(7): 95-96.

衡阳地区农科所，1976.一九七五年南优二号作晚稻栽培初步总结[J].湖南农业科技(4): 18-23.

湖南省水稻研究所，1975.二九南一号不育系的特征特性及繁殖技术研究[J].湖南农业科技(4): 38-45.

湖南省水稻研究所杂优组，1976.南优2号(3号)作晚稻区域试验总结[J].湖南农业科技(4): 5-10.

黄德宗，杨远柱，聂欣，等，2003.高产多抗两系杂交早稻株两优83的选育与应用[J].杂交水稻,18(2): 10-12.

黄宏成，郑秀萍，1991.珍汕97A和V20A繁殖高产技术[J].福建稻麦科技(2): 28-30.

贾先勇，李伊良，夏胜平，等，1993.籼型优质米新不育系金23A特征特性及繁殖制种技术[J].杂交水稻(5)：8-12.

蒋建为，谢晓阳，张胜，等，2007.两系杂交稻新组合培两优93选育报告[J].作物研究(3): 204-205.

蒋士宋，2000.培矮64S系列组合制种技术[J].杂交水稻,15(4): 14-15.

蒋逊平，谢晓阳，欧光辉，1999.新质源优质不育系岳4A的选育与应用[J].杂交水稻,14(2): 3-5.

兰家泉，2011.杂交水稻新组合T优817的选育及制种技术要点[J].中国种业(1): 52-53.

兰胜如，郭爱军，蒋小勇，等，2011.优质杂交晚籼鑫优9113秋制高产技术[J].杂交水稻,26(5): 40-42.

李必湖,李光清,宁鹏,等,2003.早籼恢复系402生物学特性及高产制种技术[J].作物研究(2): 81-83.

李任华,罗孝和,邱趾忠,2000.培矮64S繁殖技术探讨[J].杂交水稻,15 (S2) : 36-37.

李尚书,刘庭云,麻庆,等,2014.高产型杂交中稻新组合尚优518的选育与应用[J].农业与技术(1): 89.

李绍前,武吉生,徐爱珍,等,2004.高产抗病杂交中籼新组合金优217[J].杂交水稻,19(1): 68-69.

廖松贵,龙天建,杨远柱,等,2001.两系杂交水稻八两优96的选育与应用[J].湖南农业科学(6): 17-18.

林芳仕,刘庆龙,何发青,等,1997.优质早籼恢复系T0974的选育及利用研究[J].杂交水稻,12(2): 1-3.

林芳仕,刘庆龙,何发青,等,2000.优质杂交早稻金优974的选育及其利用[J].杂交水稻,15(1): 9-10.

刘爱民,肖为一,易俊章,等,2003.新香A繁殖及其系列组合制种高产技术总结[J].杂交水稻,18(1): 25-27.

刘庆龙,林芳仕,何发青,2000.优质早杂金优974的特征特性及栽培制种要点[J].湖南农业科学(6): 7-9.

刘亦亮,邹立平,欧阳冬文,2009.中优668的选育及其制种栽培技术要点[J].湖南农业科学(5): 10-11, 14.

梅洪俊,2006.株两优971水稻[J].湖南农业 (3): 6.

欧阳小虎,黄益国,阳花秋,等,2010.高产优质香型杂交水稻新组合三香优612的选育与应用[J].作物研究,24(3): 152-154.

申亿如,邓联堂,1987.汕优287[J].杂交水稻(1) : 45-46.

沈其文,熊常财,汪大德,等,2001.岳优63在湖北试验示范表现及栽培技术[J].杂交水稻,16(4): 41-42.

舒服,黄小明,邓华凤,2005.高产稳产杂交中稻新组合Ⅱ优640[J].杂交水稻,20(3): 76-77.

舒湘洪,舒会生,2006.水稻三系不育系丰源A高产繁殖技术[J].杂交水稻,21(3): 40-41.

宋泽观,1988.威优48-2[J].杂交水稻(1) : 36-37.

宋泽观,1989.杂交早籼新组合——威优438[J].杂交水稻(3): 28-29.

唐传道,邓应德,袁光杰,等,2002.中熟杂交晚籼新组合丰优9号[J].杂交水稻,17(5): 54-55.

唐传道,何顺武,1996.威优晚3的选育与应用[J].杂交水稻(6): 8-10.

唐平徕,杨远柱,杨文才,等,2001.优质两系杂交水稻新组合陆两优63[J].杂交水稻,16(5): 57-58.

唐文帮,肖应辉,邓化冰,等,2010.水稻两用核不育系C815S繁殖特性研究[J].种子,29(9): 7-12.

唐文帮,张桂莲,陈立云,等,2012.解决低温敏两系核不育系繁殖问题的策略与实践[J].中国农学通报,28(3):166-171.

唐显岩,1992.杂交早稻威优402的选育及应用[J].杂交水稻(5) : 32-33, 13.

王承华,1984.杂交早稻几个优良组合米质测定结果初报[J].湖南省作物学会会刊(4):24.

王伟成,2006.金优郴97水稻[J].湖南农业,1(2): 6.

吴厚雄,宁鹏,谢军,等,2004.杂交早籼金优402主要特征特性与高产栽培技术[J].种子,23(3): 71-72,79.

吴利兵,2008.Ⅱ-32A的特征特性与制繁种技术[J].现代农业科技(2): 140-141.

武小金,王伟平,2006.两系高产新组合——准两优527[J].农业科技通讯(3): 55.

武小金,袁隆平,2004.应用群体改良技术选育水稻温敏核不育系的研究[J].作物学报(6): 589-592.

夏胜平,李伊良,贾先勇,等,1992.籼型优质米不育系金23A的选育[J].杂交水稻(5) : 29-31.

向述强,黄德宗,任兴华,等,2009.中熟高产优质两系杂交早稻潭两优921的选育与应用[J].农业科技通讯(9): 130-132.

向太友,谭东辉,龙天健,等,2002.两系杂交早稻株两优176的选育及应用[J].作物杂志(6): 48.

肖俊良,史开兵,唐平徕,等,2010.优质杂交晚稻新组合中优4202[J].杂交水稻,25(4): 76-77.

许可,王三良,1997.恢复系207的选育和利用[J].湖南农业科学(3): 15-16.

许可,王三良,刘建兵,等,2007.优质、高产、抗病杂交稻金优207的选育[J].中国种业(4):51-52.

薛乐园,罗凤姿,1983.威优98的栽培技术[J].湖南农业科学(1):15.

严钦泉,1998a.杂交中籼新组合汕优198[J].杂交水稻,13(5):32.

严钦泉,1998b.大穗型杂交晚稻威优198的选育与应用[J].湖南农业大学学报,24(4):265-269.

严钦泉,1999.偏大穗型杂交晚稻金优198的选育与应用[J].杂交水稻,14(5):12-14.

颜应成,1999.抗稻瘟病新组合威优111的选育[J].杂交水稻,14(4):5-6.

颜应成,2001.高产杂交稻威优134的选育[J].杂交水稻,16(4):12-13.

颜应成,2002.多抗稳产杂交水稻新组合汕优111[J].杂交水稻,17(5):58-59.

阳和华,徐秋生,周坤炉,2003.中熟杂交晚稻新组合丰优700[J].杂交水稻,18(5):64-65.

阳和华,周坤炉,徐秋生,1997a.香型中熟杂交晚籼新组合新香优77[J].杂交水稻,12(3):32-33.

阳和华,周坤炉,徐秋生,1997b.杂交晚籼新组合威优644的选育[J].湖南农业科学(3):11-12.

阳和华,周坤炉,徐秋生,2000.高产抗病迟熟杂交晚籼新组合威优227[J].杂交水稻,15(4):42.

阳和华,周坤炉,徐秋生,等,2001.香型优质杂交稻新香优63的选育与应用[J].杂交水稻,16(5):11-12,15.

杨远柱,唐平徕,杨文才,等,2000.水稻广亲和温敏不育系株1S的选育及应用[J].杂交水稻,15(2):6-9.

尹华奇,尹华觉,曾海清,等,1998.优质杂交早稻香两优68的选育与应用[J].杂交水稻,13(3):6-7,26.

袁隆平,2002.杂交水稻学[M].北京:中国农业出版社:492.

袁隆平,孙梅元,1984.杂交水稻新组合威优64[J].农业科技通讯(5):1-2.

袁振中,李伊良,杨宏,2014.5个优质籼型不育系的选育策略及应用研究[J].中国稻米,20(3):91-94.

张慧廉,1993.迟熟杂交早稻组合优IA/323[J].杂交水稻(5):36-37.

张慧廉,邓应德,1992.优质高产早稻优Ⅰ优200的选育及配套技术[J].杂交水稻(2):31-34.

张慧廉,邓应德,1996.高异交率优质不育系优ⅠA的选育及应用[J].杂交水稻(2):4-6.

张慧廉,易俊章,张健,1995.中熟杂交晚稻组合Ⅰ优77的选育和应用[J].杂交水稻(1):10-12.

张胜,夏照明,蒋建为,等,2008.优质杂交晚稻岳优9113高产制种技术[J].杂交水稻,23(3):31-33.

中国水稻研究所.中国水稻品种及其系谱数据库[DB/OL].http://www.ricedata.cn/variety/.

周坤炉,2004a.香稻不育系新香A的选育及其香型杂交稻的应用研究概述[J].杂交水稻,19(S1):1-3.

周坤炉,2004b.优质、高产、抗病的香型杂交稻组合香优63[J].杂交水稻,19(S1):23-24.

第四章
杂交稻著名育种专家

ZHONGGUO SHUIDAO PINZHONGZHI·HUNAN ZAJIAODAO JUAN

袁隆平

江西德安人（1930—　），杂交水稻创始人，誉为"杂交水稻之父"，中国工程院院士，美国科学院外籍院士，享受国务院政府特殊津贴。

在国内率先开展水稻杂种优势利用研究，1966年发表经典性论文《水稻的雄性不孕性》，其理论与研究实践否定了"水稻等自花授粉作物没有杂种优势"的传统观点，把水稻杂种优势成功地应用于生产，为中国乃至世界粮食安全做出了巨大贡献；极大地丰富了作物遗传育种学科的理论和技术，建立了一门新学科——杂交水稻学。解决了三系法杂交稻研究中三大难题：利用"野生稻与栽培稻进行远缘杂交"技术，找到了培育雄性不育系的有效途径，并于1973年实现了不育系、保持系和恢复系的"三系"配套；育成强优势的杂交水稻"南优2号"等一批组合，并在生产上大面积应用；带领研究团队成功突破制种关，使制种产量逐渐提高，亩*产达150kg以上。解决了两系法杂交水稻研究中的关键技术难题：提出了杂交水稻育种战略，创立了光温敏核不育系育性转换的光温作用模式，阐明了育性转换与光温变化的关系；提出了选育实用光温敏核不育系不育起点温度低于23.5℃的关键技术指标，研究并提出了核心种子生产程序和冷水串灌繁殖等重大技术，使两系法杂交水稻研究取得成功并大面积推广应用。设计了以"高冠层、矮穗层、中大穗和高度抗倒"为特征的超高产株型模式，建立了形态改良、亚种间杂种优势及远缘有利基因利用相结合的超级杂交稻育种技术路线。在这一技术路线指导下，于2000年、2004年、2012年和2014年先后实现中国超级稻第一期亩产700kg、第二期亩产800kg、第三期亩产900kg和第四期亩产1 000kg的攻关目标。多次去美国、菲律宾、印度、越南和缅甸等国讲学和传授杂交水稻技术，促进了杂交水稻的国际性发展。

荣获国家发明特等奖（排名第1）、首届国家最高科学技术奖、国家科技进步奖特等奖（排名第1）和联合国教科文组织"科学奖""沃尔夫奖""世界粮食奖"等20多项国内外奖项，以其奖金的一部分设立了湖南省袁隆平农业科技奖励基金会，以奖励农业领域做出杰出贡献的优秀人才。先后出版了《袁隆平论文集》《杂交水稻育种栽培学》和《杂交水稻学》等专著7部，发表学术论文60多篇。

---

*　亩为非法定计量单位，1亩≈667m² = 1/15hm²。——编者注

罗孝和

湖南隆回人(1937—)，湖南杂交水稻研究中心研究员。被授予第二届湖南光召科技奖、湖南省科学技术杰出贡献奖等荣誉称号。

从1970年至今一直跟随袁隆平院士从事杂交水稻研究，率先提出通过施用赤霉素解除不育系的包颈现象，打破了三系杂交稻制种瓶颈，使杂交水稻制种产量大幅提高，促进了杂交水稻在生产上的大面积推广应用。育成了我国第一个粳稻型三系不育系黎明A和第一个实用籼型两用核不育系培矮64S，发明了低温敏核不育系冷水串灌繁种技术，解决了两系法杂交水稻不育系繁殖稳产性差、制种风险大的难题，为两系法杂交水稻的推广应用奠定了坚实基础。利用培矮64S育成两优培九、培两优288等新品种70个，累计推广面积超过940万hm^2。2000年，参与培育的新组合两优培九（培矮64S/9311）成功实现中国超级稻育种计划第一期10.5t/hm^2的育种目标；2004年，育成的新组合两优0293成功实现中国超级稻育种计划第二期12t/hm^2的育种目标。培矮64S为中国第一个申请（1999年）并获授权（2000年）的植物新品种，其改进系P64-2S于2012年获美国专利。

获国家特等发明奖(湖南省排名第4)、国家科技进步特等奖(排名第6)各1项，以第一完成人获国家科技进步一等奖、湖南省科技进步一等奖、湖南省科技进步二等奖各1项。参与编写《杂交水稻育种栽培学》，主编论文集《培矮64S研究及其应用论文选编》，在《杂交水稻》《湖南农业科学》上发表论文19篇。

李伊良

湖南慈利人（1937—　），副研究员。湖南省常德市农业科学研究所育种室副主任。

自1975年开始从事杂交水稻科研工作，承担了省"七五""八五""九五""十五""十一五""十二五"攻关协作课题和农业部优质杂交稻金优组合的推广项目。先后主持育成了常菲22A、金23A、30A、898A四个优质杂交水稻不育系，解决了杂交水稻高产而不优质的难题，其保持系米质经农业部测试中心分析均达Ⅱ级优质米标准。金23A在全国已配组260个杂交水稻品种，分别通过国家、省农作物品种审定委员会审定，其中有28个品种获得国家科技进步二等奖和省一、二等奖，金优系列品种在全国种植面积已达2 620万hm^2。先后育成了常恢117、常恢540、常恢120、制501等一批优质、强优恢复系，相继配组出金优117、中优117、Ⅱ优117、九优8号、健优8号、九优120、C两优501等一系列优质、高产杂交稻新品种。1997年，优质杂交水稻不育系金23A及其保持系金23B的选育方法被授予国家发明专利。

先后获得湖南省常德市科技进步特等奖1项、一等奖1项、二等奖2项、三等奖1项，湖南省农业科技进步二等奖4项、三等奖3项，湖南省科技进步二等奖4项，国家科技进步二等奖1项，国家科技进步三等奖1项，国家特等发明奖1项（主要协作成员）。在《中国种业》《杂交水稻》等刊物上发表论文22篇。

王三良

湖南洞口人(1938—　)，湖南杂交水稻研究中心研究员，湖南省优秀农业科技工作者，享受国务院政府特殊津贴。

1971年9月至1975年10月在援助塞拉利昂工作期间，育成了曼格1号、曼格2号两个水稻品种。在主持"七五""八五"国家科技攻关"高产、优质、多抗杂交水稻新组合选育"专题期间，选育出了强优恢复系"先恢207"及威优1126、金优207和协优432等三系杂交稻品种，上述品种累计推广面积1 600万hm^2。

以第一完成人获国家科学技术进步二等奖1项、湖南省科技进步二等奖3项和湖南省科学技术进步三等奖2项。参与编写《中国杂交水稻的发展》《杂交水稻育种栽培学》和《杂交水稻学》等专著。其中，《杂交水稻育种栽培学》和《杂交水稻学》均获全国优秀科技图书一等奖和国家图书奖。在《中国种业》《杂交水稻》等刊物上发表论文10余篇。

周坤炉

湖南安乡人（1944— ），研究员。曾任湖南省农业科学院副院长。曾获全国五一劳动奖章、全国先进工作者、湖南省劳动模范、湖南省优秀中青年专家等荣誉称号。

1970年开始杂交水稻育种工作，先后育成71-72A（最早不育系之一）、V20A、湘香2号A、新香A和农香A等20多个三系不育系，选配出威优6号、威优35、威优77、威优644、威优64、威优46、香优63、新香优63和农香优204等一批强优杂交稻品种，累计推广面积超过67.60万hm^2。其中，V20A育性稳定、配合力好、异交率高，利用时间长。育成的威优6号不仅推广面积大，还是第一个转让给美国的杂交水稻组合。20世纪80年代，先后赴国际水稻研究所和美国西方石油公司圆环种子站开展合作研究，1995—1998年，先后三次被聘为联合国粮农组织顾问，到联合国粮农组织总部、孟加拉国访问、讲学和指导杂交水稻生产。

获国家特等发明奖1项（湖南排名第3）、湖南省科技进步一等奖2项、湖南省科技进步二等奖2项、湖南省科技兴湘奖1项和袁隆平农业科技奖。参与撰写专著3部，在《中国水稻科学》《杂交水稻》等刊物上发表论文20多篇。

李必湖

　　湖南沅陵人（1946—　　），湖南怀化职业技术学院（原湖南省安江农业学校）原院长、研究员。曾任怀化市人大常委会副主任、怀化市科协主席等职。先后当选党的十一大、十二大代表、九届全国人大代表、十届全国人大代表、中国科协四大、五大代表。全国先进工作者、国家级有突出贡献的中青年专家、全国优秀科技工作者和省劳动模范，享受国务院政府特殊津贴。

　　1970年冬，按照袁隆平院士制定的技术路线，在海南省三亚市南红农场附近发现"野败"种质，为攻克中国籼型三系杂交水稻保持系难关打开了突破口，促成了杂交水稻三系配套的成功，为杂交水稻的发展做出了历史性的重大贡献。

　　以第二完成人获国家特等发明奖1项，国家发明三等奖1项，湖南省科技进步一等奖、二等奖、三等奖各1项。获全国科学大会奖、中华农业英才奖、中华农业科教奖、湖南省政府工作奖、湖南省重大成果奖、第三届袁隆平科技奖和湖南光召科技奖等。撰写《杂交水稻发源地——怀化职业技术学院发展史》1部，在 *Journal of Integrative Plant Biology*、《作物学报》等刊物上发表论文50多篇。

陈立云

湖南华容人（1949— ），湖南农业大学教授。曾获湖南省光召奖、全国模范教师、感动中国之感动湖南特别贡献奖、湖南省优秀中青年专家、科技部"863"十五周年先进个人、湖南省农业科技工作先进个人、全国农业科技推广先进个人、全国粮食生产先进个人和全国科技先进工作者等荣誉称号，享受国务院政府特殊津贴。

1975年以来，一直致力于杂交水稻的科学研究工作。在两系杂交稻理论创新、两系不育系及两系杂交稻选育、水稻两系种子生产关键技术突破和优质三系杂交稻选育等方面做出了突出贡献。先后育成新香优80、培两优288、陆两优996、株两优4026、C两优343、C两优396、C两优9号、C两优513、C两优4418、H优518、H优159、深优513和C815S、9771S等67个杂交水稻新品种，先后通过国家或省级农作物品种审定委员会审定，育成品种在全国累计推广面积近2 000万 hm²。

以第一完成人获国家技术发明二等奖1项，湖南省技术发明一等奖和科技进步一等奖各1项，湖南省科技进步二等奖、三等奖各2项，获国家科技进步一等奖1项。获国家发明专利2项，植物新品种权15项，计算机软件著作权2项。出版著作《两系法杂交水稻的理论与技术》《两系法杂交水稻研究》2部，在《中国农业科学》《作物学报》等刊物上发表论文近200篇。

邓小林

湖南洪江人（1952—　），湖南杂交水稻研究中心研究员。

自1980年起一直师从袁隆平院士从事杂交水稻研究工作。育成了适合长江流域种植的双季杂交早稻组合——威优49，创造单产10 443kg/hm²的高产纪录，结束长江流域一直没有大面积种植杂交早稻的历史。相继选育出威优647、T优207、两优1128等28个先后通过省级农作物品种审定委员会审定的杂交水稻新品种；选育的三系不育系T98A成为我国三系骨干不育系，其育成通过省级农作物品种审定委员会审定的品种有45个，并大面积推广应用。迄今为止，育成并主导推广的以广适性、优质、多抗、超高产等为显著特点的杂交稻品种已累计推广种植面积超过267万hm²。1992年至今，被联合国粮农组合聘为发展杂交水稻技术顾问，先后多次去美国、印度和菲律宾等国传授杂交水稻技术，为杂交水稻走向世界做出了重大贡献。

以第一完成人获湖南省科技进步二等奖3项，湖南省农业科学院记二等功1次、三等功3次。先后在《杂交水稻》《湖南农业科学》发表论文10多篇。

唐显岩

　　湖南沅陵人（1953—　），高级农艺师。1977年10月毕业于湖南省安江农校农学专业，毕业后留校，成为袁隆平院士和李必湖研究员的课题助手，一直从事杂交水稻育种应用研究。2001年3月从湖南安江农校调至湖南亚华种业科学研究院，任该科学院水稻所所长。曾荣获湖南省优秀农业科技工作者、湖南省水稻科技攻关先进工作者等荣誉称号。

　　参加工作以来，主持育成品种15个，包括威优402、金优402、湘华优7号、华优322、长两优173、华香优69、C两优248、华优1199。育成恢复系R402及其配制的威优402和金优402组合，成为我国长江流域推广面积最大的三系杂交早稻主栽品种。各地科研单位用R402恢复系配制出14个"402"系列的组合通过国家或省农作物品种审定委员会审定，累计推广面积770万hm^2。最近育成强势恢复系"雅占"配制出雅占系列组合，如天优雅占、吉优雅占、五优61等。

　　以第一完成人获湖南省科技进步二等奖2项。在《种子》《杂交水稻》等刊物上发表论文7篇。

孙梅元

湖南新晃人（1954— ），副研究员，现任湖南科裕隆种业有限公司总经理，湖南省优秀青年科技工作者，湖南省优秀中青年专家，享受国务院政府特殊津贴。

1987年受农业部委派前往菲律宾卡捷尔公司传授杂交水稻技术工作。1995—1997年受湖南杂交水稻中心委派到美国水稻技术公司工作，主要传授杂交水稻育种技术。先后培育出湘菲A、科香A、科S等8个不育系，选育出威优64、湘优8118、科两优889、Y两优3218等10多个杂交水稻组合。其中，威优64从1981年至1998年全国累计推广面积1 333万hm²，成为自我国杂交水稻培育成功以来累计推广面积第二大组合。

以第二完成人获国家科技进步三等奖1项。获得国家植物新品种权授权5项。在《中国种业》《杂交水稻》等刊物上发表论文11篇。

第五章
品种检索表

ZHONGGUO SHUIDAO PINZHONGZHI·HUNAN ZAJIAODAO JUAN

品种名	英文（拼音）名	类型	审定（育成）年份	审定编号	品种权号	页码
33S	33 S	两系不育系	2012	湘审稻2012023		54
645优238	645 you 238	三系杂交中籼稻	2010	湘审稻2010013		73
76优312	76 you 312	三系杂交晚粳稻	1990	湘品审第61号		74
I优200	I you 200	三系杂交早籼稻	1992			75
I优323	I you 323	三系杂交早籼稻	1993	湘品审第120号		76
I优77	I you 77	三系杂交晚籼稻	1994	湘品审第138号		77
I优899	I you 899	三系杂交早籼稻	2004	湘审稻2004006		78
I优974	I you 974	三系杂交早籼稻	2000	桂审稻200058 湘品审第298号		79
II-32A	II -32 A	三系不育系	1992			45
II优117	II you 117	三系杂交中籼稻	2006	湘审稻2006027		80
II优1681	II you 1681	三系杂交中籼稻	2009	湘审稻2009016		81
II优231	II you 231	三系杂交中籼稻	2005	湘审稻2005016		82
II优372	II you 372	三系杂交中籼稻	2008	湘审稻2008028		83
II优416	II you 416	三系杂交中籼稻	2004	湘审稻2004021 国审稻2005022 桂审稻2005013 渝引稻2005009 皖品审06010495	CNA20030264.7	84
II优441	II you 441	三系杂交中籼稻	2002	XS050-2002 （湖南审定）		85
II优5号	II you 5	三系杂交中籼稻	2009	湘审稻2009018		86
II优640	II you 640	三系杂交中籼稻	2004	湘审稻2004017	CNA20060335.3	87
II优818	II you 818	三系杂交中籼稻	2009	湘审稻2009017		88
II优93	II you 93	三系杂交中籼稻	2006	湘审稻2006031		89
II优997	II you 997	三系杂交中籼稻	2007	湘审稻2007020		90
II优福4号	II youfu 4	三系杂交中籼稻	2007	湘审稻2007026		91
II优江恢902	II youjianghui 902	三系杂交中籼稻	2008	湘审稻2008023		92
C815S	C 815 S	两系不育系	2004	湘审稻2004015	CNA20040515.2	55
C两优018	C liangyou 018	两系杂交中籼稻	2014	湘审稻2014012		329
C两优1102	C liangyou 1102	两系杂交中籼稻	2008	湘审稻2008032		330
C两优248	C liangyou 248	两系杂交中籼稻	2013	湘审稻2013014		331
C两优255	C liangyou 255	两系杂交中籼稻	2010	湘审稻2010017		332
C两优266	C liangyou 266	两系杂交晚籼稻	2013	湘审稻2013022		333
C两优277	C liangyou 277	两系杂交中籼稻	2011	湘审稻2011026		334

（续）

品种名	英文（拼音）名	类型	审定（育成）年份	审定编号	品种权号	页码
C两优34156	C liangyou 34156	两系杂交中籼稻	2011	湘审稻2011025		335
C两优343	C liangyou 343	两系杂交中籼稻	2008	湘审稻2008031 国审稻2010018		336
C两优386	C liangyou 386	两系杂交中籼稻	2014	湘审稻2014009		337
C两优396	C liangyou 396	两系杂交中籼稻	2007	湘审稻2007021 鄂审稻2009006 国审稻2009026 国审稻2010014	CNA20070049.9	338
C两优4418	C liangyou 4418	两系杂交中籼稻	2008	湘审稻2008016		339
C两优4488	C liangyou 4488	两系杂交晚籼稻	2008	湘审稻2008037		340
C两优501	C liangyou 501	两系杂交中籼稻	2009	湘审稻2009028		341
C两优608	C liangyou 608	两系杂交中籼稻	2009	湘审稻2009027 国审稻2010015		342
C两优651	C liangyou 651	两系杂交中籼稻	2012	湘审稻2012009		343
C两优7号	C liangyou 7	两系杂交晚籼稻	2013	湘审稻2013023		344
C两优755	C liangyou 755	两系杂交中籼稻	2009	湘审稻2009026		345
C两优87	C liangyou 87	两系杂交中籼稻	2007	湘审稻2007036 浙审稻2009015	CNA20070048.0	346
C两优9号	C liangyou 9	两系杂交中籼稻	2012	湘审稻2012013 国审稻2013013		347
D优2527	D you 2527	三系杂交中籼稻	2006	湘审稻2006044 浙审稻2007019		93
D优3527	D you 3527	三系杂交晚籼稻	2007	湘审稻2007045		94
F优498	F you 498	三系杂交中籼稻	2009	湘审稻2009019 国审稻2011006	CNA20100410.8	95
H28优451	H 28 you 451	三系杂交晚籼稻	2009	湘审稻2009042		96
H28优9113	H 28 you 9113	三系杂交晚籼稻	2005	湘审稻2005023	CNA20050322.7	97
H37优207	H 37 you 207	三系杂交晚籼稻	2005	湘审稻2005024	CNA20060628.X	98
H优159	H you 159	三系杂交晚籼稻	2010	湘审稻2010031 国审稻2010026		99
H优518	H you 518	三系杂交晚籼稻	2010	湘审稻2010032 国审稻2011020		100
H优636	H you 636	三系杂交晚籼稻	2011	湘审稻2011033		101
K优451	K you 451	三系杂交晚籼稻	2005	国审稻2005033		102
L优科农98	L youkenong 98	三系杂交中籼稻	2008	湘审稻2008024		103
N两优1号	N liangyou 1	两系杂交中籼稻	2007	湘审稻2007023		348
N两优2号	N liangyou 2	两系杂交中籼稻	2013	湘审稻2013010		349

（续）

品种名	英文（拼音）名	类型	审定（育成）年份	审定编号	品种权号	页码
P88S	P 88 S	两系不育系	2005			56
Q优1127	Q you 1127	三系杂交中籼稻	2011	湘审稻2011014		104
Q优麻恢1号	Q youmahui 1	三系杂交中籼稻	2006	湘审稻2006033		105
R288	R 288	恢复系	1996			65
R402	R 402	恢复系	1986		CNA20020263.4	66
T98A	T 98 A	三系不育系	2001	湘品审第311号	CNA20030224.8	46
T98优1号	T 98 you 1	三系杂交中籼稻	2010	湘审稻2010022		106
To463	To 463	恢复系	1988		CNA20020263.4	67
To 974	To 974	恢复系	1997		CNA20020263.4	68
T优100	T you 100	三系杂交晚籼稻	2006	湘审稻2006019	CNA20060842.8	107
T优109	T you 109	三系杂交中籼稻	2007	湘审稻2007037 渝引稻2011004		108
T优111	T you 111	三系杂交晚籼稻	2004	湘审稻2004013	CNA20030258.2	109
T优1128	T you 1128	三系杂交晚籼稻	2009	湘审稻2009057		110
T优115	T you 115	三系杂交晚籼稻	2006	湘审稻2006012		111
T优118	T you 118	三系杂交晚籼稻	2009	湘审稻2009044		112
T优15	T you 15	三系杂交早籼稻	2007	国审稻2007005		113
T优1655	T you 1655	三系杂交中籼稻	2011	湘审稻2011015		114
T优167	T you 167	三系杂交早籼稻	2007	湘审稻2007006	CNA20070294.7	115
T优180	T you 180	三系杂交晚籼稻	2005	湘审稻2005029	CNA20060432.5	116
T优227	T you 227	三系杂交中籼稻	2005	湘审稻2005013		117
T优259	T you 259	三系杂交晚籼稻	2003	XS010-2003（湖南审定）		118
T优272	T you 272	三系杂交中籼稻	2007	湘审稻2007024 国审稻2007029 黔审稻2009009 陕引稻2009006		119
T优277	T you 277	三系杂交晚籼稻	2009	湘审稻2009056		120
T优300	T you 300	三系杂交中籼稻	2005	湘审稻2005017 渝引稻2007001 滇特(红河)审稻2008011 滇特(普洱、文山)审稻2012003	CNA20030241.8	121
T优353	T you 353	三系杂交中籼稻	2006	湘审稻2006034		122
T优535	T you 535	三系杂交早籼稻	2008	湘审稻2008007		123
T优597	T you 597	三系杂交晚籼稻	2005	湘审稻2005025		124
T优618	T you 618	三系杂交中籼稻	2006	湘审稻2006035 黔引稻2007001号 渝引稻2010001	CNA20060739.1	125

（续）

品种名	英文（拼音）名	类型	审定（育成）年份	审定编号	品种权号	页码
T优640	T you 640	三系杂交中籼稻	2005	湘审稻2005014	CNA20060373.6	126
T优705	T you 705	三系杂交早籼稻	2005	湘审稻2005004	CNA20050151.8	127
T优817	T you 817	三系杂交中籼稻	2010	湘审稻2010020		128
T优82	T you 82	三系杂交中籼稻	2005	湘审稻2005011	CNA20040447.4	129
T优H505	T you H 505	三系杂交晚籼稻	2011	湘审稻2011040		130
V20A	V 20 A	三系不育系	1973			47
Y58S	Y 58 S	两系不育系	2005	湘审稻2005044	CNA20030431.3	57
Y两优096	Y liangyou 096	两系杂交中籼稻	2011	湘审稻2011027		350
Y两优1号	Y liangyou 1	两系杂交中籼稻	2006	湘审稻2006036 渝引稻2008001 国审稻2008001 国审稻2013008	CNA20050157.7	351
Y两优150	Y liangyou 150	两系杂交中籼稻	2011	湘审稻2011017		352
Y两优19	Y liangyou 19	两系杂交中籼稻	2008	湘审稻2008033		353
Y两优1928	Y liangyou 1928	两系杂交中籼稻	2010	湘审稻2010024 国审稻2014047		354
Y两优1998	Y liangyou 1998	两系杂交中籼稻	2014	湘审稻2014007		355
Y两优2号	Y liangyou 2	两系杂交中籼稻	2011	湘审稻2011020 滇特（红河）审稻2012017 国审稻2013027 皖稻2014016		356
Y两优2108	Y liangyou 2108	两系杂交中籼稻	2013	湘审稻2013011		357
Y两优25	Y liangyou 25	两系杂交中籼稻	2010	湘审稻2010021 皖稻2013015		358
Y两优263	Y liangyou 263	两系杂交中籼稻	2013	湘审稻2013009		359
Y两优302	Y liangyou 302	两系杂交中籼稻	2008	湘审稻2008025 国审稻2010022		360
Y两优3218	Y liangyou 3218	两系杂交中籼稻	2009	湘审稻2009030 国审稻2014028		361
Y两优3399	Y liangyou 3399	两系杂交中籼稻	2009	湘审稻2009014 国审稻2013012		362
Y两优372	Y liangyou 372	两系杂交晚籼稻	2007	湘审稻2007047	CNA20070032.4	363
Y两优488	Y liangyou 488	两系杂交中籼稻	2013	湘审稻2013008		364
Y两优51	Y liangyou 51	两系杂交晚籼稻	2008	湘审稻2008041		365
Y两优527	Y liangyou 527	两系杂交中籼稻	2009	湘审稻2009013 渝引稻2011005	CNA20060040.0	366
Y两优599	Y liangyou 599	两系杂交晚籼稻	2008	湘审稻2008036	CNA20070815.5	367
Y两优624	Y liangyou 624	两系杂交晚籼稻	2010	湘审稻2010039		368

（续）

品种名	英文（拼音）名	类型	审定（育成）年份	审定编号	品种权号	页码
Y两优646	Y liangyou 646	两系杂交中籼稻	2011	湘审稻2011019 国审稻2013010		369
Y两优696	Y liangyou 696	两系杂交中籼稻	2010	湘审稻2010016		370
Y两优7号	Y liangyou 7	两系杂交中籼稻	2008	湘审稻2008017 韶审稻201209 粤审稻2014019		371
Y两优792	Y liangyou 792	两系杂交中籼稻	2010	湘审稻2010015		372
Y两优8号	Y liangyou 8	两系杂交中籼稻	2008	湘审稻2008029	CNA20080135.X	373
Y两优828	Y liangyou 828	两系杂交中籼稻	2014	湘审稻2014006		374
Y两优86	Y liangyou 86	两系杂交晚籼稻	2009	湘审稻2009054		375
Y两优9918	Y liangyou 9918	两系杂交中籼稻	2009	湘审稻2009029 国审稻2011015		376
Y两优香2号	Y liangyouxiang 2	两系杂交中籼稻	2009	湘审稻2009031		377
Z两优68	Z liangyou 68	两系杂交早籼稻	2007	湘审稻2007007		378
安农810S	Annong 810 S	两系不育系	1995			58
安农S-1	Annong S-1	两系不育系	1988			59
奥两优200	Aoliangyou 200	两系杂交晚籼稻	2011	湘审稻2011039		379
奥两优69	Aoliangyou 69	两系杂交中籼稻	2008	湘审稻2008027		380
奥两优76	Aoliangyou 76	两系杂交中籼稻	2010	湘审稻2010011		381
奥龙优282	Aolongyou 282	两系杂交晚籼稻	2009	国审稻2009027 滇审稻2014004		382
八两优100	Baliangyou 100	两系杂交早籼稻	1998	湘品审第221号 浙品审字第229号		383
八两优18	Baliangyou 18	两系杂交早籼稻	2007	湘审稻2007008		384
八两优63	Baliangyou 63	两系杂交晚籼稻	2000	湘品审（认）第185号 桂审稻2001090		385
八两优96	Baliangyou 96	两系杂交早籼稻	2000	湘品审第266号 桂审稻2001078 国审稻2003042		386
炳优98	Bingyou 98	三系杂交中籼稻	2014	湘审稻2014003		131
测64-7	Ce 64-7	恢复系	1984			69
长两优173	Changliangyou 173	两系杂交早籼稻	2012	湘审稻2012002		387
川香优1101	Chuanxiangyou 1101	三系杂交中籼稻	2009	湘审稻2009023		132
川香优727	Chuanxiangyou 727	三系杂交中籼稻	2010	湘审稻2010026	CNA20080629.7	133
德两优1103	Deliangyou 1103	两系杂交晚籼稻	2013	湘审稻2013025		388
德两优早895	Deliangyouzao 895	两系杂交早籼稻	2013	湘审稻2013002		389
二九南1号A	Erjiunan 1 A	三系不育系	1973			48

（续）

品种名	英文（拼音）名	类型	审定（育成）年份	审定编号	品种权号	页码
丰优1167	Fengyou 1167	三系杂交中籼稻	2008	湘审稻2008034		134
丰优2号	Fengyou 2	三系杂交晚籼稻	2012	湘审稻2012018		135
丰优210	Fengyou 210	三系杂交晚籼稻	2003	XS014-2003（湖南审定）		136
丰优416	Fengyou 416	三系杂交晚籼稻	2004	国审稻2004029	CNA20030263.9	137
丰优527	Fengyou 527	三系杂交中籼稻	2007	湘审稻2007038		138
丰优700	Fengyou 700	三系杂交晚籼稻	2003	XS013-2003（湖南审定）	CNA20060844.4	139
丰优800	Fengyou 800	三系杂交晚籼稻	2009	湘审稻2009041		140
丰优9号	Fengyou 9	三系杂交晚籼稻	2002	XS054-2002（湖南审定） 国审稻2004024	CNA20050205.0	141
丰源A	Fengyuan A	三系不育系	2001	湘品审第309号	CNA20010186.2	49
丰源优227	Fengyuanyou 227	三系杂交晚籼稻	2005	湘审稻2005032 国审稻2009030	CNA20060843.6	142
丰源优263	Fengyuanyou 263	三系杂交中籼稻	2012	湘审稻2012012		143
丰源优272	Fengyuanyou 272	三系杂交晚籼稻	2006	国审稻2006048		144
丰源优299	Fengyuanyou 299	三系杂交晚籼稻	2004	湘审稻2004011	CNA20030179.9	145
丰源优326	Fengyuanyou 326	三系杂交中籼稻	2005	湘审稻2005019		146
丰源优358	Fengyuanyou 358	三系杂交晚籼稻	2010	国审稻2010031		147
丰源优6135	Fengyuanyou 6135	三系杂交中籼稻	2005	湘审稻2005020	CNA20050149.6	148
福优527	Fuyou 527	三系杂交中籼稻	2004	湘审稻2004019		149
冈优140	Gangyou 140	三系杂交中籼稻	2009	湘审稻2009035		150
冈优416	Gangyou 416	三系杂交中籼稻	2006	湘审稻2006038	CNA20060605.0	151
光优708	Guangyou 708	三系杂交晚籼稻	2007	湘审稻2007048		152
广8优199	Guang 8 you 199	三系杂交中籼稻	2013	湘审稻2013013		153
广两优1128	Guangliangyou 1128	两系杂交中籼稻	2013	湘审稻2013012 赣审稻2014008 鄂审稻2014005		390
广两优2010	Guangliangyou 2010	两系杂交中籼稻	2012	湘审稻2012010		391
广两优210	Guangliangyou 210	两系杂交中籼稻	2014	湘审稻2014010		392
广两优8号	Guangliangyou 8	两系杂交中籼稻	2009	湘审稻2009034		393
海丰优66	Haifengyou 66	两系杂交早籼稻	2007	湘审稻2007009		394
海两优85	Hailiangyou 85	两系杂交晚籼稻	2006	湘审稻2006016	CNA20060328.0	395
贺优1号	Heyou 1	三系杂交中籼稻	2011	湘审稻2011018		154
贺优328	Heyou 328	三系杂交晚籼稻	2013	湘审稻2013020		155
宏优69	Hongyou 69	三系杂交晚籼稻	2011	湘审稻2011028		156
华两优164	Hualiangyou 164	两系杂交晚籼稻	2007	湘审稻2007049		396

（续）

品种名	英文（拼音）名	类型	审定（育成）年份	审定编号	品种权号	页码
华两优285	Hualiangyou 285	两系杂交晚籼稻	2007	湘审稻2007050		397
华两优7号	Hualiangyou 7	两系杂交中籼稻	2007	湘审稻2007027		398
华两优89	Hualiangyou 89	两系杂交中籼稻	2005	湘审稻2005012		399
华香优69	Huaxiangyou 69	三系杂交晚籼稻	2013	湘审稻2013029		157
华优322	Huayou 322	三系杂交晚籼稻	2008	湘审稻2008042		158
吉优716	Jiyou 716	三系杂交中籼稻	2008	湘审稻2008019 桂审稻2009013 滇审稻2010019		159
健优8号	Jianyou 8	三系杂交晚籼稻	2007	湘审稻2007051 黔引稻2008006		160
杰丰优1号	Jiefengyou 1	三系杂交早籼稻	2012	湘审稻2012005		161
金23A	Jin 23 A	三系不育系	1992			50
金谷优72	Jinguyou 72	三系杂交晚籼稻	2006	湘审稻2006015		162
金两优838	Jinliangyou 838	两系杂交晚籼稻	2006	湘审稻2006017		400
金优108	Jinyou 108	三系杂交中籼稻	2006	湘审稻2006041		163
金优163	Jinyou 163	三系杂交晚籼稻	2007	湘审稻2007052		164
金优179	Jinyou 179	三系杂交中籼稻	2004	湘审稻2004016		165
金优198	Jinyou 198	三系杂交晚籼稻	1999	湘品审（认）第183号		166
金优207	Jinyou 207	三系杂交晚籼稻	1998	湘品审第225号 黔品审第243号 桂审稻2001103 陕引稻2002002 鄂审稻020-2002		167
金优212	Jinyou 212	三系杂交晚籼稻	2008	湘审稻2008043		168
金优213	Jinyou 213	三系杂交早籼稻	2004	湘审稻2004008 赣审稻2005006		169
金优217	Jinyou 217	三系杂交中籼稻	2003	XS008-2003（湖南审定） 渝引稻2007010 陕引稻2007007	CNA20040341.9	170
金优233	Jinyou 233	三系杂交早籼稻	2009	湘审稻2009007		171
金优238	Jinyou 238	三系杂交晚籼稻	2010	湘审稻2010036		172
金优268	Jinyou 268	三系杂交早籼稻	2007	湘审稻2007010		173
金优284	Jinyou 284	三系杂交晚籼稻	2005	湘审稻2005026 赣审稻2005046 国审稻2006050 陕引稻2009004		174
金优297	Jinyou 297	三系杂交晚籼稻	2005	湘审稻2005027	CNA20060841.X	175

（续）

品种名	英文（拼音）名	类型	审定（育成）年份	审定编号	品种权号	页码
金优402	Jinyou 402	三系杂交早籼稻	1997	湘品审第199号 赣审稻1999004 桂审稻2001072 鄂审稻006-2002		176
金优433	Jinyou 433	三系杂交早籼稻	2008	湘审稻2008008		177
金优44	Jinyou 44	三系杂交晚籼稻	2002	XS053-2002（湖南审定）		178
金优468	Jinyou 468	三系杂交中籼稻	2007	湘审稻2007028		179
金优498	Jinyou 498	三系杂交晚籼稻	2010	湘审稻2010035		180
金优540	Jinyou 540	三系杂交晚籼稻	2005	湘审稻2005033	CNA20050334.0	181
金优555	Jinyou 555	三系杂交早籼稻	2006	湘审稻2006008		182
金优59	Jinyou 59	三系杂交晚籼稻	2010	湘审稻2010037		183
金优63	Jinyou 63	三系杂交中籼稻	1996	湘品审第172号 黔品审第221号 桂审稻2001098 陕引稻2002001		184
金优640	Jinyou 640	三系杂交晚籼稻	2005	湘审稻2005034	CNA20060336.1	185
金优6530	Jinyou 6530	三系杂交晚籼稻	2011	湘审稻2011037		186
金优706	Jinyou 706	三系杂交早籼稻	2005	湘审稻2005005 赣审稻2005079	CNA20030267.1	187
金优828	Jinyou 828	三系杂交中籼稻	2011	湘审稻2011012		188
金优899	Jinyou 899	三系杂交早籼稻	2004	湘审稻2004007		189
金优938	Jinyou 938	三系杂交早籼稻	2009	湘审稻2009008		190
金优967	Jinyou 967	三系杂交早籼稻	2007	湘审稻2007011		191
金优974	Jinyou 974	三系杂交早籼稻	1999	湘品审第249号 桂审稻2001080 赣审稻2001001		192
金优997	Jinyou 997	三系杂交中籼稻	2005	湘审稻2005018		193
金优郴97	Jinyouchen 97	三系杂交早籼稻	2006	湘审稻2006010		194
金优桂99	Jinyougui 99	三系杂交晚籼稻	1994	湘品审第136号 桂审证字第153 黔品审第247号 滇特(红河)审稻200504		195
金优怀181	Jinyouhuai 181	三系杂交中籼稻	2009	湘审稻2009010		196
金优怀210	Jinyouhuai 210	三系杂交中籼稻	2009	湘审稻2009015		197
金优怀340	Jinyouhuai 340	三系杂交中籼稻	2008	湘审稻2008015		198
金优怀98	Jinyouhuai 98	三系杂交中籼稻	2007	湘审稻2007029		199
九优207	Jiuyou 207	三系杂交晚籼稻	2006	湘审稻2006014 桂审稻2006009号 鄂审稻2006010	CNA20050333.2	200

（续）

品种名	英文（拼音）名	类型	审定（育成）年份	审定编号	品种权号	页码
九优8号	Jinyou 8	三系杂交晚籼稻	2007	湘审稻2007044		201
科两优529	Keliangyou 529	两系杂交中籼稻	2014	湘审稻2014011		401
科香优56	Kexiangyou 56	三系杂交晚籼稻	2011	湘审稻2011032		202
科优21	Keyou 21	三系杂交中籼稻	2007	湘审稻2007030 黔引稻2008001 鄂审稻2010025 渝引稻2011009		203
两优036	Liangyou 036	两系杂交中籼稻	2006	湘审稻2006028 赣审稻2006070 皖稻2008007 鄂审稻2008004 渝引稻2010006		402
两优1128	Liangyou 1128	两系杂交中籼稻	2011	湘审稻2011024		403
两优168	Liangyou 168	两系杂交中籼稻	2009	湘审稻2009033		404
两优2388	Liangyou 2388	两系杂交中籼稻	2012	湘审稻2012014		405
两优2469	Liangyou 2469	两系杂交中籼稻	2009	湘审稻2009033		406
两优293	Liangyou 293	两系杂交中籼稻	2006	湘审稻2006029 国审稻2006045	CNA20060705.7	407
两优389	Liangyou 389	两系杂交中籼稻	2006	湘审稻2006030 琼审稻2006007		408
两优培特	Liangyoupeite	两系杂交中籼稻	1994	湘品审第139号 桂审稻2001082		409
两优早17	Liangyouzao 17	两系杂交早籼稻	2014	湘审稻2014001		410
陵两优102	Lingliangyou 102	两系杂交早籼稻	2011	湘审稻2011010		411
陵两优104	Lingliangyou 104	两系杂交早籼稻	2011	湘审稻2011009 国审稻2011005		412
陵两优21	Lingliangyou 21	两系杂交早籼稻	2010	湘审稻2010007		413
陵两优211	Lingliangyou 211	两系杂交早籼稻	2010	国审稻2010003		414
陵两优22	Lingliangyou 22	两系杂交早籼稻	2012	湘审稻2012006 国审稻2014004		415
陵两优229	Lingliangyou 229	两系杂交早籼稻	2011	湘审稻2011008		416
陵两优268	Lingliangyou 268	两系杂交早籼稻	2008	国审稻2008008	CNA20080827.3	417
陵两优396	Lingliangyou 396	两系杂交早籼稻	2011	湘审稻2011011		418
陵两优4024	Lingliangyou 4024	两系杂交早籼稻	2012	湘审稻2012004		419
陵两优472	Lingliangyou 472	两系杂交晚籼稻	2010	国审稻2010001	CNA20101175.1	420
陵两优564	Lingliangyou 564	两系杂交晚籼稻	2009	湘审稻2009052		421
陵两优674	Lingliangyou 674	两系杂交早籼稻	2011	湘审稻2011005		422
陵两优741	Lingliangyou 741	两系杂交早籼稻	2013	湘审稻2013001		423

（续）

品种名	英文（拼音）名	类型	审定（育成）年份	审定编号	品种权号	页码
陵两优916	Lingliangyou 916	两系杂交早籼稻	2010	湘审稻2010008		424
陵两优942	Lingliangyou 942	两系杂交早籼稻	2010	湘审稻2010005		425
龙两优981	Longliangyou 981	两系杂交中籼稻	2012	湘审稻2012007		426
隆香优130	Longxiangyou 130	三系杂交晚籼稻	2013	湘审稻2013019		204
陆18S	Lu 18 S	两系不育系	2000	湘品审第276号	CNA20040178.5	60
陆两优105	Luliangyou 105	两系杂交早籼稻	2005	湘审稻2005007		427
陆两优1537	Luliangyou 1537	两系杂交晚籼稻	2009	湘审稻2009053		428
陆两优1733	Luliangyou 1733	两系杂交早籼稻	2011	湘审稻2011004 浙审稻2013005 国审稻2014003		429
陆两优28	Luliangyou 28	两系杂交早籼稻	2003	XS003-2003（湖南审定） 赣审稻2003025 桂审稻2004002 国审稻2005006		430
陆两优4026	Luliangyou 4026	两系杂交早籼稻	2011	湘审稻2011006		431
陆两优611	Luliangyou 611	两系杂交早籼稻	2006	湘审稻2006007		432
陆两优63	Luliangyou 63	两系杂交中籼稻	2001	湘品审第302号 黔审稻2003003		433
陆两优8号	Luliangyou 8	两系杂交早籼稻	2007	湘审稻2007012		434
陆两优819	Luliangyou 819	两系杂交早籼稻	2008	湘审稻2008002 国审稻2008005	CNA20080828.1	435
陆两优996	Luliangyou 996	两系杂交早籼稻	2005	湘审稻2005008 国审稻2006013	CNA20040514.4	436
明糯优6号	Mingnuoyou 6	两系杂交晚籼稻（糯）	2010	湘审稻2010040		437
南优2号	Nanyou 2	三系杂交晚籼稻	1973			205
内5优263	Nei 5 you 263	三系杂交中籼稻	2012	湘审稻2012011		206
内5优玉香1号	Nei 5 youyuxiang 1	三系杂交晚籼稻	2012	湘审稻2012017		207
农富优1号	Nongfuyou 1	三系杂交晚籼稻	2007	湘审稻2007043		208
农香优204	Nongxiangyou 204	三系杂交中籼稻	2010	湘审稻2010029		209
农香优676	Nongxiangyou 676	三系杂交中籼稻	2010	湘审稻2010019 赣审稻2014010		210
培矮64S	Peiai 64 S	两系不育系	1991		CNA19990001.9	61
培两优210	Peiliangyou 210	两系杂交晚籼稻	2001	湘品审第304号 赣审稻2002023 国审稻2004035		438
培两优288	Peiliangyou 288	两系杂交晚籼稻	1996	湘品审第174号 桂审稻2001084 皖品审03010386		439

（续）

品种名	英文（拼音）名	类型	审定（育成）年份	审定编号	品种权号	页码
培两优500	Peiliangyou 500	两系杂交中籼稻	2002	XS048-2002（湖南审定）	CNA20020198.0	440
培两优559	Peiliangyou 559	两系杂交中籼稻	2002	XS04-2002（湖南审定）		441
培两优93	Peiliangyou 93	两系杂交中籼稻	2002	XS051-2002（湖南审定）		442
培两优981	Peiliangyou 981	两系杂交晚籼稻	2002	XS052-2002（湖南审定）		443
培两优慈4	Peiliangyouci 4	两系杂交中籼稻	2003	XS007-2003（湖南审定）赣审稻2005063	CNA20040084.3	444
培两优余红	Peiliangyouyuhong	两系杂交晚籼稻	1997	湘品审第204号		445
青优109	Qingyou 109	三系杂交晚籼稻	2009	湘审稻2009043		211
三香优516	Sanxiangyou 516	三系杂交中籼稻	2005	湘审稻2005021		212
三香优612	Sanxiangyou 612	三系杂交中籼稻	2005	湘审稻2005022		213
三香优613	Sanxiangyou 613	三系杂交晚籼稻	2006	湘审稻2006024		214
三香优714	Sanxiangyou 714	三系杂交晚籼稻	2004	国审稻2004031	CNA20050317.0	215
三香优786	Sanxiangyou 786	三系杂交晚籼稻	2006	国审稻2006055	CNA20050459.2	216
三香优974	Sanxiangyou 974	三系杂交早籼稻	2005	湘审稻2005006		217
汕优111	Shanyou 111	三系杂交中籼稻	2001	湘品审第301号		218
汕优198	Shanyou 198	三系杂交中籼稻	1998	湘品审第222号		219
汕优287	Shanyou 287	三系杂交中籼稻	1990	湘品审(认)第147号245（陕西审定）		220
汕优527	Shanyou 527	三系杂交中籼稻	2006	湘审稻2006040		221
汕优77	Shanyou 77	三系杂交晚籼稻	1994	湘品审(认)第172号闽审稻1997002国审稻980005		222
汕优晚3	Shanyouwan 3	三系杂交晚籼稻	1994	湘品审(认)第171号黔品审154号闽审稻1998B02鄂审稻003-1998皖品审98010231374（陕西审定）		223
尚优518	Shangyou 518	三系杂交中籼稻	2010	湘审稻2010012		224
深两优1号	Shenliangyou 1	两系杂交中籼稻	2013	湘审稻2013007		446
深优2200	Shenyou 2200	三系杂交晚籼稻	2009	湘审稻2009055		225
深优5105	Shenyou 5105	三系杂交晚籼稻	2014	湘审稻2014016		226
深优9520	Shenyou 9520	三系杂交晚籼稻	2013	湘审稻2013017		227
深优9586	Shenyou 9586	三系杂交晚籼稻	2011	湘审稻2011031		228
深优9588	Shenyou 9588	三系杂交晚籼稻	2010	湘审稻2010034		229
深优9595	Shenyou 9595	三系杂交中籼稻	2014	湘审稻2014008		230
胜优321	Shengyou 321	三系杂交晚籼稻	2012	湘审稻2012019		231

（续）

品种名	英文（拼音）名	类型	审定（育成）年份	审定编号	品种权号	页码
盛泰优018	Shengtaiyou 018	三系杂交晚籼稻	2013	湘审稻2013016		232
盛泰优722	Shengtaiyou 722	三系杂交晚籼稻	2012	湘审稻2012016		233
盛泰优9712	Shengtaiyou 9712	三系杂交晚籼稻	2011	湘审稻2011030 国审稻2013028		234
双两优1号	Shuangliangyou 1	两系杂交中籼稻	2009	湘审稻2009012		447
丝优63	Siyou 63	三系杂交中籼稻	1994	湘品审第135号 黔品审第245号		235
泰优390	Taiyou 390	三系杂交晚籼稻	2013	湘审稻2013027		236
潭两优143	Tanliangyou 143	两系杂交早籼稻	2011	湘审稻2011001		448
潭两优215	Tanliangyou 215	两系杂交早籼稻	2012	湘审稻2012001		449
潭两优83	Tanliangyou 83	两系杂交早籼稻	2010	湘审稻2010003 国审稻2010002		450
潭两优921	Tanliangyou 921	两系杂交早籼稻	2008	湘审稻2008009		451
潭原优0845	Tanyuanyou 0845	三系杂交晚籼稻	2013	湘审稻2013018		237
潭原优4903	Tanyuanyou 4903	三系杂交早籼稻	2014	湘审稻2014002		238
天龙优140	Tianlongyou 140	三系杂交晚籼稻	2009	湘审稻2009058		239
威优111	Weiyou 111	三系杂交中籼稻	1999	湘品审第250号 国审稻2003063		240
威优1126	Weiyou 1126	三系杂交早籼稻	1989	湘品审第41号		241
威优134	Weiyou 134	三系杂交晚籼稻	2000	湘品审第272号 国审稻2003059		242
威优198	Weiyou 198	三系杂交晚籼稻	1998	湘品审（认）第182号		243
威优207	Weiyou 207	三系杂交晚籼稻	1999	湘品审第251号 桂审稻2001102		244
威优227	Weiyou 227	三系杂交晚籼稻	2000	湘品审第273号		245
威优288	Weiyou 288	三系杂交晚籼稻	2000	湘品审（认）第186号		246
威优35	Weiyou 35	三系杂交早籼稻	1985	湘品审第7号 浙品认字第066号 闽审稻1986001 GS01002-1989		247
威优402	Weiyou 402	三系杂交早籼稻	1991	湘品审第75号 浙品审字第122号 国审稻990020 桂审稻2001068		248
威优438	Weiyou 438	三系杂交早籼稻	1992	湘品审第94号		249
威优46	Weiyou 46	三系杂交晚籼稻	1988	湘品审第34号		250
威优48	Weiyou 48	三系杂交早籼稻	1989	湘品审第40号		251
威优49	Weiyou 49	三系杂交早籼稻	1985	湘品审第18号 桂审证字第084号		252

（续）

品种名	英文（拼音）名	类型	审定（育成）年份	审定编号	品种权号	页码
威优56	Weiyou 56	三系杂交早籼稻	1997	湘品审第200号		253
威优64	Weiyou 64	三系杂交晚籼稻	1985	湘品审第200号 川审稻第2号 110（陕西审定） 桂审证字第049号 鄂审稻002-1987 闽审稻1989005		254
威优644	Weiyou 644	三系杂交晚籼稻	1997	湘品审第203号		255
威优647	Weiyou 647	三系杂交晚籼稻	1994	湘品审（认）第173号 桂审稻2001086		256
威优8号	Weiyou 8	三系杂交晚籼稻	2011	湘审稻2011038		257
威优8312	Weiyou 8312	三系杂交早籼稻	1991	湘品审（认）第149号		258
威优98	Weiyou 98	三系杂交早籼稻	1985	湘品审（认）第56号		259
威优辐26	Weiyoufu 26	三系杂交早籼稻	1991	湘品审第74号		260
威优晚3	Weiyouwan 3	三系杂交晚籼稻	1994	湘品审第137号		261
五丰优569	Wufengyou 569	三系杂交晚籼稻	2011	湘审稻2011034		262
五优369	Wuyou 369	三系杂交晚籼稻	2014	湘审稻2014013		263
先丰优034	Xianfengyou 034	三系杂交晚籼稻	2009	湘审稻2009059		264
先丰优933	Xianfengyou 933	三系杂交中籼稻	2009	湘审稻2009024		265
先恢207	Xianhui 207	恢复系	1995		CNA20010217.6	70
香两优68	Xiangliangyou 68	两系杂交早籼稻	1998	湘品审第220号 桂审稻2001089 皖审03010366		452
香优63	Xiangyou 63	三系杂交晚籼稻	1995	湘品审（认）第177号 韶审稻第200408号		266
湘菲优8118	Xiangfeiyou 8118	三系杂交晚籼稻	2009	湘审稻2009046 国审稻2010025		267
湘丰优103	Xiangfengyou 103	三系杂交晚籼稻	2009	湘审稻2009045		268
湘丰优186	Xiangfengyou 186	三系杂交晚籼稻	2009	国审稻2009028		269
湘丰优974	Xiangfengyou 974	三系杂交早籼稻	2009	湘审稻2009006		270
湘华优7号	Xianghuayou 7	三系杂交中籼稻	2006	湘审稻2006039		271
湘恢299	Xianghui 299	恢复系	2003		CNA20030123.3	71
湘陵628S	Xiangling 628 S	两系不育系	2008	湘审稻2008049	CNA20070803.1	62
湘优6号	Xiangyou 6	三系杂交中籼稻	2011	湘审稻2011016		272
湘优616	Xiangyou 616	三系杂交早籼稻	2013	湘审稻2013005		273
湘优8218	Xiangyou 8218	三系杂交中籼稻	2013	湘审稻2013006		274
湘州优918	Xiangzhouyou 918	三系杂交中籼稻	2009	湘审稻2009021		275

（续）

品种名	英文（拼音）名	类型	审定（育成）年份	审定编号	品种权号	页码
湘州优 H104	Xiangzhouyou H 104	三系杂交中籼稻	2008	湘审稻 2008014		276
协优 117	Xieyou 117	三系杂交中籼稻	2009	湘审稻 2009036		277
协优 432	Xieyou 432	三系杂交晚籼稻	1993	湘品审第 121 号		278
协优 716	Xieyou 716	三系杂交中籼稻	2004	湘审稻 2004020		279
欣荣优华占	Xinrongyouhuazhan	三系杂交晚籼稻	2013	湘审稻 2013024 国审稻 2013021 赣审稻 2013009		280
新香 A	Xinxiang A	三系不育系	1994		CNA20010021.1	51
新香优 101	Xinxiangyou 101	三系杂交晚籼稻	2008	湘审稻 2008045		281
新香优 102	Xinxiangyou 102	三系杂交晚籼稻	2006	湘审稻 2006013		282
新香优 111	Xinxiangyou 111	三系杂交中籼稻	2009	湘审稻 2009022		283
新香优 118	Xinxiangyou 118	三系杂交晚籼稻	2005	湘审稻 2005031		284
新香优 315	Xinxiangyou 315	三系杂交晚籼稻	2006	湘审稻 2006021	CNA20060650.6	285
新香优 63	Xinxiangyou 63	三系杂交中籼稻	2001	湘品审（认）第 187 号 桂审稻 2001063 号 黔审稻 2002001		286
新香优 640	Xinxiangyou 640	三系杂交中籼稻	2005	湘审稻 2005015	CNA20060372.8	287
新香优 77	Xinxiangyou 77	三系杂交晚籼稻	1997	湘品审第 202 号		288
新香优 80	Xinxiangyou 80	三系杂交晚籼稻	1997	湘品审第 201 号 闽审稻 2001004 鄂审稻 2004016		289
新香优 9113	Xinxiangyou 9113	三系杂交晚籼稻	2008	湘审稻 2008046		290
新优 215	Xinyou 215	三系杂交中籼稻	2007	湘审稻 2007031 滇审稻 2011011		291
鑫优 9113	Xinyou 9113	三系杂交晚籼稻	2011	湘审稻 2011029 鄂审稻 2013011		292
星优 1 号	Xingyou 1	三系杂交晚籼稻	2009	湘审稻 2009047		293
亚华优 451	Yahuayou 451	三系杂交中籼稻	2007	湘审稻 2007039		294
亚华优 624	Yahuayou 624	三系杂交中籼稻	2008	湘审稻 2008030		295
雁两优 498	Yanliangyou 498	两系杂交晚籼稻	2007	湘审稻 2007054		453
雁两优 921	Yanliangyou 921	两系杂交晚籼稻	2001	湘品审第 303 号		454
杨优 1 号	Yangyou 1	三系杂交中籼稻	2010	湘审稻 2010010		296
宜香优 618	Yixiangyou 618	三系杂交晚籼稻	2014	湘审稻 2014018		297
益优 701	Yiyou 701	三系杂交晚籼稻	2011	湘审稻 2011041		298
优 I A	You I A	三系不育系	1992			52
玉香 88	Yuxiang 88	三系杂交晚籼稻	2005	湘审稻 2005036 国审稻 2005034	CNA20050154.2	299

（续）

品种名	英文（拼音）名	类型	审定（育成）年份	审定编号	品种权号	页码
玉香优164	Yuxiangyou 164	三系杂交晚籼稻	2005	湘审稻2005035 赣审稻2005039	CNA20050155.0	300
岳4A	Yue 4 A	三系不育系	1999	湘品审第252号	CNA20000077.2	53
岳恢9113	Yuehui 9113	恢复系	2004		CNA20040299.4	72
岳优2115	Yueyou 2115	三系杂交晚籼稻	2014	湘审稻2014014		301
岳优27	Yueyou 27	三系杂交晚籼稻	2006	湘审稻2006020 赣审稻2010027		302
岳优518	Yueyou 518	三系杂交晚籼稻	2013	湘审稻2013015		303
岳优6135	Yueyou 6135	三系杂交晚籼稻	2005	湘审稻2005037	CNA20050152.6	304
岳优63	Yueyou 63	三系杂交晚籼稻	2000	湘品审第271号		305
岳优9113	Yueyou 9113	三系杂交晚籼稻	2004	湘审稻2004010 鄂审稻2004015 国审稻2004036 赣审稻2005050 韶审稻第200702号 闽审稻2007003		306
岳优9264	Yueyou 9264	三系杂交晚籼稻	2009	湘审稻2009048		307
岳优华占	Yueyouhuazhan	三系杂交晚籼稻	2012	赣审稻2012013 湘审稻2012015 国审稻2013030		308
粤丰优85	Yuefengyou 85	三系杂交晚籼稻	2006	湘审稻2006022	CNA20060330.2	309
粤优524	Yueyou 524	三系杂交中籼稻	2007	湘审稻2007032 桂审稻2007017号		310
早丰优华占	Zaofengyouhuazhan	三系杂交晚籼稻	2014	湘审稻2014015 赣审稻2014015		311
圳优7号	Zhenyou 7	三系杂交晚籼稻	2011	湘审稻2011035		312
中3优286	Zhong 3 you 286	三系杂交早籼稻	2010	湘审稻2010009		313
中南优8号	Zhongnanyou 8	三系杂交中籼稻	2011	湘审稻2011013		314
中青优2号	Zhongqingyou 2	三系杂交晚籼稻	2011	湘审稻2011036		315
中优117	Zhongyou 117	三系杂交晚籼稻	2006	湘审稻2006018 黔审稻2007002 陕审稻2008004 渝引稻2008005 粤审稻2009015 滇特（文山）审稻2009002 滇特（红河）审稻2010015 琼审稻2012013	CNA20050332.4	316
中优281	Zhongyou 281	三系杂交晚籼稻	2007	湘审稻2007055		317
中优3号	Zhongyou 3	三系杂交晚籼稻	2007	湘审稻2007056		318
中优4202	Zhongyou 4202	三系杂交晚籼稻	2009	湘审稻2009049		319
中优668	Zhongyou 668	三系杂交晚籼稻	2009	湘审稻2009051		320

（续）

品种名	英文（拼音）名	类型	审定（育成）年份	审定编号	品种权号	页码
中优901	Zhongyou 901	三系杂交中籼稻	2007	湘审稻2007033		321
中优978	Zhongyou 978	三系杂交晚籼稻	2008	湘审稻2008040		322
中优9806	Zhongyou 9806	三系杂交晚籼稻	2008	湘审稻2008038		323
中优9918	Zhongyou 9918	三系杂交晚籼稻	2008	湘审稻2008039		324
中种优448	Zhongzhongyou 448	三系杂交晚籼稻	2008	湘审稻2008048		325
株1S	Zhu 1 S	两系不育系	1999	湘品审第253号	CNA20050416.9	63
株两优02	Zhuliangyou 02	两系杂交早籼稻	2002	XS046-2002（湖南审定） 国审稻2004002 皖品审05010455		455
株两优06	Zhuliangyou 06	两系杂交早籼稻	2010	湘审稻2010006		456
株两优08	Zhuliangyou 08	两系杂交早籼稻	2007	湘审稻2007013 赣审稻2011016	CNA20070359.5	457
株两优10	Zhuliangyou 10	两系杂交早籼稻	2011	湘审稻2011003		458
株两优100	Zhuliangyou 100	两系杂交早籼稻	2005	湘审稻2005009	CNA20050132.1	459
株两优112	Zhuliangyou 112	两系杂交早籼稻	2001	湘品审第299号		460
株两优120	Zhuliangyou 120	两系杂交早籼稻	2005	国审稻2005005	CNA20050930.6	461
株两优124	Zhuliangyou 124	两系杂交早籼稻	2007	湘审稻2007014	CNA20050863.6	462
株两优15	Zhuliangyou 15	两系杂交早籼稻	2007	湘审稻2007015		463
株两优168	Zhuliangyou 168	两系杂交早籼稻	2008	湘审稻2008003		464
株两优173	Zhuliangyou 173	两系杂交早籼稻	2010	湘审稻2010001 国审稻2010004		465
株两优176	Zhuliangyou 176	两系杂交早籼稻	2002	XS045-2002（湖南审定）		466
株两优189	Zhuliangyou 189	两系杂交早籼稻	2009	湘审稻2009004 国审稻2012013		467
株两优19	Zhuliangyou 19	两系杂交早籼稻	2012	湘审稻2012003		468
株两优2008	Zhuliangyou 2008	两系杂交早籼稻	2011	湘审稻2011007		469
株两优21	Zhuliangyou 21	两系杂交早籼稻	2009	湘审稻2009003		470
株两优224	Zhuliangyou 224	两系杂交早籼稻	2007	湘审稻2007005		471
株两优268	Zhuliangyou 268	两系杂交早籼稻	2008	湘审稻2008004		472
株两优30	Zhuliangyou 30	两系杂交早籼稻	2006	湘审稻2006005 国审稻2007003	CNA20060024.9	473
株两优389	Zhuliangyou 389	两系杂交早籼稻	2010	湘审稻2010004		474
株两优4024	Zhuliangyou 4024	两系杂交早籼稻	2009	湘审稻2009005 国审稻2009010		475
株两优4026	Zhuliangyou 4026	两系杂交早籼稻	2010	湘审稻2010002		476
株两优4290	Zhuliangyou 4290	两系杂交早籼稻	2008	湘审稻2008011		477

（续）

品种名	英文（拼音）名	类型	审定（育成）年份	审定编号	品种权号	页码
株两优505	Zhuliangyou 505	两系杂交早籼稻	2004	湘审稻2004004		478
株两优611	Zhuliangyou 611	两系杂交早籼稻	2007	湘审稻2007017		479
株两优706	Zhuliangyou 706	两系杂交早籼稻	2006	湘审稻2006006 赣审稻2006003	CNA20060374.4	480
株两优729	Zhuliangyou 729	两系杂交早籼稻	2011	湘审稻2011002		481
株两优811	Zhuliangyou 811	两系杂交早籼稻	2008	湘审稻2008006		482
株两优819	Zhuliangyou 819	两系杂交早籼稻	2005	湘审稻2005010 赣审稻2006004	CNA20050929.2	483
株两优829	Zhuliangyou 829	两系杂交早籼稻	2013	湘审稻2013003		484
株两优83	Zhuliangyou 83	两系杂交早籼稻	2002	XS047-2002（湖南审定）	CNA20030529.8	485
株两优90	Zhuliangyou 90	两系杂交早籼稻	2008	湘审稻2008010		486
株两优971	Zhuliangyou 971	两系杂交早籼稻	2001	湘品审第297号 赣引稻2006004		487
株两优99	Zhuliangyou 99	两系杂交早籼稻	2004	湘审稻2004003 赣审稻2005076	CNA20050206.9	488
准S	Zhun S	两系不育系	2003	XS019-2003（湖南审定）	CNA20030124.1	64
准两优1102	Zhunliangyou 1102	两系杂交中籼稻	2007	国审稻2007012 湘审稻2008020		489
准两优1141	Zhunliangyou 1141	两系杂交中籼稻	2008	湘审稻2008021 渝引稻2010005		490
准两优143	Zhunliangyou 143	两系杂交早籼稻	2008	湘审稻2008013		491
准两优199	Zhunliangyou 199	两系杂交中籼稻	2010	湘审稻2010028		492
准两优312	Zhunliangyou 312	两系杂交早籼稻	2008	湘审稻2008005	CNA20080414.6	493
准两优49	Zhunliangyou 49	两系杂交早籼稻	2008	湘审稻2008012		494
准两优527	Zhunliangyou 527	两系杂交中籼稻	2003	XS006-2003（湖南审定） 渝引稻2005001 黔引稻2005001 国审稻2005026 国审稻2006004 闽审稻2006024	CNA20030033.4	495
准两优608	Zhunliangyou 608	两系杂交中籼稻	2009	国审稻2009032 湘审稻2010027 湘审稻2010018		496
准两优893	Zhunliangyou 893	两系杂交晚籼稻	2007	湘审稻2007057 国审稻2008018 赣审稻2008015	CNA20060485.6	497
资优072	Ziyou 072	三系杂交晚籼稻	2010	湘审稻2010033		326
资优1007	Ziyou 1007	三系杂交中籼稻	2007	湘审稻2007034		327
资优299	Ziyou 299	三系杂交晚籼稻	2008	湘审稻2008047		328

图书在版编目（CIP）数据

中国水稻品种志. 湖南杂交稻卷／万建民总主编；
邓华凤主编. —北京：中国农业出版社，2018.12
ISBN 978-7-109-24945-5

Ⅰ．①中… Ⅱ．①万… ②邓… Ⅲ．①水稻–品种–
湖南 Ⅳ．①S511.037

中国版本图书馆CIP数据核字（2016）第272675号

审图号：湘S（20190）001号

中国水稻品种志·湖南杂交稻卷
ZHONGGUO SHUIDAO PINZHONGZHI · HUNAN ZAJIAODAO JUAN

中国农业出版社
地址：北京市朝阳区麦子店街18号楼
邮编：100125

策划编辑：舒　薇　贺志清
责任编辑：黄　宇　杨金妹　王　凯　周　珊
装帧设计：贾利霞
版式设计：胡至幸　韩小丽
责任校对：巴洪菊
责任印制：王　宏　刘继超

印刷：北京通州皇家印刷厂
版次：2018年12月第1版
印次：2018年12月北京第1次印刷
发行：新华书店北京发行所

开本：787mm×1092mm　1/16
印张：34.25
字数：815千字

定价：350.00元